Rubin/Schneider
Baustatik
Theorie I. und II. Ordnung

D1729506

Werner-Ingenieur-Texte 3

Prof. Dr.-Ing. Helmut Rubin
Prof. Dipl.-Ing. Klaus-Jürgen Schneider

Baustatik

Theorie I. und II. Ordnung

3., völlig neu
bearbeitete und erweiterte
Auflage 1996

Werner-Verlag

1. Auflage 1973
2. Auflage 1988
3. Auflage 1996

Die Deutsche Bibliothek – CIP-Einheitsaufnahme

Rubin, Helmut:
Baustatik – Theorie I. und II. Ordnung / von Helmut Rubin und
Klaus-Jürgen Schneider – 3., völlig neu bearb. u. erw. Auflage –
(Werner-Ingenieur-Texte ; Bd. 3)
2. Aufl. u. d. T.: Schneider, Baustatik – Statisch unbestimmte Systeme
Düsseldorf : Werner, 1996
ISBN 3-8041-3084-4
NE: Schneider, Klaus-Jürgen :
ISSN 0341-0307

ISB N 3-8041-3084-4

© Werner-Verlag GmbH · Düsseldorf · 1996
Printed in Germany
Offsetdruck und buchbinderische Verarbeitung:
Weiss & Zimmer AG, Mönchengladbach
Archiv-Nr.: 266/3-12.95
Bestell-Nr.: 3-8041-3084-4

Vorwort

Üblicherweise wird in Lehrbüchern für Baustatik die elementare *Theorie I. Ordnung* („Gleichgewicht am *unverformten* System") in verschiedenen Verfahrensvarianten behandelt, während die *Theorie II. Ordnung* („Gleichgewicht am *verformten* System") unabhängig davon in weiterführenden Büchern, meist nur auf *ein* baustatisches Verfahren beschränkt, dargelegt wird. Entsprechendes gilt in der Regel für die Lehre. Demgemäß ist die Vorstellung, daß die Theorie II. Ordnung eine „höhere" und völlig neu zu erlernende Theorie sei, weit verbreitet.

In der vorliegenden dritten, völlig neu bearbeiteten Auflage unternehmen die Autoren den Versuch (soweit möglich und sinnvoll), die beiden genannten Theorien in einer *einheitlichen Formulierung* darzustellen und den Leser erkennen zu lassen, daß bei den meisten baustatischen Verfahren eine gleichartige Berechnung möglich ist und daß (dem Phänomen nach) die Theorie II. Ordnung nichts anderes bewirkt als eine „Aufweichung" des Systems bei Längsdruckkräften und eine „Aussteifung" bei Längszugkräften. Der physikalisch vorhandene *stetige Übergang* zwischen Längsdruck (Theorie II. Ordnung), Längskraft = 0 (Theorie I. Ordnung) und Längszug (Theorie II. Ordnung) drückt sich in den ebenfalls *stetig* verlaufenden *Hilfsfunktionen* b_j aus, die hier eingeführt und bei allen baustatischen Verfahren verwendet werden. Die bisher notwendige Unterscheidung der genannten 3 Fälle erübrigt sich damit.

Die bei Theorie II. Ordnung (aus Sicherheitsgründen) stets zu berücksichtigenden *Vorverformungen* stellen kein besonderes baustatisches Problem dar, da sich diese grundsätzlich nur wie eine zusätzliche (ungünstige) Belastung auswirken.

Das Studium des Buches verlangt – abgesehen von elementarem Wissen aus Mechanik und Festigkeitslehre – keine besonderen baustatischen Vorkenntnisse.

Im **Teil 1** (Autor *K.-J. Schneider*) wird – um einen möglichst leichten „Einstieg" in die Baustatik zu ermöglichen – das *Kraftgrößenverfahren* ausführlich und mit zahlreichen Beispielen behandelt. Dabei wird der Stoff, ausgehend vom einfachen, anschaulichen Fall sukzessive verallgemeinert und formalisiert. Aufgrund didaktischer Überlegungen, aber auch aufgrund der Tatsache, daß eine einheitliche Formulierung hier für beide Theorien nicht allgemein möglich ist, beschränkt sich dieser Teil 1 auf die *Theorie I. Ordnung*.

Der **Teil 2** (Autor *H. Rubin*) enthält für zahlreiche weitere baustatische Verfahren die dort mögliche *einheitliche* Formulierung für *Theorie I.* und *II. Ordnung* unter Einbeziehung von *Vorverformungen*. Auch hier werden alle Verfahren durch ausführliche Zahlenbeispiele belegt, und es wird der *Verzweigungslastfaktor* angegeben, der anschaulich Auskunft über das Maß der Stabilitätsgefährdung und über die Notwendigkeit der Anwendung von Theorie II. Ordnung gibt.

Die insgesamt mitgeteilten Verfahren erstrecken sich von einfachen, für die Handrechnung gut geeigneten Methoden (z.B. Dreimomentengleichung) bis hin zu allgemeinen, computerorientierten Methoden (z.B. allgemeines Verschiebungsgrößenverfahren). Neben den *Kraft-* und *Verschiebungsgrößenverfahren* erfährt aber auch das *Reduktionsverfahren* (mit zahlreichen Varianten) als völlig eigenständiges Verfahren eine starke Betonung. Diese Methode ist nicht nur wegen ihrer grundsätzlichen Bedeutung wichtig; sie erlaubt auch bei bestimmten Systemfällen eine außerordentlich einfache und schnelle Berechnung.

In Ergänzung zu diesem Buch wird ein *allgemeines Berechnungsprogramm* für ebene Stabwerke vom Werner-Verlag angeboten. Das von Herrn Dipl.-Ing. M. Aminbaghai und Herrn H. Weier, Institut für Baustatik, TU Wien, erstellte Programm enthält auch *alle* in diesem Buch behandelten *Beispiele* mit detaillierter Angabe der Ein- und Ausgabedaten. Über die Voraussetzungen des Buches hinausgehend, erlaubt das Programm zusätzlich die Berücksichtigung von *Querkraftverformungen, elastischer Bettung* und *harmonischen Schwingungen*, jeweils nach Theorie I. und II. Ordnung.

Die Verfasser hoffen und wünschen, daß die vorliegende Lektüre einen Beitrag dazu leistet, Studenten und auch Ingenieure der Praxis für ein vertieftes Studium der Baustatik – insbesondere der Theorie II. Ordnung – zu motivieren. Diese Lektüre soll auch einen Beitrag dazu leisten, daß die Anwendung von „black-box"-Programmen vom nötigen Verständnis für die baustatischen Zusammenhänge begleitet wird.

Besonderer Dank gilt Frau G. Wrana für ihren außerordentlichen Einsatz bei der Herstellung des Textes und Herrn R. Scherer für die Anfertigung der Abbildungen. Dank gebührt auch dem Werner-Verlag für eine reibungslose, vertrauensvolle und unbürokratische Zusammenarbeit.

Wien und Minden,
Januar 1996   *Helmut Rubin, Klaus-Jürgen Schneider*

Inhaltsverzeichnis

TEIL 2: THEORIE I. UND II. ORDNUNG

1 Einführung

Für die Berechnung ebener Stabwerke gibt es 3 grundsätzliche Verfahren, aus denen sich andere Berechnungsmethoden ableiten lassen:

- **Kraftgrößenverfahren**

- **Verschiebungsgrößenverfahren**

- **Reduktions- oder Übertragungsmatrizenverfahren**

Während das *Kraftgrößenverfahren* naturgemäß nur für statisch unbestimmte Systeme benötigt wird, sind die beiden weiteren Verfahren für statisch bestimmte und unbestimmte Systeme gleichermaßen anwendbar. Andererseits stellen *Kraftgrößen-* und *Verschiebungsgrößenverfahren analoge* Methoden dar, bei denen sich Aussagen für Kraftgrößen und Verschiebungsgrößen gegenüberstehen, wohingegen das *Reduktionsverfahren* eine *eigenständige* Methode darstellt, bei der Kraft- und Verschiebungsgrößen gleichzeitig und gleichwertig auftreten.

Im einzelnen lassen sich die Verfahren wie folgt charakterisieren:

Kraftgrößenverfahren:

- Unbekannte des aufzustellenden Gleichungssystems sind Kraftgrößen.

- Der endgültige Zustand setzt sich aus Einzelzuständen zusammen, die die Gleichgewichts-, nicht aber die Verträglichkeitsbedingungen erfüllen.

- Die unbekannte Kraftgrößen werden so bestimmt, daß im endgültigen Zustand auch die Verträglichkeitsbedingungen erfüllt sind.

- Die Gleichungen des Gleichungssystems beinhalten Verträglichkeitsbedingungen.

Verschiebungsgrößenverfahren:

- Unbekannte des aufzustellenden Gleichungssystems sind Verschiebungsgrößen.

- Der endgültige Zustand setzt sich aus Einzelzuständen zusammen, die die Verträglichkeits-, nicht aber die Gleichgewichtsbedingungen erfüllen.

- Die unbekannten Verschiebungsgrößen werden so bestimmt, daß im endgültigen Zustand auch die Gleichgewichtsbedingungen erfüllt sind.

- Die Gleichungen des Gleichungssystems beinhalten Gleichgewichtsbedingungen.

11

Reduktionsverfahren:

• Für einen Stabzug ohne Verzweigung und ohne Zwischengelenk erlaubt das Reduktionsverfahren eine außerordentlich einfache Berechnung, die mit geringem Aufwand programmiert werden kann.

• Kraft- und Verschiebungsgrößen werden völlig gleichberechtigt im Zustandsvektor zusammengefaßt, der auf eine bestimmte Stabschnittstelle bezogen ist.

• Basis des Verfahrens ist die Übertragungsbeziehung; sie liefert den Zustandsvektor am Stabende als Produkt aus Feldmatrix und Zustandsvektor am Stabanfang.

• Nach Multiplikation aller Feldmatrizen erhält man ein Gleichungssystem mit höchstens 3 Unbekannten.

• Im Gegensatz zu den beiden zuvor genannten Verfahren ist die Anzahl der Unbekannten unabhängig von der Anzahl der Stäbe oder Knoten des Stabzuges.

Aus den genannten drei Verfahren ergeben sich einerseits spezielle Varianten – z.B. die Dreimomentengleichung als Sonderfall des Kraftgrößenverfahrens oder das Drehwinkelverfahren als Sonderfall des Verschiebungsgrößenverfahrens –, andererseits aber auch gemischte Verfahren – z.B. das Kraftgrößen-Verschiebungsgrößenverfahren mit unbekannten Momenten und Stabdrehwinkeln. In diesem Zusammenhang sei auch eine in Kapitel 14 behandelte Weiterentwicklung des allgemeinen Verschiebungsgrößenverfahrens genannt, bei der die Anzahl der Unbekannten durch Zuhilfenahmen des Reduktionsverfahrens reduziert werden kann. Dies wird dadurch erreicht, daß der Einzelstab als „finites Element" durch Stabzüge beliebiger Größe ersetzt wird.

Trotz der vergleichsweise großen Anzahl der behandelten Verfahren werden *Iterationsverfahren* – insbesondere das von *Kani* und *Cross* – weggelassen. Nachdem Gleichungssysteme heute bereits problemlos mittels Taschenrechner gelöst werden können, sind diese Iterationsverfahren rechentechnisch nicht mehr von Interesse; inhaltlich sind sie im übrigen identisch mit dem *Drehwinkelverfahren*, wenn man jede Gleichung des auftretenden Gleichungssystems nach der Unbekannten der Hauptdiagonalen auflöst und dann wiederholt auswertet.

Je nach Schwierigkeitsgrad und erforderlichem numerischem Aufwand sollen die angegebenen Verfahren die Möglichkeit bieten, eine Berechnung von Hand durchzuführen und gegebenenfalls oft wiederkehrende Prozeduren im Taschenrechner zu programmieren, oder aber wie im Fall des Reduktions- und allgemeinen Verschiebungsgrößenverfahrens ein entsprechendes Rechenprogramm selbst zu erstellen. Dabei wird das Verständnis für die baustatischen Zusammenhänge geschult und die gesamte Berechnung der gesuchten Zustandsgrößen – im Gegensatz zur Anwendung von „black-box" – Programmen – transparent. Ein- und Ausgabe von Daten können individuell gestaltet und die Methodenauswahl kann auf spezielle Problemstellungen abgestimmt werden.

Alle angegebenen Verfahren beschränken sich auf Stäbe mit *konstantem Querschnitt* und auf *Momenten-* und *Längskraftverformungen*, das heißt, *Querkraftverformungen* werden generell *vernachlässigt*. Im Fall der Theorie II. Ordnung wird eine Beschränkung auf *konstante Längskräfte* vorgenommen. Im übrigen wird die Elastizitätstheorie kleiner Verformungen angewendet, also die *geometrisch* und *physikalisch lineare* Theorie. Eine Erweiterung auf Stäbe mit *stetig veränderlichem Querschnitt* und auf die zusätzliche Berücksichtigung von *Querkraftverformungen* (bei konstantem Querschnitt) findet sich in [6]; dort wird auch die Fließgelenktheorie I. und II. Ordnung (die ja eine vereinfachte Plastizitätstheorie darstellt) behandelt. Schließlich wird in [6] und [7] die Theorie auf elastisch gebettete Stäbe und auf Stäbe mit harmonischen Schwingungen erweitert.

Teil 1 des Buches, in dem das *Kraftgrößenverfahren* sehr detailliert dargestellt wird, beschränkt sich bewußt auf *Theorie I. Ordnung*, da hier ein möglichst einfacher „Einstieg" in die Baustatik gegeben werden soll, andererseits aber auch weil beim Kraftgrößenverfahren die einheitliche Darstellung von Theorie I. und II. Ordnung nicht in jeden Fall möglich ist.

Teil 2 behandelt alle weiteren Verfahren in einer für *Theorie I. und II. Ordnung einheitlichen Formulierung*. Diese wird durch Einführung der *Hilfsfunktionen* b_j möglich, die die bisher übliche Fallunterscheidung für beide Theorien entbehrlich macht. Basis aller behandelter Verfahren ist die in Zusammenhang mit dem Reduktionsverfahren bereits erwähnte *Übertragungsbeziehung*. Sie stellt die vollständige und zugleich einfachst mögliche Beschreibung des Tragverhaltens des Einzelstabes dar. Der von allen neueren Normen geforderte Ansatz von *Vorverformungen* stabilitätsgefährdeter Stabwerke ist generell berücksichtigt.

Zahlreiche, ausführliche Zahlenbeispiele erläutern die beschriebenen Verfahren und ermöglichen dem Leser, ein gegebenenfalls erstelltes Rechenprogramm zu überprüfen. Alle wiedergegebenen Zahlenwerte sind die genauen, auf in der Regel 4 Stellen gerundeten Werte. Aus diesem Grund können beim Nachrechnen der Beispiele numerische Abweichungen auftreten, sofern mit den gerundeten Zwischenergebnissen weitergerechnet wird. Je nach Verfahren und Systemfall kann es notwendig sein, die Rechnung mit höherer Genauigkeit als für das Endergebnis verlangt durchzuführen. Um solchen numerischen Empfindlichkeiten zu begegnen empfiehlt es sich, generell alle Daten mit voller Stellenzahl des verwendeten Rechners weiterzuverarbeiten.

TEIL 1: THEORIE I. ORDNUNG

2 Kraftgrößenverfahren

2.1 Feststellen der statischen Unbestimmtheit

2.1.1 Allgemeines

Wenn ein statisch unbestimmtes Stabwerk mit Hilfe des Kraftgrößenver-fahrens berechnet werden soll, so muß man zunächst feststellen, wieviel zusätzliche Gleichungen neben den Gleichgewichtsbedingungen (Gl.B.) und den Nebenbedingungen (N.B.) aufgestellt werden müssen, um die stati-schen Größen des Systems berechnen zu können. Dies geschieht, indem man den Grad der statischen Unbestimmtheit bestimmt. Ist ein System z.B. 1fach statisch unbestimmt, so muß *eine* zusätzliche Gleichung aufgestellt werden. Bei einem 3fach statisch unbestimmten System müssen *drei*, bei einem *n*-fach statisch unbestimmten System *n* zusätzliche Gleichungen aufgestellt werden. Um festzustellen, wie vielfach statisch unbestimmt ein Stabwerk ist, kann das *Aufbaukriterium* oder die *Abzählformel* verwendet werden.

2.1.2 Aufbaukriterium

Man geht von solch einem statisch bestimmten System aus, das man durch Hinzufügen von Bindungen (Auflagerbindungen, innere Bindungen) zum gegebenen System aufbauen kann. Die Anzahl der hinzugefügten Bindun-gen ist identisch mit dem Grad der statischen Unbestimmtheit.

Bei dem in Abb. 2.1a gegebenen System könnte man z.B. von einem statisch bestimmten Kragträger ausgehen (Abb. 2.1b). Um das gegebene System (Abb. 2.1a) zu erhalten, muß am rechten Ende des Kragträgers (Abb. 2.1b) ein bewegliches Lager, das heißt *eine* Auflagerbindung hinzugefügt werden (Abb. 2.1c). Das gegebene System ist also 1fach statisch unbestimmt. Man sagt auch, der Grad der statischen Unbestimmtheit ist eins, oder in Kurz-fassung: $n = 1$.

a) b) c)

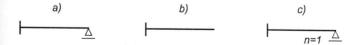

Abb. 2.1 Beispiel für das Aufbaukriterium

14

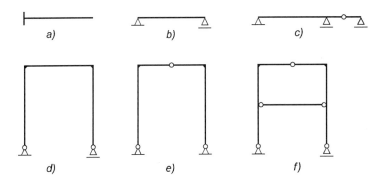

Abb. 2.2 Statisch bestimmte Ausgangssysteme

In den Abb. 2.2a bis f sind einige statisch bestimmte Systeme angegeben, die man als Ausgangsbasis für das „Aufbauen" benutzen kann.

In den Abb. 2.4 bis 2.11 wird an einigen Systemen gezeigt, wie man den Grad der statischen Unbestimmtheit mit Hilfe des „Aufbaukriteriums" bestimmen kann. Aus dem jeweiligen Abbildungsteil c sind die dem statisch bestimmten Ausgangssystem (Abbildungsteil b) hinzuzufügenden Bindungen zu entnehmen, damit wieder das gegebene statisch unbestimmte System (Abbildungsteil a) entsteht. Die Zahl der hinzugefügten Bindungen gibt den Grad der statischen Unbestimmtheit an. Zur Unterscheidung werden *hinzugefügte* Auflagerbindungen in der in Abb. 2.3 dargestellten Symbolik gezeichnet. Es sei darauf hingewiesen, daß die Drehbindung (gestrichelte Linie) senkrecht zur Zeichenebene, das heißt in Richtung des Einspannmomentenvektors, verläuft. Zur Verdeutlichung sind in den Abb. 2.5c bis 2.9c an den Stellen, an denen Bindungen hinzugefügt wurden, Zahlen angegeben, die mit der Anzahl der hinzugefügten Bindungen übereinstimmen.

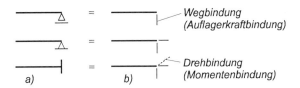

Abb. 2.3 Symbole für Bindungen

Betrachtet man z.B. den beidseitig eingespannten Träger nach Abb. 2.4a, so kann als statisch bestimmtes Ausgangssystem ein Kragträger gewählt werden (Abb. 2.4b). Durch Hinzufügen von *zwei* Bindungen (1 Auflagerkraftbindung, 1 Momentenbindung) ist entsprechend Abb. 2.4c der Kragträger zu einem beidseitig eingespannten Träger „aufgebaut" worden. Das System ist also 2fach statisch unbestimmt ($n = 2$).

Abb. 2.4 Beispiel für Aufbaukriterium

Da die Wahl des statisch bestimmten Ausgangssystems beliebig ist, könnte auch von einem Träger auf zwei Stützen nach Abb. 2.5 ausgegangen werden. Um einen beidseitig eingespannten Träger zu erhalten, müßten zwei Drehbindungen (Momentenbindungen) hinzugefügt werden (Abb. 2.5c). Auch so ergibt sich eine statische Unbestimmtheit von $n = 2$.

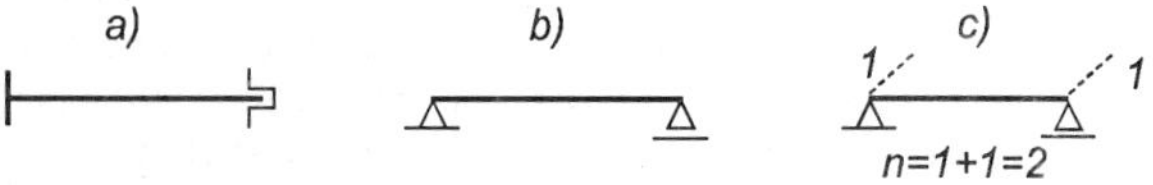

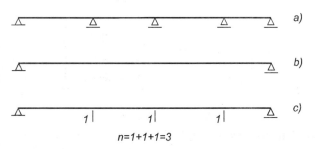

Abb. 2.5 Beispiel für Aufbaukriterium

Bei dem statisch unbestimmten Träger über vier Felder der Abb. 2.6a wird als Ausgangssystem ein Träger auf zwei Stützen gewählt (Abb. 2.6b). Durch Hinzufügen von *drei* Auflagerkraftbindungen entsprechend Abb. 2.6c kommt man zum gegebenen System. Der Grad der statischen Unbestimmtheit ist demnach drei ($n = 3$).

Abb. 2.6 Beispiel für Aufbaukriterium

Für den in Abb. 2.7a dargestellten Rahmen geht man z.B. von einem statisch bestimmten Kragträger mit mehreren geknickten Kragarmen gemäß Abb. 2.7b aus. Um das gegebene Rahmensystem (Abb. 2.7a) wieder herzustellen, muß zunächst der untere Riegel mit dem rechten Stiel biegesteif verbunden werden.

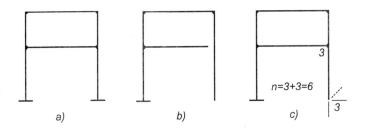

Abb. 2.7 Beispiel für Aufbaukriterium

Damit sind drei innere Bindungen (Biegemomenten-, Querkraft- und Längskraftbindung) angeordnet worden (Abb. 2.7c). Danach müssen noch am rechten Lager drei Auflagerbindungen (starre Einspannung) angeordnet werden (Abb. 2.7c). Insgesamt wurden also $3+3=6$ Bindungen hinzugefügt; es handelt sich um ein 6fach statisch unbestimmtes System ($n = 6$). Als statisch bestimmtes Ausgangssystem könnte man bei diesem Beispiel auch zwei eingespannte geknickte Träger nach Abb. 2.8b wählen. Es müßten dann an zwei Stellen je drei innere Bindungen angebracht werden (Abb. 2.8c), um das gegebene System gemäß Abb. 2.8a zu erhalten. Es ergibt sich also auch auf diesem Wege als Grad der statischen Unbestimmtheit $n = 6$.

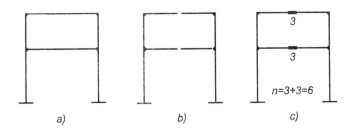

Abb. 2.8 Beispiel für Aufbaukriterium

Nach entsprechenden Überlegungen sind auch die Grade der statischen Unbestimmtheit der Systeme in den Abb. 2.9 bis 2.11 bestimmt worden. Es sei noch darauf hingewiesen, daß durch einen *beidseitig* gelenkig angeschlossenen Stab (Abb. 2.10c) *eine* statische Unbestimmtheit hinzukommt. Diese Tatsache ist verständlich, wenn man sich einen solchen Gelenkstab herausgeschnitten denkt. An jeder Schnittstelle (=Gelenkstelle) tritt als unbekannte Schnittkraft je eine Längskraft und je eine Querkraft auf. Da zur Berechnung dieser vier Unbekannten jedoch nur drei Gleichgewichtsbedingungen zur Verfügung stehen, kommt durch das Anbringen eines Gelenkstabes eine statisch Unbestimmte hinzu.

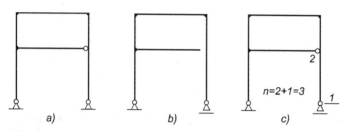

Abb. 2.9 Beispiel für Aufbaukriterium

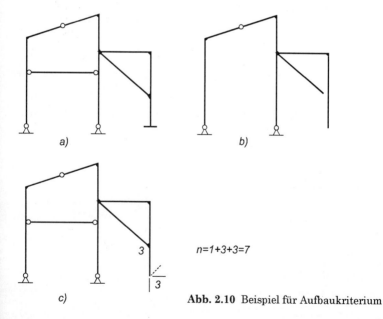

Abb. 2.10 Beispiel für Aufbaukriterium

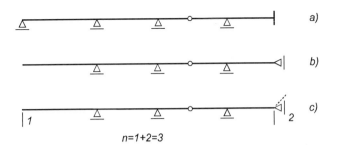

Abb. 2.11 Beispiel für Aufbaukriterium

2.1.3 Abzählformel

2.1.3.1 Allgemeine Stabwerke

Um den Grad der statischen Unbestimmtheit eines korrekten Systems mit Hilfe einer Abzählformel zu ermitteln, zerlegt man das System durch Schnitte in Einzelscheiben. Scheiben dürfen keine geschlossenen Stabzüge enthalten. Es dürfen nur einfache Scheiben (Stamm mit Ästen) gemäß Abb. 2.12 verwendet werden. Es besteht aber auch die Möglichkeit, jeden einzelnen Stab als Scheibe zu betrachten.

Das Abzählformel lautet:

$$n = a + z - 3s$$ (2.1)

Es bedeuten: n Grad der statischen Unbestimmtheit

a Anzahl aller Auflagerbindungen (vgl. Abb. 2.13)

z Anzahl aller Zwischenbindungen in den für die Zerlegung in Scheiben notwendigen Schnitten (vgl. Abb. 2.14)

s Anzahl der Scheiben

Abb. 2.12 Scheibe

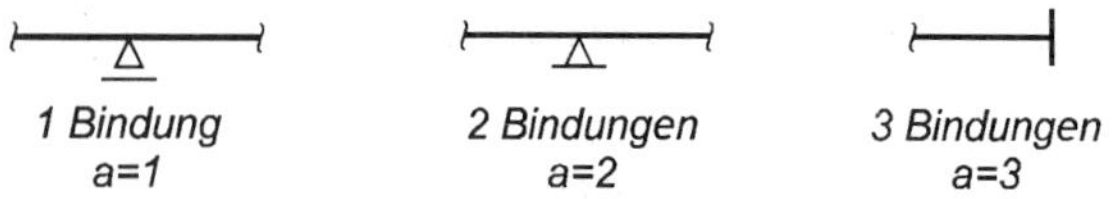

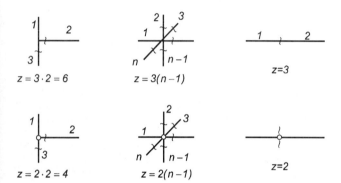

Abb. 2.13 Auflagerbindungen

Abb. 2.14 Zwischenbindungen

Beispiele

In den folgenden Beispielen wird jeder einzelne Stab als Scheibe betrachtet.

Abb. 2.7 a:

$$n = 2 \cdot 3 + (2 \cdot 6 + 2 \cdot 3) - 3 \cdot 6 = 6$$

Abb. 2.9 a:

$$n = 2 \cdot 2 + (1 \cdot 6 + 2 \cdot 3 + 1 \cdot 2 + 1 \cdot 3) - 3 \cdot 6 = 3$$

Abb. 2.11 a:

$$n = (4 \cdot 1 + 3) + (3 \cdot 3 + 1 \cdot 2) - 3 \cdot 5 = 3$$

2.1.3.2 Fachwerke

Der Grad der statischen Unbestimmtheit eines Fachwerks kann mit Hilfe der folgenden Abzählformel ermittelt werden:

$$\boxed{n = s + a - 2k} \tag{2.2}$$

20

Dabei bedeuten: n Grad der statischen Unbestimmtheit

s Anzahl der Fachwerkstäbe

a Anzahl der Auflagerbindungen

k Anzahl der Knoten, einschließlich Auflagerknoten

Die Formel für allgemeine Stabwerke (2.1) ist selbstverständlich auch für Fachwerke anwendbar.

2.2 Grundgedanke des Kraftgrößenverfahrens

2.2.1 Allgemeines

Zur Berechnung eines statisch *unbestimmten* Systems werden zunächst so viele Bindungen (innere Bindungen oder Auflagerbindungen) gelöst, bis man ein statisch *bestimmtes* System erhält. An den Stellen der gelösten Bindungen treten infolge Belastung des Systems Relativverschiebungsgrößen auf. Aus der Bedingung, daß diese Relativverschiebungsgrößen am gegebenen System gleich null sein müssen (da sie dort nicht vorhanden sind), lassen sich Gleichungen zur Berechnung der Kraftgrößen an den Schnittstellen aufstellen (Verträglichkeitsbedingungen). Danach kann man alle statischen Größen des gegebenen Systems berechnen. Weitere Einzelheiten über den Grundgedanken des Kraftgrößenverfahrens werden in den beiden folgenden Abschnitten am Beispiel eines Zweifeldträgers erläutert.

2.2.2 Auflagerkraft als statisch Unbestimmte

Der in Abb. 2.15a dargestellte Träger über zwei Felder ist 1fach statisch unbestimmt. Es wird das mittlere Auflager entfernt. Die Auflagerkraft wird somit zunächst gleich null gesetzt. Das entstandene sogenannte *statisch bestimmte Grundsystem* ist der in Abb. 2.12b dargestellte Träger auf zwei Stützen. An der Stelle b ergibt sich infolge der gegebenen Belastung q eine Durchbiegung w_0. Am gegebenen System (Abb. 2.15a) kann jedoch an der Stelle b wegen des vorhandenen Lagers keine Durchbiegung auftreten. Dieser Fehler am statisch bestimmten Grundsystem kann korrigiert werden, indem an der Stelle b eine Gegenkraft B (statisch unbestimmte Auflagerkraft B) angebracht wird, die so groß ist, daß sich die Durchbiegungen an der Stelle b des Grundsystems infolge Last q (Abb. 2.15b) und infolge B (Abb. 2.15c) aufheben.

Da die gesuchte Auflagerkraft B (statisch Unbestimmte) noch unbekannt ist, wird sie zunächst gleich 1 gesetzt ($B = 1$, vgl. Abb. 2.15d). Die wirkliche Größe von B ergibt sich aus der Bedingung, daß die Durchbiegung an der Stelle b infolge der Belastung q am gegebenen System gleich null sein muß (Abb. 2.15a).

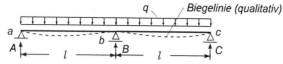

a) 1 fach statisch unbestimmtes System mit Belastung q

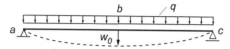

b) Statisch bestimmtes Grundsystem mit Belastung q

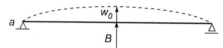

c) Statisch bestimmtes Grundsystem mit Einzellast B
(zunächst noch unbekannte Auflagerkraft B)

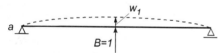

d) Statisch bestimmtes Grundsystem mit Einzellast $B=1$

Abb. 2.15 Zweifeldträger; Auflagerkraft B als statisch Unbestimmte eingeführt

Diese Verträglichkeitsbedingung ist erfüllt, wenn

$$w_0 = w_1 B \tag{2.3}$$

ist (Abb. 2.15b und d). Daraus folgt:

$$\boxed{B = \frac{w_0}{w_1}} \tag{2.3a}$$

w_0 Durchbiegung an der Stelle b infolge der Belastung q (durch Fußzeiger 0 gekennzeichnet) am statisch bestimmten Grundsystem (Abb. 2.15b)

w_1 Durchbiegung an der Stelle b infolge Belastung $B=1$ am statisch bestimmten Grundsystem (Abb. 2.15d)

Mit den Bezeichnungen des Kraftgrößenverfahrens (vgl. Abschnitt 2.3):

$B = X_1$

$w_1 = \delta_{11}$

$w_0 = -\delta_{10}$

lautet (2.3a):

$$\boxed{X_1 = -\frac{\delta_{10}}{\delta_{11}}} \tag{2.3b}$$

Im folgenden wird (2.3a) ausgewertet.

Aus [3], S.4.2, Zeile 1 folgt:

$$w_0 = \frac{1}{EI} \cdot \frac{5}{384} q(2l)^4 = \frac{1}{EI} \cdot \frac{80}{384} q l^4$$

und entsprechend aus Zeile 16:

$$w_1 = \frac{1}{EI} \cdot \frac{1}{48} 1 (2l)^3 = \frac{1}{EI} \cdot \frac{8}{48} l^3$$

Damit folgt aus (2.3a)

$$B = \frac{\dfrac{1}{EI} \cdot \dfrac{80}{384} q l^4}{\dfrac{1}{EI} \cdot \dfrac{8}{48} l^3} = 1{,}25\,q\,l \tag{2.3c}$$

Nun lassen sich auch die Auflagerkräfte A und C mit Hilfe der Gleichgewichtsbedingungen (z.B. $(\Sigma M)_c = 0$ und $(\Sigma M)_a = 0$) ermitteln und ebenso durch entsprechende Schnitte alle beliebigen Schnittgrößen (vgl.[1] und [2]).

Als Beispiel wird das Stützmoment an der Stelle b ermittelt.

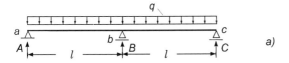

a)

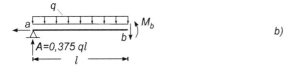

b)

Abb. 2.16 Zur Berechnung von A und M_b

Aus Abb. 2.16a folgt:

$$(\Sigma M)_c = 0: \; -A\,2\,l + q\,2l\,l - B\,l = 0$$

$$A = \frac{1}{2\,l}(2q\,l^2 - 1{,}25\,q\,l^2) = 0{,}375\,q\,l$$

Aus Abb. 2.16b folgt:

$$(\Sigma M)_b = 0: \; -0{,}375\,q\,l\,l + q\,l\,\frac{l}{2} + M_b = 0$$

$$M_b = -0{,}125\,q\,l^2 \tag{2.4}$$

2.2.3 Stützmoment als statisch Unbestimmte

Der in Abb. 2.17a dargestellte Zweifeldträger kann auch berechnet werden, wenn man als statisch bestimmtes Grundsystem einen Gelenkträger nach Abb. 2.17b wählt. Im Gegensatz zum gegebenen System (Abb. 2.17a), dessen Biegelinie infolge q an der Stelle b *ohne* Relativverdrehung durchläuft, hat die Biegelinie des gewählten statisch bestimmten Grundsystems an der Stelle b einen Relativdrehwinkel der Querschnitte, der sich gemäß Abb. 2.17b berechnet aus

$$\Delta\varphi = \varphi_1 + \varphi_2 \tag{2.5}$$

Im Sonderfall gleicher Stützweiten ist

$$\varphi_1 = \varphi_2 = \varphi \qquad \text{und damit}$$

$$\Delta\varphi = 2\varphi \tag{2.5a}$$

Diese Relativverdrehung $\Delta\varphi$ am statisch bestimmten Grundsystem, die am gegebenen System nicht auftreten kann, muß rückgängig gemacht werden, indem an der Stelle b ein Momentenpaar X_1 angebracht wird (Abb. 2.17c). Die Größe von X_1 ergibt sich aus der Bedingung, daß sich die Relativverdrehungen aus q und aus X_1 am statisch bestimmten Grundsystem aufheben müssen. Um X_1 zu berechnen, wird zunächst die Relativverdrehung infolge $X_1 = 1$ an der Stelle b ermittelt und mit $\Delta\alpha$ bezeichnet (Abb. 2.17d)

$$\Delta\alpha = \alpha_1 + \alpha_2 \tag{2.6}$$

Im Sonderfall gleicher Stützweiten folgt wiederum

$$\alpha_1 = \alpha_2 = \alpha \; \text{und damit}$$

$$\Delta\alpha = 2\alpha \tag{2.6a}$$

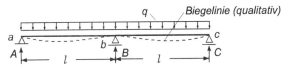

a) 1 fach statisch unbestimmtes System mit Belastung (Gleichstreckenlast q)

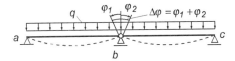

b) Statisch bestimmtes Grundsystem mit Belastung

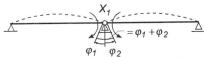

c) Statisch bestimmtes Grundsystem mit Belastung durch ein Momentenpaar X_1 (zunächst noch unbekannt)

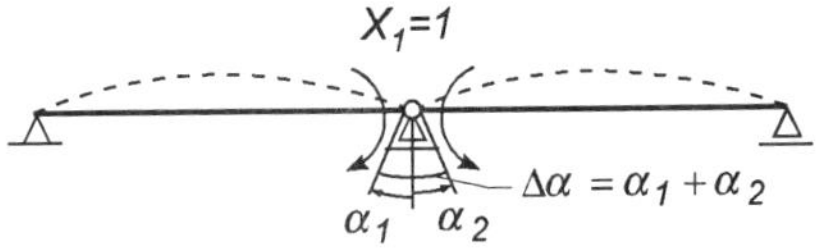

$$X_1 = 1$$
$$\Delta\alpha = \alpha_1 + \alpha_2$$
$$\alpha_1 \quad \alpha_2$$

d) Statisch bestimmtes Grundsystem mit Momentenbelastung $X_1 = 1$

Abb. 2.17 Zweifeldträger; Moment X_1 an der Stelle b (Stützmoment) als statisch Unbestimmte eingeführt

Die vorher erläuterte Bedingung, daß sich die Relativverdrehungen aus q und X_1 aufheben müssen, ergibt

$$\Delta\alpha \, X_1 = \Delta\varphi$$

Relativverdrehung an der Stelle b infolge $X_1 = 1$

Relativverdrehung an der Stelle b infolge Belastung q

Aus der obigen Gleichung folgt:

$$X_1 = \frac{\Delta\varphi}{\Delta\alpha} \tag{2.7}$$

In der Schreibweise des Kraftgrößenverfahrens

$\Delta \varphi = -\delta_{10}$

$\Delta \alpha = \delta_{11}$

lautet (2.7):

$$X_1 = -\frac{\delta_{10}}{\delta_{11}} \qquad (2.7a)$$

Damit ist die statisch Unbestimmte X_1, die dem Biegemoment an der Stelle b (Stützmoment) entspricht, bekannt. Die $\Delta \varphi$- und $\Delta \alpha$-Werte können z.B. mit Hilfe des Prinzips der virtuellen Kräfte (Arbeitsgleichung) ermittelt oder aus Tafeln entnommen werden. Nach [5], S. 4.26, Zeile 1, ergibt sich gemäß (2.5a) und (Abb. 2.17b):

$$\Delta \varphi = 2 \frac{1}{EI} \cdot \frac{1}{24} q l^3 = \frac{1}{EI} \cdot \frac{2}{24} q l^3$$

und nach Zeile 15 gemäß (2.6a) und Abb. 2.17d:

$$\Delta \alpha = 2 \frac{1}{EI} \cdot \frac{1}{3} \frac{l}{EI} = \frac{1}{EI} \cdot \frac{2}{3} l$$

In (2.7) eingesetzt:

$$X_1 = \frac{\frac{1}{EI} \cdot \frac{2}{24} q l^3}{\frac{1}{EI} \cdot \frac{2}{3} l} = \frac{q l^2}{8} \qquad (2.7b)$$

Nun lassen sich alle Auflager- und Schnittgrößen berechnen. Zur Kontrolle soll die bereits mit (2.3c) ermittelte Auflagerkraft B berechnet werden.

Belastet man das statisch bestimmte Grundsystem mit q und X_1 (Abb. 2.18a), so ist es in statischer Hinsicht mit dem gegebenen System (Abb. 2.17a) identisch. Alle Rechnungen können also am Grundsystem durchgeführt werden.

Aus Abb. 2.18b folgt mit $(\Sigma M)_b = 0$:

$-Al + q l^2 / 2 - q l^2 / 8 = 0$

$A = \frac{1}{l} \cdot \frac{3}{8} q l^2 = 0{,}375 q l$

Aus Symmetriegründen ist:

$C = A = 0{,}375 q l$

$\Sigma F_v = 0: \quad -A - B - C + q l\, 2 = 0 \quad \rightarrow \quad B = 1{,}25 q l$

Dieser Wert stimmt mit dem in (2.3c) ermittelten überein.

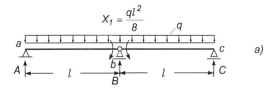

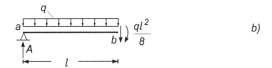

Abb. 2.18 Zur Berechnung der Auflagerkräfte

2.3 Allgemeine Darstellung des Kraftgrößenverfahrens

2.3.1 Statisch bestimmtes Grundsystem

Soll der in Abb. 2.19a mit einem allgemeinen Belastungszustand (Einwirkungen)[1] dargestellte Rahmen berechnet werden, so ist zunächst der Grad der statischen Unbestimmtheit zu bestimmen. Wendet man dazu das Aufbaukriterium an (Abschnitt 2.1.2), so kann man als statisch bestimmtes Ausgangssystem einen Dreigelenkrahmen wählen (Abb. 2.20b).

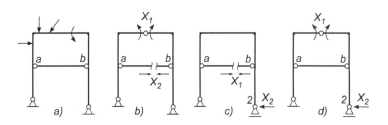

Abb. 2.19 Rahmen mit verschiedenen statisch bestimmten Grundsystemen

---

[1] Unter einem allgemeinem Belastungszustand sollen folgende Lastfälle verstanden werden: Lastgrößen, Temperatur, eingeprägte Verschiebungsgrößen (z.B. Lagersenkung, Anspannen eines Spannschlosses), Schwinden, Kriechen.

Durch Hinzufügen einer Biegemomentenbindung im Riegel (Gelenk entfällt damit) und Einziehen eines Pendelstabes (Abb. 2.20c) erhält man wieder das gegebene System, da Abb. 2.20a und 2.20c identisch sind. Der Grad der statischen Unbestimmtheit ist $n = 2$.

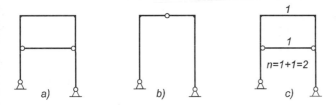

Abb. 2.20 Ermittlung der statischen Unbestimmtheit mit Aufbaukriterium

Als nächster Schritt muß ein statisch bestimmtes Grundsystem gewählt werden, das heißt, es müssen bei dem gegebenen System zwei Bindungen gelöst werden.

Allgemein gilt:

Ist ein System n-fach statisch unbestimmt, so müssen zwecks Wahl eines statisch bestimmten Grundsystems n Bindungen (innere Bindungen bzw. Auflagerbindungen) gelöst werden.

Dabei ist jedoch folgendes zu beachten:

1. Es darf nicht ein Teil des Systems statisch unbestimmt und ein Teil kinematisch (beweglich) sein.

2. Die Gleichgewichtsbedingungen müssen erfüllbar sein. Dies ist z.B. nicht der Fall bei einem Dreigelenkrahmen, dessen drei Gelenke auf *einer* Geraden liegen. Man spricht hier auch von „wackeligen" Systemen.

Das zu wählende Grundsystem soll zunächst nur die oben genannten Bedingungen erfüllen.[1] Später, im Abschnitt 2.6, wird darüber hinaus die Frage nach einer zweckmäßigen Wahl von Grundsystemen gestellt. In Abb. 2.19b bis d sind drei von vielen Möglichkeiten für die Wahl eines statisch bestimmten Grundsystems dargestellt. An den Schnittstellen sind die statisch Unbestimmten X_1 und X_2 eingezeichnet. In Abb. 2.19b sind z.B. die Biegemomentenbindung in der Riegelmitte und die Längskraftbindung im Stab $a\,b$ gelöst worden. In Abb. 2.19c wurden die Längskraftbindung des Stabes $a\,b$ und die Bindung der rechten horizontalen Auflagerkraft gelöst, in Abb. 2.19d die Biegemomentenbindung in Riegelmitte und die rechte horizontale Auflagerbindung.

---

[1] Man kann auch mit statisch unbestimmten Grundsystemen arbeiten, vgl. z.B. [5].

2.3.2 Überlagerung und Überlagerungsformel

Es soll zunächst unterstellt werden, daß die statisch Unbestimmten X_1 und X_2 bereits bekannt seien. Man erhält dann die gleichen statischen Größen wie am gegebenen 2fach statisch unbestimmten System, wenn man das statisch bestimmte Grundsystem folgendermaßen belastet:

1. mit den Einwirkungen (Belastung)
2. mit den statisch Unbestimmten X_1 und X_2

und diese Belastungszustände überlagert.

Für die in Abb. 2.19b bis d dargestellten Grundsysteme ist die Überlagerung der Einwirkungen mit X_1 und X_2 in den Abb. 2.21b und c dargestellt.

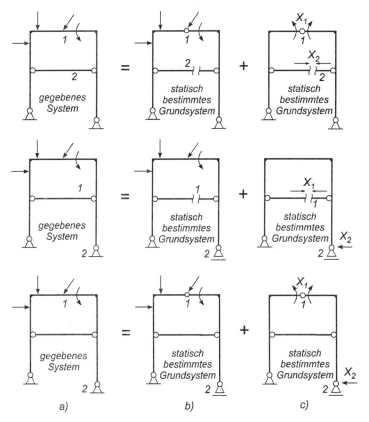

a)   b)   c)

Abb. 2.21 Überlagerung nach Kraftgrößenverfahren

29

Wird dieser Gedankengang der Überlagerung formelmäßig dargestellt, so ergibt sich z.B. für eine an einer Stelle j zu ermittelnde Querkraft:

$$Q_j = Q_{j,0} + Q_{j,1} X_1 + Q_{j,2} X_2 \qquad (2.8)$$

Es bedeuten:

Q_j Querkraft an der Stelle j des 2*fach statisch unbestimmten Systems*

$Q_{j,0}$ Querkraft an der Stelle j des *statisch bestimmten Grundsystems* infolge Einwirkungen (Zustand 0)

$Q_{j,1}$ Querkraft an der Stelle j des *statisch bestimmten Grundsystems* infolge $X_1 = 1$ (Zustand 1)

$Q_{j,2}$ Querkraft an der Stelle j des *statisch bestimmten Grundsystems* infolge $X_2 = 1$ (Zustand 2)

Für eine *beliebige* Zustandsgröße C_j an einem n-fach statisch unbestimmten System lautet die *Überlagerungsformel*:

$$\boxed{C_j = C_{j,0} + C_{j,1} X_1 + C_{j,2} X_2 + C_{j,3} X_3 + \dots C_{j,n} X_n} \qquad (2.9)$$

Auf der rechten Seite der Gleichung weist der 1. Index von C auf die Stelle, der 2. Index auf den Zustand hin.

In vereinfachter, mit den Zuständen formulierter Schreibweise ergibt sich:

$$\boxed{(w) = (0) + (1) \cdot X_1 + (2) \cdot X_2 + (3) \cdot X_3 + \dots (n) \cdot X_n} \qquad (2.9a)$$

(w) Wirklicher Zustand (am statisch unbestimmten System)

(0) Zustand am statisch bestimmten Grundsystem infolge Einwirkungen

(1) Zustand am statisch bestimmten Grundsystem infolge $X_1 = 1$

(2) Zustand am statisch bestimmten Grundsystem infolge $X_2 = 1$

$\vdots$

(n) Zustand am statisch bestimmten Grundsystem infolge $X_n = 1$

2.3.3 Verträglichkeitsbedingungen als Bestimmungs-gleichungen des Kraftgrößenverfahrens

Um die Verträglichkeitsbedingungen an den Stellen der statisch Unbe-stimmten allgemein formulieren zu können, wird definiert:

Relativverschiebungsgrößen

Relativverschiebungen   Relativverdrehungen

Mit Hilfe der Überlagerungsformel (2.9) ergeben sich für ein 2fach statisch unbestimmtes System (Abb. 2.21a) die Gleichungen für die den statisch Unbestimmten X_1 und X_2 zugeordneten Relativverschiebungsgrößen δ_1 und δ_2:

$$\delta_1 = \delta_{10} + \delta_{11}X_1 + \delta_{12}X_2 \qquad (2.10)$$

$$\delta_2 = \delta_{20} + \delta_{21}X_1 + \delta_{22}X_2 \qquad (2.11)$$

Aus der Abb. 2.21a ist jedoch ersichtlich, daß an dem gegebenen 2fach statisch unbestimmten System an den Stellen 1 und 2 keine Relativverschie-bungsgrößen auftreten können, da hier keine Bindungen gelöst sind.

Das bedeutet:

$$\delta_1 = 0$$
$$\delta_2 = 0$$

Damit folgen aus (2.10) und (2.11) die Verträglichkeitsbedingungen

$$\boxed{X_1\delta_{11} + X_2\delta_{12} + \delta_{10} = 0} \qquad (2.10\text{a})$$
$$\boxed{X_1\delta_{21} + X_2\delta_{22} + \delta_{20} = 0} \qquad (2.11\text{a})$$

Es bedeuten:

δ_{11} Relativverschiebungsgröße, die X_1 zugeordnet ist, infolge Bela-stungszustand $X_1 = 1$ am *statisch bestimmten Grundsystem*

δ_{12} Relativverschiebungsgröße, die X_1 zugeordnet ist, infolge Bela-stungszustand $X_2 = 1$ am *statisch bestimmten Grundsystem*

δ_{10} Relativverschiebungsgröße, die X_1 zugeordnet ist, infolge Ein-wirkungen am *statisch bestimmten Grundsystem*

δ_{21}, δ_{22}, δ_{20} sind analog die Relativverschiebungsgrößen, die X_2 zugeord-net sind.
Der erste Fußzeiger gibt die Zuordnung zur entsprechenden statisch Unbe-stimmten, das heißt Stelle und Art der Relativverschiebungsgröße, an, der zweite Fußzeiger gibt die Ursache der Relativverschiebungsgröße an.

Mit (2.10a) und (2.11a) stehen zwei Gleichungen zur Berechnung der statisch Unbestimmten X_1 und X_2 zur Verfügung.

Für ein n-fach statisch unbestimmtes System ergeben sich n Gleichungen (Verträglichkeitsbedingungen) und somit folgendes Gleichungsschema:

	X_1	X_2	......	X_i	......	X_k	......	X_n		
Gl. 1	δ_{11}	δ_{12}	......	δ_{1i}	......	δ_{1k}	......	δ_{1n}	δ_{10}	$= 0$
Gl. 2	δ_{21}	δ_{22}	......	δ_{2i}	......	δ_{2k}	......	δ_{2n}	δ_{20}	$= 0$
Gl. i	δ_{i1}	δ_{i2}	......	δ_{ii}	......	δ_{ik}	......	δ_{in}	δ_{i0}	$= 0$
Gl. k	δ_{k1}	δ_{k2}	......	δ_{ki}	......	δ_{kk}	......	δ_{kn}	δ_{k0}	$= 0$
Gl. n	δ_{n1}	δ_{n2}	......	δ_{ni}	......	δ_{nk}	......	δ_{nn}	δ_{n0}	$= 0$

(2.12)

Die i-te Elastizitätsgleichung lautet:

$$\boxed{X_1\delta_{i1} + X_2\delta_{i2} + ... X_i\delta_{ii} + ... X_k\delta_{ik} + ... X_n\delta_{in} + \delta_{i0} = 0}$$ (2.12a)

Es bedeuten:

δ_{ik} Relativverschiebungsgröße, die X_i zugeordnet ist, am statisch bestimmten Grundsystem infolge $X_k = 1$ (Zustand k)

δ_{i0} Relativverschiebungsgröße, die X_i zugeordnet ist, am statisch bestimmten Grundsystem infolge Einwirkungen (Zustand 0)

Nach dem Satz von *Maxwell/Betti* (vgl. [4]) gilt:

$$\boxed{\delta_{ik} = \delta_{ki}}$$

Daraus folgt, daß die Koeffizientenmatrix des Gleichungssystems symmetrisch zur Hauptdiagonale ist; vgl. (2.12).

In Matrizenschreibweise lautet z.B. das Gleichungssystem für ein 5fach statisch unbestimmtes System:

$$\begin{bmatrix} \delta_{11} & \delta_{12} & \delta_{13} & \delta_{14} & \delta_{15} \\ \delta_{21} & \delta_{22} & \delta_{23} & \delta_{24} & \delta_{25} \\ \delta_{31} & \delta_{32} & \delta_{33} & \delta_{34} & \delta_{35} \\ \delta_{41} & \delta_{42} & \delta_{43} & \delta_{44} & \delta_{45} \\ \delta_{51} & \delta_{52} & \delta_{53} & \delta_{54} & \delta_{55} \end{bmatrix} \cdot \begin{bmatrix} X_1 \\ X_2 \\ X_3 \\ X_4 \\ X_5 \end{bmatrix} = \begin{bmatrix} -\delta_{10} \\ -\delta_{20} \\ -\delta_{30} \\ -\delta_{40} \\ -\delta_{50} \end{bmatrix}$$

2.3.4 Ermittlung der Koeffizienten δ_{ik} und der Lastglieder δ_{i0} [1)]

2.3.4.1 Allgemeines

Die Ermittlung der Relativverschiebungsgrößen δ_{ik} und δ_{i0} erfolgt im allgemeinen mit Hilfe des Prinzips der virtuellen Kräfte (PvK). Die hierfür anzusetzenden virtuellen Kraftgrößenzustände sind identisch mit den bereits vorliegenden Zuständen $X_i = 1$. Wird z.B. zur Wahl eines statisch bestimmten Grundsystems an einer Stelle 1 ein Gelenk eingeführt und damit als statisch Unbestimmte ein Biegemoment X_1, so wäre zur Berechnung der Relativverdrehung δ_{10} ein virtuelles Momentenpaar der Größe 1 einzusetzen.

Wird dagegen eine Querkraft- oder Längskraftbindung gelöst und als statisch Unbestimmte X_1 eine Querkraft bzw. Längskraft eingeführt, so wäre zur Berechnung der Relativverschiebung δ_{10} die Querkraft bzw. Längskraft der Größe 1 (entspricht $X_1 = 1$) als virtueller Belastungszustand anzusetzen.

Für die Berechnung der δ_{ik}- und der δ_{i0}-Werte gilt zusammenfassend:

δ_{i0} virtuelle Belastung: $X_i = 1$

      wirkliche Belastung: Einwirkungen

δ_{ik} virtuelle Belastung: $X_i = 1$

      wirkliche Belastung: $X_k = 1$

Zur Berechnung von δ_{ii} ist demnach sowohl die virtuelle Belastung als auch die wirkliche Belastung $X_i = 1$. Den folgenden Abschnitten 2.3.4.2 und 2.3.4.3 sind die Berechnungsformeln der δ_{ik}- und der δ_{i0}-Werte zu entnehmen.

Es sei nochmals darauf hingewiesen, daß die δ_{ik}-Werte nur systemabhängig und nicht belastungsabhängig sind. Dagegen sind die Lastglieder δ_{i0} vom System *und* von der Belastung abhängig.

Manchmal ist es zweckmäßig, die δ_{i0}-Werte nicht mit Hilfe des Prinzips der virtuellen Kräfte (PvK), sondern auf Grund von geometrischen Überlegungen zu berechnen (vgl. z.B. Beispiel 2). Um hierbei zu gleichen Ergebnissen zu kommen, muß die positive Richtung der Relativverschiebungsgröße δ_{i0} mit der positiven Richtung von X_i übereinstimmen (Abb. 2.22).

[1)] Die Kenntnis des Abschnitts 7 in [4] wird vorausgesetzt.

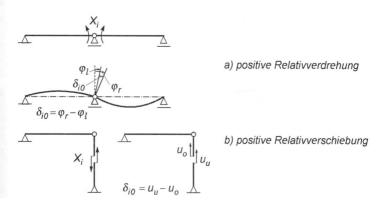

a) positive Relativverdrehung

$\delta_{i0} = \varphi_r - \varphi_l$

b) positive Relativverschiebung

$\delta_{i0} = u_u - u_o$

Abb. 2.22 Positive Relativverschiebungsgrößen

2.3.4.2 Systeme mit starrer Lagerung

a) Belastung durch Lastgrößen

Handelt es sich bei einer vorliegenden Einwirkung nur um Lasten und Lastmomente, so ergeben sich für die Berechnung der δ_{ik}- und δ_{i0}-Werte gemäß PvK folgende Gleichungen (vgl. auch [4])[1]

$$\delta_{ik} = \sum_s \int M_i \frac{M_k}{EI} dx + \sum_s \int N_i \frac{N_k}{EA} dx \qquad (2.13)$$

$$\delta_{i0} = \sum_s \int M_i \frac{M_0}{EI} dx + \sum_s \int N_i \frac{N_0}{EA} dx \qquad (2.14)$$

$\sum_s$ Summe über alle Stäbe s des Systems

$\int$ Integral über die Länge des Einzelstabes s

M_i Biegemomentenfunktion infolge (virtueller) Belastung $X_i = 1$

M_k Biegemomentenfunktion infolge (wirklicher) Belastung $X_k = 1$

M_0 Biegemomentenfunktion infolge der (wirklichen) Einwirkung

N_i, N_k, N_0 entsprechend wie M_i, M_k, M_0

---

[1] Auf den Querstrich über den Größen des virtuellen Zustandes gemäß [4] wird im folgenden verzichtet, da der virtuelle Zustand jetzt durch den Zustand i gekennzeichnet ist.

Beispiel 1

Man ermittle die Zustandslinien M und Q für den in Abb. 2.23a dargestellten Zweifeldträger. EI ist für beide Felder gleich. Die Aufgabe wird wie folgt gelöst:

1. Feststellen des Grades der statischen Unbestimmtheit (Abschnitt 2.1)

2. Wahl eines statisch bestimmten Grundsystems (Abschnitt 2.3.1)

3. Ermittlung der M-Linien für die Zustände 0 und i (am statisch bestimmten Grundsystem)

4. Berechnung der δ_{ik}- und δ_{i0}-Glieder (Abschnitt 2.3.4)

5. Aufstellen und Lösen des Gleichungssystems für X_i gemäß (2.12)

6. Ermittlung der endgültigen Zustandsgrößen:

   1. Möglichkeit: Überlagerung gemäß (2.9), Abschnitt 2.3.2.

   2. Möglichkeit: Am statisch bestimmten Grundsystem werden die Einwirkungen und gleichzeitig alle X_i angebracht. Für diesen resultierenden Zustand können die gesuchten Größen berechnet werden.

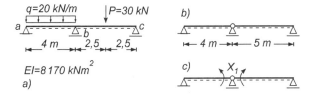

Abb. 2.23 Beispiel 1 mit statisch bestimmtem Grundsystem

Zu 1) Feststellen des Grades der statischen Unbestimmtheit:
        Nach Abschnitt 2.1 ergibt sich $n = 1$.

Zu 2) Wahl eines statisch bestimmten Grundsystems:

        Das gegebene System wird durch Einführung eines Gelenkes an der Stelle b statisch bestimmt gemacht (Abb. 2.23b). Dort wird das statisch unbestimmte Moment X_1 angetragen (Abb. 2.23c); die Stelle b wird damit auch zur Stelle 1.

Zu 3) M-Linien für die Zustände 0 und 1 (Abb. 2.24a und 2.24b).

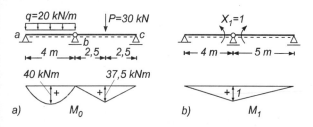

Abb. 2.24 Beispiel 1: M-Linien M_0 und M_1 für die Zustände 0 bzw. 1

Zu 4) Berechnung der Werte δ_{10} und δ_{11} mit Hilfe von (2.13) und (2.14) und der Tafel 2.1:

$$EI\,\delta_{10} = \sum_s \int M_1 M_0 \, dx$$

Stab	l (m)	M_1	M_0	$\int M_1 M_0 \, dx$
$a\,b$	4			$\dfrac{1 \cdot 40}{3} 4 = 53{,}3$
$b\,c$	5			$\dfrac{1 + 0{,}5}{6} 1 \cdot 37{,}5 \cdot 5 = 46{,}9$
				$EI\,\delta_{10} = 100{,}2$

$$EI\,\delta_{11} = \sum_s \int M_1 M_1 \, dx$$

Stab	l (m)	M_1	M_1	$\int M_1 M_1 \, dx$
$a\,b$	4			$\dfrac{1 \cdot 1}{3} 4 = 1{,}33$
$b\,c$	5			$\dfrac{1 \cdot 1}{3} 5 = 1{,}67$
				$EI\,\delta_{11} = 3{,}00$

Zu 5) Aufstellen und Lösen der Gleichung (2.12):

$$X_1\,\delta_{11} + \delta_{10} = 0$$

Tafel 2.1 Integrale $\int_0^l \overline{M}(x)\,M(x)\,\mathrm{d}x$ = Tafelwert · l

(Alle M, $\overline{M}$ sind mit Vorzeichen einzusetzen)

$i \;\vdash\!\!\xrightarrow{x}\; k$, l	$\overline{M}_i$ ◺	◿ $\overline{M}_k$	$\overline{M}$ ▭	$\overline{M}_i$ ▱ $\overline{M}_k$	$1\downarrow\;\overline{M}=\gamma\delta l$, γl, δl
▭ M	$\dfrac{\overline{M}_i M}{2}$	$\dfrac{\overline{M}_k M}{2}$	$\overline{M}M$	$\dfrac{\overline{M}_i+\overline{M}_k}{2}M$	$\dfrac{\overline{M}M}{2}$
M_i ◺	$\dfrac{\overline{M}_i M_i}{3}$	$\dfrac{\overline{M}_k M_i}{6}$	$\dfrac{\overline{M}M_i}{2}$	$\dfrac{2\overline{M}_i+\overline{M}_k}{6}M_i$	$\dfrac{1+\delta}{6}\overline{M}M_i$
◿ M_k	$\dfrac{\overline{M}_i M_k}{6}$	$\dfrac{\overline{M}_k M_k}{3}$	$\dfrac{\overline{M}M_k}{2}$	$\dfrac{\overline{M}_i+2\overline{M}_k}{6}M_k$	$\dfrac{1+\gamma}{6}\overline{M}M_k$
M_i ▱ M_k	$\overline{M}_i\dfrac{2M_i+M_k}{6}$	$\overline{M}_k\dfrac{M_i+2M_k}{6}$	$\overline{M}\dfrac{M_i+M_k}{2}$	$\dfrac{\overline{M}_i M_i+\overline{M}_k M_k}{3}+\dfrac{\overline{M}_i M_k+\overline{M}_k M_i}{6}$	$\overline{M}\left(\dfrac{1+\delta}{6}M_i+\dfrac{1+\gamma}{6}M_k\right)$
$P\downarrow\; M=\alpha\beta Pl$, αl, βl	$\dfrac{1+\beta}{6}\overline{M}_i M$	$\dfrac{1+\alpha}{6}\overline{M}_k M$	$\dfrac{\overline{M}M}{2}$	$\left(\dfrac{1+\beta}{6}\overline{M}_i+\dfrac{1+\alpha}{6}\overline{M}_k\right)M$	$\alpha\le\gamma:\ \dfrac{1-\alpha^2-\delta^2}{6\beta\gamma}\overline{M}M$ $\quad$ $\alpha\ge\gamma:\ \dfrac{1-\beta^2-\gamma^2}{6\alpha\delta}\overline{M}M$
⟲ M, αl, βl	$\dfrac{3\beta^2-1}{6}\overline{M}_i M$	$\dfrac{1-3\alpha^2}{6}\overline{M}_k M$	$\left(\dfrac{1}{2}-\alpha\right)\overline{M}M$	$\left(\dfrac{3\beta^2-1}{6}\overline{M}_i+\dfrac{1-3\alpha^2}{6}\overline{M}_k\right)M$	$\alpha\le\gamma:\ \dfrac{1-3\alpha^2-\delta^2}{6\gamma}\overline{M}M$ $\quad$ $\alpha\ge\gamma:\ \dfrac{3\beta^2+\gamma^2-1}{6\delta}\overline{M}M$
q ▭, $M=ql^2/8$ *	$\dfrac{\overline{M}_i M}{3}$	$\dfrac{\overline{M}_k M}{3}$	$2\dfrac{\overline{M}M}{3}$	$\dfrac{\overline{M}_i+\overline{M}_k}{3}M$	$\dfrac{1+\gamma\delta}{3}\overline{M}M$
q, hT, $M=-ql^2/2$ *	$\dfrac{\overline{M}_i M}{4}$	$\dfrac{\overline{M}_k M}{12}$	$\dfrac{\overline{M}M}{3}$	$\dfrac{3\overline{M}_i+\overline{M}_k}{12}M$	$\dfrac{1+\delta+\delta^2}{12}\overline{M}M$
hT, q, $M=-ql^2/2$ *	$\dfrac{\overline{M}_i M}{12}$	$\dfrac{\overline{M}_k M}{4}$	$\dfrac{\overline{M}M}{3}$	$\dfrac{\overline{M}_i+3\overline{M}_k}{12}M$	$\dfrac{1+\gamma+\gamma^2}{12}\overline{M}M$
q, $M=ql^2/6$ **	$2\dfrac{\overline{M}_i M}{15}$	$7\dfrac{\overline{M}_k M}{60}$	$\dfrac{\overline{M}M}{4}$	$\dfrac{8\overline{M}_i+7\overline{M}_k}{60}M$	$\dfrac{1+\delta}{20}\left(\dfrac{7}{3}-\delta^2\right)\overline{M}M$
q, $M=ql^2/6$ **	$7\dfrac{\overline{M}_i M}{60}$	$2\dfrac{\overline{M}_k M}{15}$	$\dfrac{\overline{M}M}{4}$	$\dfrac{7\overline{M}_i+8\overline{M}_k}{60}M$	$\dfrac{1+\gamma}{20}\left(\dfrac{7}{3}-\gamma^2\right)\overline{M}M$
q, hT, $M=-ql^2/6$ **	$\dfrac{\overline{M}_i M}{5}$	$\dfrac{\overline{M}_k M}{20}$	$\dfrac{\overline{M}M}{4}$	$\dfrac{4\overline{M}_i+\overline{M}_k}{20}M$	$\dfrac{1+\delta}{20}(1+\delta^2)\overline{M}M$
hT, q, $M=-ql^2/6$ **	$\dfrac{\overline{M}_i M}{20}$	$\dfrac{\overline{M}_k M}{5}$	$\dfrac{\overline{M}M}{4}$	$\dfrac{\overline{M}_i+4\overline{M}_k}{20}M$	$\dfrac{1+\gamma}{20}(1+\gamma^2)\overline{M}M$

hT horizontale Tangente   * quadratische Parabel   ** kubische Parabel

$$X_1 = -\frac{\delta_{10}}{\delta_{11}} = -\frac{EI\delta_{10}}{EI\delta_{11}} = -\frac{100,2}{3,00} = -33,4 \text{ kNm}$$

Hinweis: Bei gleichem EI aller Stäbe und Belastung nur durch Lastgrößen braucht EI nicht bekannt zu sein, da es in den Gleichungen gekürzt werden kann.

Zu 6)   Ermittlung der Zustandslinien:

1. *Möglichkeit*: Die Zustandslinien am gegebenen statisch unbestimmten System werden entsprechend Abschnitt 2.3.2 durch Überlagerung der Zustandslinien am statisch bestimmten Grundsystem aus den Einwirkungen (Abb. 2.25a bzw. d) und aus $M_1 \cdot X_1$ (Abb. 2.25b) bzw. $Q_1 \cdot X_1$ (Abb. 2.25e) bestimmt. Die endgültige M-Linie ist der Abb. 2.25c und die endgültige Q-Linie der Abb. 2.25f zu entnehmen.

2. *Möglichkeit*: Die Einwirkungen (Abb. 2.23a) und die ermittelte statisch Unbestimmte $X_1 = -33,4$ kNm werden gleichzeitig am statisch bestimmten Grundsystem (Abb. 2.23b) als Belastung angebracht. Daraus ergeben sich nach Anwendung des Schnittprinzips die endgültige M- und Q-Linie.

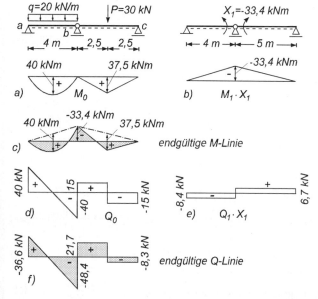

Abb. 2.25 Beispiel 1: endgültige M- und Q-Linie

b) Belastung durch Lastgrößen und andere Einwirkungen

Da die δ_{ik}-Glieder nur systemabhängig und nicht belastungsabhängig sind, gilt weiterhin (2.13). Bei den Lastgliedern δ_{i0} sind jedoch gegebenenfalls weitere Einwirkungen wie Temperatur, Anspannen eines Spannschlosses und eingeprägte Verschiebungsgrößen zu berücksichtigen:

$$\boxed{\begin{aligned}
\delta_{i0} &= \sum_s \int M_i \frac{M_0}{EI} \mathrm{d}x + \sum_s \int N_i \frac{N_0}{EA} \mathrm{d}x \\
&\quad + \sum_s \int M_i \frac{T_\mathrm{u} - T_0}{h} \alpha_T \mathrm{d}x + \sum_s \int N_i T_\mathrm{sch} \alpha_T \mathrm{d}x \\
&\quad + N_{\mathrm{sp},i}\, \delta_\mathrm{sp} + A_{\mathrm{v},i}\, \delta_\mathrm{v}^\mathrm{e} + A_{\mathrm{h},i}\, \delta_\mathrm{h}^\mathrm{e} \\
&\quad + M_i^\mathrm{E}\, \varphi^\mathrm{e} + M_{j,i}\, \phi_j^\mathrm{e}
\end{aligned}}$$

(2.15)

M_i, M_0, N_i, N_0 siehe Erläuterung zu (2.13) und (2.14)

T_u, T_o Temperaturänderung an der unteren bzw. oberen Stabseite (untere Stabseite = Seite, an der sich die „Zugfaser" befindet)

h Querschnittshöhe

α_T Temperaturdehnzahl

T_sch Temperaturänderung im Schwerpunkt des Stabquerschnitts

$N_{\mathrm{sp},i}$ Längskraft an der Stelle, an der sich ein Spannschloß befindet, im Zustand i

δ_sp Spannweg, *negativ*, wenn das Spannschloß angespannt wird

$\left.\begin{array}{l} A_{\mathrm{h},i} \\ A_{\mathrm{v},i} \end{array}\right\}$ Auflagerkräfte im Zustand i, positiv gemäß Skizze

$\left.\begin{array}{l} \delta_\mathrm{h}^\mathrm{e} \\ \delta_\mathrm{v}^\mathrm{e} \end{array}\right\}$ eingeprägte Verschiebungen an Lagern (z.B. Lagersenkung) in horizontaler bzw. vertikaler Richtung, positiv gemäß Skizze

M_i^E Einspannmoment im Zustand i, positiv entgegen Uhrzeigersinn

φ^e eingeprägte Verdrehung der Einspannung, positiv im Uhrzeigersinn

$M_{j,i}$ Moment an der Stelle j (des Knickwinkels) im Zustand i, positiv gemäß Skizze

ϕ_j^e eingeprägter Knickwinkel an der Stelle j, positiv gemäß Skizze

Beispiel 2

Für das in Beispiel 1 berechnete und in Abb. 2.23a dargestellte System sollen zwei weitere Lastfälle untersucht werden:

a) Der Träger wird an der Unter- und Oberseite unterschiedlich erwärmt (Abb. 2.26a). Querschnittshöhe und Temperaturverteilung siehe Abb. 2.26e. Die Temperaturdehnzahl beträgt: $\alpha_T = 1{,}2 \cdot 10^{-5}\ {}^\circ\mathrm{C}^{-1}$.

b) Das Lager an der Stelle c wird mit Hilfe einer Presse (Abb. 2.27a) um 0,05 m angehoben, das heißt, es tritt eine eingeprägte Verschiebung $\delta_\mathrm{v}^\mathrm{e} = -0{,}05$ m auf.

Beide Lastfälle werden getrennt behandelt. Es wird das gleiche statisch bestimmte Grundsystem wie im Beispiel 1 verwendet (Abb. 2.23b).

Fall a

Zunächst wird das Lastglied gemäß (2.15) ermittelt:

$$\delta_{10} = \sum_s \int M_1 \frac{T_\mathrm{u} - T_\mathrm{o}}{h}\, \alpha_T \,\mathrm{d}x + \sum_s \int N_1 T_\mathrm{sch}\, \alpha_T \,\mathrm{d}x$$

Da die Längskraft im Zustand 1 (infolge $X_1 = 1$) gleich Null ist, entfällt der zweite Ausdruck in der obigen Gleichung. Es ist demnach lediglich der Inhalt der Biegemomentenfläche M_1 zu bilden und mit

$$\frac{T_\mathrm{u} - T_\mathrm{o}}{h}\, \alpha_T (= konst.)$$

zu multiplizieren:

$$\delta_{10} = (4+5)\,\frac{1}{2} \cdot \frac{30 - (-15)}{0{,}24}\, 1{,}2 \cdot 10^{-5} + 0 = 10{,}1 \cdot 10^{-3}$$

$EI\delta_{11} = 3{,}00$ (wie bei Beispiel 1)

Für $EI = 8170$ kNm^2 ergibt sich

$\delta_{11} = 3{,}0\,/\,8170 = 0{,}367 \cdot 10^{-3}$

Damit folgt aus der Elastizitätsgleichung:

$$X_1 = -\frac{\delta_{10}}{\delta_{11}} = -\frac{10{,}1 \cdot 10^{-3}}{0{,}367 \cdot 10^{-3}} = -27{,}5\ \mathrm{kNm}$$

Die Zustandslinien des gegebenen statisch unbestimmten Systems infolge Lastfall Temperatur sind in Abb. 2.26c und d dargestellt.

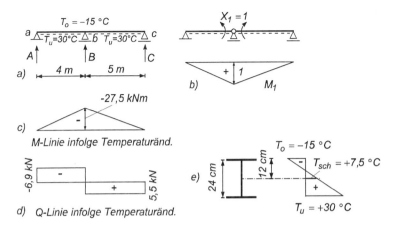

Abb. 2.26 Beispiel 2: Lastfall Temperatur

Fall b

Der Belastungszustand ist in diesem Fall eine eingeprägte Lagerverschiebung an der Stelle c (Abb. 2.27a), und zwar $\delta_v^e = -0,05$ m. Das negative Vorzeichen ergibt sich aus der Tatsache, daß die Verschiebung δ_v^e entgegen der positiv definierten Richtung verläuft. Die Verformung des statisch bestimmten Grundsystems infolge der Anhebung des rechten Lagers ist in Abb. 2.27c angegeben.

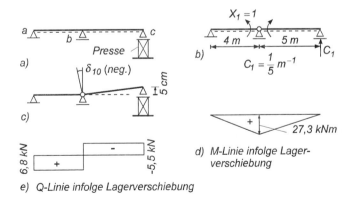

Abb. 2.27 Beispiel 2: Lastfall Lagerverschiebung

Gemäß Abb. 2.21 ist $\delta_{10} = \varphi_r - \varphi_l$. Somit kann man aus Abb. 2.27c ablesen:

$$\delta_{10} = -0{,}05 / 5{,}0 - 0 = -0{,}01 = -10 \cdot 10^{-3}$$

Man kann δ_{10} natürlich auch mit Hilfe des PvK ermitteln.

Das maßgebende Glied folgt aus (2.15):

$$\delta_{10} = C_1 \, \delta_v^e$$

Mit $C_1 = \dfrac{1}{5} \, m^{-1}$ (vgl. Abb. 2.27b) und $\delta_v^e = -0{,}05$ m wird:

$$\delta_{10} = \frac{1}{5} \, (-0{,}05) = -10 \cdot 10^{-3}$$

Mit $\delta_{11} = 0{,}367 \cdot 10^{-3}$ (wie „Fall a") folgt:

$$X_1 = -\frac{\delta_{10}}{\delta_{11}} = -\frac{-10 \cdot 10^{-3}}{0{,}367 \cdot 10^{-3}} = 27{,}3 \text{ kNm}$$

Die sich am statisch unbestimmten System ergebenden Zustandslinien sind in den Abb. 2.27d und e dargestellt.

2.3.4.3 Systeme mit elastischer Lagerung

Liegt ein System mit elastischer Lagerung (Feder) vor, so führen die Lager unter einer Belastung Verschiebungen bzw. Drehungen aus. Als Maß für die Steifigkeit einer Feder wird die Federkonstante c eingeführt. Dabei ist c jene Federkraft, die sich aus der Verschiebung 1 ergibt. Andererseits gibt der Wert $1/c$ den Federweg aufgrund der Last 1 an. Entsprechendes gilt für eine Drehfeder mit den Drehfederkonstanten $\hat{c}$. Somit gilt für elastische Lager

$$\delta = \frac{A}{c} \tag{2.16}$$

$$\text{und analog } \varphi = \frac{M^E}{\hat{c}} \tag{2.17}$$

Es bedeuten:

δ Verschiebung (gegebenenfalls Komponente der Verschiebung) des Lagers a (Skizze)

A Auflagerkraft = Federkraft (Skizze)

c Federkonstante

φ Verdrehung des drehelastischen Lagers

M^{E} Einspannmoment

$\hat{c}$ Drehfederkonstante

Die Verschiebungen δ und Verdrehungen φ nach (2.16) und (2.17) können bei Anwendung des PvK wie eingeprägte Verschiebungen und Verdrehungen betrachtet werden.

Man beachte:

Da die elastische Lagerung eine Systemeigenschaft ist, gehen die zusätzlichen virtuellen Arbeiten nicht nur bei der Berechnung der δ_{i0}-Glieder, sondern auch der δ_{ik}-Glieder ein.

Aufgrund dieser Überlagerungen erhält man für (2.13) bzw. (2.15) folgende **Zusatzglieder**:

$$\delta_{ik} = \ldots + A_i \, \frac{A_k}{c} + M_i^{\mathrm{E}} \frac{M_k^{\mathrm{E}}}{\hat{c}} \tag{2.18}$$

$$\delta_{i0} = \ldots + A_i \, \frac{A_0}{c} + M_i^{\mathrm{E}} \frac{M_0^{\mathrm{E}}}{\hat{c}} \tag{2.19}$$

A_i, A_k, A_0 Auflagerkraft im Zustand i, k bzw. 0

$M_i^{\mathrm{E}}, M_k^{\mathrm{E}}, M_0^{\mathrm{E}}$ Einspannmomente im Zustand i, k bzw. 0

Unter Berücksichtigung *aller* bisher behandelter Einflüsse ergeben sich folgende Formeln:

$$\delta_{ik} = \sum_s \int M_i \frac{M_k}{EI} \mathrm{d}x + \sum_s \int N_i \frac{N_k}{EA} \mathrm{d}x + A_i \frac{A_k}{c} + M_i^{\mathrm{E}} \frac{M_k^{\mathrm{E}}}{\hat{c}} \tag{2.18a}$$

$$\begin{aligned}
\delta_{i0} = & \sum_s \int M_i \frac{M_0}{EI} \mathrm{d}x + \sum_s \int N_i \frac{N_0}{EA} \mathrm{d}x \\
& + \sum_s \int M_i \frac{T_{\mathrm{u}} - T_{\mathrm{o}}}{h} \alpha_T \mathrm{d}x + \sum_s \int N_i T_{\mathrm{sch}} \alpha_T \mathrm{d}x \\
& + N_{\mathrm{sp},i}\, \delta_{\mathrm{sp}} + A_{\mathrm{v},i}\, \delta_{\mathrm{v}}^{\mathrm{e}} + A_{\mathrm{h},i}\, \delta_{\mathrm{h}}^{\mathrm{e}} \\
& + M_i^{\mathrm{E}}\, \varphi^{\mathrm{e}} + M_{j,i}\, \phi_j^{\mathrm{e}} \\
& + A_i \frac{A_0}{c} + M_i^{\mathrm{E}} \frac{M_0^{\mathrm{E}}}{\hat{c}}
\end{aligned} \tag{2.19a}$$

Beispiel 3

Man ermittle das Stützmoment M_b, die Auflagerkräfte und das maximale Moment in Feld 1 des in Abb. 2.28a dargestellten Systems. An den Stellen b und c befinden sich elastische Lager.[1] Angaben über die Verschiebungselastizität $1/c$ sind der Abb. 2.28a zu entnehmen. Das gewählte statisch bestimmte Grundsystem mit der statisch Unbestimmten X_1 ist in Abb. 2.28b dargestellt.

Die Werte δ_{11} und δ_{10} ergeben sich gemäß (2.13) und (2.14) sowie (2.18) und (2.19) wie folgt:

$$\delta_{11} = \sum_s \int M_1 \frac{M_1}{EI} \mathrm{d}x + B_1 \frac{B_1}{c_b} + C_1 \frac{C_1}{c_c}$$

$$\delta_{10} = \sum_s \int M_1 \frac{M_0}{EI} \mathrm{d}x + B_1 \frac{B_0}{c_b} + C_1 \frac{C_0}{c_c}$$

Da Abmessungen, Steifigkeiten und Belastung des gegebenen Beispiels mit denen des Beispiels 1 übereinstimmen (vgl. Abb. 2.28a und 2.23a), ist das erste Glied der rechten Seite der obigen Gleichungen gleich dem im Beispiel 1 errechneten Wert von δ_{11} und δ_{10}.

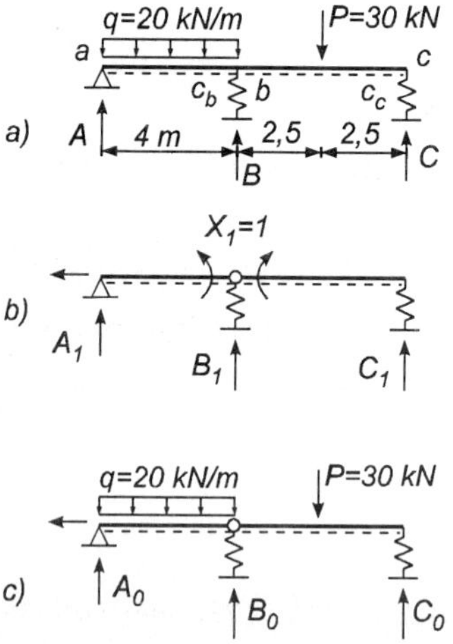

a)

$EI = 8\,170\ kNm^2$

$\frac{1}{c_b} = 7{,}5 \cdot 10^{-4}\ \frac{m}{kN}$, $\frac{1}{c_c} = 6 \cdot 10^{-4}\ \frac{m}{kN}$

b)

$A_1 = 0{,}25\ \frac{1}{m}$, $B_1 = -0{,}45\ \frac{1}{m}$

$C_1 = 0{,}20\ \frac{1}{m}$

c)

$A_0 = 40\ kN$, $B_0 = 55\ kN$

$C_0 = 15\ kN$

Abb. 2.28 Beispiel 3: Zweifeldträger mit elastischer Lagerung

---

[1] Solch ein teilweise elastisch gelagertes System ergibt sich z.B., wenn das Auflager an der Stelle a durch eine Wand gebildet wird, während der Träger an den Stellen b und c auf Unterzügen aufliegt und damit infolge deren Durchbiegung elastisch gelagert ist.

Mit den in den Abb. 2.28b und c angegebenen Auflagerkräften folgt:

$$\delta_{11} = \frac{3,00}{8170} + 0,45^2 \cdot 7,5 \cdot 10^{-4} + (0,20)^2 \cdot 6 \cdot 10^{-4} = 5,43 \cdot 10^{-4}$$

$$\delta_{10} = \frac{100,2}{8170} + (-0,45) \cdot 55 \cdot 7,5 \cdot 10^{-4} + 0,20 \cdot 15 \cdot 6 \cdot 10^{-4} = -4,5 \cdot 10^{-3}$$

$$X_1 = -\frac{\delta_{10}}{\delta_{11}} = -\frac{-4,5 \cdot 10^{-3}}{5,43 \cdot 10^{-4}} = 8,3 \text{ kNm}$$

Da als statisch Unbestimmte X_1 das Stützmoment an der Stelle b eingeführt wurde, ist $M_b = X_1 = 8,3$ kNm. Durch die elastische Lagerung ergibt sich hier ein positives Stützmoment.

Die Auflagerkräfte am gegebenen statisch unbestimmten System (Abb. 2.28a) werden mit Hilfe der Überlagerungsformel (2.9) bzw. (2.9a) ermittelt:

$$\boxed{w} = \boxed{0} + \boxed{1} \cdot X_1$$

$$A = A_0 + A_1 X_1 = 40 + 0,25 \cdot 8,3 = 42,1 \text{ kN}$$
$$B = B_0 + B_1 X_1 = 55 + (-0,45) \cdot 8,3 = 51,3 \text{ kN}$$
$$C = A_0 + A_1 X_1 = 15 + 0,20 \cdot 8,3 = 16,7 \text{ kN}$$

Das max. Moment in Feld 1 ergibt sich zu

$$\max M_{\text{Feld1}} = A^2/2q = 42,1^2/2 \cdot 20 = 44,3 \text{ kNm}$$

Berechnet man zum Vergleich das max. Moment in Feld 1 des Systems im Beispiel 1 (keine elastische Lagerung), so folgt:

$$\max M_{\text{Feld1}} = 31,6^2/2 \cdot 20 = 25 \text{ kNm}$$

Durch die elastische Lagerung vergrößert sich also das max. Feldmoment in Feld 1 fast auf das doppelte.

2.4 Weitere Beispiele

Beispiel 4

Man ermittle die Durchbiegung w_3 für den in Abb. 2.29a dargestellten 1fach statisch unbestimmten Träger.

Nach dem Reduktionssatz (vgl. [4]) kann entweder die wirkliche oder die virtuelle Belastung an einem *statisch bestimmten* System angebracht werden. Bei diesem Beispiel wird die virtuelle Belastung an dem in Abb. 2.29c dargestellten statisch bestimmten System angesetzt. Die zugehörige $\overline{M}$-Linie ist in Abb. 2.29d dargestellt. Die M-Linie der wirklichen Belastung muß, da das gegebene System nach Abb. 2.29a 1fach statisch unbestimmt ist, mit Hilfe einer statisch unbestimmten Rechnung (z.B. mit Hilfe des Kraftgrößenverfahrens) ermittelt werden. Im vorliegenden Fall kann man wegen der Übereinstimmung der Systeme und Belastungen in Abb. 2.29a und 2.23a auf die bereits im Beispiel 1 ermittelte M-Linie zurückgreifen (Abb. 2.25c).

Sie ist noch einmal in Abb. 2.29b dargestellt.

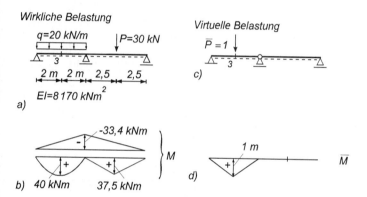

Abb. 2.29 Beispiel 4: Anwendung des Reduktionssatzes

Gemäß Reduktionssatz ergibt sich:

$$\boxed{w_3 = \sum_s \int \overline{M} \frac{M}{EI} \, dx}$$

$\overline{M}$ M-Linie infolge virtueller Belastung am statisch bestimmten Grundsystem

M M-Linie infolge wirklicher Belastung am statisch unbestimmten System

Die Auswertung der obigen Gleichung ergibt unter Beachtung der Abb. 2.29b und d sowie der Tafel 2.1:

$$w_3 = \frac{1}{8170}\left[\frac{1,5}{6}1(-33,4)\,4 + \frac{1,25}{3}1 \cdot 40 \cdot 4\right] = 0,41 \cdot 10^{-2} \text{ m}$$

Beispiel 5

Man ermittle die Zustandslinien und das maximale Feldmoment im Riegel für den in Abb. 2.30a dargestellten Rahmen.

Das System ist 2fach statisch unbestimmt. Das gewählte statisch bestimmte Grundsystem mit den beiden statisch Unbestimmten X_1 und X_2 ist in Abb. 2.30b dargestellt. Die Flächenmomente in den einzelnen Stäben sind unterschiedlich. Es sind in Abb. 2.30a nur die Verhältnisse der Flächen-

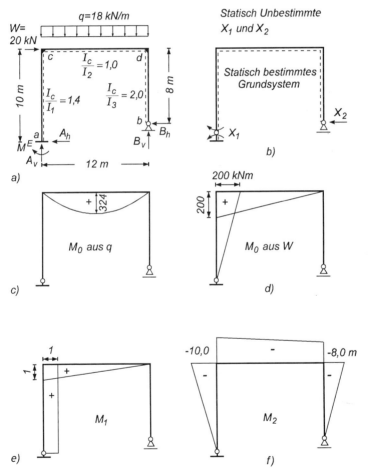

Abb. 2.30 Beispiel 5: M-Linien der Zustände 0, 1 und 2

momente angegeben, was für die statisch unbestimmte Rechnung ausreichend ist. Für die praktische Rechnung ist es sinnvoll, mit einem Vergleichsflächenmoment I_c zu arbeiten. Bei vorliegendem Beispiel wurde das Flächenmoment des Rahmenriegels als Vergleichsflächenmoment I_c gewählt. Die Verformung der Stäbe infolge Längskraft sei vernachlässigbar klein, so daß man $EA \to \infty$ setzen kann.

Ermittlung der δ_{ik}- und der δ_{i0}-Glieder:

Die für die Ermittlung der Größen δ_{ik} und δ_{i0} erforderlichen M-Linien am statisch bestimmten Grundsystem sind in den Abb. 2.30c bis f dargestellt. Die M-Linien infolge Einwirkungen sind für die beiden Lastfälle $q = 18$ kN/m und $W = 20$ kN in den Abb. 2.30c und d getrennt angegeben. Dadurch ergibt sich eine rechnerisch einfachere Auswertung der Produktintegrale mit Hilfe der Tafel 2.1.

Multipliziert man (2.13) und (2.14) mit EI_c, so ergeben sich die im folgenden verwendeten Berechnungsformeln.

$$\boxed{EI_c \delta_{11} = \sum_s \int M_1 M_1 \frac{I_c}{I} \, dx}$$

Aus Abb. 2.30e folgt:

$$EI_c \delta_{11} = 1 \cdot 1 \cdot 10 \cdot 1{,}4 + \frac{1 \cdot 1}{3} 12 = 18$$

$$\boxed{EI_c \delta_{22} = \sum \int M_2 M_2 \frac{I_c}{I} \, dx}$$

Aus Abb. 2.30f folgt:

$$EI_c \delta_{22} = \frac{10 \cdot 10}{3} 10 \cdot 1{,}4 + \left[\frac{10^2 + 8^2}{3} + \frac{(-10)(-8) + (-8)(-10)}{6} \right] 12 + \frac{8 \cdot 8}{3} 8 \cdot 2{,}0 = 1784$$

$$EI_c \delta_{12} = \sum_s \int M_1 M_2 \frac{I_c}{I} \mathrm{d}x = EI_c \delta_{21}$$

Aus den Abb. 2.30e und f folgt:

Stab	l (m)	M_1	M_2	$\int M_1 M_2 \dfrac{I_c}{I}\mathrm{d}x$
$a\,c$	10	+	−	$\dfrac{1(-10)}{2}10 \cdot 1{,}4 = -70$
$c\,d$	12	−	−	$1\dfrac{2(-10)-8}{6}12 = -56$
				$EI_c \delta_{12} = -126$

$$EI_c \delta_{10} = \sum_s \int M_1 M_0 \frac{I_c}{I} \mathrm{d}x$$

Aus den Abb. 2.30c, d, e folgt:

Stab	l (m)	M_1	M_0	$\int M_1 M_0 \dfrac{I_c}{I}\mathrm{d}x$
$a\,c$	10	+	+	$\dfrac{1 \cdot 200}{2}10 \cdot 1{,}4 = 1\,400$
$c\,d$	12	+	+	$\dfrac{1 \cdot 324}{3}12 = 1\,296$
			+	$\dfrac{1 \cdot 200}{3}12 = 800$
				$EI_c \delta_{10} = 3\,496$

$$EI_c \delta_{20} = \sum_s \int M_2 M_0 \frac{I_c}{I} \mathrm{d}x$$

Aus den Abb. 2.30c, d, f folgt:

Stab	l (m)	M_2	M_0	$\int M_2 M_0 \dfrac{I_c}{I}\mathrm{d}x$
$a\,c$	10	−	+	$\dfrac{(-10)200}{3}10 \cdot 1{,}4 = -9\,333{,}3$
$c\,d$	12	−	+	$\dfrac{-10-8}{3}324 \cdot 12 = -23\,328$
			+	$\dfrac{2(-10)-8}{6}200 \cdot 12 = -11\,200$
				$EI_c \delta_{20} = -43\,861{,}3$

Die Elastizitätsgleichungen lauten:

$$X_1 \delta_{11} + X_2 \delta_{12} + \delta_{10} = 0$$

$$X_1 \delta_{21} + X_2 \delta_{22} + \delta_{20} = 0$$

Als allgemeine Lösungen ergeben sich:

$$\boxed{X_1 = \frac{-\delta_{10} \delta_{22} + \delta_{20} \delta_{12}}{\delta_{11} \delta_{22} - \delta_{12}^2}} \tag{2.20}$$

$$\boxed{X_2 = \frac{-\delta_{20} \delta_{11} + \delta_{10} \delta_{12}}{\delta_{11} \delta_{22} - \delta_{12}^2}} \tag{2.21}$$

Multipliziert man Zähler und Nenner der rechten Seiten mit EI_c und setzt die zuvor zahlenmäßig ermittelten Werte für $EI_c \delta_{ik}$ und $EI_c \delta_{i0}$ ein, so folgt:

$$X_1 = \frac{-3\,496 \cdot 1\,784 + (-43\,861) \cdot (-126)}{18 \cdot 1\,784 - 126^2} = -43,8 \text{ kNm}$$

$$X_2 = \frac{-(-43\,861) \cdot 18 + 3\,496 \cdot (-126)}{18 \cdot 1\,784 - 126^2} = 21,5 \text{ kN}$$

Zur Ermittlung der endgültigen Zustandslinien wird wie folgt vorgegangen.

1. Ermittlung der Momente an markanten Punkten mit Hilfe der Überlagerungsformel (2.9a):

$$\boxed{\textcircled{w} = \textcircled{0} + \textcircled{1} \cdot X_1 + \textcircled{2} \cdot X_2}$$

Die Werte für die Glieder der obigen Gleichung sind den Abb. 2.30c bis f zu entnehmen. Man achte jedoch darauf, daß die M-Linie infolge Zustand 0 aus den beiden Anteilen in Abb. 2.30c *und* d besteht.

$$M_a = 0 + 1 \cdot (-43,8) + 0 \cdot 2,14 = -43,8 \text{ kNm}$$

$$M_c = 200 + 1 \cdot (-43,8) + (-10) \cdot 21,5 = -58,8 \text{ kNm}$$

$$M_d = 0 + 0 \cdot (-43,8) + (-8) \cdot 21,5 = -172 \text{ kNm}$$

Wird zwischen den beiden Eckmomenten an den Stellen 3 und 4 eine Parabel von der Größe $q \cdot l^2/8 = 18 \cdot 12^2/8 = 324$ kNm eingehängt, so ergibt sich die endgültige Momentenlinie entsprechend Abb. 2.32b.

2. Ermittlung der Querkräfte mit Hilfe der Formeln in Tafel 2.2:

$$Q_a = (-59,2 + 43,8)/10 = -1,5 \text{ kN} = Q_{ca}$$

$$Q_b = (0 + 172)/8 = 21,5 \text{ kN} = Q_{db}$$

$$Q_{cd} = 18 \cdot 12/2 + (-172 + 58,8)/12 = 108 - 9,4 = 98,6 \text{ kN}$$

$$Q_{dc} = -108 - 9,4 = -117,4 \text{ kN}$$

$$\max M_{\text{Riegel}} = \frac{Q_{cd}^2}{2q} + M_c = \frac{98,6^2}{2 \cdot 18} - 59,2 = 210,9 \text{ kNm}$$

Die Querkraftlinie ist in Abb. 2.32c dargestellt.

3. Ermittlung der Längskräfte unter Anwendung des Schnittprinzips am statisch bestimmten Grundsystem mit den resultierenden Lasten (Abb. 2.31). Es ergeben sich:

$$N_a = N_{ca} = -98,6 \text{ kN}$$

$$N_{cd} = N_{dc} = -21,5 \text{ kN}$$

$$N_b = N_{db} = -117,4 \text{ kN}$$

Die N-Linie ist in Abb. 2.32d dargestellt.

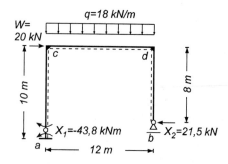

Abb. 2.31 Beispiel 5: statisch bestimmtes Grundsystem mit resultierendem Lastfall

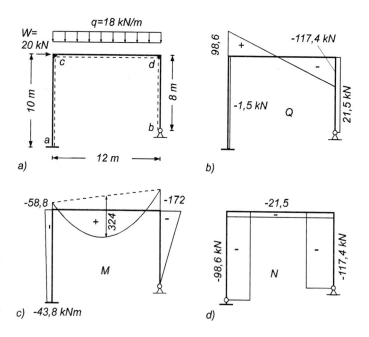

Abb. 2.32 Beispiel 5: Endgültige Zustandslinien

Tafel 2.2 Querkräfte eines geraden Stabes

1	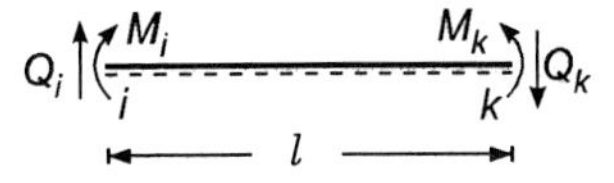	$Q_i = \dfrac{1}{l}(M_k - M_i)$ $Q_k = \dfrac{1}{l}(M_k - M_i)$
2	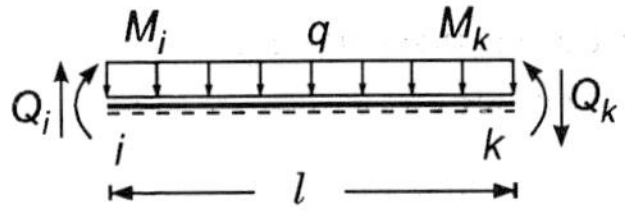	$Q_i = q\dfrac{l}{2} + \dfrac{1}{l}(M_k - M_i)$ $Q_k = -q\dfrac{l}{2} + \dfrac{1}{l}(M_k - M_i)$
3	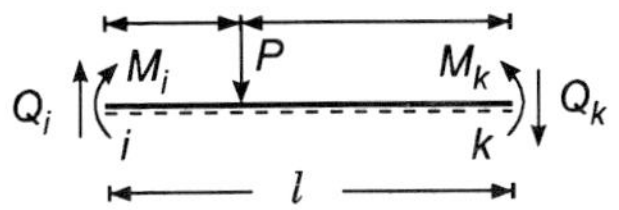	$Q_i = P\dfrac{b}{l} + \dfrac{1}{l}(M_k - M_i)$ $Q_k = -P\dfrac{a}{l} + \dfrac{1}{l}(M_k - M_i)$
4	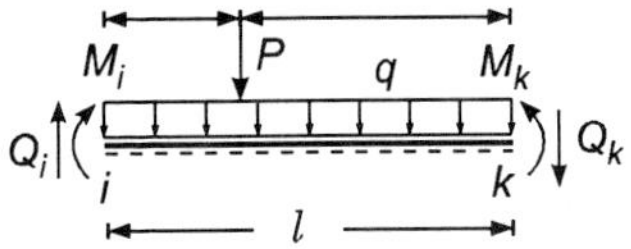	$Q_i = q\dfrac{l}{2} + P\dfrac{b}{l} + \dfrac{1}{l}(M_k - M_i)$ $Q_k = -q\dfrac{l}{2} - P\dfrac{a}{l} + \dfrac{1}{l}(M_k - M_i)$
5	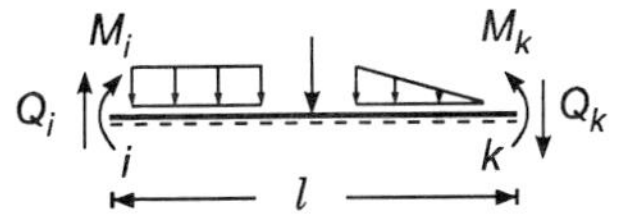	$Q_i = Q_k^* + \dfrac{1}{l}(M_k - M_i)$ $Q_k = Q_i^* + \dfrac{1}{l}(M_k - M_i)$

Q_i^* bzw. Q_k^* ist die Querkraft an der Stelle i bzw. k eines Trägers auf zwei Stützen infolge beliebig gegebener Lasten.

Beispiel 6

Das im Beispiel 5 berechnete System (Abb. 2.30a) sei an der Stelle a nicht starr, sondern *elastisch* eingespannt (Abb. 2.33). Man stelle die zusätzlichen Anteile fest, die sich auf Grund der elastischen Einspannung bei den δ_{ik}- und δ_{i0}-Werten ergeben, wenn das gleiche statisch bestimmte Grundsystem wie in Abb. 2.30b gewählt wird.

Die elastische Einspannung ist durch den Wert $1/\bar{c}$ charakterisiert (Abb. 2.33). Berücksichtigung findet eine elastische Einspannung durch die folgenden Zustandsglieder, vgl. (2.18) und (2.19):

$$\delta_{ik} = \ldots + M_i^E \frac{M_k^E}{\hat{c}}$$

$$\delta_{i0} = \ldots + M_i^E \frac{M_0^E}{\hat{c}}$$

Um diese zusätzlichen Anteile infolge elastischer Einspannung zu berechnen, müssen die Einspannmomente am statisch bestimmten Grundsystem in den Zuständen 1, 2 und 0 ermittelt werden.

Aus Abb. 2.30c und d folgt:

$$M_0^E = 0$$

Aus Abb. 2.30e ist zu ersehen:

$$M_1^E = 1$$

Aus Abb. 2.30f folgt:

$$M_2^E = 0$$

Außer dem Wert $M_1^E = 1$ sind sämtliche Einspannmomente am statisch bestimmten Grundsystem gleich null. Damit gibt es nur im Glied δ_{11} einen zusätzlichen Anteil infolge elastischer Einspannung:

$$\delta_{11} = M_1^E \frac{M_1^E}{\hat{c}} = 1 \cdot 1 \cdot 0{,}002 = 0{,}002$$

Man beachte:

Für die weitere Berechnung des elastisch gelagerten Systems reicht es jetzt nicht mehr aus, wenn – wie in Beispiel 5 – nur die Verhältnisse der Flächenmomente der einzelnen Stäbe bekannt sind (Abb. 2.30a). Es muß die Größe $EI_c = EI_{\text{Riegel}}$ bekannt sein, das heißt, zunächst mit Hilfe einer Vordimensionierung geschätzt werden.

Im vorliegenden Beispiel ist dann der ermittelte Wert für $\delta_{11} = 0{,}002$ mit $EI_{\text{Riegel}} = EI_c$ zu multiplizieren und zu dem im Beispiel 5 errechneten Wert von $EI_c \delta_{11} = 18$ zu addieren. Die sich neu ergebenden Elastizitätsgleichungen sind nach X_1 und X_2 aufzulösen. Der weitere Rechnungsgang ergibt sich dann analog den im Beispiel 5 durchgeführten Arbeitsgängen.

Für z.B. einen Wert $EI_c = EI_{\text{Riegel}} = 52\,850$ kNm^2 ergibt sich:

$$EI_c \delta_{11} = 52\,850 \cdot 0{,}002 = 105{,}7$$

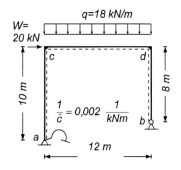

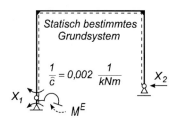

Abb. 2.33 Beispiel 6: Rahmen mit Drehfeder

Abb. 2.34 Beispiel 6: Stat. best. Grundsystem mit stat. Unbestimmten

Somit folgt:

$EI_c\,\delta_{11} = 18 + 105{,}7 = 123{,}7$

Alle anderen $EI_c\delta_{i0}$- und $EI_c\delta_{ik}$-Werte sind dem Beispiel 5 zu entnehmen.

EI_c-fache Elastizitätsgleichungen:

$X_1\,123{,}7 + X_2\,(-126) + 3\,500 = 0$

$X_1\,(-126) + X_2\,1\,784 - 43\,861 = 0$

Lösungen:

$X_1 = -3{,}50$ kNm; $\quad X_2 = 24{,}3$ kN

Beispiel 7

Gegeben ist ein unterspannter Träger nach Abb. 2.35a. Für den Träger selbst und für den Stab 3 gilt $EA \to \infty$. Es sind folgende Teilaufgaben zu lösen:

1. Man ermittle die Zustandslinien für die Einwirkung „halbseitige Belastung q" gemäß Abb. 2.35a.

2. Man ermittle die Zustandslinien, wenn das Spannschloß im Stab 1 um 2 cm angespannt wird (Lastfall Vorspannung).

3. Wie muß das Spannschloß angespannt werden, damit das Biegemoment im Träger infolge Belastungszustand q an der Stelle $x = 2{,}0$ m um 50 % verkleinert wird?

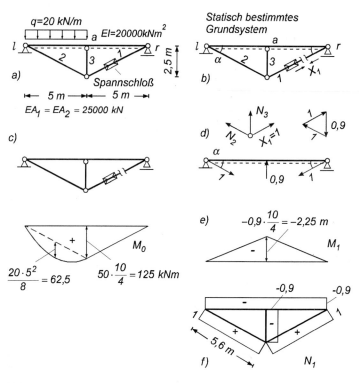

Abb. 2.35 Beispiel 7: Zustandslinien in den Zuständen 0 und 1

Teilaufgabe 1

Das System ist 1fach statisch unbestimmt, was mit Hilfe des Aufbaukriteriums schnell feststellbar ist. Das System wäre z.B. ohne den Stab 1 statisch bestimmt, da es sich dann um einen Träger auf zwei Stützen mit angehängtem (statisch bestimmtem) Fachwerk handelt. Durch das Einziehen *eines* Pendelstabes (Stab 1) wird das System 1*fach* statisch unbestimmt.

Das gewählte statisch bestimmte Grundsystem mit der statisch Unbestimmten X_1 (Längskraft im Stab 1) ist in Abb. 2.35c dargestellt.

Für die Berechnung der Glieder δ_{10} und δ_{11} sind die erforderlichen Zustandslinien am statisch bestimmten Grundsystem aus den Abb. 2.35c bis f ersichtlich. Die M- und N-Linie infolge $X_1 = 1$ wurde mit Hilfe der

„Rundschnitte" in Abb. 2.35d errechnet und in den Abb. 2.35e und f dargestellt.[1)]

Aus (2.13) folgt:

$$EI\delta_{11}1 = \sum_s \int M_1^2 dx + \sum_s \int N_1^2 \frac{I}{A} dx$$

Unter Beachtung, daß im Träger und im Stab 3 gilt: $EA \to \infty$, gehen bei der obigen Gleichung nur die Längskraftanteile der Stäbe 1 und 2 ein. Mit $EI/EA = I/A = 0{,}8$ folgt gemäß Abb. 2.35e und f und Tafel 2.1:

$$EI\delta_{11} = \frac{2{,}25 \cdot 2{,}25}{3} 5 \cdot 2 + 1 \cdot 1 \cdot 5{,}6 \cdot 0{,}8 \cdot 2 = 16{,}88 + 8{,}96 = 25{,}84$$

Aus (2.14) folgt, wenn nur die Glieder, die ungleich null sind, angeschrieben werden:

$$EI\delta_{10} = \sum_s \int M_1 M_0 dx$$

Unter Beachtung, daß sich M_0 aus der Parabel *und* dem Dreieck der Abb. 2.35b zusammensetzt, ergibt sich mit M_1 gemäß Abb. 2.35e und Tafel 2.1:

$$EI\delta_{10} = \frac{(-2{,}25)62{,}5}{3} 5 + \frac{(-2{,}25)125}{3} 5 \cdot 2 = -1\,171{,}9$$

Die Elastizitätsgleichung lautet somit:

$$X_1 \cdot 25{,}84 + (-1\,171{,}9) = 0; \quad X_1 = 1\,171{,}9/25{,}84 = 45{,}4 \text{ kN}$$

Zur Ermittlung der Zustandslinie für das gegebene statisch 1fach unbestimmte System werden einige Schnittgrößen an markanten Stellen mit Hilfe der Überlagerungsformel (2.9a) errechnet:

$$M_a = 125 + (-2{,}25) \cdot 45{,}4 = 22{,}9 \text{ kNm}$$

$$Q_{la} = 20 \cdot 5 \cdot 0{,}75 + (-0{,}45) \cdot 45{,}4 = 54{,}6 \text{ kN}$$

$$Q_{al} = 75 - 20 \cdot 5 + (-0{,}45) \cdot 45{,}4 = -45{,}4 \text{ kN}$$

$$Q_{ar} = -25 + 0{,}45 \cdot 45{,}4 = -4{,}6 \text{ kN}$$

Die M- bzw. Q-Linie ist in Abb. 236b bzw. d dargestellt.

Da infolge Belastung am statisch bestimmten Grundsystem keine Längskräfte auftreten, ergibt sich die N-Linie am 1fach statisch unbestimmten System, indem die N-Linie im Zustand 1 (Abb. 2.35f) mit $X_1 = 45{,}4$ kN multipliziert wird (Abb. 2.36c).

[1)] Einzelheiten über die Ermittlung von Zustandslinien eines statisch bestimmten unterspannten Trägers sind [1] zu entnehmen.

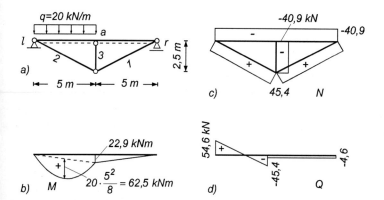

Abb. 2.36 Beispiel 7: endgültige Zustandslinien (Teilaufgabe 1)

Teilaufgabe 2

Die Einwirkung besteht aus dem Anspannen des Spannschlosses um 2 cm, das heißt $\delta_{sp} = -0,02$ m.

Das Glied $EI\delta_{11}$ ändert sich gegenüber Teilaufgabe 1 nicht und beträgt:

$EI\delta_{11} = 25,84$

$\delta_{11} = 25,84/20\,000 = 1,292 \cdot 10^{-3}$

Das Lastglied folgt aus (2.15)

$\delta_{10} = N_{sp,1}\,\delta_{sp}$

$N_{sp,1}$ ist die Längskraft an der Stelle des Spannschlosses im Zustand 1. Somit ist:

$\delta_{10} = 1(-0,02) = -0,02 = -20 \cdot 10^{-3}$

$X_1 = -\dfrac{-20 \cdot 10^{-3}}{1,292 \cdot 10^{-3}} = 15,5$ kN

Die Zustandslinien am gegebenen 1fach statisch unbestimmten System infolge Lastfall Vorspannung ergeben sich wiederum aus der Überlagerungsformel (2.9a):

$\circled{w} = \circled{0} + \circled{1} \cdot X_1$

Da alle statischen Größen am statisch bestimmten Grundsystem gleich null sind, wenn das Spannschloß bewegt wird,[1] folgt:

$$\textcircled{w} = \textcircled{1} \cdot X_1$$

Man erhält also die M- bzw. N-Linie, wenn man die Ordinaten der Abb. 2.35e bzw. f mit $X_1 = 15{,}5$ kN multipliziert. Im Hinblick auf die 3. Teilaufgabe soll speziell das Biegemoment an der Stelle $x = 2{,}0$ m ermittelt werden:

$$M(x = 2{,}0) = -2{,}25 \cdot \frac{2{,}0}{5{,}0} \cdot 15{,}5 = -14 \text{ kNm}$$

Die Ermittlung der Q-Linie ergibt sich, wenn man von Abb. 2.35d ausgeht. Der hier herausgeschnittene Träger ist mit den Stabkräften der Unterspannung infolge $X_1 = 1$ belastet. Multipliziert man die mittlere Kraft mit $X_1 = 15{,}5$ kN, so ergibt sich die Q-Linie wie bei einem Träger auf zwei Stützen, der in der Mitte mit einer Kraft $P = 0{,}9 \cdot 15{,}5 = 14$ kN (P wirkt von unten nach oben!) belastet ist.[2]

Teilaufgabe 3

Das Biegemoment an der Stelle $x = 2{,}0$ m aus Belastungszustand q ergibt sich z.b. aus einem „Gedankenschnitt" beim System der Abb. 2.36a zu:

$$M(x = 2{,}0 \text{ m}) = 54{,}6 \cdot 2 - 20 \cdot 2^2 / 2 = 69{,}2 \text{ kNm}$$

Um die gestellte Aufgabe zu lösen, muß das Spannschloß so angespannt werden, daß an der Stelle $x = 2{,}0$ m ein Biegemoment

$$M(x = 2{,}0 \text{ m}) = -34{,}6 \text{ kNm entsteht.}$$

Verwendet man die in Teilaufgabe 2 ermittelten Ergebnisse, so ergibt sich die Lösung der Teilaufgabe 3 mit Hilfe eines Dreisatzes. In Teilaufgabe 2 wurde das Biegemoment an der Stelle $x = 2{,}0$ infolge Anspannens von 2 cm ermittelt zu:

$$M(x = 2{,}0) = -14 \text{ kNm}$$

Aus dem Dreisatz folgt:

2 cm anspannen ergibt ein $M(x = 2{,}0 \text{ m}) = -14$ kNm

κ cm anspannen ergibt ein $M(x = 2{,}0 \text{ m}) = -34{,}6$ kNm

---

[1] Diese Tatsache ist leicht einzusehen, wenn man Abb. 2.35c betrachtet. Ein Anspannen oder Nachlassen der Anspannung beim Spannschloß wirkt sich nicht auf das übrige System aus, da der Stab 1 geschnitten ist.

[2] Die an den beiden Lagern wirkenden Stabkräfte haben auf die Q-Linie keinen Einfluß, da die vertikalen Komponenten unmittelbar in die Auflager abgeleitet werden.

$$\kappa = 2\,\frac{34{,}6}{14} = 4{,}94\ \text{cm}$$

Das Spannschloß muß also um 4,94 cm angespannt werden, damit das Biegemoment infolge Belastungszustand q an der Stelle $x = 2{,}0$ m um 50 % verringert wird.

Beispiel 8

Man ermittle die statisch Unbestimmte X_1 (Einspannmoment M_a^{E}) infolge der Einwirkung eingeprägte Lagerdrehung $\varphi_a^{\mathrm{e}} = 1$ (Abb. 2.37a).

Das System in Abb. 2.37a ist 1fach statisch unbestimmt. Als statisch bestimmtes Grundsystem wird ein Träger auf zwei Stützen gewählt (Abb. 2.37b). Aus Abb. 2.37b und Tafel 2.1 folgt:

$$\delta_{11} = \frac{1 \cdot 1}{3}\,l\,\frac{1}{EI} = \frac{l}{3EI}$$

Das Glied δ_{10} folgt aus (2.15):

$$\delta_{10} = M_1^{\mathrm{E}}\,\varphi_a^{\mathrm{e}}$$

M_1^{E} Einspannmoment im Zustand 1 (positiv entgegen dem Uhrzeigersinn)

φ_a^{e} eingeprägte Lagerdrehung (positiv im Uhrzeigersinn)

Mit den entsprechenden Werten der Abb. 2.37b und c ergibt sich:

$$\delta_{10} = (-1)(-1) = 1$$

Damit folgt:

$$X_1 = -\frac{\delta_{10}}{\delta_{11}} = -\frac{3EI}{l}$$

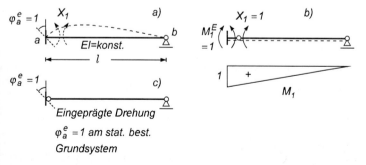

Abb. 2.37 Beispiel 8: Lastfall eingeprägte Lagerdrehung

Beispiel 9

An einem weiteren Beispiel soll für einen beidseitig eingespannten, 2fach statisch unbestimmten Träger (Abb. 2.38a) gezeigt werden, wie die Stabendbiegemomente infolge einer eingeprägten Stabdrehung zu ermitteln sind.

Dem Träger der Abb. 2.38a sei eine Stabdrehung $\vartheta^e = 1$ eingeprägt. Als statisch Unbestimmte werden die Stabendbiegemomente X_1 und X_2 eingeführt (Abb. 2.38b).

Damit folgt aus Abb. 2.38c:

$$\delta_{11} = \frac{1 \cdot 1}{3} l \frac{1}{EI} = \frac{l}{3EI}; \quad \delta_{22} = \frac{l}{3EI}$$

$$\delta_{12} = \delta_{21} = \frac{1 \cdot 1}{6} l \frac{1}{EI} = \frac{l}{6EI}$$

Aus Abb. 2.38b liest man unter Berücksichtigung der allgemeinen Definition $\delta = \varphi_r - \varphi_l$ ab (φ ist im Uhrzeigersinn drehend positiv einzusetzen):

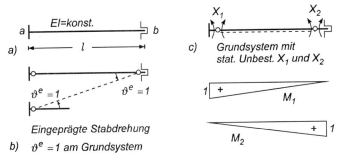

Abb. 2.38 Beispiel 9: Lastfall eingeprägte Stabdrehung

Lager a:

$$\delta_{10} = -1 - 0 = -1$$

Lager b:

$$\delta_{20} = 0 - (-1) = 1$$

Gleichungen:

$$X_1 \frac{l}{3EI} + X_2 \frac{l}{6EI} - 1 = 0$$

$$X_1 \frac{l}{6EI} + X_2 \frac{l}{3EI} + 1 = 0$$

$$X_1 = \frac{6EI}{l}; \quad X_2 = -\frac{6EI}{l}$$

2.5 Dreimomentengleichung

2.5.1 Allgemeines

Im folgenden wird ein Durchlaufträger über 8 Felder [1] betrachtet (Abb. 2.39a), für den gelten soll:

1. Alle Stützpunkte sind starr gelagert.
2. Alle auftretenden Lasten wirken senkrecht zur Stabachse.
3. Die Biegesteifigkeit EI ist feldweise konstant.

Als statisch Unbestimmte werden die Biegemomente an den Stützen (Stützmomente) eingeführt (Abb. 2.39b).

Da es sich um ein 7fach statisch unbestimmtes System handelt, ergeben sich 7 Elastizitätsgleichungen. Aus den in Abb. 2.39c dargestellten M-Linien infolge $X_1 = 1$ bis $X_5 = 1$ ersieht man, daß etliche δ_{ik}-Werte gleich

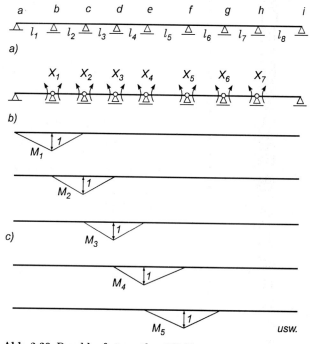

Abb. 2.39 Durchlaufträger über 8 Felder

---

[1] Die hier angestellten Überlegungen gelten auch für n-feldrige Durchlaufträger.

null werden. Betrachtet man z.B. die 3. Gleichung, so ergibt sich aus Abb. 2.39c, daß nur die Beiwerte δ_{32}, δ_{33} und δ_{34} einen Wert *ungleich* null haben. Die Beiwerte δ_{31}, δ_{35}, δ_{36} und δ_{37} sind *gleich* null, da sich die entsprechenden M-Linien nicht überdecken und somit die Produktintegration den Wert null ergibt. Die 3. Gleichung lautet demnach:

$$X_2\,\delta_{32} + X_3\,\delta_{33} + X_4\,\delta_{34} + \delta_{30} = 0 \tag{2.22}$$

Es liegt also eine 3gliedrige Gleichung vor. Das Gleichungssystem hat folgendes Aussehen:

	X_1	X_2	X_3	X_4	X_5	X_6	X_7		
Gl. 1	δ_{11}	δ_{12}	0	0	0	0	0	δ_{10}	$= 0$
Gl. 2	δ_{21}	δ_{22}	δ_{23}	0	0	0	0	δ_{20}	$= 0$
Gl. 3	0	δ_{32}	δ_{33}	δ_{34}	0	0	0	δ_{30}	$= 0$
Gl. 4	0	0	δ_{43}	δ_{44}	δ_{45}	0	0	δ_{40}	$= 0$
Gl. 5	0	0	0	δ_{54}	δ_{55}	δ_{56}	0	δ_{50}	$= 0$
Gl. 6	0	0	0	0	δ_{65}	δ_{66}	δ_{67}	δ_{60}	$= 0$
Gl. 7	0	0	0	0	0	δ_{76}	δ_{77}	δ_{70}	$= 0$

Diese Übersicht zeigt, daß die erste und letzte Gleichung 2gliedrig und alle anderen Gleichungen 3gliedrig sind. Da als statisch Unbestimmte Biegemomente gewählt wurden und in jeder Gleichung demzufolge maximal *drei* Biegemomente auftreten, spricht man von *Dreimomentengleichungen*.

2.5.2 Dreimomentengleichung für gleiches EI in allen Feldern

Es werden Durchlaufträger behandelt, die über den *gesamten* Träger ein konstantes EI haben. Rechnet man z.B. die δ_{ik}-Werte (2.22) aus, so ergibt sich nach Abb. 2.39c und Tafel 2.1:

$$\delta_{32} = \frac{1 \cdot 1}{6}\, l_3\, \frac{1}{EI} = \frac{l_3}{6\,EI}$$

$$\delta_{33} = \left(\frac{1 \cdot 1}{3}\, l_3 + \frac{1 \cdot 1}{3}\, l_4\right) \frac{1}{EI} = \frac{1}{3\,EI}(l_3 + l_4)$$

$$\delta_{34} = \frac{1 \cdot 1}{6}\, l_4\, \frac{1}{EI} = \frac{l_4}{6\,EI}$$

Es wird daran erinnert, daß es sich bei dem belastungsabhängigen Glied δ_{30} um die Differenz der Querschnittsdrehwinkel an der Stelle d (hier gleichzeitig Stelle 1) des statisch bestimmten Grundsystems infolge einer Einwirkung handelt:

$$\delta_{30} = \varphi_r - \varphi_l \text{ [1]}$$

Setzt man die errechneten Glieder in (2.22) ein, so erhält man:

$$X_2 \frac{l_3}{6EI} + X_3 \frac{1}{3EI}(l_3 + l_4) + X_4 \frac{l_4}{6EI} + \varphi_r - \varphi_l = 0$$

Multipliziert man die Gleichung mit $6\,EI$ und führt man folgende Abkürzungen ein:

$$6EI\,\varphi_l = -R_3\,l_3; \quad 6EI\,\varphi_r = L_4\,l_4, \tag{2.23}$$

so folgt:

$$X_2\,l_3 + 2\,X_3(l_3 + l_4) + X_4\,l_4 = -R_3\,l_3 - L_4\,l_4$$

Für zwei beliebige benachbarte Felder gemäß den Bezeichnungen der Abb. 2.40 lautet die obige Gleichung:

$$\boxed{M_l\,l_l + 2M_m(l_l + l_r) + M_r\,l_r = -R_l\,l_l - L_r\,l_r} \tag{2.24}$$

R_l Rechtes Belastungsglied des *linken* Feldes $\left.\right\}$ anschauliche Bedeutung von
L_r Linkes Belastungsglied des *rechten* Feldes $\left.\right\}$ $R_l,\ L_r$ siehe Tafel 2.3 oben

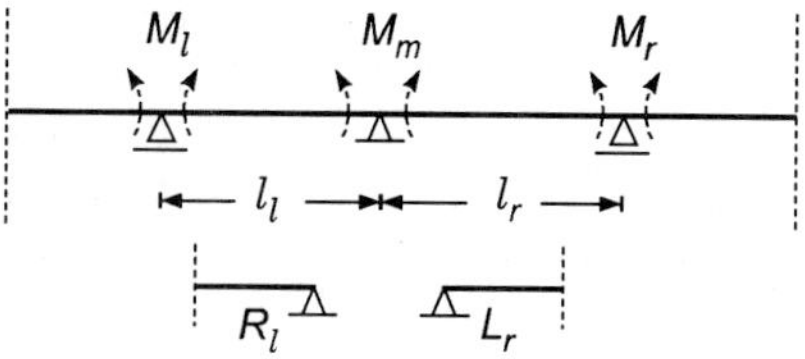

Abb. 2.40 Bezeichnungen bei der Dreimomentengleichung

(2.24) ist die allgemeine Form der *Dreimomentengleichung* und wird auch Clapeyronsche Gleichung [2] genannt.

Für einen n-fach statisch unbestimmten Durchlaufträger lassen sich n Dreimomentengleichungen entsprechend (2.24) aufstellen, aus denen die Stützmomente zu errechnen sind.

Die sogenannten Belastungsglieder R und L nach (2.23) sind für die verschiedenen Belastungsfälle in Tafel 2.3 zusammengestellt.

---

[1] Da es sich bei dem gewählten Grundsystem nach Abb. 2.39b um lauter aneinandergereihte Träger auf zwei Stützen handelt, sind die Winkel φ jeweils Enddrehwinkel eines Trägers auf zwei Stützen.

[2] *Clapeyron*, französischer Ingenieur (1799-1864)

Tafel 2.3 Belastungsglieder

$\alpha = a/l; \quad \beta = b/l; \quad \gamma = c/l$		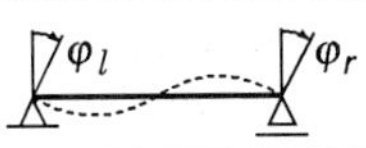 $\varphi_l \qquad \varphi_r \quad \varphi_l = L \cdot l/6EI$ $\varphi_r = -R \cdot l/6EI$	
Nr.	**Belastungsfall**	**L**	**R**
1	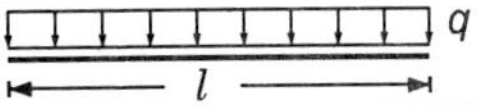 q, l	$ql^2/4$	$ql^2/4$
2	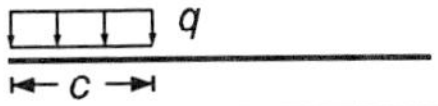 q, c	$qc^2(1-0{,}5\gamma)^2$	$qc^2(0{,}5-0{,}25\gamma^2)$
3	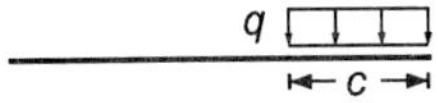 q, c	$qc^2(0{,}5-0{,}25\gamma^2)$	$qc^2(1-0{,}5\gamma)^2$
4	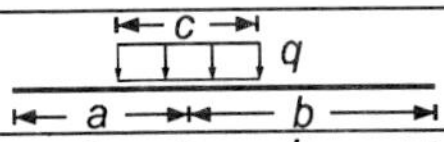 c, q, a, b	$qbc(1-\beta^2-\dfrac{1}{4}\gamma^2)$	$qac(1-\alpha^2-\dfrac{1}{4}\gamma^2)$
5	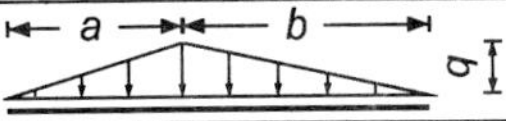 a, b, q	$\dfrac{ql^2}{60}(1+\beta)(7-3\beta^2)$	$\dfrac{ql^2}{60}(1+\alpha)(7-3\alpha^2)$
6	$a=b=l/2$	$5ql^2/32$	$5ql^2/32$
7	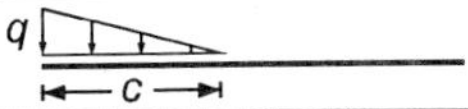 q, c	$\dfrac{qc^2}{3}(1-0{,}75\gamma+0{,}15\gamma^2)$	$\dfrac{qc^2}{6}(1-0{,}3\gamma^2)$
8	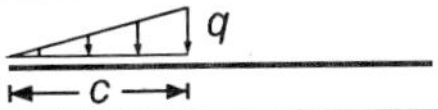 q, c	$\dfrac{qc^2}{3}(2-2{,}25\gamma+0{,}6\gamma^2)$	$\dfrac{qc^2}{3}(1-0{,}6\gamma^2)$
9	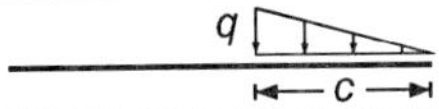 q, c	$\dfrac{qc^2}{3}(1-0{,}6\gamma^2)$	$\dfrac{qc^2}{3}(2-2{,}25\gamma+0{,}6\gamma^2)$
10	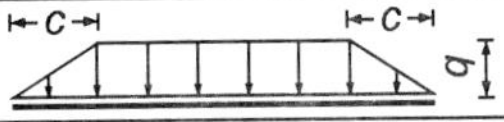 c, c, q	$\dfrac{ql^2}{4}(1-2\gamma^2+\gamma^3)$	$\dfrac{ql^2}{4}(1-2\gamma^2+\gamma^3)$
11	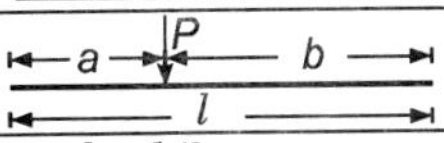 a, P, b, l	$\dfrac{Pab}{l}(1+\beta)$	$\dfrac{Pab}{l}(1+\alpha)$
12	$a=b=l/2$	$3Pl/8$	$3Pl/8$
13	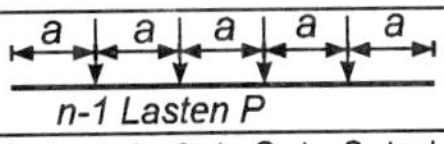 a a a a a, n-1 Lasten P	$\dfrac{Pl}{4}\cdot\dfrac{n^2-1}{n}$	$\dfrac{Pl}{4}\cdot\dfrac{n^2-1}{n}$
14	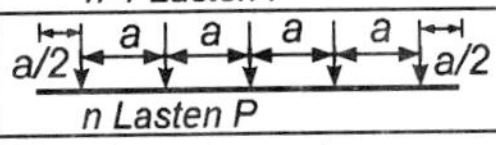 $a/2$ a a a a $a/2$, n Lasten P	$\dfrac{Pl}{8}\cdot\dfrac{2n^2+1}{n}$	$\dfrac{Pl}{8}\cdot\dfrac{2n^2+1}{n}$
15	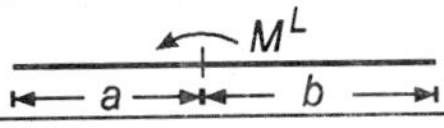 M^L, a, b	$M^L(1-3\beta^2)$	$-M^L(1-3\alpha^2)$
16	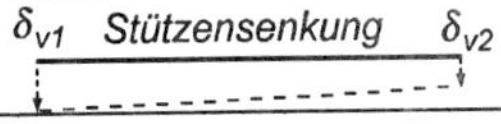 δ_{v1} Stützensenkung δ_{v2}	$-\dfrac{6EI}{l^2}(\delta_{v1}-\delta_{v2})$	$\dfrac{6EI}{l^2}(\delta_{v1}-\delta_{v2})$
17	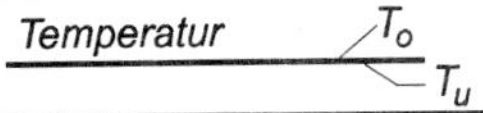 Temperatur T_o, T_u	$3EI\alpha_T(T_u-T_o)/h$ $\alpha_T =$ Wärmedehnzahl	$3EI\alpha_T(T_u-T_o)/h$ $h =$ Querschnittshöhe

Beispiel 10

Man ermittle die Stützmomente M_b und M_c mit Hilfe von Dreimomentengleichungen sowie das maximale Feldmoment in Feld 2 des in Abb. 2.41a dargestellten Dreifeldträgers.

1. Ermittlung der Stützmomente

Zunächst werden die erforderlichen Belastungsglieder mit Hilfe der Tafel 2.3, Zeile 1 und Zeile 11 ermittelt:

Feld 1: $R_1 = 7 \cdot 3^2/4 = 15{,}8$

Feld 2: $L_2 = R_2 = 15 \cdot 5^2/4 = 93{,}8$

Feld 3: $L_3 = 7 \cdot 4^2/4 + \dfrac{20 \cdot 3 \cdot 1}{4}\left(1 + \dfrac{1}{4}\right) = 46{,}8$

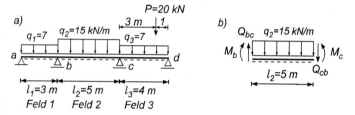

Abb. 2.41 Beispiel 10: Anwendung der Dreimomentengleichung

Die Dreimomentengleichungen für das System in Abb. 2.41a lautet gemäß (2.24) und Abb. 2.41:

$$M_a l_1 + 2 M_b(l_1 + l_2) + M_c l_2 = -R_1 l_1 - L_2 l_2$$

$$M_b l_2 + 2 M_c(l_2 + l_3) + M_d l_3 = -R_2 l_2 - L_3 l_3$$

Unter Berücksichtigung, daß M_a und M_d gleich null sind (Gelenke), ergibt sich mit den zuvor ermittelten Belastungsgliedern:

$$0 + 2M_b(3+5) + M_c 5 = -15{,}8 \cdot 3 - 93{,}8 \cdot 5$$

$$M_b 5 + 2M_c(5+4) + 0 = -93{,}8 \cdot 5 - 46{,}8 \cdot 4$$

$$M_b = -22{,}9 \text{ kNm}; \quad M_c = -30{,}1 \text{ kNm}$$

2. Ermittlung von $\max M_2$

Für die Ermittlung des maximalen Momentes in Feld 2 wird zunächst Q_{bc} ermittelt. Aus einem Rundschnitt (Abb. 2.41b) ergibt sich mit Hilfe der Gleichgewichtsbedingung $(\Sigma M)_c = 0$ bzw. aus Tafel 2.2:

$$Q_{bc} = q\, l_2/2 + (M_c - M_b)/l_2 = 15 \cdot 5/2 + (-30{,}1 + 22{,}9)/5 = 36{,}1 \text{ kN}$$

$$\max M_2 = Q_{bc}^2/2q_2 + M_b = 36{,}1^2/2 \cdot 15 - 22{,}9 = 20{,}5 \text{ kNm}$$

2.5.3 Dreimomentengleichung für feldweise unterschiedliches EI

Die Ausführungen dieses Abschnittes gelten für Durchlaufträger, die von Feld zu Feld ein unterschiedliches, innerhalb *eines* Feldes jedoch ein konstantes Flächenmoment haben.

Führt man die entsprechenden Gedanken- und Rechengänge durch, wie im Abschnitt 2.5.2, so ergibt sich die Dreimomentengleichung für feldweise konstantes EI wie folgt [1]:

$$M_l\, l'_l + 2M_m(l'_l + l'_r) + M_r\, l'_r = -R_l\, l'_l - L_r\, l'_r \qquad (2.25)$$

Dabei bedeuten:

$$l'_l = \frac{I_c}{I_l} l_l; \qquad l'_r = \frac{I_c}{I_r} l_r \qquad (2.26)$$

I_c ist ein beliebiges Vergleichsflächenmoment. Zweckmäßigerweise wählt man als I_c das größte aller vorhandenen Flächenmomente.

Man beachte:

> Die Belastungsglieder R und L sind mit den *tatsächlichen* Stützweiten l zu ermitteln und *nicht* mit l'.

Beispiel 11

Man ermittle das Stützmoment M_b des in Abb. 2.42a dargestellten Trägers. Die unterschiedlichen Flächenmomente sind in Abb. 2.42b angegeben.

Die Belastung des Trägers besteht neben Strecken- und Einzellasten aus dem „Lastfall Temperatur" in Feld 2. Für die Berechnung sind noch folgende Werte gegeben:

$$E = 21 \cdot 10^7 \text{ kN/m}^2; \qquad \alpha_T = 1{,}2 \cdot 10^{-5} \text{ °C}^{-1}$$

---

[1] Die Fußzeiger in (2.25) beziehen sich auf Abb. 2.40.

Querschnittshöhe $h = 0{,}16$ m

Für die Anwendung der Dreimomentengleichung wird zunächst das Biegemoment an der Stelle a (Kragmoment) ermittelt:

$$M_a = -2 \cdot 1{,}5 - 6 \cdot 1{,}5^2/2 = -9{,}8 \text{ kNm}$$

Die Berechnung des gesuchten Stützmomentes wird für das in Abb. 2.42b dargestellte System mit Hilfe von (2.25) durchgeführt.

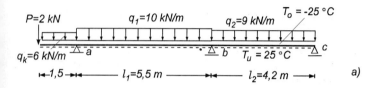

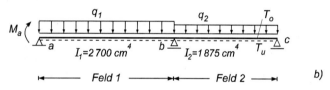

Abb. 2.42 Beispiel 11: Anwendung der Dreimomentengleichung (feldweise unterschiedliches EI)

Unter Berücksichtigung, daß $M_c = 0$ (Gelenk) ist, folgt:

$$\boxed{M_a\, l'_1 + 2M_b(l'_1 + l'_2) = -R_1\, l'_1 - L_2\, l'_2} \qquad (2.27)$$

Als Vergleichsflächenmoment wird $I_c = I_1 = 2\,700$ cm^4 gewählt. Damit wird nach (2.26):

$$l'_1 = \frac{I_c}{I_1} l_1 = 1 \cdot 5{,}5 = 5{,}5 \text{ m}$$

$$l'_2 = \frac{I_c}{I_2} l_2 = \frac{2\,700}{1\,875} \cdot 4{,}2 = 6{,}05 \text{ m}$$

Die erforderlichen Belastungsglieder errechnet man aus Tafel 2.3 Zeilen 1 und 17.

Feld 1: $R_1 = \dfrac{q_1 \cdot l_1^2}{4} = \dfrac{10 \cdot 5{,}5^2}{4} = 75{,}6$

Feld 2: $L_2 = \dfrac{q_2 \cdot l_2^2}{4} + 3\,EI\alpha_T\,\dfrac{T_u - T_o}{h}$

$$EI \cdot \alpha_T = 21 \cdot 10^7 \cdot 18{,}75 \cdot 10^{-6} \cdot 1{,}2 \cdot 10^{-5} = 473 \cdot 10^{-4}$$

$$L_2 = \dfrac{9 \cdot 4{,}2^2}{4} + 3 \cdot 473 \cdot 10^{-4} \cdot \dfrac{25 - (-25)}{0{,}16} = 84{,}0$$

Nach Einsetzen der errechneten Werte ergibt (2.27):

$$-9{,}8 \cdot 5{,}5 + 2\,M_b(5{,}5 + 6{,}05) = -75{,}6 \cdot 5{,}5 - 84{,}0 \cdot 6{,}05$$

$$M_b = -37{,}7 \text{ kNm}$$

Alle anderen Schnittgrößen lassen sich jetzt mit Hilfe von Gleichgewichtsbedingungen ermitteln (vgl. Beispiel 10).

2.6 Zweckmäßige Wahl des statisch bestimmten Grundsystems

Grundsätzlich ist die Wahl eines statisch bestimmten Grundsystems völlig beliebig. Es ist jedoch sinnvoll, bei der Wahl des Grundsystems darauf zu achten, daß die auftretenden Rechenvorgänge fehlerunempfindlich gegen Rundungen und möglichst einfach werden. Dafür sind die folgenden Gesichtspunkte zu beachten:

- **Lokalisierung der Zustandslinien infolge $X_i = 1$**

Wird ein Grundsystem so gewählt, daß sich die Zustandslinien der einzelnen Zustände $X_i = 1$ nur über einen Teilbereich des Grundsystems erstrecken, so ergibt sich im allgemeinen bei der Ermittlung der δ_{ik}- und der δ_{i0}-Werte eine erhebliche Arbeitsersparnis. Betrachtet man z.B. das System nach 2.39a, so ist ersichtlich, daß sich für das gemäß Abb. 2.39b gewählte Grundsystem die M-Linien der Zustände $X_i = 1$ nur über jeweils zwei Felder erstrecken. Somit sind sehr viele δ_{ik}-Glieder gleich null, und es ergibt sich ein relativ einfaches Gleichungssystem für die Berechnung der statisch Unbestimmten, wie das Gleichungsschema in Abschnitt 2.5.1 zeigt.

Bei einem Grundsystem nach Abb. 2.43b dagegen erstrecken sich die M-Linien der Zustände $X_i = 1$ über das *ganze* System. Alle δ_{ik}-Werte haben einen Wert ungleich null, das heißt, die Matrix der Elastizitätsgleichungen ist voll besetzt. Das Grundsystem nach Abb. 2.36b ist also zweckmäßiger.

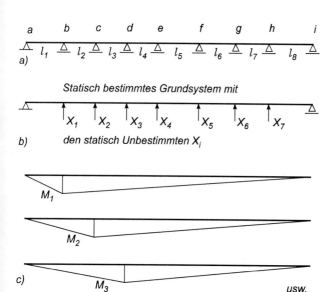

Abb. 2.43 Träger über 8 Felder

- **Vermeidung von kleinen Differenzen großer Zahlen**

Ein anderer Gesichtspunkt bei der Wahl des statisch bestimmten Grundsystems ergibt sich aus folgender Überlegung:

Die endgültigen Zustandslinien eines statisch unbestimmten Systems folgen aus der Überlagerung der Zustandslinien am statisch bestimmten Grundsystem, die sich aus den Einwirkungen und aus den statisch Unbestimmten X_i ergeben. Haben nun z.B. die M-Linien aus den Einwirkungen und den Zuständen X_i gleiche Größenordnungen, so folgen die endgültigen M-Linien aus *kleinen Differenzen großer Zahlen*. Damit ist eine große Fehlerempfindlichkeit gegeben. Dieses Problem wird an einem Zweifeldträger nach Abb. 2.44a deutlich gemacht. Für ein statisch bestimmtes Grundsystem nach Abb. 2.44b ergeben sich die M-Linien infolge Einwirkungen und infolge der statisch Unbestimmten $X_1 = 1{,}25\,ql$ [1] entsprechend den Abb. 2.44c und d. Die *endgültige M*-Linie folgt aus der Differenz der beiden M-Linien, wie sie in Abb. 2.44e schraffiert dargestellt ist. Sie ergibt sich, wie aus der Abbildung ersichtlich, aus *kleinen Differenzen großer Zahlen*.

---

[1] Vgl. (2.3c)

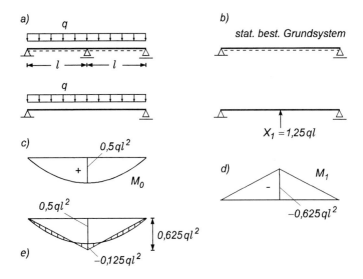

Abb. 2.44 Zweifeldträger mit mittlerer Auflagerkraft als statisch Unbestimmte

Wird dagegen ein statisch bestimmtes Grundsystem nach Abb. 2.45b gewählt, so folgt die *endgültige* M-Linie aus der Überlagerung der beiden in den Abb. 2.45c und d dargestellten M-Linien infolge Einwirkungen und infolge Zustand $X_1 = -0,125\,ql^2$.[1] Aus der Überlagerung dieser beiden M-Linien gemäß Abb. 2.45e ist ersichtlich, daß sich die endgültige M-Linie in diesem Fall *nicht* aus kleinen Differenzen großer Zahlen, sondern aus Differenzen in etwa gleich großer Zahlen ergibt. Das in Abb. 2.45b gewählte Grundsystem ist also zweckmäßiger als das Grundsystem der Abb. 2.44a.

Ideal wäre es, wenn man das statisch bestimmte Grundsystem so wählen könnte, daß es statisch mit dem *gegebenen* System übereinstimmt bzw. ihm möglichst ähnlich ist. Man müßte also bei dem gegebenen System nach Abb. 2.45a das Gelenk am Grundsystem in die Nähe *der* Stelle legen, an der beim gegebenen System ein Momentennullpunkt liegt. Dann würde sich eine sehr *kleine* Größe für X_1 ergeben, das heißt, X_1 ist dann nur eine kleine Korrekturgröße. Für die praktische Durchführung dieses Gedankenganges treten jedoch folgende Schwierigkeiten auf:

---

[1] Vgl. (2.4)

71

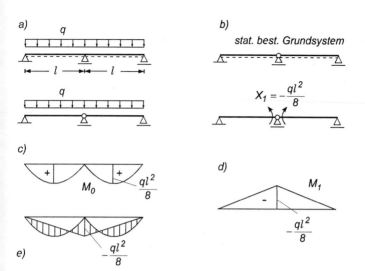

Abb. 2.45 Zweifeldträger mit Stützmoment als statisch Unbestimmte

1. Es müßte für jeden Lastfall ein neues Grundsystem gewählt werden, und

2. es ergeben sich u.U. „schwierige" Grundsysteme, deren Schnittgrößen nur mit großem Zeitaufwand zu berechnen sind.

Man wird also bei der Wahl eines zweckmäßigen Grundsystems sowohl theoretische als auch praktische Überlegungen anstellen müssen, um zu einem vernünftigen Kompromiß zu kommen.

- **Symmetrie und Antimetrie der Zustandslinien infolge $X_i = 1$**

Ein Gleichungssystem ist gegen Abrundungsfehler unempfindlich, wenn die Glieder in der Hauptdiagonale möglichst groß gegenüber den Nebengliedern sind. Es muß also das Bestreben sein, die δ_{ik}-Werte möglichst klein bzw. gleich null werden zu lassen. Das läßt sich mitunter erreichen, indem man ein Grundsystem wählt, bei dem die Zustandslinien infolge der Zustände $X_i = 1$ symmetrisch oder antimetrisch sind. Das Produktintegral zur Berechnung der δ_{ik}-Werte wird bei Symmetrie und Antimetrie der Zustandslinien gleich null (vgl. Abb. 2.46). Diese Überlegung wird noch einmal am Beispiel eines Dreifeldträgers nach Abb. 2.47a deutlich gemacht. Für das statisch bestimmte Grundsystem werden die Biegemomenten- und die Querkraftbindung in Systemmitte geschnitten. Das Grundsystem mit den statisch Unbestimmten X_1 und X_2 ist in Abb. 2.47b dargestellt. Infolge Zustand $X_1 = 1$ ergibt sich eine *symmetrische* M-Linie nach Abb. 2.47c, während die M-Linie infolge Zustand $X_2 = 1$ *antimetrisch* ist (Abb. 2.47d). Damit werden die Glieder $\delta_{12} = \delta_{21} = 0$.

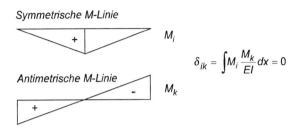

$$\delta_{ik} = \int M_i \frac{M_k}{EI} dx = 0$$

Abb. 2.46 Symmetrische und antimetrische M-Linien

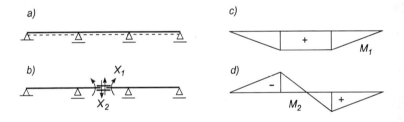

Abb. 2.47 Beispiel für symmetrische und antimetrische M-Linien

Für die Berechnung der statisch Unbestimmten stehen somit zwei voneinander unabhängige und damit einfach lösbare Gleichungen zur Verfügung:

$$X_1 \, \delta_{11} + \delta_{10} = 0$$

$$X_2 \, \delta_{22} + \delta_{20} = 0$$

Bei vielen Systemen läßt sich jedoch allein durch die Wahl eines entsprechenden Grundsystems keine volle Symmetrie bzw. Antimetrie erreichen. Aber auch Zustandsflächen, die nur näherungsweise symmetrisch und antimetrisch sind, sind von Nutzen, da sich so zumindest *kleine* δ_{ik}-Werte ergeben.

2.7 Rechenkontrollen

Zur Überprüfung der Berechnungsergebnisse bei einem statisch unbestimmten System sind zwei Kontrollen durchzuführen:

1. Gleichgewichtskontrollen

2. Verträglichkeitskontrollen (Verformungskontrollen).

Bei Anwendung des Kraftgrößenverfahrens sind die *Verträglichkeitskontrollen* die *wesentlichen* Kontrollen, weil damit der gesamte Rechengang – insbesondere die Aufstellung und Lösung des Gleichungssystems – überprüft wird. Es sind nämlich für beliebig falsche Werte der statisch Unbestimmten X_i alle Gleichgewichtskontrollen erfüllt (vorausgesetzt, für die Zustände 0, 1, 2 ... sind die Gleichgewichtsbedingungen richtig formuliert). Letztlich müssen selbstverständlich immer beide Kontrollen erfüllt sein.

Gleichgewichtskontrollen

Bei beliebigen Schnittführungen müssen alle drei Gleichgewichtsbedingungen erfüllt sein.

Verträglichkeitskontrollen

Nach Anwendung des Kraftgrößenverfahrens bieten sich Kontrollen mit Hilfe des Prinzips der virtuellen Kräfte und des Reduktionssatzes an. Hierbei können die bereits ermittelten Zustände 1 bis n als virtuelle Zustände verwendet werden und der endgültige Zustand des statisch unbestimmten Systems als wirklicher Zustand. Mit dem (virtuellen) Zustand i erhält man analog zu (2.14)

$$\delta_i = \sum_s \int M_i \frac{M}{EI} \mathrm{d}x + \sum_s \int N_i \frac{N}{EA} \mathrm{d}x \overset{!}{=} 0$$

wenn nur M- und N-Verformungen zu berücksichtigen sind. Gegebenenfalls sind weitere Einflüsse wie in (2.15) und (2.19) zu erfassen.

Die Kontrolle $\delta_i = 0$ enthält die Forderung, daß die der statisch Unbestimmten X_i zugeordnete Relativverschiebungsgröße null ist (Verträglichkeitsbedingung). Diese Kontrolle ist inhaltlich identisch mit der Zeile i des Gleichungssystems (2.12).

Beispiel 12

Die Ergebnisse des Beispiels 1 (Abb. 2.25) sind durch eine Verträglichkeitskontrolle zu überprüfen.

Es wird geprüft, ob die Relativverdrehung an der Stelle b gleich null ist. (2.14) lautet (nach Multiplikation mit EI) für diesen Fall:

$$EI\,\delta_1 = \sum_s \int M_1 M \,\mathrm{d}x \stackrel{!}{=} 0$$

δ_1 Relativverdrehung an der Stelle b am statisch unbestimmten System

M_1 virtuelle M-Linie aus $X_1 = 1$ (Zustand 1) am statisch bestimmten Grundsystem gemäß Abb. 2.24b

M wirkliche M-Linie am statisch unbestimmten System

Aus der Überlagerung der M-Linien der Abb. 2.24b und Abb. 2.25c folgt:

$$EI\,\delta_1 = \frac{1 \cdot 40}{3}\,4 - \frac{1 \cdot 33{,}4}{3}\,4 + \frac{1{,}5}{6}\,1 \cdot 37{,}5 \cdot 5 - \frac{1 \cdot 33{,}4}{3}\,5 = 0$$

2.8 Ausnutzung von Symmetrieeigenschaften[1)]

Bei vielen im Bauwesen vorkommenden Systemen liegt in bezug auf die Geometrie des Stabnetzes und in bezug auf die Steifigkeitsverhältnisse einachsige Symmetrie vor. Da sich außerdem jede beliebige Belastung durch Belastungsumordnung (BU) in eine symmetrische und eine antimetrische Belastung zerlegen läßt, ergeben sich vereinfachte Rechnungen. Gemäß [1], Abschnitt 5 gilt folgendes:

1. Bei einem zu einer Mittellinie symmetrischen System liefert eine *symmetrische Belastung* symmetrische Auflagerreaktionen. Für Punkte, die symmetrisch zur Mittellinie liegen, ergeben sich gleich große Schnittgrößen N und M sowie entgegengesetzt gleich große Schnittgrößen Q.

2. Eine *antimetrische Belastung* liefert bei einem zur Mittellinie symmetrischen System antimetrische Auflagerreaktionen. Für Punkte, die symmetrisch zur Mittellinie liegen, ergeben sich entgegengesetzt gleich große Schnittgrößen N und M (Antimetrie) sowie gleich große Schnittgrößen Q (Symmetrie).

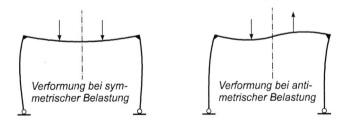

Verformung bei symmetrischer Belastung

Verformung bei antimetrischer Belastung

Abb. 2.48 Verformungen bei symmetrischer und antimetrischer Belastung

---

[1)] Die Kenntnis von [1], Abschnitt 5 wird vorausgesetzt.

Hieraus und aus Abb. 2.48 ergibt sich, daß bei symmetrischen Systemen in der Symmetrieachse folgende Schnitt- und Verschiebungsgrößen gleich null sind:

$$\left.\begin{array}{l} Q = 0 \\ u = 0 \\ \varphi = 0 \end{array}\right\}$$
bei *symmetrischer* Belastung (Abb. 2.49b)

$$\left.\begin{array}{l} M = 0 \\ N = 0 \\ w = 0 \end{array}\right\}$$
bei *antimetrischer* Belastung (Abb. 2.49c)

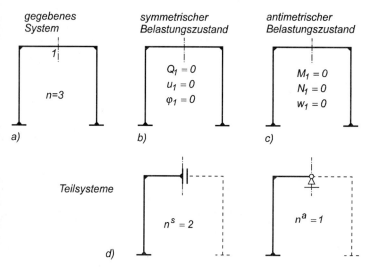

Abb. 2.49 Teilsystem bei Symmetrie und Antimetrie

Außerdem gilt für einen entlang einer Symmetrieachse liegenden Stab (Abb. 2.50a):

1. Bei symmetrischer Belastung sind M und Q gleich null (Abb. 2.50b), bei antimetrischer Belastung ist $N = 0$ (Abb. 2.50c).

2. Werden Berechnungen an Teilsystemen gemäß Abb. 2.50d durchgeführt, so dürfen die Querschnittswerte (z.B. I, A) im mittleren Stiel 2,4 nur mit dem halben Wert angesetzt werden. Für die Auflagerkräfte und Schnittgrößen im mittleren Stil 2,4 ergeben sich nur die halben Werte des Stieles 2,4 am Gesamtsystem (Abb. 2.50a).

76

Unter Ausnutzung dieser Tatsachen ergibt sich für die Berechnung von statisch unbestimmten symmetrischen Systemen eine erhebliche Ersparnis an Rechenarbeit. Man kann an den Stellen, an denen Schnittgrößen gleich null werden, die entsprechenden (inneren) Bindungen schneiden und an den Stellen, an denen Verschiebungsgrößen gleich null werden, entsprechende Bindungen (Auflagerbindungen) anbringen, ohne daß sich am Gleichgewichtszustand und am Verformungszustand etwas ändert. Man erhält so Teilsysteme (Abb. 2.49d und 2.50d), die einen geringeren Grad der statischen Unbestimmtheit haben als das gegebene System. An diesen Teilsystemen wird die statisch unbestimmte Rechnung für den symmetrischen und den antimetrischen Lastfall durchgeführt. Die Ergebnisse aus den beiden Lastanteilen sind dann zu überlagern.

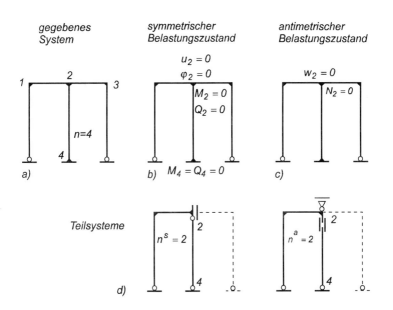

Abb. 2.50 Teilsystem bei Symmetrie und Antimetrie

Beispiel 13

Man ermittle die M-Linie für das in Abb. 2.51 dargestellte System. Das gegebene System ist von Aufbau her symmetrisch. Die Belastung $P = 20$ kN wird durch Belastungsumordnung gemäß Abb. 2.51b und c in einen symmetrischen und antimetrischen Anteil verwandelt. Die zugehörigen Teilsysteme sind in den Abbn. 2.51d und e dargestellt. Das Teilsystem für den sym-

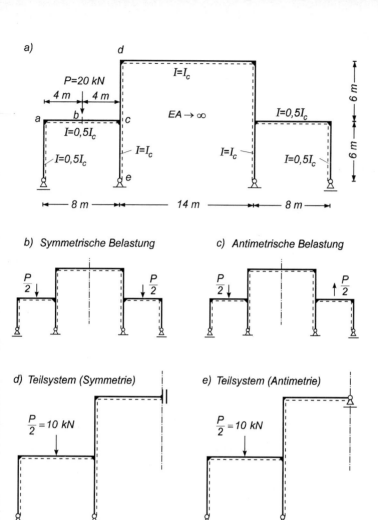

Abb. 2.51 Zahlenbeispiel mit Belastungsumordnung

metrischen Lastfall ist 2fach statisch unbestimmt. Das gewählte statisch bestimmte Grundsystem mit den statisch Unbestimmten X_1 und X_2 ist Abb. 2.52a zu entnehmen. Die M-Linie für die Belastungszustände $X_1 = 1$, $X_2 = 1$ und für Einwirkungen zeigen die Abb. 2.52b bis d.

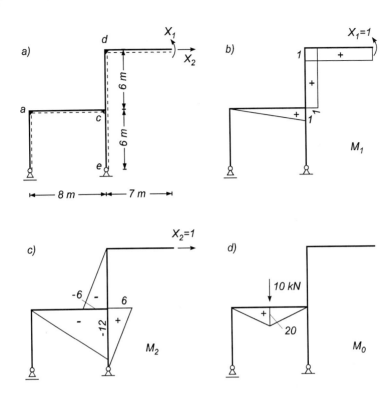

Abb. 2.52 Teilsystem für symmetrische Belastung

Bei der Ermittlung der δ_{ik}- und δ_{i0}-Glieder ist darauf zu achten, daß laut Abb. 2.51a die Längssteifigkeit $EA \to \infty$ zu setzen ist.

Für den mittleren Rahmen ist $\dfrac{I_c}{I} = 1$ und für die seitlichen Rahmen

$$\frac{I_c}{I} = \frac{I_c}{0{,}5\,I_c} = 2$$

Aus (2.13) bzw. (2.14) folgen bei Vernachlässigung der Verformungen aus Längskraft ($EA \to \infty$) und nach Multiplikation mit EI_c:

$$EI_c \delta_{ik} = \sum_s \int M_i M_k \frac{I_c}{I}\,\mathrm{d}x$$

$$EI_c \delta_{i0} = \sum_s \int M_i M_0 \frac{I_c}{I}\,\mathrm{d}x$$

$$EI_c \delta_{11} = \frac{1 \cdot 1}{3} 8 \cdot 2 + 1 \cdot 1 \cdot 6 \cdot 1 + 1 \cdot 1 \cdot 7 \cdot 1 = 18{,}3$$

$$EI_c \delta_{22} = \frac{12 \cdot 12}{3} 8 \cdot 2 + \frac{6 \cdot 6}{3} 6 \cdot 1 \cdot 2 = 912$$

$$EI_c \delta_{12} = \frac{1 \cdot (-12)}{3} 8 \cdot 2 + \frac{1 \cdot (-6)}{2} 6 \cdot 1 = -82$$

$$EI_c \delta_{10} = \frac{1{,}5}{6} 1 \cdot 20 \cdot 8 \cdot 2 = 80$$

$$EI_c \delta_{20} = \frac{1{,}5}{6} (-12) 20 \cdot 8 \cdot 2 = -960$$

Die mit EI_c multiplizierten Elastizitätsgleichungen lauten:

$$X_1 \, 18{,}3 + X_2 \, (-82) + 80 = 0$$

$$X_1 \, (-82) + X_2 \, 912 - 960 = 0$$

Die Lösungen dieser Gleichungen lauten:

$$X_1 = 0{,}579 \text{ kNm}; \quad X_2 = 1{,}11 \text{ kN}$$

Für die Ermittlung der M-Linie für den symmetrischen Lastanteil am zugehörigen 2fach statisch unbestimmten System werden die Biegemomente an markanten Punkten, die in Abb. 2.51a angegeben sind, nach (2.9) bzw. (2.9a) errechnet:

$$M_a = 0 + 0 \cdot 0{,}579 + 0 \cdot 1{,}11 = 0$$

$$M_b = 20 + 0{,}5 \cdot 0{,}579 + (-6) \cdot 1{,}11 = 13{,}6 \text{ kNm}$$

$$M_{ca} = 0 + 1 \cdot 0{,}579 + (-12) \cdot 1{,}11 = -12{,}7 \text{ kNm}$$

$$M_{cd} = 0 + 1 \cdot 0{,}579 + (-6) \cdot 1{,}11 = -6{,}1 \text{ kNm}$$

$$M_{ce} = 0 + 0 \cdot 0{,}579 + 6 \cdot 1{,}11 = 6{,}7 \text{ kNm}$$

$$M_d = 0 + 1 \cdot 0{,}579 + 0 \cdot 1{,}11 = 0{,}6 \text{ kNm}$$

Die M-Linie für den symmetrischen Lastfall ist in Abb. 2.54a dargestellt.

Das Teilsystem für den antimetrischen Lastfall (Abb. 2.51e) ist 1fach statisch unbestimmt. Das statisch bestimmte Grundsystem mit der statisch Unbestimmten X_3 ist in Abb. 2.53a dargestellt, ebenso die M-Linie infolge $X_3 = 1$. Die M-Linie infolge Einwirkung ist Abb. 2.53b zu entnehmen. Unter Berücksichtigung der angegebenen Steifigkeiten in Abb. 2.51a folgt:

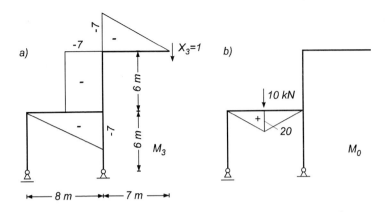

Abb. 2.53 Teilsystem für antimetrische Belastung

$$EI_c \delta_{33} = \frac{7 \cdot 7}{3} 8 \cdot 2 + 7 \cdot 7 \cdot 6 \cdot 1 + \frac{7 \cdot 7}{3} 7 \cdot 1 = 670$$

$$EI_c \delta_{30} = \frac{1,5}{6} (-7) 20 \cdot 8 \cdot 2 = -560$$

Damit lautet die EI_c-fache Elastizitätsgleichung:

$$X_3 \cdot 670 - 560 = 0; \quad X_3 = 560/670 = 0,836 \text{ kN}$$

Für das Zeichnen der M-Linien für den antimetrischen Lastfall werden wiederum die Biegemomente an markanten Stellen, die in Abb. 2.51a angegeben sind, ermittelt. Mit Hilfe von (2.9a) ergibt sich für das System in Abb. 2.51c bzw. e:

$$M_a = 0 + 0 \cdot 0,836 = 0$$

$$M_b = 20 + (-3,5) \cdot 0,836 = 17 \text{ kNm}$$

$$M_{ca} = 0 + (-7) \cdot 0,836 = -5,9 \text{ kNm}$$

$$M_{cd} = 0 + (-7) \cdot 0,836 = -5,9 \text{ kNm}$$

$$M_d = 0 + (-7) \cdot 0,836 = -5,9 \text{ kNm}$$

Die M-Linie für die antimetrische Belastung ist in Abb. 2.54b dargestellt.

Die endgültige M-Linie (Abb. 2.54c) ergibt sich aus der Überlagerung der Abb. 2.54a und b.

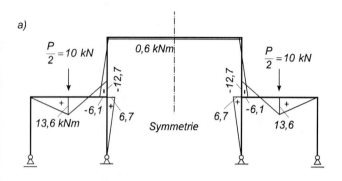

a)

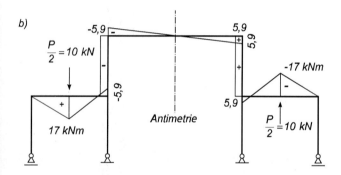

b)

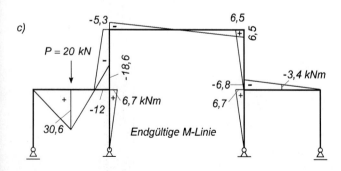

c)

Abb. 2.54 Endgültige M-Linien

2.9 Festpunktmethode (Momentenfortleitung)

2.9.1 Grundgedanke

Zur Ermittlung der Stützmomente bei Durchlaufträgern kann man von folgender Tatsache Gebrauch machen:

Die Nullpunkte der M-Linie im *unbelasteten* Teil eines Durchlaufträgers liegen immer an der gleichen Stelle, unabhängig von der Art der Belastung der belasteten Felder. Diese Momentennullpunkte im unbelasteten Trägerteil werden *Festpunkte* genannt. Sind die Festpunkte eines Durchlaufträgers bekannt und belastet man z.B. nur ein Feld gemäß Abb. 2.55a, so brauchen nur die Stützmomente rechts und links neben dem belasteten Feld ermittelt zu werden, um die gesamte M-Linie zeichnen zu können (Abb. 2.55b). Die praktische Berechnung eines Durchlaufträgers sieht dann so aus, daß alle M-Linien infolge der jeweils einzeln belasteten Felder ermittelt werden, um durch entsprechende Überlagerung die endgültige M-Linie zu erhalten.

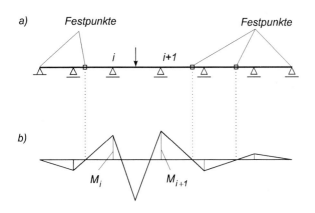

Abb. 2.55 M-Linie unter Verwendung von Festpunkten

2.9.2 Ermittlung der Festpunkte

Die Ermittlung der Festpunkte ergibt sich aus folgendem Gedankengang:

1. Rechter Trägerteil belastet

Geht man von einem Durchlaufträger aus, dessen *linker* Teil *nicht* belastet ist, und bezeichnet man die als statisch Unbestimmte eingeführten Stütz-

83

momente mit X'_i (Abb. 2.56a), so sind die Lastglieder δ_{i0} in den ersten Elastizitätsgleichungen gleich null.

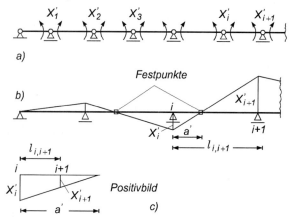

Linker Trägerteil unbelastet

a)

b)

Festpunkte

Positivbild

c)

Abb. 2.56 Festpunkte: Bezeichnungen

Sie lauten:

$$X'_1 \delta_{11} + X'_2 \delta_{12} = 0 \tag{2.28}$$

$$X'_1 \delta_{21} + X'_2 \delta_{22} + X'_3 \delta_{23} = 0 \tag{2.29}$$

$$X'_2 \delta_{32} + X'_3 \delta_{33} + X'_4 \delta_{34} = 0 \tag{2.30}$$

usw.

Dividiert man (2.28) durch X'_2, so folgt:

$$\frac{X'_1}{X'_2} = -\frac{\delta_{12}}{\delta_{11}} = \mu_{12} \tag{2.31}$$

Das Verhältnis $\dfrac{X'_1}{X'_2} = \mu_{12}$ ist also konstant und damit unabhängig von der Belastung des rechten Trägerteils. Dividiert man nun (2.29) durch X'_3, so ergibt sich:

$$\frac{X'_1}{X'_3} \delta_{21} + \frac{X'_2}{X'_3} \delta_{22} + \delta_{23} = 0 \tag{2.32}$$

84

An (2.32) ändert sich nichts, wenn man sie folgendermaßen schreibt:

$$\frac{X'_2}{X'_2}\frac{X'_1}{X'_3}\delta_{21} + \frac{X'_2}{X'_3}\delta_{22} + \delta_{23} = 0$$

Mit (2.31) folgt:

$$\mu_{12}\frac{X'_2}{X'_3}\delta_{21} + \frac{X'_2}{X'_3}\delta_{22} + \delta_{23} = 0$$

$$\frac{X'_2}{X'_3}(\mu_{12}\,\delta_{21} + \delta_{22}) + \delta_{23} = 0$$

$$\frac{X'_2}{X'_3} = -\frac{\delta_{23}}{\mu_{12}\,\delta_{21} + \delta_{22}} = \mu_{23} \tag{2.33}$$

Entsprechend ergibt sich:

$$\frac{X'_3}{X'_4} = -\frac{\delta_{34}}{\mu_{23}\,\delta_{32} + \delta_{33}} = \mu_{34} \tag{2.34}$$

Allgemein gilt:

$$\boxed{\mu_{i,i+1} = \frac{X'_i}{X'_{i+1}} = -\frac{\delta_{i,i+1}}{\mu_{i-1,i}\,\delta_{i,i-1} + \delta_{ii}}} \tag{2.35}$$

beginnend mit

$$\mu_{12} = \frac{X'_1}{X'_2} = -\frac{\delta_{12}}{\delta_{11}}$$

Zusammenfassend wird festgestellt:

> Das Verhältnis zweier benachbarter Stützmomente bei unbelasteten Feldern ist *konstant*, das heißt unabhängig von der Belastung anderer Felder.

Die gesuchten Abstände a' gemäß Abb. 2.56b ergeben sich formelmäßig auf Grund des in Abb. 2.56c dargestellten Positivbildes:

$$\frac{X'_i}{X'_{i+1}} = \frac{a'}{a' - l_{i,i+1}}$$

$$a' = l_{i,i+1}\frac{X'_i/X'_{i+1}}{X'_i/X'_{i+1} - 1}$$

$$\boxed{a' = l_{i,i+1}\frac{\mu_{i,i+1}}{\mu_{i,i+1} - 1}} \tag{2.36}$$

2. Linker Trägerteil belastet

Ist der *rechte* Trägerteil *unbelastet* (Abb. 2.57a), so ergibt sich bei den entsprechenden Überlegungen, wie zuvor, folgende allgemeine Formel:

$$\mu_{i+1,i} = \frac{X''_{i+1}}{X''_i} = -\frac{\delta_{i+1,i}}{\mu_{i+2,i+1}\,\delta_{i+1,i+2} + \delta_{i+1,i+1}}$$ (2.37)

Rechter Trägerteil unbelastet

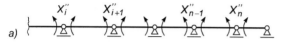

a)

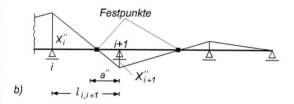

b)

Abb. 2.57 Festpunkte, Bezeichnungen

beginnend mit

$$\mu_{n,n-1} = \frac{X''_n}{X''_{n-1}} = -\frac{\delta_{n,n-1}}{\delta_{n,n}}$$

Für die Festpunktabstände nach Abb. 2.57b folgt:

$$a'' = l_{i,i+1}\,\frac{X''_{i+1}/X''_i}{X''_{i+1}/X''_i - 1}$$

$$a'' = l_{i,i+1}\,\frac{\mu_{i+1,i}}{\mu_{i+1,i} - 1}$$ (2.38)

2.9.3 Ermittlung der Ausgangs-Stützmomente

Ist ein Feld $i,i+1$ gemäß Abb. 2.58 belastet, so müssen die Stützmomente X'_i und X''_{i+1} ermittelt werden, um dann mit Hilfe der zuvor ermittelten Festpunkte die M-Linie zeichnen zu können. Die i-te Elastizitätsgleichung lautet:

$$X'_{i-1}\,\delta_{i,i-1}+X'_i\,\delta_{ii}+X'_{i+1}\,\delta_{i,i+1}+\delta_{i0}=0$$

Die Gleichung ändert sich nicht, wenn man sie wie folgt schreibt:

$$\frac{X'_i}{X'_i}\,X_{i-1}\,\delta_{i,i-1}+X'_i\,\delta_{ii}+X''_{i+1}\,\delta_{i,i+1}+\delta_{i0}=0$$

$$X'_i\left(\frac{X_{i-1}}{X'_i}\,\delta_{i,i-1}+\delta_{ii}\right)+X''_{i+1}\,\delta_{i,i+1}+\delta_{i0}=0$$

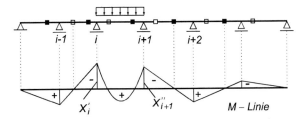

Abb. 2.58 Festpunktmethode, Ausgangsstützmomente

$$\boxed{X'_i\left(\mu_{i-1,i}\,\delta_{i,i-1}+\delta_{i,i}\right)+X''_{i+1}\,\delta_{i,i+1}\,\delta_{i0}=0} \qquad (2.39)$$

Die $(i+1)$-te Elastizitätsgleichung lautet:

$$X'_i\,\delta_{i+1,i}+X''_{i+1}\,\delta_{i+1,i+1}+X''_{i+2}\,\delta_{i+1,i+2}+\delta_{i+1,0}=0$$

bzw.

$$X'_i\,\delta_{i+1,i}+X''_{i+1}\,\delta_{i+1,i+1}+\frac{X''_{i+1}}{X''_{i+1}}\,X''_{i+2}\,\delta_{i+1,i+2}+\delta_{i+1,0}=0$$

$$\boxed{X'_i\,\delta_{i+1,i}+X''_{i+1}\left(\delta_{i+1,i+1}+\mu_{i+2,i+1}\,\delta_{i+1,i+2}\right)+\delta_{i+1,0}=0} \qquad (2.40)$$

Damit stehen mit (2.39) und (2.40) zwei Gleichungen mit zwei Unbekannten zur Berechnung der gesuchten Stützmomente X'_i und X''_{i+1} zur Verfügung. Alle weiteren Stützmomente in den unbelasteten Feldern lassen sich unter Verwendung der Festpunkte aus einfachen geometrischen Überlegungen ermitteln.

2.10 Einflußlinien für Schnittgrößen statisch unbestimmter Systeme

2.10.1 Allgemeines

Einflußlinien werden benötigt, um für eine bestimmte Schnittgröße S_f an der festen Stelle f die ungünstigste Stellung einer veränderlichen Last (Verkehrslast) erkennen zu können. Die Einflußlinienordinate an der Stelle x ist als Schnittgröße S_f definiert, die durch die *Vertikallast* 1 („Wanderlast") an der Stelle x hervorgerufen wird. Im Bereich positiver Einflußlinienordinaten ergeben Vertikallasten (auch Streckenlasten) einen positiven Beitrag zu S_f, im Bereich negativer Ordinaten entsprechend einen negativen Beitrag. Die Auswertung von Einflußlinien für Einzel- und Gleichlasten wird im weiteren noch erläutert.

Während Einflußlinien für Schnittgrößen bei *statisch bestimmten* Systemen abschnittsweise *linear* sind, liegen bei *statisch unbestimmten* Systemen im allgemeinen *gekrümmte* Einflußlinien vor.

2.10.2 Allgemeine Regel und Beweis

Praktisch werden *Einflußlinien* als *Zustandslinien,* und zwar bei den hier betrachteten *vertikalen* Wanderlasten als *Vertikalverschiebungslinien* ermittelt. Dabei werden nur die Vertikalkomponenten der Verschiebungen jener Stäbe abgetragen, auf denen die Vertikallast 1 wandert. Es gilt folgende *Regel*:

> Die Einflußlinie für die Schnittgröße S_f ist gleich der Vertikalverschiebungslinie jener Stäbe, auf denen die Last 1 wandert, hervorgerufen durch die der Schnittgröße S_f zugeordnete Relativverschiebungsgröße -1.

Abb. 2.59 zeigt die einem Moment, einer Querkraft, einer Längskraft und einer Auflagerkraftkomponente zugeordnete Relativverschiebungsgröße -1 (minus bedeutet entgegen der Richtung von $+S_f$).

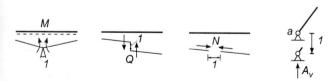

Abb. 2.59 Relativverschiebungsgröße 1 als Einwirkung für die Bestimmung von Einflußlinien für M, Q, N bzw. A_v

Beweis

Der Beweis für die angegebene Regel wird anhand der Einflußlinie für das Moment M_f des in Abb. 2.60 dargestellten Rahmens geführt.

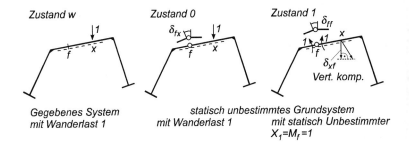

Abb. 2.60 Zustand w sowie Zustände 0 und 1 am statisch *un*bestimmten Grundsystem

Nach dem Kraftgrößenverfahren wird ein statisch *un*bestimmtes Grundsystem mit *Gelenk in f* gewählt, woraus sich die Zustände 0 und 1 gemäß Abb. 2.60 ergeben. Die statisch Unbestimmte $X_1 = M_f$ erhält man aus folgender Verträglichkeitsbedingung für f (Relativverdrehung am gegebenen System muß null sein):

$$\delta_{fx} + \delta_{ff} M_f = 0 \quad \rightarrow \quad M_f = -\frac{\delta_{fx}}{\delta_{ff}} \tag{2.41}$$

wobei δ_{fx} und δ_{ff} aus Abb. 2.60 hervorgehen.

Nach dem Satz von *Maxwell-Betti* gilt

$$\delta_{fx} \text{ (Einflußlinie)} = \delta_{xf} \text{ (Zustandslinie)} \tag{2.42}$$

δ_{xf} ist gemäß Abb. 2.60 die Vertikalkomponente der Verschiebung des Punktes x im Zustand 1. Damit erhält man aus (2.41)

$$M_f = -\frac{\delta_{xf}}{\delta_{ff}} = \delta_{xf}(-1/\delta_{ff}) \tag{2.43}$$

Diese Formel besagt, daß die Einflußlinie für M_f gleich der Vertikalverschiebungslinie des Zustandes 1 mal $(-1/\delta_{ff})$ ist. Das heißt, sie ist gleich der Vertikalverschiebungslinie, bei der an der Stelle f der Knickwinkel $\delta_{ff}(-1/\delta_{ff}) = -1$ vorhanden ist. Dies entspricht der Aussage der vorstehenden Regel. Abb. 2.61 gibt diesen Sachverhalt für das Beispiel wieder.

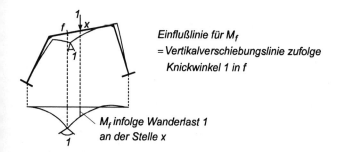

Einflußlinie für M_f

= Vertikalverschiebungslinie zufolge Knickwinkel 1 in f

M_f infolge Wanderlast 1 an der Stelle x

Abb. 2.61 Einflußlinie für M_f

Die Bestimmung einer Einflußlinie ist damit auf eine bekannte Aufgabenstellung zurückgeführt, nämlich auf die Bestimmung einer Zustandslinie (Vertikalverschiebungslinie) für eine eingeprägte Relativverschiebungsgröße. Die Betrachtung eines statisch *un*bestimmten Grundsystems wird nur für die Herleitung der allgemeinen Regel, nicht jedoch für deren Anwendung bei der Bestimmung von Einflußlinien benötigt.

2.10.3 Anwendung des Kraftgrößenverfahrens

Lastglieder δ_{i0}

Nach dem Prinzip der virtuellen Kräfte (vgl. (2.15)) lauten die Lastglieder für die Bestimmung der Einflußlinie von S_f

$$\delta_{i0} = S_{f,i} \cdot 1 = S_{f,i} \tag{2.44}$$

wobei $S_{f,i}$ die Schnittgröße S_f im Zustand i ist. Die (nur systemabhängigen) Glieder δ_{ik} sind selbstverständlich unabhängig davon, ob ein Lastfall oder eine Einflußlinie zu berechnen ist.

Überlagerungsformel

wirklicher Zustand = Zustand 0 + Zustand 1·X_1 + Zustand 2·X_2 + ...

Der Zustand 0 enthält die Einflußlinie von S_f am statisch bestimmten Grundsystem. Dabei treten nur Verschiebungen, jedoch keine Schnittgrößen auf.

Sonderfall:

Schnittgröße S_f ist eine der statisch Unbestimmten: $S_f = X_f$

Aus (2.44) erhält man hier

$$\delta_{f0} = 1, \quad \text{für alle übrigen Lastglieder gilt } \delta_{i0} = 0. \tag{2.45}$$

Bildet man von der Matrix mit den Gliedern δ_{ik} die inverse Matrix mit den Gliedern β_{ik}, so ergibt sich aus der allgemeinen Formel (System n-fach statisch unbestimmt)

$$X_i = -\sum_{k=1}^{n} \beta_{ik}\delta_{k0} \tag{2.46}$$

nach Einsetzen von (2.45) hier

$$X_i = -\beta_{if} \tag{2.47}$$

Die Werte der statisch Unbestimmten werden also aus der (negativen) Spalte f der inversen Matrix erhalten, wenn die Einflußlinie für X_f gesucht ist.

Bestimmung einer beliebigen Einflußlinie für S_f aus den Einflußlinien für die statisch Unbestimmten X_i

Das allgemeine Überlagerungsgesetz (2.9) des Kraftgrößenverfahrens erlaubt die Ermittlung jeder beliebigen Einflußlinie, wenn für alle statisch Unbestimmten X_i die Einflußlinien bekannt sind. Nach diesem Überlagerungsgesetz gilt

$$S_f = S_{f,0} + \sum_{i=1}^{n} S_{f,i} X_i \tag{2.48}$$

Darin bedeuten:

S_f gesuchte *Einflußlinie*

$S_{f,0}$ *Einflußlinie* im Zustand 0, das heißt Einflußlinie für S_f am statisch bestimmten Grundsystem

X_i *Einflußlinie* für X_i

$S_{f,i}$ Schnittgröße S_f im Zustand i (fester Zahlenwert)

2.10.4 Gebrauchsformeln für die Biegelinie $w(x)$ eines Stabes und für die Biegelinienfläche A_w

Nachfolgend wird angenommen, daß die Stäbe, auf denen die Last 1 wandert, horizontal sind. Die gesuchte Vertikalverschiebungslinie ist dann identisch mit der Biegelinie $w(x)$.

Um die Biegelinie $w(x)$ eines Stabes mit den Enden i und k angeben zu können, müssen die Randverschiebungen w_i und w_k sowie die Randmomente M_i und M_k bekannt sein. Die Biegelinienfläche A_w wird zur Auswertung der Einflußlinie für eine Gleichlast benötigt.

Grundfall: Biegelinie ohne Knick und Sprung im Bereich des Stabes $i\,k$ (ohne Herleitung)

mit $\xi = x/l$ gilt

$$w(x) = (1-\xi)w_i + \xi w_k + \frac{(2-\xi)M_i + (1+\xi)M_k}{6EI}\,\xi(1-\xi)l^2$$

(2.49)

$$A_w = \int_0^l w(x)\mathrm{d}x = \frac{w_i + w_k}{2}\,l + \frac{M_i + M_k}{24EI}\,l^3 \qquad (2.50)$$

1. Erweiterungsfall: Knickwinkel 1 an der Stelle f (bei Einflußlinie für M_f)
Der Biegelinie $w(x)$ des Grundfalls ist folgende Funktion zu überlagern
(= Einflußlinie für M_f am Träger auf 2 Stützen):

Fläche: $A_w = \alpha\,(1-\alpha)\,\dfrac{l^2}{2}$ \qquad (2.51)

2. Erweiterungsfall: Sprung 1 an der Stelle f (bei Einflußlinie für Q_f)
Der Biegelinie $w(x)$ des Grundfalls ist folgende Funktion zu überlagern
(= Einflußlinie für Q_f am Träger auf 2 Stützen):

Flächen: $A_w^- = -\dfrac{1}{2}\,\alpha^2 l$

$\qquad\quad\ A_w^+ = \dfrac{1}{2}\,(1-\alpha)^2 l$ \qquad (2.52)

2.10.5 Auswertung einer Einflußlinie

Für eine vertikale Einzellast F an der Stelle x ergibt sich die Schnittgröße

$$S_f = w(x)\,F \tag{2.53}$$

Bei mehreren Einzellasten sind die Einflüsse zu überlagern.

Für eine Gleichlast q im Bereich $i\,k$ ergibt sich die Schnittgröße

$$S_f = A_w\,q\,, \qquad A_w \text{ nach (2.50) und ggf. (2.51) bzw. (2.52)} \tag{2.54}$$

2.10.6 Beispiel: Durchlaufträger mit 5 Feldern gleicher Länge l und gleicher Biegesteifigkeit EI

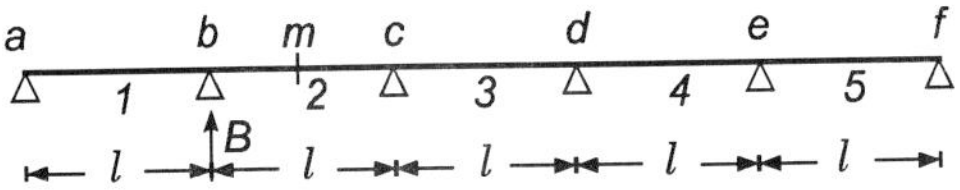

Abb. 2.62 Durchlaufträger mit 5 gleichen Feldern

Unabhängig von der zu bestimmenden Einflußlinie wird vorweg die δ_{ik}-Matrix und die β_{ik}-Umkehrmatrix berechnet.

Nach Wahl der statisch Unbestimmten $X_1 = M_b$, $X_2 = M_c$, $X_3 = M_d$, $X_4 = M_e$ erhält man (vgl. Abschnitt 2.5)

δ_{ik}-Matrix

$$\begin{bmatrix} 4 & 1 & & \\ 1 & 4 & 1 & \\ & 1 & 4 & 1 \\ & & 1 & 4 \end{bmatrix} \cdot \frac{l}{6EI}$$

β_{ik}-Umkehrmatrix

$$\begin{bmatrix} 56 & -15 & 4 & -1 \\ -15 & 60 & -16 & 4 \\ 4 & -16 & 60 & -15 \\ -1 & 4 & -15 & 56 \end{bmatrix} \cdot \frac{6EI}{209\,l}$$

Zunächst werden die Einflußlinien für die statisch Unbestimmten ermittelt.

Einflußlinie für $X_1 = M_b$

Die sich aus dem Knickwinkel 1 in b ergebenden Momente erhält man gemäß (2.47) aus der 1. Spalte der Umkehrmatrix

$$X_1 = M_b = -56\,k\,, \quad X_2 = M_c = 15\,k\,, \quad X_3 = M_d = -4\,k\,, \quad X_4 = M_e = k$$

mit $k = \dfrac{6EI}{209\,l}$

Für alle Felder 1 bis 5 gilt $w_i = w_k = 0$.

Nach (2.49) und (2.50) erhält man für die einzelnen Felder

Feld	$w(x) =$	$A_w =$
1	$(1+\xi)(-56)\xi(1-\xi)\dfrac{l}{209}$	$\dfrac{-56}{4\cdot 209}l^2 = -0,06699\,l^2$
2	$\left[(2-\xi)(-56)+(1+\xi)15\right]\xi(1-\xi)\dfrac{l}{209}$	$\dfrac{-56+15}{4\cdot 209}l^2 = -0,04904\,l^2$
3	$\left[(2-\xi)15+(1+\xi)(-4)\right]\xi(1-\xi)\dfrac{l}{209}$	$\dfrac{15-4}{4\cdot 209}l^2 = 0,01316\,l^2$
4	$\left[(2-\xi)(-4)+(1+\xi)1\right]\xi(1-\xi)\dfrac{l}{209}$	$\dfrac{-4+1}{4\cdot 209}l^2 = -0,00359\,l^2$
5	$(2-\xi)1\xi(1-\xi)\dfrac{l}{209}$	$\dfrac{1}{4\cdot 209}l^2 = 0,00120\,l^2$

Die Einflußlinie ist in Abb. 2.63 dargestellt. Für eine Gleichlast q (Verkehrslast) in den Feldern 1, 2 und 4 erhält man

$$\min M_b = (-0,06699 - 0,04904 - 0,00359)l^2 q = -0,11962\,q\,l^2$$

Für eine Gleichlast g (ständige Last) in allen Feldern erhält man

$$M_b = (\Sigma A_w)\,g = -0,10526\,g\,l^2$$

Einflußlinie für $X_2 = M_c$

Analog erhält man hier aus der 2. Spalte der Umkehrmatrix

$X_1 = M_b = 15\,k,\ X_2 = M_c = -60\,k,\ X_3 = M_d = 16\,k,\ X_4 = M_e = -4\,k$
(2.49), (2.50):

Feld	$w(x) =$	$A_w =$
1	$(1+\xi)15\,\xi(1-\xi)\dfrac{l}{209}$	$\dfrac{15}{4\cdot 209}l^2 = 0,01794\,l^2$
2	$\left[(2-\xi)15+(1+\xi)(-60)\right]\xi(1-\xi)\dfrac{l}{209}$	$\dfrac{15-60}{4\cdot 209}l^2 = -0,05383\,l^2$
3	$\left[(2-\xi)(-60)+(1+\xi)16\right]\xi(1-\xi)\dfrac{l}{209}$	$\dfrac{-60+16}{4\cdot 209}l^2 = -0,05263\,l^2$
4	$\left[(2-\xi)16+(1+\xi)(-4)\right]\xi(1-\xi)\dfrac{l}{209}$	$\dfrac{16-4}{4\cdot 209}l^2 = 0,01435\,l^2$
5	$(2-\xi)(-4)\xi(1-\xi)\dfrac{l}{209}$	$\dfrac{-4}{4\cdot 209}l^2 = -0,00478\,l^2$

Die Einflußlinie ist in Abb. 2.63 dargestellt. Für eine Gleichlast q in den Feldern 2, 3 und 5 erhält man

$$\min M_c = (-0,05383 - 0,05263 - 0,00478)\, l^2 q = 0,11124\, q l^2$$

Einflußlinie für Auflagerkraft B

Bestimmung ohne Verwendung der Einflußlinien für X_i

Das Lager b wird um 1 abgesenkt.

(2.44): $\quad \delta_{10} = B_1 = -\dfrac{2}{l}, \quad \delta_{20} = B_2 = \dfrac{1}{l}, \quad \delta_{30} = B_3 = 0, \quad \delta_{40} = B_4 = 0$

$\qquad B_i = $ Auflagerkraft im Zustand i (aus $X_i = 1$)

(2.46): $\quad X_i = -(\beta_{i1}\delta_{10} + \beta_{i2}\delta_{20}) = \dfrac{1}{l}(2\beta_{i1} - \beta_{i2})$

$\qquad \rightarrow X_1 = M_b = 127\dfrac{k}{l}, \quad X_2 = M_c = -90\dfrac{k}{l}, \quad X_3 = M_d = 24\dfrac{k}{l}, \quad X_4 = M_e = -6\dfrac{k}{l}$

(2.49), (2.50) mit $w_b = 1$, $\ w_a = w_c = w_d = w_e = w_f = 0$:

Feld	$w(x) =$	$A_w =$
1	$\xi 1 + (1+\xi) 127\, \xi(1-\xi)\dfrac{1}{209}$	$\dfrac{1}{2}l + \dfrac{127}{4\cdot 209}l = 0,6519\, l$
2	$(1-\xi)1 + \left[(2-\xi)127 + (1+\xi)(-90)\right]\xi(1-\xi)\dfrac{1}{209}$	$\dfrac{1}{2}l + \dfrac{127-90}{4\cdot 209}l = 0,5443\, l$
3	$\left[(2-\xi)(-90) + (1+\xi)24\right]\xi(1-\xi)\dfrac{1}{209}$	$\dfrac{-90+24}{4\cdot 209}l = -0,0789\, l$
4	$\left[(2-\xi)24 + (1+\xi)(-6)\right]\xi(1-\xi)\dfrac{1}{209}$	$\dfrac{24-6}{4\cdot 209}l = 0,0215\, l$
5	$(2-\xi)(-6)\xi(1-\xi)\dfrac{1}{209}$	$\dfrac{-6}{4\cdot 209}l = -0,0072\, l$

Die Einflußlinie ist in Abb. 2.63 dargestellt. Für eine Gleichlast q in den Feldern 1, 2 und 4 erhält man

$$\max B = (0,6519 + 0,5443 + 0,0215)\, l q = 1,2177\, q l$$

Bestimmung der Einflußlinie für B mit Hilfe der Einflußlinien für X_i

Die Einflußlinie für B_0 am statisch bestimmten Grundsystem hat die Form

$$B_1 = -\frac{2}{l}, \quad B_2 = \frac{1}{l}, \quad B_3 = 0, \quad B_4 = 0 \qquad (B_i \quad \text{Auflagerkraft im Zustand } i\,)$$

$$(2.48): \quad \boldsymbol{B} = \boldsymbol{B}_0 + \left(-\frac{2}{l}\right)\boldsymbol{X}_1 + \frac{1}{l}\boldsymbol{X}_2$$

z.B. Feld 1: $\quad w(x) = \xi\,1 + \left[\left(-\frac{2}{l}\right)(-56) + \frac{1}{l}15\right](1+\xi)\,\xi\,(1-\xi)\dfrac{l}{209}$

$$= \xi + 127\,(1+\xi)\,\xi\,(1-\xi)\frac{1}{209}$$

Das Ergebnis stimmt mit dem zuvor erhaltenen überein.

Einflußlinie für Moment M_m in der Mitte von Feld 2

Es werden die Einflußlinien für X_i gemäß (2.48) verwendet.

Einflußlinie für $M_{m,0}$

$$M_{m,1} = 0{,}5, \quad M_{m,2} = 0{,}5, \quad M_{m,3} = 0, \quad M_{m,4} = 0$$

$$(2.48): \quad \boldsymbol{M}_m = \boldsymbol{M}_{m,0} + 0{,}5\,(\boldsymbol{X}_1 + \boldsymbol{X}_2)$$

Die Einflußlinie ist in Abb. 2.63 dargestellt.

Die Einflußlinienflächen betragen

Feld 1: $A_w = 0{,}5(-0{,}06699 + 0{,}01794)\,l^2 = -0{,}02452\,l^2$

Feld 2: $A_w = l^2/8 + 0{,}5(-0{,}04904 - 0{,}05383)\,l^2 = 0{,}07356\,l^2$

Feld 3: $A_w = 0{,}5(0{,}01316 - 0{,}05263)\,l^2 = -0{,}01974\,l^2$

Feld 4: $A_w = 0{,}5(-0{,}00359 + 0{,}01435)\,l^2 = 0{,}00538\,l^2$

Feld 5: $A_w = 0{,}5(0{,}00120 - 0{,}00478)\,l^2 = -0{,}00179\,l^2$

Für eine Gleichlast q in den Feldern 2 und 4 erhält man

$$\max M_m = (0{,}07356 + 0{,}00538)\,l^2 q = 0{,}07894\,q\,l^2$$

Einflußlinie für Q_{bc} (rechts von Lager b)

Es werden wieder die Einflußlinien für X_i verwendet.

Einflußlinie für $Q_{bc,0}$

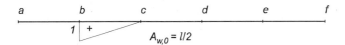

$Q_{bc,1} = -\dfrac{1}{l}, \quad Q_{bc,2} = \dfrac{1}{l}, \quad Q_{bc,3} = 0, \quad Q_{bc,4} = 0$

(2.48): $\boldsymbol{Q_{bc}} = \boldsymbol{Q_{bc,0}} + \left(-\dfrac{1}{l}\right)\boldsymbol{X_1} + \dfrac{1}{l}\boldsymbol{X_2}$

Die Einflußlinie ist in Abb. 2.63 dargestellt.

Die Einflußlinienflächen betragen

Feld 1: $A_w = \dfrac{1}{l}\,(0{,}06699 + 0{,}01794)\,l^2 = 0{,}08493\,l$

Feld 2: $A_w = l/2 + \dfrac{1}{l}\,(0{,}04904 - 0{,}05383)\,l^2 = 0{,}49521\,l$

Feld 3: $A_w = \dfrac{1}{l}\,(-0{,}01316 - 0{,}05263)\,l^2 = -0{,}06579\,l$

Feld 4: $A_w = \dfrac{1}{l}\,(0{,}00359 + 0{,}01435)\,l^2 = 0{,}01794\,l$

Feld 5: $A_w = \dfrac{1}{l}\,(-0{,}00120 - 0{,}00478)\,l^2 = -0{,}00598\,l$

Für eine Gleichlast q in den Feldern 1, 2 und 4 erhält man

$\max Q_{bc} = (0{,}08493 + 0{,}49521 + 0{,}01794)\,l\,q = 0{,}59808\,q\,l$

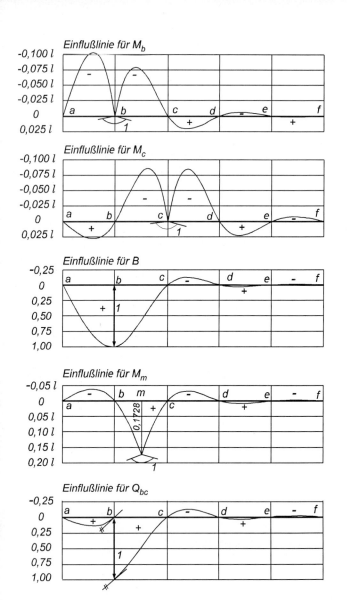

Abb. 2.63 Durchlaufträger mit 5 gleichen Feldern: Einflußlinien für M_b, M_c, B, M_m, Q_{bc}

2.10.7 Ungünstigste Stellung einer Verkehrslast

Tafel 2.4 zeigt abschließend die für verschiedene Schnittgrößen maßgebende (ungünstigste) Stellung einer Verkehrsgleichlast für einen Durchlaufträger über 5 Felder. Länge und Biegesteifigkeit der einzelnen Felder müssen dabei nicht gleich sein.

Tafel 2.4 Ungünstigste Stellung einer Verkehrsgleichlast
(M_1, M_2, M_3, M_4, M_5 Feldmomente)

Maximale statiscche Größe	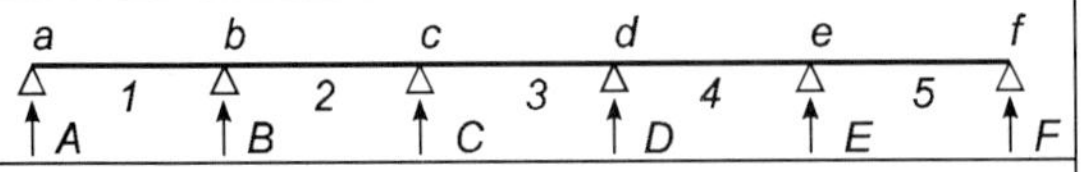 a 1 b 2 c 3 d 4 e 5 f
	↑A ↑B ↑C ↑D ↑E ↑F
$M_b\ Q_{ba}\ Q_{bc}\ B$	
$M_c\ Q_{cb}\ Q_{cd}\ C$	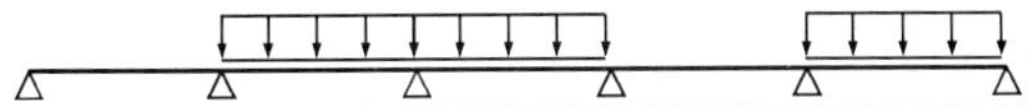
$M_d\ Q_{dc}\ Q_{de}\ D$	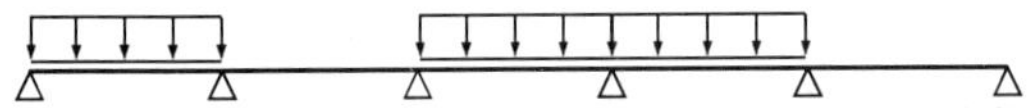
$M_e\ Q_{ed}\ Q_{ef}\ E$	
$M_1\ M_3\ M_5\ A\ F$	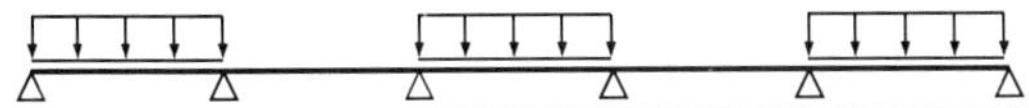
$M_2\ M_4$	

TEIL 2: THEORIE I. UND II. ORDNUNG

3 Allgemeines zur Theorie II. Ordnung

In Übereinstimmung mit allen neueren nationalen und europäischen Normen, die die Tragsicherheitsnachweise von Stabwerken regeln, steht die Forderung, daß *stabilitätsgefährdete* Systeme grundsätzlich nach *Theorie II. Ordnung* unter Ansatz von *Vorverformungen* zu berechnen sind. Dies schließt nicht aus, daß bei einzelnen vereinfachten Nachweisverfahren (z.B. „Europäische Knickspannungsfunktionen") die Theorie II. Ordnung nicht unmittelbar angewendet werden muß, da sie in den Nachweisformeln – meist über die Knicklast – bereits berücksichtigt ist. Aber auch in diesen Fällen ist selbstverständlich die korrekte Schnittgrößenermittlung nach Theorie II. Ordnung zulässig. Die Feststellung, ob eine *Stabilitätsgefährdung* eines Systems vorliegt, hängt ausschließlich davon ab, ob die vorhandenen Stablängskräfte klein im Vergleich zu den Werten im Verzweigungsfall sind, wobei die Grenze in der Regel bei 1/10 liegt (vgl. Abschnitt 4.8).

Unabhängig davon, ob nun die Theorie II. Ordnung unmittelbar nach einem baustatischen Verfahren oder in Form einer vereinfachten Nachweisformel oder mittels eines „black-box"-Programms angewendet wird, ist das grundlegende *Verständnis* für diese Theorie und für den Einfluß der Vorverformungen unerläßlich. In diesem Zusammenhang sind z.B. Kenntnisse über die *Verzweigungslasten* von wesentlicher Bedeutung – auch wenn diese bei einer Berechnung nach Theorie II. Ordnung nicht direkt vorkommen. Andererseits müssen die Regeln für die Superposition von Lastfällen bei Theorie II. Ordnung sicher beherrscht werden (womit bereits hier der vielfach aufgestellten Behauptung, daß eine solche Superposition ausgeschlossen sei, entgegengetreten werden soll). Weiterhin ist zwischen den Längskräften N^{II} (vgl. auch Abschnitt 4.1), die die *Steifigkeit* des Systems beeinflussen und den Einfluß der Theorie II. Ordnung ausmachen, und den Längskräften N zu unterscheiden, die als *Schnittgrößen* in gleicher Weise wie bei Theorie I. Ordnung auftreten und *Beanspruchungen* in den Stabquerschnitten hervorrufen.

Für die *Theorie II. Ordnung* gilt:

- Das Gleichgewicht wird am *verformten* System formuliert, wobei sich hier die Verformungen aus *elastischen* und aus *Vorverformungen* zusammensetzen.

- Genau wie bei Theorie I. Ordnung handelt es sich um eine *geometrisch lineare* Theorie, das heißt um eine Theorie *kleiner* Verformungen.

- Unter der Voraussetzung, daß die steifigkeitsbeeinflussenden Längskräfte N^{II} aller Stäbe statisch bestimmt sind oder mit Hilfe genäherter Gleichgewichtsbedingungen vorweg abgeschätzt werden, das heißt als bekannte Größen in die Rechnung eingehen, ist die Theorie II. Ordnung eine *lineare* Theorie.

- *Längsdruckkräfte* der Stäbe *mindern* die Steifigkeit des Systems, *Längszugkräfte erhöhen* diese Steifigkeit. Im Gegensatz zu den Längszugkräften sind die Längsdruckkräfte durch die Verzweigungswerte begrenzt, die jedoch allein schon aufgrund der stets vorhandenen Vorverformungen nie erreicht werden können.

Alle baustatischen Formeln werden mit Hilfe der *Funktionen* $b_j = b_j(x)$ formuliert (siehe Abschnitt 6.3), womit erreicht wird, daß diese Formeln für Theorie II. Ordnung mit *Längszug* ($N^{II} > 0$) und *Längsdruck* ($N^{II} < 0$) sowie auch für Theorie I. Ordnung ($N^{II} = 0$) gelten. Die Funktionen b_j machen nicht nur Fallunterscheidungen entbehrlich, sondern eliminieren auch die *numerischen Schwierigkeiten* der Theorie II. Ordnung, die bei *kleinen Längskräften* in konventioneller Schreibweise auftreten.

Als Ausgangsbasis für alle Stabformeln wird die *Übertragungsbeziehung* verwendet. Sie liefert die Zustandsgrößen am Stabende als Produkt aus *Feldmatrix* und Zustandsgrößen am Stabanfang. Die Übertragungsbeziehung stellt einerseits eine *vollständige Beschreibung* des Tragverhaltens des Einzelstabes und andererseits die *einfachst mögliche Formulierung* der Beziehungen zwischen den auftretenden Zustandsgrößen dar. Unabhängig davon ist die Übertragungsbeziehung selbstverständlich Grundlage des *Reduktions-* oder *Übertragungsmatrizenverfahrens*.

4 Grundsätzliches zur Theorie II. Ordnung und zu den Vorverformungen

4.1 Zum „Systemcharakter" der Längskräfte N^{II}, Schubfeldanalogie

Während die Längskräfte N als Schnittgrößen, welche *Dehnungen* und *Spannungen* im Querschnitt erzeugen, sowohl bei Theorie I. Ordnung als auch II. Ordnung auftreten, spielen die *steifigkeitsändernden* Längskräfte N^{II} nur bei Theorie II. Ordnung eine Rolle. Ihre Wirkung besteht in *Umlenkkräften,* die proportional zur Stabauslenkung und zu N^{II} sind. Das heißt, daß diese Umlenkkräfte die Charakteristik von Federkräften aufweisen, wobei die Federkonstanten proportional zu N^{II} sind.

Dieser Sachverhalt wird durch die in Abb. 4.1 dargestellte *Schubfeldanalogie* verdeutlicht, der zufolge die Längskraft N^{II} völlig gleichwertig durch ein mit dem Stab kontinuierlich verbundenes Schubfeld der Steifigkeit

$$S = N^{II} \tag{4.1}$$

ersetzt werden kann, wobei S als die aus dem Verzerrungswinkel 1 hervorgehende Querkraft des Schubfeldes definiert ist. Die Schubsteifigkeit S wird für Längszug positiv, für Längsdruck negativ.

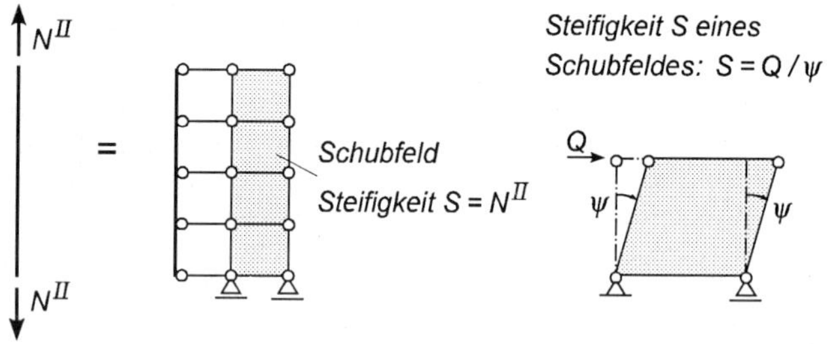

Abb. 4.1 Schubfeldanalogie

Diese Analogie liefert natürlich keine Vorteile bei der rechnerischen Behandlung der Theorie II. Ordnung, sie zeigt aber das Wesentliche der Wirkung von N^{II}; sie zeigt insbesondere nicht nur qualitativ, sondern auch quantitativ, den „Systemcharakter" der Längskräfte N^{II}.

Andererseits kann die genannte Analogie auch für die Berechnung von Nutzen sein, wenn tatsächlich ein Schubfeld vorhanden ist (z.B. Trapezprofilscheiben) und dieses durch N^{II}, das heißt durch Anwendung der

Theorie II. Ordnung für den Stab ohne Schubfeld, ersetzt wird.

Abschließend sei darauf hingewiesen, daß die Schubfeldanalogie auch streng dann noch Gültigkeit hat, wenn die Längskraft N^{II} über die Stablänge *veränderlich* ist. Dieser Fall wird hier jedoch nicht behandelt.

4.2 Vorverformungen – Ersatzbelastung

Die bei stabilitätsgefährdeten Systemen stets anzusetzenden Vorverformungen stellen pauschale *„geometrische Ersatzimperfektionen"* für alle tatsächlich vorhandenen Abweichungen vom planmäßigen Zustand dar. Sie sind stets in ungünstiger Richtung anzusetzen und müssen *qualitativ ähnlich* zur Form der *Knickbiegelinie* im Verzweigungsfall sein. Steht die ungünstige Richtung nicht eindeutig fest, so sind beide Richtungen beim Tragsicherheitsnachweis in Betracht zu ziehen. Für Stäbe mit $N^{II} = 0$ (z.B. Riegel) sowie für Zugstäbe brauchen in der Regel keine Vorverformungen angesetzt zu werden. Allerdings fordert z.B. DIN 18 800 Teil 1 (Nov. 1990) den Ansatz von Schrägstellungen für Stiele von verschieblichen Rahmen auch dann, wenn nach Theorie I. Ordnung gerechnet werden darf.

Vorverformungen stellen *keine Einwirkungen* für das System dar, wie dies z.B. bei eingeprägten Verkrümmungen aus einer Temperaturdifferenz über die Querschnittshöhe der Fall ist. Vielmehr sind diese Vorverformungen von vornherein vorhanden, das heißt, es treten am unbelasteten, vorverformten System *keine Zwängungen*, also *keine Schnittgrößen* auf. Dennoch ist es möglich, rechnerisch die Vorverformungen als *eigenen Lastfall* zu behandeln und den übrigen Lastfällen zu überlagern.

Praktisch ausreichend sind die beiden in Abb. 4.2 angegebenen Formen, nämlich die *Vorverdrehung* und die *Vorkrümmung*. Gleichzeitig zeigt diese Abbildung die *Ersatzbelastungen*, mit denen die Vorverformungen statisch gleichwertig ersetzt werden können. Die Ersatzbelastung ist identisch mit jenen Kräften, die vom vorverformten und mit N^{II} belasteten Stab auf ein festes Medium ausgeübt werden, in dem dieser Stab gehalten ist.

Zahlenwerte für ψ^0 und w^0 enthalten die für den Tragsicherheitsnachweis maßgebenden Normen (z.B. DIN 18 800 Teil 2, Nov. 1990). Als Größenordnung für ψ^0 und w^0/l kann 1/200 genannt werden.

Die Vorverdrehung ist nur bei *verschieblichen* Systemen (Systeme, deren Knoten Verschiebungen erfahren können) anzusetzen; dabei handelt es sich meist um Stiele verschieblicher Rahmen. Die Vorkrümmung dagegen ist – abgesehen von Ausnahmefällen – nur bei Stäben (meist Stielen) von *unverschieblichen* Systemen zu berücksichtigen. Die Längskräfte der *Riegel* sind in der Regel so *klein*, daß für diese *keine* Vorverformungen anzusetzen sind.

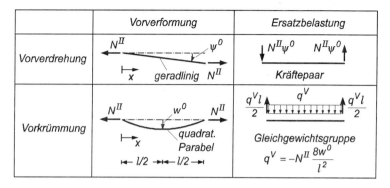

Abb. 4.2 Vorverformungen und Ersatzbelastung

Abb. 4.3 zeigt für 3 Beispiele die Vorverformungen. Die Parabelstiche w^0 sind jeweils proportional zur Stablänge und deshalb im allgemeinen nicht gleich. Ist die „ungünstige" Richtung der Vorverformungen nicht eindeutig erkennbar, so ist der „Lastfall" Vorverformung mit $\pm$ den übrigen Lastfällen aus Einwirkungen zu überlagern und dem Tragsicherheitsnachweis zugrunde zu legen.

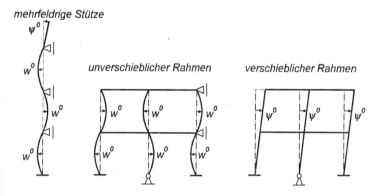

Abb. 4.3 Vorverformungen für 3 Beispiele

Wie aus Abb. 4.3 hervorgeht, müssen Vorverformungen *geometrisch nicht verträglich* sein (z.B. Tangentendrehwinkel $\neq 0$ an einer Einspannung).

Abschließend sei noch einmal betont, daß das *unbelastete, vorverformte* System *frei von Schnittgrößen* (Momenten, Querkräften und Längskräften) ist.

4.3 Pendelstäbe – Ersatz durch Federn

Betrachtet werden *Pendelstäbe* mit einer Längskraft N^{II}, die an einem Ende *verschieblich*, am anderen Ende *unverschieblich* gelagert sind (Abb. 4.4). Bei einer *Vorverdrehung* ψ^0 und einem *Stabdrehwinkel* $\psi = \delta/l$ tritt am verschieblichen Ende die Umlenkkraft $N^{II}(\psi^0 + \psi) = N^{II}\psi^0 + (N^{II}/l)\delta$ auf. Der 1. Anteil stellt die Ersatzbelastung gemäß Abb. 4.2 dar, der 2. Anteil kann als Kraft einer *Feder* mit der Konstanten

$$c = \frac{N^{II}}{l} \tag{4.2}$$

gedeutet werden (Federkonstante c = Federkraft aus Verschiebung 1). Abb. 4.4 zeigt den genannten Sachverhalt zunächst allgemein und dann anhand von 2 Beispielen. Bei den in der Regel vorliegenden *Druckstäben* ergibt sich mit $N^{II} < 0$ eine *negative* Federkonstante $c < 0$.

Diese Darlegungen bestätigen erneut den „Systemcharakter" der Längskraft N^{II}. Sie zeigen andererseits, daß es *nicht* wie bei Theorie I. Ordnung zulässig ist, Pendelstäbe durch einwertige Lager zu ersetzen.

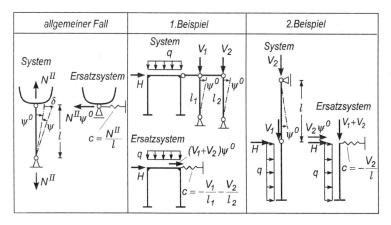

Abb. 4.4 Ersatz von Pendelstäben

4.4 Superpositionsgesetz der Theorie II. Ordnung

Aus der Erkenntnis heraus, daß die Längskräfte N^{II} die Steifigkeit des Systems beeinflussen, das heißt, eine Systemeigenschaft besitzen, wird deutlich, daß die Superposition von Lastfällen nur zulässig ist, wenn bei *jedem einzelnen Lastfall dieselben* N^{II} angenommen werden, weil ja andernfalls bei dieser Superposition jeweils verschiedene Systeme vorliegen würden.

Bei *korrekter* Vorgehensweise müßten nun die N^{II} der einzelnen Lastfälle jenen Werten N^{II} entsprechen, die im maßgebenden resultierenden Lastfall vorliegen. Steht dieser nicht von vornherein fest oder sind mehrere Lastfallkombinationen zu untersuchen, so empfiehlt sich folgendes auf der *sicheren Seite* liegende *Näherungsvorgehen:* Für alle einzelnen Lastfälle (einschließlich Lastfall „Vorverformung") werden die größtmöglichen Längsdruckkräfte als N^{II} angenommen. Für die N^{II} von Stielen beispielsweise bedeutet dies den Ansatz der vollen Vertikalbelastung (ständige und veränderliche Lasten). Bei dem in Abb. 4.5 dargestellten Beispiel eines verschieblichen Stockwerkrahmens wären demnach die Stiellängskräfte N^{II} aus g und p in der angegebenen Weise zu bestimmen und dann *allen* zu berechnenden Teillastfällen zugrunde zu legen.

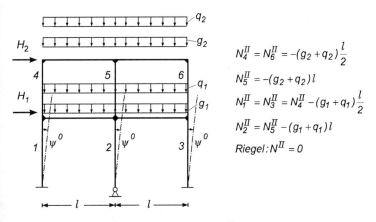

$$N_4^{II} = N_6^{II} = -(g_2 + q_2)\frac{l}{2}$$

$$N_5^{II} = -(g_2 + q_2)l$$

$$N_1^{II} = N_3^{II} = N_4^{II} - (g_1 + q_1)\frac{l}{2}$$

$$N_2^{II} = N_5^{II} - (g_1 + q_1)l$$

$$Riegel : N^{II} = 0$$

Abb. 4.5 Annahme von Stiellängskräften N^{II} für beliebige Teillastfälle

Die Horizontalkräfte können – abgesehen von Rahmen, deren Gesamthöhe ein Vielfaches der Gesamtbreite beträgt – bei der Bestimmung der N^{II} außer acht gelassen werden. Bei verschieblichen orthogonalen Rahmen hängt der Einfluß der Theorie II. Ordnung im wesentlichen nur von der *gesamten* innerhalb eines Stockwerks übertragenen Vertikallast ab. Die Aufteilung der Vertikallast auf die einzelnen Stiele des Stockwerks ist nur von geringer Bedeutung für die Theorie II. Ordnung. Bei der in Abschnitt 4.9 behandelten „Näherungstheorie II. Ordnung" ist ausschließlich die Stockwerksvertikallast von Einfluß.

Vorstehende Aussagen gelten nur für N^{II}. Die Längskräfte N als *unbekannte* Schnittgrößen werden wie die übrigen Schnittgrößen M und Q durch Überlagerung erhalten. Damit unterscheiden sich bei den einzelnen Teillastfällen die Längskräfte N^{II} und N prinzipiell.

Nach Anwendung der beschriebenen Superposition besteht selbstverständlich noch die Möglichkeit, für eine bestimmte Lastfallkombination die erhaltenen Längskräfte N als N^{II} für einen weiteren, verbesserten Rechengang anzunehmen.

Abschließend einige Bemerkungen zur *Belastungsumordnung:* Diese ist bei *Theorie I. Ordnung* für *symmetrische* Systeme anwendbar, indem die Einwirkungen in einen Lastfall „Symmetrie" und einen Lastfall „Antimetrie" zerlegt werden. Beidemal genügt dann die Berechnung des halben Systems. Diese Belastungsumordnung gilt nun auch bei *Theorie II. Ordnung*, wenn zusätzlich die Forderung erfüllt ist, daß neben der Symmetrie des Systems auch die Symmetrie aller Längskräfte N^{II} vorliegt. Abb. 4.6 zeigt ein einfaches Beispiel.

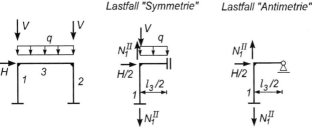

System symmetrisch

Annahme:

$$N_1^{II} = N_2^{II} = -V - \frac{1}{2}ql_3, \quad N_3^{II} = 0$$

Superposition: linke Hälfte: Lastfall "Symmetrie" + Lastfall "Antimetrie"

rechte Hälfte: Lastfall "Symmetrie" gespiegelt

- Lastfall "Antimetrie" gespiegelt

Abb. 4.6 Beispiel für Belastungsumordnung

4.5 Verzweigungslastfaktor η_{Ki}

Der Verzweigungslastfaktor η_{Ki} bezieht sich auf einen *bestimmten Lastfall* und auf die dafür angenommenen Längskräfte N_s^{II} der Stäbe s, wobei es sich in der Regel um Druckkräfte handelt. η_{Ki} ist als jener gemeinsame Faktor für alle N_s^{II} definiert, für den der *Verzweigungsfall* eintritt. Die dann vorhandenen Verzweigungslängskräfte betragen demnach

$$N_{Ki,s}^{II} = \eta_{Ki}\, N_s^{II} \tag{4.3}$$

Aus *mathematischer* Sicht liegt ein *Eigenwertproblem* mit η_{Ki} als Eigenwert vor. Existieren mehrere Eigenwerte, so wird im folgenden unter η_{Ki} stets der *kleinste* Eigenwert verstanden. Dieser folgt aus der Bedingung, daß die Determinante der Matrix des Gleichungssystems für die unbekannten Zustandsgrößen null wird. Das *homogene* Gleichungssystem hat dann eine nichttriviale Lösung, wobei die Unbekannten nur bis auf einen Faktor bestimmt werden können. Im einfachsten Fall ist nur 1 Gleichung mit 1 Unbekannten vorhanden.

Aus *mechanischer* Sicht liegt im Verzweigungsfall ein System mit der Steifigkeit *null* vor. Das heißt, daß eine ausgelenkte Lage (mit indifferentem Gleichgewicht) möglich ist, wobei *nur* die Längskräfte $N_{Ki,s}^{II}$ vorhanden sind, alle übrigen Einwirkungen (z.B. Querlasten) jedoch nicht. Die zugehörige Knickbiegelinie und die Schnittgrößen lassen sich bis auf einen Faktor eindeutig angeben.

Es muß stets $N_s^{II} < N_{Ki,s}^{II}$, das heißt $\eta_{Ki} > 1$ erfüllt sein, was gleichzeitig Bedingung für *stabiles* Gleichgewicht ist. Für $\eta_{Ki} < 1$ lassen sich zwar alle Zustandsgrößen eindeutig bestimmen, die Ergebnisse sind aber praktisch ohne Bedeutung, da sie stets mit *instabilen* Gleichgewichtslagen verbunden sind. Der Verzweigungszustand selber mit $\eta_{Ki} = 1$ kann auch bei fehlender Querlast wegen der stets anzusetzenden Vorverformungen nicht erreicht werden. Rechnerisch würden dann die Zustandsgrößen unendlich groß.

Um den Tragsicherheitsnachweis eines stabilitätsgefährdeten Systems mit Theorie II. Ordnung zu führen, ist die Kenntnis von η_{Ki} prinzipiell *nicht erforderlich,* jedoch stets *wünschenswert.* η_{Ki} gibt nämlich unmittelbar Auskunft über das *Maß der Stabilitätsgefährdung* des untersuchten Tragwerks. Dies drückt sich unmittelbar z.B. im *Vergrößerungsfaktor* der Theorie II. Ordnung (Abschnitt 4.7) oder auch im *Kriterium* für die Notwendigkeit der Berechnung nach Theorie II. Ordnung (Abschnitt 4.8) aus. Bereits hier sei erwähnt, daß für $\eta_{\mathrm{Ki}} > 10$ die Stabilitätsgefährdung als *vernachlässigbar* angesehen werden kann.

Abb. 4.7 zeigt abschließend ein einfaches Beispiel, bei dem ein Pendelstab mit Vertikallast P durch einen eingespannten Stiel stabilisiert wird. Neben der Vorverdrehung ψ^0 ist die Kraft H zu berücksichtigen. Gesucht sind Verzweigungslast P_{Ki}, Verschiebung δ (ohne Vorverformungsanteil) und Moment M.

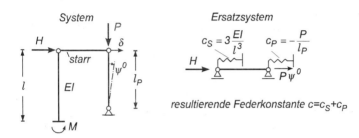

Abb. 4.7 Beispiel und Ersatzfedersystem

Wie aus Abb. 4.7 hervorgeht, wird der Pendelstab gemäß Abb. 4.4 ersetzt und der eingespannte Stiel durch eine Feder mit der Steifigkeit $c_{\mathrm{S}} = 3\,EI/l^3$ modelliert (c_{S} kann als Kehrwert der Durchbiegung eines Kragträgers unter der Last 1 bestimmt werden). Mit der resultierenden Federkonstanten

$$c = c_{\mathrm{S}} + c_{\mathrm{P}} = 3\frac{EI}{l^3} - \frac{P}{l_{\mathrm{P}}}$$

lautet die Bestimmungsgleichung für die Verschiebung δ (aus $\sum H = 0$)

$$c\,\delta = H + P\,\psi^0$$

Im Verzweigungsfall wird

$$c = 3\frac{EI}{l^3} - \frac{P_{\mathrm{Ki}}}{l_{\mathrm{P}}} = 0 \;, \quad P_{\mathrm{Ki}} = 3\frac{EI}{l^3}\,l_{\mathrm{P}} \;, \quad \eta_{\mathrm{Ki}} = \frac{P_{\mathrm{Ki}}}{P}$$

Für die Verschiebung erhält man

$$\delta = \frac{1}{c}\left(H + P\,\psi^0\right)$$

für die Querkraft am oberen Ende des eingespannten Stiels

$$Q_S = c_S\,\delta$$

und für das Einspannmoment

$$M = Q_S\,l = c_S\,l\,\delta$$

Für $P < P_{Ki}$ ($\eta_{Ki} > 1$) erhält man *positive* Werte für δ und M, die Gleichgewichtslagen sind *stabil*.

Für $P = P_{Ki}$ ($\eta_{Ki} = 1$) wird die Gesamtsteifigkeit $c = 0$. Endliche Werte von δ und M sind nur für $H = 0$ und $\psi^0 = 0$ möglich, wobei dann *indifferentes* Gleichgewicht vorliegt.

Für $P > P_{Ki}$ ($\eta_{Ki} < 1$) würden δ und M negativ und die Gleichgewichtslagen *labil*. Diese sind *baupraktisch* natürlich *ohne Bedeutung*, da hier nur stabile Gleichgewichtszustände zulässig sind.

Vorstehende Aussagen gelten im Rahmen der Theorie II. Ordnung, die – wie Theorie I. Ordnung – *kleine* Verschiebungen voraussetzt.

4.6 Knicklängen s_K

Ebenso wie der Verzweigungslastfaktor η_{Ki} beziehen sich die Knicklängen $s_{K,s}$ der Stäbe s auf einen bestimmten Lastfall, konkret auf ein bestimmtes Verhältnis der Längskräfte N_s^{II}, das heißt, die Knicklängen sind nicht nur systemabhängig.

Unter der hier stets zugrunde gelegten Annahme, daß Querschnitt und Längskraft N_s^{II} über die Stablänge konstant sind, haben alle Biegelinien von Druckstäben eines Systems im Verzweigungsfall die Eigenschaft, daß sie durch eine Sinus-Funktion beschrieben werden können. Die Knicklänge $s_{K,s}$ ist dabei als Länge einer Sinus-Halbwelle definiert, und die zugehörige Längsdruckkraft berechnet sich aus

$$\left| N_{\text{Ki},s}^{\text{II}} \right| = \left(\frac{\pi}{s_{\text{K},s}} \right)^2 EI_s \qquad (4.4)$$

Die Endpunkte der Sinus-Halbwelle sind Wendepunkte der Biegelinie, also Punkte mit $M = 0$, ihre Verbindungsachse ist demnach Wirkungslinie der vom Stab s übertragenen resultierenden Kraft, deren Betrag auch $\left| N_{\text{Ki},s}^{\text{II}} \right|$ ist. Dieser Sachverhalt ist in Abb. 4.8 wiedergegeben.

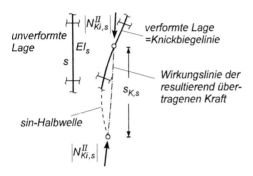

Abb. 4.8 Knicklänge $s_{\text{K},s}$ des Stabes s

Knicklängen $s_{\text{K},s}$ sind nur für Druckstäbe ($N_s^{\text{II}} < 0$) definiert. Rein rechnerisch würde sich für einen Stab mit $N_s^{\text{II}} = 0$ die Knicklänge $s_{\text{K},s} = \infty$ ergeben (z.B. eingespannter Stiel in Abb. 4.7).

Abb. 4.9 zeigt abschließend für einige Beispiele Knickfigur und Knicklänge s_{K} der gedrückten Stäbe. Zu beachten ist, daß in jenen Fällen, in denen keine horizontalen Auflagerkraftkomponenten auftreten, die Achse der Sinus-Halbwelle vertikal verläuft.

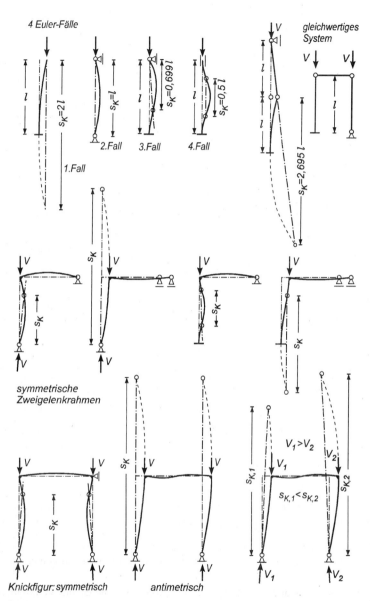

Abb. 4.9 Knickfigur und Knicklängen s_K für Beispiele

112

4.7 „Vergrößerungsfaktor" der Theorie II. Ordnung

Die Formel für den Vergrößerungsfaktor lautet

$$k = \frac{1}{1 - \dfrac{1}{\eta_{Ki}}} \tag{4.5}$$

wobei der Verzweigungslastfaktor η_{Ki} bereits durch (4.3) definiert ist. Der Vergrößerungsfaktor findet Anwendung in der Formel

$$M = k M^I \tag{4.6}$$

Darin ist

M das Moment nach Theorie II. Ordnung

M^I das Moment nach Theorie I. Ordnung, jedoch *unter Berücksichtigung der Ersatzbelastung für die Vorverformungen.*

(4.6) gilt genau, wenn die Biegelinie unter den Einwirkungen ähnlich ist zur Knickbiegelinie im Verzweigungsfall. (4.6) gilt näherungsweise, wenn die genannte Ähnlichkeit nur *qualitativ* besteht. Ist dies auch nicht der Fall, so wird (4.6) unbrauchbar.

Für das System in Abb. 4.7 beispielsweise ist (4.6) genau, was im folgenden gezeigt werden soll. Gemäß Abschnitt 4.5 gilt

$$\delta = \frac{1}{c}\left(H + P\psi^0\right) \quad \text{mit} \quad c = 3\frac{EI}{l^3} - \frac{P}{l_P}$$

$$P_{Ki} = 3\frac{EI}{l^3} l_P$$

Unter Verwendung von P_{Ki} gilt für c

$$c = 3\frac{EI}{l^3}\left(1 - \frac{1}{\eta_{Ki}}\right) \quad \text{mit} \quad \eta_{Ki} = \frac{P_{Ki}}{P}$$

und für δ

$$\delta = k\,\delta^I \quad \text{mit} \quad \delta^I = \frac{H + P\psi^0}{3EI/l^3}$$

Damit erhält man für das Einspannmoment

$$M = c_S\, l\, \delta = k M^I \quad \text{mit} \quad M^I = \left(H + P\psi^0\right)l$$

Der Vergrößerungsfaktor k liefert hier also *genaue* Ergebnisse. Dies ist in der Tatsache begründet, daß der eingespannte Stiel in allen Fällen dieselbe Form der Biegelinie hat.

Abb. 4.10 zeigt ein Beispiel, bei dem das Einspannmoment mit (4.6) – in diesem Fall *näherungsweise* – berechnet und mit dem genauen Ergebnis verglichen werden soll. Die für den eingespannten Stiel mit aufgesetzter

Pendelstütze maßgebende Knicklänge beträgt gemäß Abb. 4.9 $s_K = 2,695\,l$.
Gegeben sei weiterhin $\eta_{Ki} = 3$.

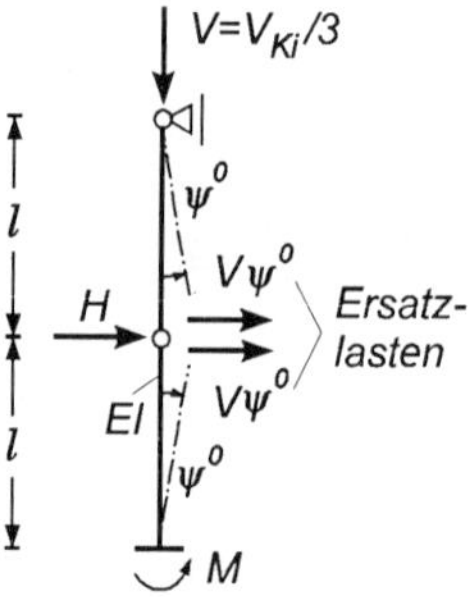

$$s_K = 2,695\,l, \quad \eta_{Ki} = 3$$

$$V_{Ki} = \left(\frac{\pi}{s_K}\right)^2 EI = 1,358\frac{EI}{l^2}, \quad V = \frac{1}{3}V_{Ki} = 0,453\frac{EI}{l^2}$$

$$k = \frac{1}{1-1/3} = 1,5$$

$$M^I = (H + 2V\psi^0)\,l$$

$$M = kM^I = 1,5\,M^I$$

genau: $M = 1,452\,M^I$, Fehler 3,2 %

Abb. 4.10 Beispiel für Anwendung des Vergrößerungsfaktors

Die Näherungsrechnung nach (4.6) ergibt $M = 1,5M^I$, eine genaue Rechnung nach Theorie II. Ordnung mit $V = 0,435\,EI/l^2$ liefert $M = 1,452\,M^I$. Der Fehler von 3,2 % liegt hier auf der sicheren Seite.

Abschließend sei auf den sogenannten *„Dischinger-Faktor"* hingewiesen. Dieser stellt für bestimmte Lastfälle von *Einzelstäben* eine Modifikation des Vergrößerungsfaktors k dar, mit der die Genauigkeit von M verbessert werden kann. Da für diese Fälle aber die exakten Formeln der Theorie II. Ordnung verfügbar sind, dürfte dem Dischinger-Faktor praktisch keine besondere Bedeutung (mehr) zukommen.

In Abb. 4.11 ist für den beidseitig gelenkig gelagerten Stab mit einer Vorkrümmung und einer Gleichlast der Dischinger-Faktor und seine Anwendung zur Berechnung des maximalen Moments M_m angegeben.

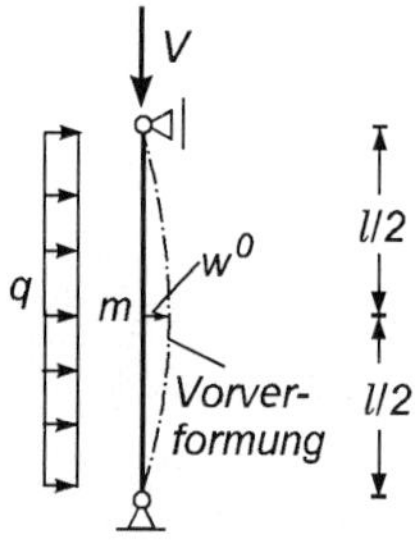

Dischinger–Faktor: $k = \dfrac{1+0,0281/\eta_{Ki}}{1-1/\eta_{Ki}}$

$$V_{Ki} = \left(\frac{\pi}{l}\right)^2 EI, \quad \eta_{Ki} = \frac{V_{Ki}}{V}$$

$$M_m^I = \frac{1}{8}\left(q + V8\frac{w^0}{l^2}\right)l^2 = \frac{1}{8}ql^2 + Vw^0 \quad (s.\ Abb.\ 4.2)$$

$$M_m = kM_m^I$$

Zahlenbeispiel: geg.: $\eta_{Ki} = 3 \Rightarrow M_m = 1,514\,M_m^I$, *genau:* $M_m = 1,515\,M_m^I$

Abb. 4.11 Dischinger-Faktor und Anwendung für M_m

4.8 Kriterium für die Notwendigkeit der Berechnung nach Theorie II. Ordnung

Der allen Längskräften N_s^{II} gemeinsame Verzweigungslastfaktor η_{Ki} kennzeichnet das Maß der Stabilitätsgefährdung eines Systems und ermöglicht deshalb die Beurteilung, ob die Theorie II. Ordnung angewendet werden muß. In Übereinstimmung mit den Regelungen der entsprechenden neuen nationalen und europäischen Normen *muß* nach *Theorie II. Ordnung* gerechnet werden, wenn

$$\eta_{Ki} < 10 \qquad (4.7)$$

ist. Bei $\eta_{Ki} = 10$ beträgt der Vergrößerungsfaktor rund 1,1, das heißt, mit der festgelegten Grenze wird ein maximaler *Fehler* von 10 % (auf der unsicheren Seite) bei den Momenten in Kauf genommen. Dieser Fehler wird sich dann noch erhöhen, wenn – wie in der Regel üblich – bei Theorie I. Ordnung *keine* Vorverformungen angesetzt werden.

Alternativ, aber praktisch völlig gleichwertig, kann folgendes, auf die Längsdruckkraft $| N_s^{II} |$ des Stabes s bezogene Kriterium angewendet werden, wenn dessen Knicklänge $s_{K,s}$ bekannt ist:

$$\left| N_s^{II} \right| > \frac{EI_s}{s_{K,s}^2} \qquad (4.8)$$

Dieses Kriterium wird mit $\eta_{Ki} = N_{Ki,s}^{II}/N_s^{II}$ und mit $\pi^2 \approx 10$ aus (4.4) erhalten. Es genügt, das Kriterium nur für *einen* Stab eines Systems anzuwenden, da es dann auch für alle übrigen Stäbe erfüllt sein muß.

Bei *unverschieblichen* Systemen kann als *hinreichendes* Kriterium für die Zulässigkeit der *Theorie I. Ordnung* auch die Bedingung

$$\left| N_s^{II} \right| < \frac{EI_s}{l_s^2} \qquad (4.9)$$

verwendet werden, die dann allerdings für *jeden* Stab s des Systems erfüllt sein muß. Dabei wurde in (4.8) $s_{K,s}$ durch l_s ersetzt.

4.9 Näherungstheorie II. Ordnung für verschiebliche Systeme

Diese Näherungstheorie existiert nur bei *verschieblichen* Systemen, sie liegt bei Längsdruckkräften grundsätzlich auf der unsicheren Seite. Der zu erwartende Fehler bei den Momenten liegt maximal bei etwa 20 %, im Mittel bei etwa 5 %.

Die Näherungstheorie II. Ordnung ersetzt bei der Formulierung des Gleichgewichts die *tatsächlich gekrümmte* Biegelinie durch die *gerade* Sehne. Demnach ist diese Theorie um so genauer, je näher die Biegelinie bei der Sehne liegt. Die damit erzielte Vereinfachung ermöglicht es, die Wirkung der Theorie II. Ordnung durch eine Ersatzbelastung in der gleichen Form wie bei der Vorverdrehung ψ^0 zu erfassen (vgl. Abb. 4.2), also durch ein Paar von Kräften der Größe $N^{II} \psi$. Selbstverständlich ist hier – im Gegensatz zu ψ^0 – der Stabdrehwinkel ψ unbekannt.

Für die in Abb. 4.1 dargestellte *Schubfeldanalogie* bedeutet die Näherungstheorie II. Ordnung, daß die kontinuierliche Verbindung Stab – Schubfeld durch eine nur noch an den Stabenden vorhandene Verbindung ersetzt wird. Das (gedachte) Schubfeld bleibt dann bei der Verformung auch am stabparallelen Rand *gerade* und überträgt auf den Stab genau das oben erwähnte Kräftepaar.

Alternativ dazu kann auch ein angekoppelter Pendelstab angeordnet werden, der anstelle des Biegestabes die Längskraft N^{II} überträgt.

Die genannten 3 Möglichkeiten zur Realisierung der Näherungstheorie II. Ordnung sind in Abb. 4.12 angegeben.

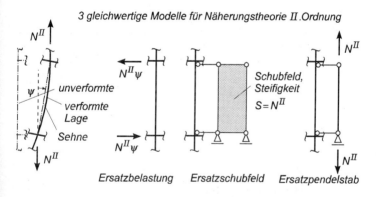

Abb. 4.12 Rechenmodelle für Näherungstheorie II. Ordnung

Der Vorteil der Näherungstheorie besteht darin, daß Formeln bzw. Verfahren der Theorie I. Ordnung angewendet werden können, da das zusätzlich zu berücksichtigende Kräftepaar $N^{II} \psi$ wie äußere Lasten behandelt werden kann.

Als Beispiel wird die Berechnung der Knicklast des 1. Eulerfalls gewählt, für den der genaue Wert bekannt ist: $P_{Ki} = \pi^2 \, EI/(2l)^2 = 2,47 \, EI/l^2$ (Abb. 4.13). Der Wert nach Näherungstheorie II. Ordnung wird aus Abb. 4.7 erhalten, indem dort $l_P = l$ und $c = 0$ gesetzt wird. Wie in Abb. 4.13 dargestellt, ergibt dies $P_{Ki} = 3 \, EI/l^2$ ($\approx 22 \, \%$ zu groß).

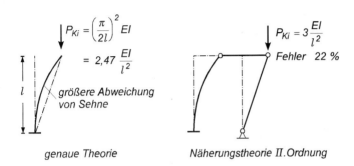

Abb. 4.13 Beispiel für Näherungstheorie II. Ordnung mit größerem Fehler

Da die Knickbiegelinie stark von der Sehne abweicht, ist der Ergebnisfehler relativ groß. Ein kleinerer Fehler ist nun beim Beispiel gemäß Abb. 4.14 zu erwarten, wo aufgrund der elastischen Einspannung des Stielfußpunktes die Biegelinie des Stiels weniger von der Sehne abweicht. Tatsächlich beträgt in diesem Fall der genaue Wert $1,42 \, EI/l^2$, der Wert nach der Näherungstheorie $1,5 \, EI/l^2$, so daß der Fehler jetzt nur noch rund 5,5% beträgt.

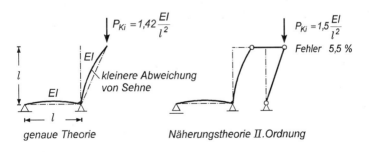

Abb. 4.14 Beispiel für Näherungstheorie II. Ordnung mit kleinerem Fehler

4.10 Tragsicherheitsnachweise, Verfahren EE, EP und PP

Diese Nachweisverfahren, wie sie z.B. in der Stabilitätsnorm für den Stahlbau DIN 18 800 Teil 2 (Nov. 1990) festgelegt sind, sind *alternativ* anwendbar. Der 1. Buchstabe gibt an, ob die Schnittgrößen nach Elastizitäts- oder Plastizitätstheorie ermittelt werden, während der 2. Buchstabe festlegt, ob beim Querschnittsnachweis die elastische oder plastische Spannungsverteilung angenommen wird. Wesentlich aus baustatischer Sicht ist nur die Frage, ob nach Elastizitäts- oder Plastizitätstheorie gerechnet wird, wobei im letzteren Fall in der Regel die Fließgelenktheorie zur Anwendung gelangt. Diese Fließgelenktheorie ist nur bei statisch unbestimmten Systemen von Interesse, sie erlaubt dort die Ausnutzung der sogenannten *plastischen Systemreserven*, also eine wirtschaftlichere Bemessung als nach Elastizitätstheorie.

Ebenso wie bei der Elastizitätstheorie ist auch bei der Fließgelenktheorie nach Theorie II. Ordnung zu rechnen, wenn das System stabilitätsgefährdet ist. Dabei ist zu beachten, daß mit Eintritt jedes Fließgelenks die Stabilitätsgefährdung zunimmt, weil die Verzweigungslast abnimmt.

Alle wesentlichen Sachverhalte zeigt das Last-Verschiebungs-Diagramm in Abb. 4.15. Während nach Theorie I. Ordnung die Traglast (maximal aufnehmbare Last) bei Erreichen der „kinematischen Kette" auftritt, immer statisch bestimmt ist und deshalb leicht berechnet werden kann, ist das Tragverhalten nach Theorie II. Ordnung wesentlich komplizierter, und die genannten Aussagen treffen nicht mehr zu. Insbesondere besteht – wie in Abb. 4.15 gezeigt – die Möglichkeit, daß die Traglast erreicht ist, bevor sich die kinematische Kette ausbildet.

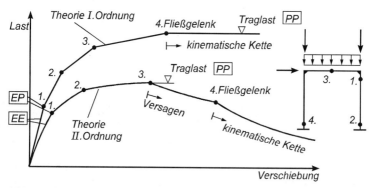

Abb. 4.15 Last-Verschiebungs-Verhalten nach Elastizitäts- und Fließgelenktheorie I. und II. Ordnung, Tragfähigkeitsgrenzen EE, EP und PP

4.11 Ausblick auf die Fließgelenktheorie

Die Fließgelenktheorie wird in diesem Buch nicht behandelt. Es sollen hier aber einige grundsätzliche Hinweise gegeben werden, wie der Tragsicherheitsnachweis mit einem planmäßigen, linearen Rechengang geführt und wie mit den angegebenen Formeln und Verfahren der Elastizitätstheorie erforderlichenfalls Fließgelenktheorie betrieben werden kann.

Bei Anwendung der Fließgelenktheorie II. Ordnung ist es zweckmäßig, nicht die Traglast zu bestimmen, da dann eine nichtlineare Aufgabe zu lösen wäre, sondern mit den (bekannten) Bemessungslasten zu rechnen, so daß eine Abschätzung der Längskräfte N^{II} möglich ist. Weiterhin empfiehlt sich, die Fließgelenke nicht durch Probieren zu finden, sondern mit der Elastizitätstheorie zu beginnen und dann sukzessive die Fließgelenke dort einzuführen, wo die Querschnittsinteraktionsbedingungen verletzt sind. Der Tragsicherheitsnachweis ist erfüllt, wenn diese Bedingungen in allen Querschnitten des Systems eingehalten sind, das heißt, wenn die Tragfähigkeit der vollplastizierten Querschnitte nirgendwo überschritten wird.

Aus baustatischer Sicht ist ein Fließgelenk f ein Gelenk mit einem eingeprägten, aufgrund der Interaktionsbeziehung *bekannten* Doppelmoment M_f. Dabei tritt eine *unbekannte* Relativverdrehung ϕ_f^e der Querschnitte auf, die dieselbe Richtung wie das am Fließgelenk angreifende Moment M_f aufweisen muß (Abb. 4.16).

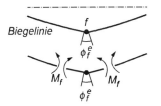

Bedingung für Fließgelenk in f :

Vorzeichen von M_f und ϕ_f^e müssen gleich sein

Abb. 4.16 Fließgelenk mit Moment M_f und Knickwinkel ϕ_f^e

Die im Rahmen der Elastizitätstheorie II. Ordnung angegebenen Formeln und Verfahren erlauben die Berücksichtigung von Gelenken an allen Stabenden und an beliebiger Stelle im Feld eines Stabes. Wird dort bei Auftreten eines Fließgelenks das *bekannte* Fließgelenkmoment berücksichtigt, so bedeutet dies bereits die korrekte Anwendung der Fließgelenktheorie mit Hilfe der Formeln der Elastizitätstheorie.

Eine weitere Möglichkeit der baustatischen Erfassung von Fließgelenken besteht in der Annahme eingeprägter, *unbekannter* Knickwinkel. In diesem Fall ist das auftretende Gleichungssystem für jedes Fließgelenk um 1 Unbekannte und 1 Gleichung zu erweitern. Im Gegensatz zur oben genannten Vorgehensweise hat dieses Verfahren den Vorteil, daß nach Auflösung des Gleichungssystems auch die Knickwinkel ϕ_f^e bekannt sind und die in Abb. 4.16 genannte Bedingung unmittelbar überprüft werden kann.

5 Annahmen, Vereinbarungen, Bezeichnungen

5.1 Annahmen

Folgende Annahmen werden getroffen:

- Die Verschiebungsgrößen sind klein $\rightarrow$ die kinematischen Beziehungen sind linear.

- Es gilt die Elastizitätstheorie.

- Querkraft- (Q-)Verformungen werden vernachlässigt.

- Längskraft- (N-)Verformungen werden außer beim Reduktions- und allgemeinen Verschiebungsgrößenverfahren vernachlässigt.

- Die Stäbe haben jeweils einen konstanten Querschnitt, das heißt, es gilt für jeden Stab: Biegesteifigkeit $EI = konst.$ und Längssteifigkeit $EA = konst.$

- $N^{II} = konst.$ über Stablänge, bei veränderlicher Längskraft wird – auf der sicheren Seite liegend – mit $N^{II} = \min N$ gerechnet, wobei N^{II} und N als Zug positiv definiert sind. Das heißt, für N^{II} ist die *kleinste Zugkraft* bzw. *größte Druckkraft* einzusetzen.

5.2 Funktionen $a_j = a_j(x)$, Formulierung von Polynomen

Mit $a_j = a_j(x)$ werden Hilfsfunktionen vereinbart, die zur Formulierung von Polynomen verwendet werden und besonders einfache Eigenschaften bezüglich Differenzieren und Integrieren aufweisen. Es wird definiert

$$\boxed{a_0 = 1, \quad a_j = \frac{x^j}{j!} \quad \text{für } j \geq 1 \qquad a_j = 0 \quad \text{für } j < 0} \tag{5.1}$$

Damit gelten folgende Regeln:

Differenzieren: $\qquad \dfrac{da_j}{dx} = a'_j = a_{j-1} \qquad$ für alle j $\tag{5.2}$

Integrieren: $\qquad \displaystyle\int_0^x a_j \, dx = a_{j+1} \qquad$ für $j \geq 0$ $\tag{5.3}$

Eine Polynomfunktion $f = f(x)$ vom Grad p hat die Form

$$f = f(x) = a_0 f_0 + a_1 f_1 + a_2 f_2 + \ldots + a_p f_p = \sum_{j=0}^{p} a_j f_j, \quad f_j \text{ Konstante} \tag{5.4}$$

Anfangswert: $f(0) = f_0$ $\tag{5.5}$

Für die Ableitungen gilt

$$f' = \sum_{j=1}^{p} a_{j-1} f_j , \quad \text{Anfangswert:} \quad f'(0) = f_1$$

$$f'' = \sum_{j=2}^{p} a_{j-2} f_j , \quad \text{Anfangswert:} \quad f''(0) = f_2$$

allgemein:

$$f^{(s)} = \sum_{j=s}^{p} a_{j-s} f_j , \quad \text{Anfangswert:} \quad f^{(s)}(0) = f_s \quad \text{für } s = 0 \text{ bis } p$$

(5.6)

Ist ein gegebenes Polynom in der Form (5.4) darzustellen, so können die Konstanten f_j durch Koeffizientenvergleich oder aber – oft einfacher – gemäß (5.6) aus $f_s = f^{(s)}(0)$ bestimmt werden.

Abb. 5.1 zeigt ein Polynom 3. Grades (kubische Parabel) in der Form (5.4).

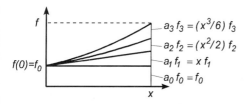

Abb. 5.1 Polynom 3. Grades, Darstellung nach (5.4)

5.3 Einwirkungen auf den Stab

Für den Einzelstab $i\,k$ werden die in Abb. 5.2 angegebenen Einwirkungen berücksichtigt.

Die *stetigen Einwirkungen* q, m, κ^e, n und ε^e dürfen als Polynome beliebigen Grades in der Form (5.4) vorhanden sein. Die obere Grenze der Summen ergibt sich aus den vorliegenden Polynomen, sie wird der Einfachheit halber nicht angeschrieben.

Die *eingeprägte Verkrümmung* κ^e tritt bei unterschiedlichen eingeprägten Dehnungen ε_u^e und ε_o^e an Unter- bzw. Oberseite des Stabes auf, während ε^e die im Querschnittsschwerpunkt vorhandene *eingeprägte Dehnung* ist. Im Fall von *Temperaturänderungen* T_u, T_o und T an Unter-, Oberseite bzw. im Schwerpunkt des Querschnittes erhält man mit α_T als Temperaturdehnkoeffizient und mit h als Querschnittshöhe

$$\kappa^e = \frac{T_u - T_o}{h}\alpha_T \qquad (5.7)$$

$$\varepsilon^e = T\alpha_T \qquad (5.8)$$

Die Berücksichtigung der *Einzeleinwirkungen* P, M^e, ϕ^e, W^e, P_x und U^e erlaubt auch, wenn diese Größen gleich 1 gesetzt werden, die Ermittlung von Einflußlinien als Biegelinien w für die den genannten Einwirkungen *komplementären* Zustandsgrößen. Zum Beispiel ist die durch $\phi^e = 1$ hervorgerufene Biegelinie gleich der Einflußlinie für das an der Stelle von ϕ^e vorhandene Moment M.

Queranteile:

q	Streckenlast	$q = \sum_{j=0} a_j q_j \qquad (5.9)$
m	Streckenmoment	$m = \sum_{j=0} a_j m_j \qquad (5.10)$
κ^e	eingeprägte Verkrümmung	$\kappa^e = \sum_{j=0} a_j \kappa_j^e \qquad (5.11)$
P	Einzellast	
M^e	eingeprägtes Moment	
ϕ^e	Knickwinkel	
W^e	Versetzung	
q_Δ	Gleichlast in Teilbereich	

Längsanteile:

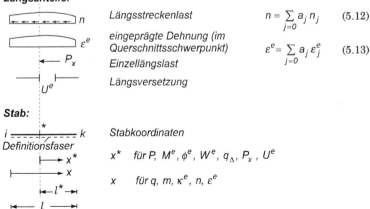

n	Längsstreckenlast	$n = \sum_{j=0} a_j n_j \qquad (5.12)$
ε^e	eingeprägte Dehnung (im Querschnittsschwerpunkt)	$\varepsilon^e = \sum_{j=0} a_j \varepsilon_j^e \qquad (5.13)$
P_x	Einzellängslast	
U^e	Längsversetzung	

Stab:

$i \;\text{---}\;*\;\text{---}\; k$	Stabkoordinaten
Definitionsfaser	
x^*	x^* für P, M^e, ϕ^e, W^e, q_Δ, P_x, U^e
x	x für q, m, κ^e, n, ε^e

Abb. 5.2 Stab $i\,k$ und berücksichtigte Einwirkungen

5.4 Zustandsgrößen des Stabes, Umrechnungsformel für Q und R

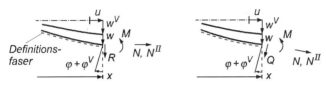

w^V, $\varphi^V = (w^V)'$ Anteile aus Vorverformung

Abb. 5.3   Zustandsgrößen des Stabes: Verschiebungsgrößen w, φ, u, Schnittgrößen M, R, Q, N bzw. N^{II}, Vorverformungen w^V

In Abb. 5.3 sind die auftretenden Zustandsgrößen dargestellt, das sind die Verschiebungsgrößen w, φ, u, die Schnittgrößen M, R, Q, N bzw. N^{II} und die Vorverformungen w^V. Bei den Querkomponenten ist zwischen der *Transversalkraft R* normal zur *unverformten* und der *Querkraft Q* normal zur *verformten* Stabachse zu unterscheiden, während die Längskomponenten N, N^{II} in beiden Komponentendarstellungen als gleich angenommen werden dürfen. Dies läßt sich wie folgt zeigen:

Bezeichnet man die zu R bzw. Q gehörige Längskomponente zunächst mit N_R^{II} bzw. N_Q^{II}, so gilt für die Umrechnung

$$Q \;\; = R \cos(\varphi + \varphi^V) - N_R^{II} \sin(\varphi + \varphi^V) \approx R - N_R^{II}(\varphi + \varphi^V)$$

$$N_Q^{II} = N_R^{II} \cos(\varphi + \varphi^V) + R \sin(\varphi + \varphi^V) \approx N_R^{II} + R\,(\varphi + \varphi^V)$$

Bei *Theorie I. Ordnung* (der Index ^{II} entfällt) sind R und N_R von gleicher Größenordnung; für $\varphi \ll 1$ und $\varphi^V \ll 1$ erhält man damit $Q = R$ und $N_Q = N_R = N$.

Bei *Theorie II. Ordnung* sind die Längskomponenten wesentlich größer als die Querkomponenten, so daß $N_R^{II}(\varphi + \varphi^V)$ gegenüber R nicht, $R\,(\varphi + \varphi^V)$ gegenüber N_R^{II} aber wieder zu vernachlässigen ist. Damit gilt $N_Q^{II} = N_R^{II} = N^{II}$, und für die Querkomponenten lautet die *Umrechnungsformel*

$$Q = R - N^{II}\,(\varphi + \varphi^V) \tag{5.14}$$

Die Transversalkraft R wird zur Formulierung des *Gleichgewichts* verwendet, während die Querkraft Q die zur Berechnung der *Schubspannungen* und ggf. *Schubverformungen* maßgebende Größe ist. Beispielsweise werden die Auflagerkräfte an einem Stabende stets mit Hilfe von R, das heißt mit den in Abb. 5.3 links dargestellten Komponenten berechnet.

Schließlich zeigt das in Abb. 5.4 angegebene Beispiel einer beidseitig gelenkig gelagerten Stütze deutlich den prinzipiellen Unterschied zwischen den beiden Querkomponenten: während $R = 0$ und demnach auch A_h und $B_h = 0$ gilt, trifft dies für $Q = M'$ offensichtlich nicht zu.

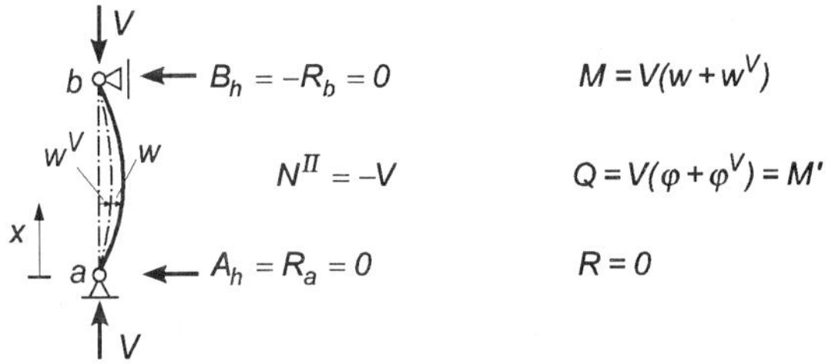

$$B_h = -R_b = 0 \qquad M = V(w + w^V)$$

$$N^{II} = -V \qquad Q = V(\varphi + \varphi^V) = M'$$

$$A_h = R_a = 0 \qquad R = 0$$

Abb. 5.4 Erläuterung des Unterschiedes zwischen R und Q an einem Beispiel

5.5 Vorzeichenvereinbarungen "K" und "V" beim Kraftgrößen- und Verschiebungsgrößenverfahren

Abb. 5.5 zeigt die Vorzeichenvereinbarungen "K" und "V" für die Zustandsgrößen an den Stabenden. Die Vereinbarung "K", die in Übereinstimmung mit den Festlegungen in Abb. 5.3 steht, wird bei allen Kraftgrößenverfahren und beim Reduktionsverfahren verwendet, während die Vereinbarung "V" für alle Verschiebungsgrößenverfahren (einschließlich Drehwinkelverfahren) gilt. Letztere ist dadurch gekennzeichnet, daß zugehörige Kraft- und Verschiebungsgrößen gleichgerichtet sind.

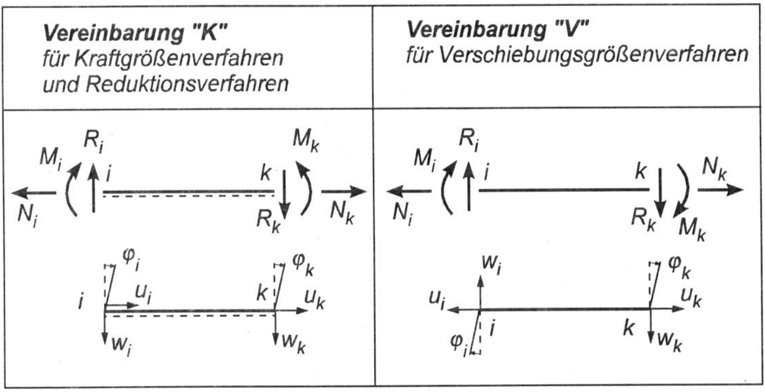

Abb. 5.5 Vorzeichenvereinbarungen "K" und "V"

6 Zustandsgrößen des Einzelstabes

6.1 Beziehungen für das Stabelement

*Komponentendarstellung R, N
für Kräftegleichgewicht*

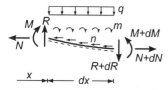

*Komponentendarstellung Q, N
für Momentengleichgewicht*

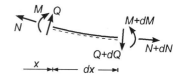

Abb. 6.1 Stabelement in der verformten Lage zur Formulierung der Gleichgewichtsbedingungen

In Abb. 6.1 ist für die Komponentendarstellungen R, N und Q, N jeweils das Stabelement in der verformten Lage (Vorverformung + elastische Verformung) dargestellt. Der 1. Fall wird zur Formulierung des Kräftegleichgewichts, der 2. Fall zur Formulierung des Momentengleichgewichts verwendet. Diese Vorgehensweise erlaubt die Angabe der Gleichgewichtsbedingungen in der einfachst möglichen Form. Die Verschiebungsgrößen fließen in diese Bedingungen erst durch die Umrechnungsformel (5.14) ein. Wie in Abschnitt 5.2 wird die Ableitung nach x wieder mit ' gekennzeichnet.

Das *Kräftegleichgewicht* normal zur unverformten Stabachse liefert gemäß Abb. 6.1 links nach Division durch dx

$$R' = -q \qquad (6.1)$$

und parallel zur unverformten Stabachse

$$N' = n \qquad (6.2)$$

Das *Momentengleichgewicht* lautet gemäß Abb. 6.1 rechts nach Division durch dx

$$M' = Q + m \qquad (6.3)$$

Die Einwirkungen q, n und m sind in Abb. 5.2 definiert. Der Einfluß der Theorie II. Ordnung drückt sich nur im Unterschied von R und Q gemäß (5.14) aus, das heißt durch das dort vorhandene Zusatzglied $-N^{\mathrm{II}}(\varphi + \varphi^{\mathrm{V}})$.

Die übrigen Beziehungen für das Stabelement sind unabhängig davon, ob Theorie I. oder II. Ordnung angewendet wird. Sie lauten wie üblich

$$\varphi' = -\frac{M}{EI} - \kappa^{e} \tag{6.4}$$

$$w' = \varphi \tag{6.5}$$

$$u' = \frac{N}{EA} + \varepsilon^{e} \tag{6.6}$$

wobei die eingeprägte Verkrümmung κ^{e} bzw. Dehnung ε^{e} in Abb. 5.2 sowie in (5.7) und (5.8) definiert ist.

6.2 Differentialgleichung für M und deren Lösung

Die Differentialgleichung kann für w oder M aufgestellt werden. Hier wird von jener für M ausgegangen, wofür die Beziehungen (5.14), (6.1), (6.3) und (6.4) benötigt werden. Zunächst wird (5.14) in (6.3) eingesetzt:

$$M' = R - N^{\mathrm{II}}\left(\varphi + \varphi^{\mathrm{V}}\right) + m \tag{6.7}$$

Nach Ableitung und Einsetzen von (6.1) sowie (6.4) erhält man die gesuchte *Differentialgleichung*

$$M'' - K\,M = -q - N^{\mathrm{II}}(\varphi^{\mathrm{V}})' + m' + N^{\mathrm{II}}\kappa^{e} \tag{6.8}$$

mit der Konstanten

$$K = \frac{N^{\mathrm{II}}}{EI} \tag{6.9}$$

Gemäß Abb. 4.2 gilt für die Vorverformung, die sich aus der Vorverdrehung ψ^{0} und der quadratischen Parabel mit dem Stich w^{0} zusammensetzt,

$$\left.\begin{array}{l} w^{\mathrm{V}} = x\,\psi^{0} + \left(x - \dfrac{x^{2}}{l}\right) 4\dfrac{w^{0}}{l} \\[3mm] (w^{\mathrm{V}})' = \varphi^{\mathrm{V}} = \psi^{0} + \left(1 - 2\dfrac{x}{l}\right) 4\dfrac{w^{0}}{l} \\[3mm] (w^{\mathrm{V}})'' = (\varphi^{\mathrm{V}})' = -8\dfrac{w^{0}}{l^{2}} = konst. \end{array}\right\} \tag{6.10}$$

Wie bereits in Abb. 4.2 angegeben, stellt der 2. Term auf der rechten Seite in (6.8) die Ersatzbelastung für die Vorkrümmung dar:

$$q^{\mathrm{V}} = -N^{\mathrm{II}}\, 8\, \frac{w^0}{l^2} = N^{\mathrm{II}}\, (\varphi^{\mathrm{V}})' = konst. \tag{6.11}$$

Im Fall einer Längsdruckkraft und eines positiven w^0 ist q^{V} positiv und liefert damit eine Vergrößerung von q.

Nach Einsetzen der in (5.9), (5.10) und (5.11) angenommenen Polynome für q, m und κ^{e} lautet die Differentialgleichung (6.8)

$$M'' - KM = -\sum_{j=0} a_j\, q_j - a_0\, q^{\mathrm{V}} + \sum_{j=1} a_{j-1}\, m_j + N^{\mathrm{II}} \sum_{j=0} a_j\, \kappa_j^{\mathrm{e}} \tag{6.12}$$

Dabei wurde die Ableitungsregel (5.6) angewendet und q^{V} mit dem Faktor a_0 ($= 1$) versehen, so daß auf der rechten Seite nur Terme der Form $a_j \cdot$Konstante auftreten.

Die Lösung der Differentialgleichung wird mit Hilfe der im folgenden Abschnitt erläuterten Funktionen $b_j = b_j(x)$ formuliert. Die *allgemeine Lösung* der *homogenen* Differentialgleichung wird in Abhängigkeit der Anfangswerte $M_i = M(x=0)$ und $M_i' = M'(x=0)$ formuliert und lautet

$$M_{\mathrm{h}} = b_0\, M_i + b_1\, M_i' \tag{6.13}$$

Die *partikuläre Lösung* M_{p} wird dadurch erhalten, daß auf der rechten Seite der Differentialgleichung (6.12) a durch b ersetzt und der Index um 2 erhöht wird. Führt man in (6.13) noch $M_i' = Q_i + m_0$ gemäß (6.3) ein, so lautet die *vollständige Lösung* von (6.12)

$$M = b_0\, M_i + b_1 Q_i - \sum_{j=0} b_{j+2}\, q_j - b_2\, q^{\mathrm{V}} + \sum_{j=0} b_{j+1} m_j + N^{\mathrm{II}} \sum_{j=0} b_{j+2}\, \kappa_j^{\mathrm{e}} \tag{6.14}$$

Die Lösungsfunktionen b_j sind so konzipiert, daß die Theorie I. Ordnung mit $N^{\mathrm{II}} = 0$ und $K = 0$ als Sonderfall enthalten ist. Bemerkenswert ist, daß M in der vorliegenden Form (6.14) trotz Anwendung der Theorie II. Ordnung formal statisch bestimmt, das heißt unabhängig von Verschiebungsgrößen ist.

6.3 Lösungsfunktionen $b_j = b_j(x)$

6.3.1 Differentiation, Integration, Rekursionsformel

Für *Differenzieren* und *Integrieren* gelten die gleichen Regeln wie bei der Funktion a_j (vgl. (5.2) und (5.3)):

$$b_j' = b_{j-1} \qquad\qquad \text{für alle } j \tag{6.15}$$

$$\int_0^x b_j\, \mathrm{d}x = b_{j+1} \qquad\qquad \text{für } j \geq 0 \tag{6.16}$$

Setzt man die rechte Seite der Differentialgleichung (6.12) gleich a_j, so lautet nach der genannten Regel die partikuläre Lösung $M = b_{j+2}$. Gemäß (6.15) gilt dann $M'' = b_j$. Nach Einführen in die Differentialgleichung erhält man folgende grundlegende *Rekursionsformel*:

$$b_j = a_j + K b_{j+2} \qquad \text{für alle } j \qquad (6.17)$$

Theorie I. Ordnung: $N^{II} = 0$, $K = 0$, $b_j = a_j$ \qquad (6.18)

Für die Lösungsanteile $M = b_0$ und $M = b_1$ der homogenen Differentialgleichung ergibt sich in (6.17) $j = -2$ bzw. $j = -1$ und $a_j = 0$, das heißt, die Rekursionsformel (6.17) hat für alle in (6.14) auftretenden b_j Gültigkeit.

Die Bestimmung der Lösungsfunktionen kann nun, wie im folgenden dargestellt, alternativ mittels *analytischer Formeln* oder mittels einer *Reihenformel* – gültig für alle b_j – erfolgen. In beiden Fällen spielt die Rekursionsformel eine zentrale Rolle.

6.3.2 Bestimmung der b_j mit analytischen Formeln

Hier ist eine Unterscheidung der Fälle $K > 0$ (Längszug), $K < 0$ (Längsdruck) und $K = 0$ (Theorie I. Ordnung) erforderlich. Die Formeln lauten in Abhängigkeit von K und x:

Hilfswert	Theorie		$b_0 =$	$b_1 =$	$b_2 =, b_3 = \dots$
$K = \dfrac{N^{II}}{EI}$ $f = \sqrt{|K|}$	II. Ordnung	$K > 0$	$\cosh(fx)$	$\dfrac{\sinh(fx)}{f}$	$b_j = \dfrac{b_{j-2} - a_{j-2}}{K}$
		$K < 0$	$\cos(fx)$	$\dfrac{\sin(fx)}{f}$	
	I. Ordnung $K = 0$		$b_j = a_j$		

$$(6.19)$$

Bemerkung: für $x = l$ (Stablänge) entspricht der Ausdruck $fx = fl$ der üblicherweise bei Theorie II. Ordnung verwendeten Stabkennzahl

$$\varepsilon = l \sqrt{\frac{|N^{II}|}{EI}} = f l \tag{6.20}$$

Bei sehr kleinen Beträgen von N^{II} und damit von K können bei der Berechnung von b_2, b_3 und in noch stärkerem Maße bei b_4, b_5 ... numerische Schwierigkeiten auftreten. Dieser Nachteil wird bei Anwendung der Reihenformel vollständig vermieden.

Zahlenbeispiel

Gegeben: $x = 6$ m, $EI = 15$ MNm^2, $N^{II} = -0,8$ MN (Druck)

Gesucht: b_0 bis b_4

(6.9): $K = -0,05333\,\text{m}^{-2}$, (6.19): $f = 0,2309\,\text{m}^{-1}$

$\rightarrow b_0 = 0,1841$, $b_1 = 4,256\,\text{m}$, $b_2 = 15,30\,\text{m}^2$, $b_3 = 32,70\,\text{m}^3$, $b_4 = 50,66\,\text{m}^4$

6.3.3 Bestimmung der b_j mit Reihenformel

Alle Funktionen b_j lassen sich aus einer einzigen Reihenformel (unendliche Potenzreihe), die immer konvergiert, darstellen. Diese wird dadurch erhalten, daß (6.17) für b_{j+2}, b_{j+4} usw. formuliert und daß diese Funktionen fortlaufend auf der rechten Seite von (6.17) eingesetzt werden. Man erhält

$$b_j = a_j + \sum_{t=1}^{\infty} K^t a_{j+2t} \qquad \text{für alle } j \tag{6.21}$$

Zweckmäßiger aus rechentechnischen Gründen ist folgende Form, bei der die einzelnen Reihenglieder rekursiv berechnet werden:

$$b_j = \sum_{t=0}^{\infty} \beta_{jt} \qquad \text{für alle } j \tag{6.22}$$

mit dem Anfangswert $\beta_{j0} = a_j$ und mit

$$\beta_{jt} = \frac{Kx^2}{(j+2t)(j+2t-1)} \beta_{j,t-1} \quad \text{für } t = 1, 2, 3 \ldots \tag{6.23}$$

Da die Reihenformel praktisch nur in programmierter Form Anwendung findet, wird nachfolgend das erforderliche *Struktogramm* wiedergegeben:

Eingabe: K, x, j
$\beta := a_j$; $\quad b_j := \beta$; $\quad s := j$
$\quad$ $s := s + 2$
$\quad$ $\beta := \beta \cdot K \cdot x^2 \,/\, s \,/\, (s-1)$
$\quad$ $b_j := b_j + \beta$
wiederhole bis $\mid \beta \mid \,\leq\, \mid b_j \mid \cdot 10^{-9}$
Ausgabe: b_j

$$(6.24)$$

Die hier gewählte relative Genauigkeit von 10^{-9} führt zu einer etwa 9stelligen Ergebnisgenauigkeit (die natürlich auch höher gewählt werden kann).

Die Reihenformel ist dadurch gekennzeichnet, daß ausgehend von Theorie I. Ordnung mit $b_j = a_j$ die Theorie II. Ordnung durch die zusätzlichen Reihenglieder erfaßt wird. Daraus wird unmittelbar ersichtlich, daß ein kontinuierlicher Übergang von Theorie I. nach II. Ordnung vorliegt und daß in dem Maße mehr Reihenglieder benötigt werden, wie der Einfluß der Theorie II. Ordnung zunimmt.

Werden die Funktionen b_0 bis $b_{\max j}$ benötigt, so genügt es, nur $b_{\max j}$ und $b_{\max j-1}$ mit der Reihenformel zu berechnen und die übrigen $b_{\max j-2}$ bis b_0 einfacher mit der Rekursionsformel (6.17) zu bestimmen. Sind z.B. b_0 bis b_4 gesucht, so werden b_3 und b_4 nach der Reihenformel und danach b_2 bis b_0 aus $b_2 = a_2 - K b_4$, $b_1 = a_1 - K b_3$, $b_0 = a_0 - K b_2$ berechnet. Die umgekehrte Reihenfolge: b_0 und b_1 nach Reihenformel, die übrigen nach Rekursionsformel wie in (6.19), ist nicht sinnvoll, da dann der Sonderfall $K = 0$ ausgeschlossen ist und die erwähnten numerischen Schwierigkeiten auftreten können.

6.3.4 Vor- und Nachteile der analytischen Formeln bzw. der Reihenformel

Die folgende Zusammenstellung zeigt Vor- und Nachteile der genannten Formeln.

	analytische Formeln	Reihenformel
Vorteile	keine Programmierung erforderlich Berechnung schnell und einfach	keine Fallunterscheidung keine numerischen Probleme Ergebnis genau für beliebige K
Nachteile	Fallunterscheidung notwendig numerische Probleme für kleine N^{II}, das heißt kleine K	Programmierung erforderlich

Grundsätzlich ist für ein allgemeines Programm, bei dem beliebige Werte von K auftreten können, die *Reihenformel* vorzuziehen.

6.4 Übertragungsbeziehung, Feldmatrix für Queranteile

6.4.1 Allgemeines

Bei den Queranteilen treten die Zustandsgrößen w, φ, M, Q und R auf, wobei Q und R durch die Umrechnungsformel (5.14) miteinander verknüpft sind. Je nachdem, ob bei der *Übertragungsbeziehung* für den Zustandsvektor die Komponenten w, φ, M, Q oder w, φ, M, R verwendet werden, wird von der Q- bzw. R-*Darstellung* gesprochen. Beide Darstellungen sind von Bedeutung, wenngleich jede für sich, zusammen mit (5.14), das Tragverhalten des Stabes vollständig beschreibt.

Im Sonderfall der *Theorie I. Ordnung* sind wegen $Q = R$ beide Darstellungen *identisch*.

Die *Übertragungsbeziehung* hat ganz allgemein folgende Form:

Zustandsvektor an der Stelle x = Feldmatrix · Zustandsvektor an der Stelle i

wobei i der Anfangspunkt bei $x = 0$ ist. Die *Feldmatrix* kann auch als *Übertragungsmatrix* bezeichnet werden.

6.4.2 Herleitung der erforderlichen Gleichungen

Q-Darstellung

Hier beinhaltet die *Übertragungsbeziehung* die Formulierung der Zustandsgrößen w, φ, M, Q an der Stelle x in Abhängigkeit der Anfangswerte w_i, φ_i, M_i, Q_i, das heißt an der Stelle $x = 0$.

Mit (6.14) liegt M bereits fest. Nach (6.3) ist $Q = M' - m$, wobei für m (5.10) gilt. Gemäß (6.17) wird noch $b_j - a_j = K b_{j+2}$ und $b_0' = b_{-1} = K b_1$ eingesetzt, so daß man für Q schließlich erhält

$$Q = K b_1 M_i + b_0 Q_i - \sum_{j=0} b_{j+1} q_j - b_1 q^{\mathrm{V}} + K \sum_{j=0} b_{j+2} m_j + N^{\mathrm{II}} \sum_{j=0} b_{j+1} \kappa_j^{\mathrm{e}} \qquad (6.25)$$

Der Querschnittsdrehwinkel φ läßt sich durch Einsetzen von M gemäß (6.14) in (6.4) und Integrieren mit dem Anfangswert $\varphi_i = \varphi(x{=}0)$ gewinnen, wobei für κ^{e} (5.11) gilt und für die Umformung wieder (6.17) zu beachten ist. Die Beziehung für φ lautet damit

$$\varphi = \varphi_i - \frac{b_1}{EI} M_i - \frac{b_2}{EI} Q_i + \frac{1}{EI} \sum_{j=0} b_{j+3} q_j + \frac{b_3}{EI} q^{\mathrm{V}} - \frac{1}{EI} \sum_{j=0} b_{j+2} m_j - \sum_{j=0} b_{j+1} \kappa_j^{\mathrm{e}}$$
$$(6.26)$$

Gemäß (6.5) und mit dem Anfangswert $w_i = w(x{=}0)$ liefert die Integration von (6.26) die Durchbiegung w:

$$w = w_i + a_1 \varphi_i - \frac{b_2}{EI} M_i - \frac{b_3}{EI} Q_i + \frac{1}{EI} \sum_{j=0} b_{j+4} q_j + \frac{b_4}{EI} q^{\mathrm{V}} - \frac{1}{EI} \sum_{j=0} b_{j+3} m_j$$
$$- \sum_{j=0} b_{j+2} \kappa_j^{\mathrm{e}} \qquad (6.27)$$

Bemerkenswert ist die Tatsache, daß hier durch w_i und φ_i eine *Starrkörperbewegung* beschrieben wird, eine Bewegung also, die nicht mit Schnittgrößen verbunden ist. Dies wird bei der nun folgenden R-Darstellung nicht mehr der Fall sein.

R-Darstellung

Hier wird, wie bereits erwähnt, anstelle der Querkraft Q die Transversalkraft R im Zustandsvektor verwendet. Letztere wird mit dem Anfangswert $R_i = R(x{=}0)$ unmittelbar durch Integration aus (6.1) erhalten:

$$R = R_i - \sum_{j=0} a_{j+1} q_j \qquad (6.28)$$

Die weiteren Zustandsgrößen w, φ und M werden aus (6.27), (6.26) und (6.14) erhalten, indem dort Q_i gemäß (5.14) wie folgt ersetzt wird:

$$Q_i = R_i - N^{\mathrm{II}}\left(\varphi_i + \varphi_i^{\mathrm{V}}\right) \qquad (6.29)$$

mit

$$\varphi_i^{\mathrm{V}} = \psi^0 + 4\frac{w^0}{l} \qquad (6.30)$$

wobei φ_i^{V} der Anfangswert von φ^{V} nach (6.10) ist und anschaulich auch aus Abb. 4.2 hervorgeht.

Nach Einsetzen von (6.29) in die oben genannten Beziehungen und Beachtung von (6.17) erhält man schließlich

$$w = w_i + b_1\varphi_i - \frac{b_2}{EI}M_i - \frac{b_3}{EI}\left(R_i - N^{\mathrm{II}}\varphi_i^{\mathrm{V}}\right) + \frac{1}{EI}\sum_{j=0} b_{j+4}\, q_j + \frac{b_4}{EI}q^{\mathrm{V}}$$

$$- \frac{1}{EI}\sum_{j=0} b_{j+3}\, m_j - \sum_{j=0} b_{j+2}\kappa_j^{\mathrm{e}} \qquad (6.31)$$

$$\varphi = b_0\varphi_i - \frac{b_1}{EI}M_i - \frac{b_2}{EI}\left(R_i - N^{\mathrm{II}}\varphi_i^{\mathrm{V}}\right) + \frac{1}{EI}\sum_{j=0} b_{j+3}\, q_j + \frac{b_3}{EI}q^{\mathrm{V}}$$

$$- \frac{1}{EI}\sum_{j=0} b_{j+2}\, m_j - \sum_{j=0} b_{j+1}\kappa_j^{\mathrm{e}} \qquad (6.32)$$

$$M = -N^{\mathrm{II}}b_1\varphi_i + b_0 M_i + b_1\left(R_i - N^{\mathrm{II}}\varphi_i^{\mathrm{V}}\right) - \sum_{j=0} b_{j+2}\, q_j - b_2\, q^{\mathrm{V}}$$

$$+ \sum_{j=0} b_{j+1}\, m_j + N^{\mathrm{II}}\sum_{j=0} b_{j+2}\kappa_j^{\mathrm{e}} \qquad (6.33)$$

Erweiterung für Einzeleinwirkungen P, M^{e}, Φ^{e}, W^{e} und Gleichlast q_Δ

Diese Einwirkungen mit der zugehörigen Abszisse x^* sind in Abb. 5.2 definiert. Sie lassen sich in einfacher Weise dadurch erfassen, daß bestimmte Terme der Beziehungen (6.28) und (6.31) bis (6.33) modifiziert werden, so daß sich eine erneute Formelherleitung erübrigt.

Hierzu ist zunächst die Feststellung wesentlich, daß im Bereich von i bis $*$ (siehe Abb. 5.2) die genannten Einwirkungen keine Zustandsgrößen erzeugen, dort also $w = 0$, $\varphi = 0$, $M = 0$, $Q = 0$ und $R = 0$ ist. Deshalb ist es möglich, zur Berechnung der Lastglieder nur den Abschnitt rechts von ∗ bis zur Stelle x zu betrachten, wobei der Punkt ∗ dann als gedachter Anfangspunkt anzunehmen ist. Danach wird P als $-R_i$, M^e als M_i, ϕ^e als $-\varphi_i$ und W^e als w_i sowie $M_i = N^{II}W^e$ (Einfluß der Theorie II. Ordnung) angenommen. An die Stelle von x tritt x^*, und die daraus ermittelten Funktionen werden dementsprechend mit a_j^* und b_j^* bezeichnet. Dabei ist zu beachten, daß im Bereich i bis ∗, also für $x^* < 0$, aus oben genannten Gründen diese Funktionen null werden müssen. Somit gilt

$$\left.\begin{array}{lll} a_j^* = a_j(x^*), & b_j^* = b_j(x^*) & \text{für } x^* \geq 0 \\[2mm] a_j^* = 0, & b_j^* = 0 & \text{für } x^* < 0 \end{array}\right\} \quad (6.34)$$

Die erwähnte Modifikation liefert nun für P, M^e, ϕ^e, W^e und q_Δ folgende Zustandsgrößen an der Stelle x:

$$w = \frac{b_3^*}{EI}P - \frac{b_2^*}{EI}M^e - b_1^*\phi^e + b_0^*W^e + \frac{b_4^*}{EI}q_\Delta \qquad (6.35)$$

$$\varphi = \frac{b_2^*}{EI}P - \frac{b_1^*}{EI}M^e - b_0^*\phi^e + Kb_1^*W^e + \frac{b_3^*}{EI}q_\Delta \qquad (6.36)$$

$$M = -b_1^*P + b_0^*M^e + N^{II}b_1^*\phi^e - N^{II}b_0^*W^e - b_2^*q_\Delta \qquad (6.37)$$

$$Q = -b_0^*P + Kb_1^*M^e + N^{II}b_0^*\phi^e - N^{II}Kb_1^*W^e - b_1^*q_\Delta \qquad (6.38)$$

$$R = -a_0^*P \qquad\qquad\qquad\qquad\qquad - a_1^*q_\Delta \qquad (6.39)$$

Ist eine Gleichlast q_Δ zu berücksichtigen, die nicht bis zum rechten Stabende k reicht, sondern im Zwischenpunkt ∗∗ endet, so sind alle Formeln für q_Δ zweimal anzuwenden, nämlich für die Anfangspunkte ∗ und ∗∗. Die Differenz ergibt dann den gesuchten Lastfall. Diesen Sachverhalt zeigt Abb. 6.2.

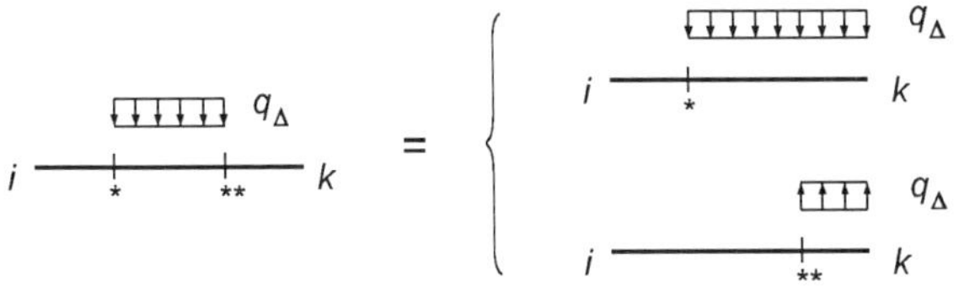

Abb. 6.2 Lastfall q_Δ im Bereich ∗ bis ∗∗

6.4.3 Formelzusammenstellung für die praktisch wichtigsten Einwirkungen

Vorwerte

$$K = \frac{N^{\mathrm{II}}}{EI}, \quad x \to b_j = b_j(x) \quad \text{nach (6.19) oder (6.24)}$$

$$\text{für } P, M^{\mathrm{e}}, \phi^{\mathrm{e}}, W^{\mathrm{e}}, q_\Delta : K, x^* \to b_j^* = b_j(x^*) \quad \text{für } x^* \geq 0$$

$$b_j^* = 0 \quad \text{für } x^* < 0$$

Theorie I. Ordnung:
$N^{\mathrm{II}} = 0, \quad K = 0, \quad b_j = a_j$

Q-Darstellung

Übertragungsbeziehung

$$\begin{bmatrix} w \\ \varphi \\ M \\ Q \\ 1 \end{bmatrix} = \begin{bmatrix} 1 & x & -\dfrac{b_2}{EI} & -\dfrac{b_3}{EI} & w^Q \\ & 1 & -\dfrac{b_1}{EI} & -\dfrac{b_2}{EI} & \varphi^Q \\ & & b_0 & b_1 & M^Q \\ & & Kb_1 & b_0 & Q^Q \\ & & & & 1 \end{bmatrix} \cdot \begin{bmatrix} w_i \\ \varphi_i \\ M_i \\ Q_i \\ 1 \end{bmatrix}$$

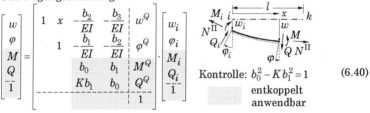

Kontrolle: $b_0^2 - K b_1^2 = 1$ (6.40)

entkoppelt anwendbar

Lastglieder

	Vorverformungen		q_0	q	quadr. Par. q	$m = konst.$ m	$\kappa^{\mathrm{e}} = konst.$
	ψ^0	w^0	$\longmapsto l \longmapsto$	$\longmapsto l \longmapsto$	$\longmapsto l \longmapsto$		Temp.:
		$\longmapsto l \longmapsto$ $\bar{q} = q_0 - N^{\mathrm{II}} 8\, w^0/l^2$		$q_1 = q/l$	$q_2 = 2q/l^2$		$\kappa^{\mathrm{e}} = \dfrac{T_{\mathrm{u}} - T_{\mathrm{o}}}{h}\alpha_T$
w^Q	0	$\dfrac{b_4}{EI}\bar{q}$		$\dfrac{b_5}{EI}q_1$	$\dfrac{b_6}{EI}q_2$	$-\dfrac{b_3}{EI}m$	$-b_2\kappa^{\mathrm{e}}$
φ^Q	0	$\dfrac{b_3}{EI}\bar{q}$		$\dfrac{b_4}{EI}q_1$	$\dfrac{b_5}{EI}q_2$	$-\dfrac{b_2}{EI}m$	$-b_1\kappa^{\mathrm{e}}$
M^Q	0	$-b_2\bar{q}$		$-b_3 q_1$	$-b_4 q_2$	$b_1 m$	$N^{\mathrm{II}}b_2\kappa^{\mathrm{e}}$
Q^Q	0	$-b_1\bar{q}$		$-b_2 q_1$	$-b_3 q_2$	$Kb_2 m$	$N^{\mathrm{II}}b_1\kappa^{\mathrm{e}}$

	$\overset{P}{\underset{x^*}{\longmapsto l^* \longmapsto}}$	$\overset{M^{\mathrm{e}}}{\underset{x^*}{\longmapsto l^* \longmapsto}}$	$\overset{\phi^{\mathrm{e}}}{\underset{x^*}{\longmapsto l^* \longmapsto}}$	$\overset{W^{\mathrm{e}}}{\underset{x^*}{\longmapsto l^* \longmapsto}}$	$\overset{q_\Delta}{\underset{x^*}{\longmapsto l^* \longmapsto}}$
w^Q	$\dfrac{b_3^*}{EI}P$	$-\dfrac{b_2^*}{EI}M^{\mathrm{e}}$	$-b_1^*\phi^{\mathrm{e}}$	$b_0^*W^{\mathrm{e}}$	$\dfrac{b_4^*}{EI}q_\Delta$
φ^Q	$\dfrac{b_2^*}{EI}P$	$-\dfrac{b_1^*}{EI}M^{\mathrm{e}}$	$-b_0^*\phi^{\mathrm{e}}$	$Kb_1^*W^{\mathrm{e}}$	$\dfrac{b_3^*}{EI}q_\Delta$
M^Q	$-b_1^*P$	$b_0^*M^{\mathrm{e}}$	$N^{\mathrm{II}}b_1^*\phi^{\mathrm{e}}$	$-N^{\mathrm{II}}b_0^*W^{\mathrm{e}}$	$-b_2^*q_\Delta$
Q^Q	$-b_0^*P$	$Kb_1^*M^{\mathrm{e}}$	$N^{\mathrm{II}}b_0^*\phi^{\mathrm{e}}$	$-N^{\mathrm{II}}Kb_1^*W^{\mathrm{e}}$	$-b_1^*q_\Delta$

(6.41)

Sonderfall $x = l$, $x^* = l^*$: $\quad w = w_k$, $\quad \varphi = \varphi_k$, $\quad M = M_k$, $\quad Q = Q_k$

R-Darstellung

Übertragungsbeziehung

$$
\begin{bmatrix} w \\ \varphi \\ M \\ R \\ \hline 1 \end{bmatrix}
=
\left[
\begin{array}{cccc|c}
1 & b_1 & -\dfrac{b_2}{EI} & -\dfrac{b_3}{EI} & w^R \\[2mm]
 & b_0 & -\dfrac{b_1}{EI} & -\dfrac{b_2}{EI} & \varphi^R \\[2mm]
 & -N^{\mathrm{II}}b_1 & b_0 & b_1 & M^R \\[2mm]
 & \text{symm.} & & 1 & R^R \\[1mm]
\hline
 & & & & 1
\end{array}
\right]
\cdot
\begin{bmatrix} w_i \\ \varphi_i \\ M_i \\ R_i \\ \hline 1 \end{bmatrix}
\qquad (6.42)
$$

Kontrolle: $b_0^2 - K b_1^2 = 1$

Lastglieder

$$w^R = w^Q + \frac{b_3}{EI} N^{\mathrm{II}} \varphi_i^{\mathrm{V}}$$

$$\varphi^R = \varphi^Q + \frac{b_2}{EI} N^{\mathrm{II}} \varphi_i^{\mathrm{V}}$$

$$M^R = M^Q - b_1 N^{\mathrm{II}} \varphi_i^{\mathrm{V}} \qquad\qquad (6.43)$$

$$R^R = -x\,q_0 - \frac{x^2}{2} q_1 - \frac{x^3}{6} q_2 - a_0^* P - a_1^* q_\Delta$$

$$a_0^* = 1, \quad a_1^* = x^* \quad \text{für} \ \ x^* \ge 0 \ ; \quad a_0^* = a_1^* = 0 \quad \text{für} \ \ x^* < 0$$

R^R negative resultierende Querlast im Bereich i bis x (*ohne* Ersatzbelastung aus Vorverformung)

$$\varphi_i^{\mathrm{V}} = \psi^0 + 4 \frac{w^0}{l}$$

Sonderfall $x = l$, $x^* = l^*$: $w = w_k$, $\varphi = \varphi_k$, $M = M_k$, $R = R_k$

Umrechnungsformel, vgl. (5.14) bzw. (6.10)

$$Q = R - N^{\mathrm{II}}(\varphi + \varphi^{\mathrm{V}}) \qquad\qquad (6.44)$$

$$\text{mit} \quad \varphi^{\mathrm{V}} = \psi^0 + \left(1 - 2\frac{x}{l}\right) 4 \frac{w^0}{l} \qquad\qquad (6.45)$$

6.5 Übertragungsbeziehung, Feldmatrix für Längsanteile

Diese Beziehung wird durch die Theorie II. Ordnung *nicht* beeinflußt. Die erforderlichen Zustandsgrößen N und u gemäß Abb. 5.3 werden mit den Anfangswerten $N_i = N(x=0)$ und $u_i = u(x=0)$ durch Integration von (6.2) und (6.6) erhalten. Dabei sind die in Abb. 5.2 dargestellten Einwirkungen n, ε^e, P_x und U^e zu berücksichtigen, wobei n linear und $\varepsilon^e = konst.$ angenommen wird.

Übertragungsbeziehung

$$
\begin{bmatrix} u \\ N \\ -- \\ 1 \end{bmatrix} = \begin{bmatrix} 1 & \dfrac{x}{EA} & \vdots & u^L \\ & 1 & \vdots & N^L \\ ----&----&--&---- \\ & & \vdots & 1 \end{bmatrix} \cdot \begin{bmatrix} u_i \\ N_i \\ -- \\ 1 \end{bmatrix}
$$

(6.46)

	n_0	n $n_1 = n/l$	$\varepsilon^e = konst.$ ——— Temp.: $\varepsilon^e = T\,\alpha_T$	P_x	U^e
u^L	$\dfrac{x^2/2}{EA}n_0$	$\dfrac{x^3/6}{EA}n_1$	$x\,\varepsilon^e$	$\dfrac{a_1^*}{EA}P_x$	$a_0^* U^e$
N^L	$x\,n_0$	$\dfrac{x^2}{2}n_1$	0	$a_0^* P_x$	0

(6.47)

$a_0^* = 1$, $a_1^* = x^*$ für $x^* \geq 0$; $a_0^* = a_1^* = 0$ für $x^* < 0$

Die Übertragungsbeziehung (6.46) wird im wesentlichen nur beim *Reduktions-* und *allgemeinen Verschiebungsgrößenverfahren* benötigt. Bei den übrigen behandelten Verfahren werden die N-Verformungen vernachlässigt, so daß die Stablängenänderungen Null oder im Fall von ε^e bzw. U^e bekannt sind.

6.6 Formeln für bestimmte Lagerungsfälle des Einzelstabes, Queranteile

Die mitgeteilten Formeln beinhalten nur die *Queranteile*. Sie beziehen sich ausschließlich auf die Zustandsgrößen an den *Stabenden i* und *k*. Diese Formeln können entweder unmittelbar angewendet werden, wenn die betreffende *Stablagerung real* vorliegt, oder aber sie bilden die Grundlage für die Formulierung eines *baustatischen Verfahrens*. Die für die verschiedenen Lagerungsfälle maßgebenden Formeln sind in den Tafeln 6.1 bis 6.5 angegeben. Die Formeln sind jeweils allgemeingültig, das heißt nicht nur für den angegebenen Lagerungsfall; sie unterscheiden sich nur dadurch, daß nach verschiedenen Zustandsgrößen aufgelöst wurde.

Alle Beziehungen werden aus den 4 Gleichungen der Übertragungsbeziehung (6.40) bzw. (6.42) hergeleitet, indem dort $x = l$ gesetzt wird und damit die Zustandsgrößen am Stabende k erhalten werden. Für jeden Lagerungsfall sind am Stabende i und k jeweils 2 der 4 Zustandsgrößen w, φ, M, Q bzw. R bekannt und 2 unbekannt. Zunächst werden die beiden Unbekannten in i aus jenen beiden Gleichungen der Übertragungsbeziehung bestimmt, welche die in k bekannten Zustandsgrößen liefern. Nach Einsetzen ergeben dann die beiden übrigen Gleichungen die Unbekannten in k.

Die zur Herleitung der gesuchten Formeln erforderlichen Rechenschritte werden nicht ausgeführt, da sie zum Teil umfangreich und aus baustatischer Sicht weniger von Interesse sind.

Obwohl die *Theorie I. Ordnung* mit

$$N^{\mathrm{II}} = 0, \quad K = 0, \quad b_j = a_j = \frac{l^{\,j}}{j!}, \quad b_j^* = a_j^* = \frac{l^{*j}}{j!} \qquad (6.48)$$

als Sonderfall in den Formeln der Theorie II. Ordnung stets enthalten ist, werden zur Erleichterung der Anwendung der Tafeln 6.1 bis 6.5 die Formeln der *Theorie I. Ordnung* gesondert dargestellt und mit einem Raster gekennzeichnet.

Mit Rücksicht auf die spätere Anwendung bei den verschiedenen baustatischen Verfahren, wird für die Tafeln 6.1 bis 6.3 die Vorzeichenvereinbarung "K", für die Tafeln 6.4 und 6.5 dagegen die Vorzeichenvereinbarung "V" gewählt.

In den Tafeln 6.4 und 6.5 sind die Transversalkräfte R_i, R_k und die Querkräfte Q_i, Q_k nicht angegeben. Diese lassen sich erforderlichenfalls mit bekannten Momenten M_i, M_k aus Tafel 6.1 bestimmen. Im übrigen gelten gemäß (6.44) und (6.45) die Umrechnungsformeln

$$Q_i = R_i - N^{\text{II}}\left(\varphi_i + \varphi_i^{\text{V}}\right), \quad Q_k = R_k - N^{\text{II}}\left(\varphi_k + \varphi_k^{\text{V}}\right) \tag{6.49}$$

$$\text{mit} \quad \varphi_i^{\text{V}} = \psi^0 + 4\frac{w^0}{l}, \quad \varphi_k^{\text{V}} = \psi^0 - 4\frac{w^0}{l} \tag{6.50}$$

Sind die Zustandsgrößen an den Stabenden i und k bestimmt und sind darüber hinaus die *Funktionen* der Zustandsgrößen zu berechnen, so wird hierfür am einfachsten die Übertragungsbeziehung (6.40) verwendet. Für die Funktionen b_j ist dann selbstverständlich nicht mehr $x = l$, sondern die Variable x mit $0 \le x \le l$ einzusetzen. Um diesen Sachverhalt noch einmal hervorzuheben, werden die 4 Gleichungen von (6.40) mit entsprechend geänderter Schreibweise für die beiden wichtigsten Einwirkungen $q = q_0 = konst.$ und P sowie für die Vorverformungen w^0 und ψ^0 wiederholt, wobei ψ^0 allerdings in diesen Formeln nicht unmittelbar auftritt.

Funktionen $w(x)$, $\varphi(x)$, $M(x)$, $Q(x)$ für $q = konst.$, P, w^0 und ψ^0

$$w(x) = w_i + x\varphi_i + \frac{1}{EI}\left[-b_2(x)M_i - b_3(x)Q_i + b_4(x)\overline{q} + b_3(x^*)P\right] \tag{6.51}$$

$$\varphi(x) = \varphi_i + \frac{1}{EI}\left[-b_1(x)M_i - b_2(x)Q_i + b_3(x)\overline{q} + b_2(x^*)P\right] \tag{6.52}$$

$$M(x) = b_0(x)M_i + b_1(x)Q_i - b_2(x)\overline{q} - b_1(x^*)P \tag{6.53}$$

$$Q(x) = Kb_1(x)M_i + b_0(x)Q_i - b_1(x)\overline{q} - b_0(x^*)P \tag{6.54}$$

$$\text{mit} \quad \overline{q} = q - N^{\text{II}}8w^0/l^2 \tag{6.55}$$

$$\text{und} \quad b_j(x^*) = 0 \quad \text{für} \quad x^* < 0$$

Theorie I. Ordnung: $N^{\text{II}} = 0$, $K = 0$, $b_j(x) = a_j(x)$, $b_j(x^*) = a_j(x^*)$ (6.56)

Die Funktionen a_j sind in (5.1) definiert.

Die Vorzeichen der Zustandsgrößen in i entsprechen der Vereinbarung "K". Bei der Vereinbarung "V" (Tafel 6.4 und 6.5) ändert sich das Vorzeichen von w_i.

Tafel 6.1 Lagerungsfall i ▷——◁ k Transversalkräfte R_i, R_k, Querkräfte Q_i, Q_k

Vorzeichenvereinbarung "K"

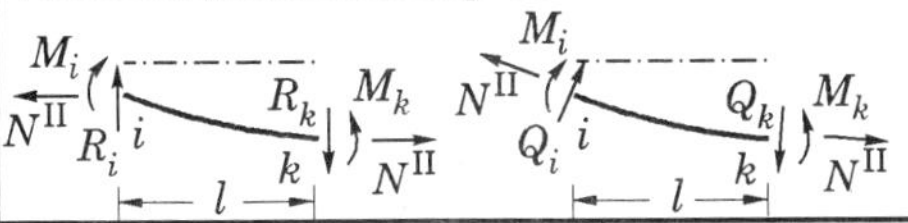

$K = N^{II}/EI$
$b_j = b_j(l)$
$b_j^* = b_j(l^*)$

Theorie I. Ordnung

i▷—l—◁k	$R_i =$	$R_k =$	$Q_i =$		$Q_k =$	
M_i	$-\dfrac{1}{l}M_i$	$-\dfrac{1}{l}M_i$	$-\dfrac{b_0}{b_1}M_i$	$-\dfrac{1}{l}M_i$	$-\dfrac{1}{b_1}M_i$	$-\dfrac{1}{l}M_i$
M_k	$\dfrac{1}{l}M_k$	$\dfrac{1}{l}M_k$	$\dfrac{1}{b_1}M_k$	$\dfrac{1}{l}M_k$	$\dfrac{b_0}{b_1}M_k$	$\dfrac{1}{l}M_k$
$w_i \cdots w_k$, $\psi=(w_k-w_i)/l$	$N^{II}\psi$	$N^{II}\psi$	0	0	0	0
Vorverf. ψ^0	$N^{II}\psi^0$	$N^{II}\psi^0$	0	0	0	0
Vorverf. w^0, q; $\bar q = q - N^{II}8w^0/l^2$	$\dfrac{1}{2}ql$	$-\dfrac{1}{2}ql$	$\dfrac{b_2}{b_1}\bar q$	$\dfrac{1}{2}ql$	$-\dfrac{b_2}{b_1}\bar q$	$-\dfrac{1}{2}ql$
q (triangular)	$\dfrac{1}{6}ql$	$-\dfrac{1}{3}ql$	$\dfrac{b_3}{lb_1}q$	$\dfrac{1}{6}ql$	$-\dfrac{b_2-b_3/l}{b_1}q$	$-\dfrac{1}{3}ql$
quadr.Par. q	$\dfrac{1}{12}ql$	$-\dfrac{1}{4}ql$	$\dfrac{2b_4}{l^2b_1}q$	$\dfrac{1}{12}ql$	$-\dfrac{b_2-2\dfrac{b_3}{l}+2\dfrac{b_4}{l^2}}{b_1}q$	$-\dfrac{1}{4}ql$
q_Δ, l^*	$\dfrac{l^{*2}}{2l}q_\Delta$	$-\left(l^*-\dfrac{l^{*2}}{2l}\right)q_\Delta$	$\dfrac{b_2^*}{b_1}q_\Delta$	$\dfrac{l^{*2}}{2l}q_\Delta$	$-\left(b_1^*-\dfrac{b_0}{b_1}b_2^*\right)q_\Delta$	$-\left(l^*-\dfrac{l^{*2}}{2l}\right)q_\Delta$
m	$-m$	$-m$	$-m$	$-m$	$-m$	$-m$
T_o, T_u, h; $\kappa^e=\dfrac{T_u-T_o}{h}\alpha_T$	0	0	$-N^{II}\dfrac{b_2}{b_1}\kappa^e$	0	$N^{II}\dfrac{b_2}{b_1}\kappa^e$	0
P, l^*	$\dfrac{l^*}{l}P$	$-\left(1-\dfrac{l^*}{l}\right)P$	$\dfrac{b_1^*}{b_1}P$	$\dfrac{l^*}{l}P$	$-\left(b_0^*-\dfrac{b_0}{b_1}b_1^*\right)P$	$-\left(1-\dfrac{l^*}{l}\right)P$
M^e, l^*	$-\dfrac{1}{l}M^e$	$-\dfrac{1}{l}M^e$	$-\dfrac{b_0^*}{b_1}M^e$	$-\dfrac{1}{l}M^e$	$-\left(\dfrac{b_0}{b_1}b_0^*-Kb_1^*\right)M^e$	$-\dfrac{1}{l}M^e$
ϕ^e, l^*	0	0	$-N^{II}\dfrac{b_1^*}{b_1}\phi^e$	0	$N^{II}\left(b_0^*-\dfrac{b_0}{b_1}b_1^*\right)\phi^e$	0
W^e, l^*	0	0	$N^{II}\dfrac{b_0^*}{b_1}W^e$	0	$N^{II}\left(\dfrac{b_0}{b_1}b_0^*-Kb_1^*\right)W^e$	0

Tafel 6.2 Lagerungsfall $i\triangleright\!\!-\!\!-\!\!\triangleleft k$ Winkelgewichte ϕ_i,ϕ_k, Querschn.drehwinkel φ_i,φ_k

Vorzeichenvereinb."K"	ϕ_i,ϕ_k Winkelgewichte = Querschnittsdrehwinkel relativ zur Sehne	$K=N^{II}/EI$
	Stabdrehwinkel $\psi=(w_k-w_i)/l$	$b_j=b_j(l)$
	Querschnittsdrehwinkel (absolut)	$b_j^*=b_j(l^*)$
	$\varphi_i=\phi_i+\psi$, $\varphi_k=-\phi_k+\psi$	Theorie I. Ordnung

$i\triangleright\!\!-\!\!-\!\!\triangleleft k$	$\phi_i=$		$\phi_k=$	
M_i	$\dfrac{b_2-b_3/l}{b_1 EI}M_i$	$\dfrac{l}{3EI}M_i$	$\dfrac{b_3/l}{b_1 EI}M_i$	$\dfrac{l}{6EI}M_i$
M_k	$\dfrac{b_3/l}{b_1 EI}M_k$	$\dfrac{l}{6EI}M_k$	$\dfrac{b_2-b_3/l}{b_1 EI}M_k$	$\dfrac{l}{3EI}M_k$
$\psi=(w_k-w_i)/l$	entfällt	entfällt	entfällt	entfällt
Vorverf. ψ^0	0	0	0	0
Vorverf. $\bar q$, $\bar q=q-N^{II}8w^0/l^2$	$\dfrac{\frac{l}{2}b_3-b_4}{b_1 EI}\bar q$	$\dfrac{l^3}{24EI}q$	$\dfrac{\frac{l}{2}b_3-b_4}{b_1 EI}\bar q$	$\dfrac{l^3}{24EI}\bar q$
q (Dreieck)	$\dfrac{\frac{l}{6}b_3-b_5/l}{b_1 EI}q$	$\dfrac{7l^3}{360EI}q$	$\dfrac{\frac{l}{3}b_3-b_4+b_5/l}{b_1 EI}q$	$\dfrac{l^3}{45EI}q$
quadr.Par. q	$\dfrac{\frac{l}{12}b_3-\frac{2}{l^2}b_6}{b_1 EI}q$	$\dfrac{l^3}{90EI}q$	$\dfrac{\frac{l}{4}b_3-b_4+\frac{2}{l}b_5-\frac{2}{l^2}b_6}{b_1 EI}q$	$\dfrac{l^3}{72EI}q$
q_Δ, l^*	$\dfrac{\frac{l^{*2}}{2l}b_3-b_4^*}{b_1 EI}q_\Delta$	$\dfrac{2l^2-l^{*2}}{24lEI}l^{*2}q_\Delta$	$\dfrac{b_2 b_2^*-b_1 b_3^*-\frac{l^{*2}}{2l}b_3+b_4^*}{b_1 EI}q_\Delta$	$\dfrac{(2l-l^*)^2}{24lEI}l^{*2}q_\Delta$
m	0	0	0	0
T_o,T_u,h; $\kappa^e=\frac{T_u-T_o}{h}\alpha_T$	$\dfrac{b_2}{b_1}\kappa^e$	$\dfrac{l}{2}\kappa^e$	$\dfrac{b_2}{b_1}\kappa^e$	$\dfrac{l}{2}\kappa^e$
P, l^*	$\dfrac{\frac{l^*}{l}b_3-b_3^*}{b_1 EI}P$	$\dfrac{l^2-l^{*2}}{6lEI}l^*P$	$\dfrac{b_2 b_1^*-b_1 b_2^*-\frac{l^*}{l}b_3+b_3^*}{b_1 EI}P$	$\dfrac{2l^2-3ll^*+l^{*2}}{6lEI}l^*P$
M^e, l^*	$\dfrac{b_2^*-b_3/l}{b_1 EI}M^e$	$\dfrac{3l^{*2}-l^2}{6lEI}M^e$	$\dfrac{b_1 b_1^*-b_2 b_0^*-b_2^*+b_3/l}{b_1 EI}M^e$	$\dfrac{l^2-3(l-l^*)^2}{6lEI}M^e$
ϕ^e, l^*	$\dfrac{b_1^*}{b_1}\phi^e$	$\dfrac{l^*}{l}\phi^e$	$\left(b_0^*-\dfrac{b_0}{b_1}b_1^*\right)\phi^e$	$\left(1-\dfrac{l^*}{l}\right)\phi^e$
W^e, l^*	$-\dfrac{b_0^*}{b_1}W^e$	$-\dfrac{1}{l}W^e$	$\left(\dfrac{b_0}{b_1}b_0^*-Kb_1^*\right)W^e$	$\dfrac{1}{l}W^e$

Tafel 6.3 Lagerungsfall $i \vdash\!\!-\!\! k$ Schnittgrößen R_i, M_i, Verschiebungsgrößen w_k, φ_k

Vorzeichenvereinb. "K"
$K = N^{II}/EI$, $\quad b_j = b_j(l)$, $\quad b_j^* = b_j(l^*)$
Q_i, Q_k nach (6.49) oder Tafel 6.1

Theorie I. Ordnung

$i \vdash\!\!-\!\! k$	$R_i=$	$M_i=$		$w_k=$		$\varphi_k=$	
φ_i	0	$\frac{b_1}{b_0}N^{II}\varphi_i$	0	$\frac{b_1}{b_0}\varphi_i$	$l\varphi_i$	$\frac{1}{b_0}\varphi_i$	φ_i
w_i	0	0	0	w_i	w_i	0	0
M_k	0	$\frac{1}{b_0}M_k$	M_k	$-\frac{b_2}{b_0 EI}M_k$	$-\frac{l^2}{2EI}M_k$	$-\frac{b_1}{b_0 EI}M_k$	$-\frac{l}{EI}M_k$
R_k, Vorverf. ψ^0; $\overline{R}_k = R_k - N^{II}\psi^0$	R_k	$-\frac{b_1}{b_0}\overline{R}_k$	$-l\overline{R}_k$	$\frac{lb_2-b_3}{b_0 EI}\overline{R}_k$	$\frac{l^3}{3EI}R_k$	$\frac{b_2}{b_0 EI}\overline{R}_k$	$\frac{l^2}{2EI}R_k$
Vorverf. w^0; $q^V=-N^{II}8w^0/l^2$	0	$\frac{b_2-\frac{l}{2}b_1}{b_0}q^V$	0	$\frac{b_4-\frac{l}{2}b_3}{b_0 EI}q^V$	0	$-\frac{\frac{l}{2}b_2-b_3}{b_0 EI}q^V$	0
q (konstant)	lq	$-\frac{lb_1-b_2}{b_0}q$	$-\frac{l^2}{2}q$	$\frac{b_4-lb_3+\frac{l^2}{2}b_2}{b_0 EI}q$	$\frac{l^4}{8EI}q$	$\frac{b_3}{b_0 EI}q$	$\frac{l^3}{6EI}q$
q (Dreieck)	$\frac{l}{2}q$	$-\frac{\frac{l}{2}b_1-\frac{b_3}{l}}{b_0}q$	$-\frac{l^2}{3}q$	$\frac{\frac{b_5}{l}-\frac{l}{2}b_3+\frac{l^2}{3}b_2}{b_0 EI}q$	$\frac{11l^4}{120EI}q$	$\frac{b_3-b_4/l}{b_0 EI}q$	$\frac{l^3}{8EI}q$
quadr.Par. q	$\frac{l}{3}q$	$-\frac{\frac{lb_1}{3}-\frac{2b_4}{l^2}}{b_0}q$	$-\frac{l^2}{4}q$	$\frac{\frac{2}{l^2}b_6-\frac{l}{3}b_3+\frac{l^2}{4}b_2}{b_0 EI}q$	$\frac{13l^4}{180EI}q$	$\frac{b_3-\frac{2}{l}b_4+\frac{2}{l^2}b_5}{b_0 EI}q$	$\frac{l^3}{10EI}q$
q_Δ; l_0, $l^*/2$, l^*	l^*q_Δ	$-\frac{l^*b_1-b_2^*}{b_0}q_\Delta$	$-l_0 l^* q_\Delta$	$\frac{b_4^*-l^*b_3+l_0 l^* b_2}{b_0 EI}q_\Delta$	$\frac{\frac{l^3}{3}-\frac{l^2 l^*}{4}+\frac{l^{*3}}{24}}{EI}l^*q_\Delta$	$\frac{b_3^*-b_1 b_2^*+b_2 b_1^*}{b_0 EI}q_\Delta$	$\frac{\frac{l^2}{2}+\frac{l^{*2}}{24}}{EI}l^*q_\Delta$
m	0	$-\frac{b_1}{b_0}m$	$-lm$	$\frac{lb_2-b_3}{b_0 EI}m$	$\frac{l^3}{3EI}m$	$\frac{b_2}{b_0 EI}m$	$\frac{l^2}{2EI}m$
T_o, T_u, h; $\kappa^e=\frac{T_u-T_o}{h}\alpha_T$	0	$-\frac{b_2}{b_0}N^{II}\kappa^e$	0	$-\frac{b_2}{b_0}\kappa^e$	$-\frac{l^2}{2}\kappa^e$	$-\frac{b_1}{b_0}\kappa^e$	$-l\kappa^e$
P ; l^*	P	$-\frac{b_1-b_1^*}{b_0}P$	$-(l-l^*)P$	$\frac{(l-l^*)b_2-b_3+b_3^*}{b_0 EI}P$	$\frac{2l+l^*}{6EI}(l-l^*)^2 P$	$\left(\frac{b_2-b_1 b_1^*}{b_0}+b_2^*\right)\frac{P}{EI}$	$\frac{(l-l^*)^2}{2EI}P$
M^e ; l^*	0	$-\frac{b_0^*}{b_0}M^e$	$-M^e$	$\frac{b_2-b_2^*}{b_0 EI}M^e$	$\frac{l^2-l^{*2}}{2EI}M^e$	$\left(\frac{b_1}{b_0}b_0^*-b_1^*\right)\frac{M^e}{EI}$	$\frac{l-l^*}{EI}M^e$
ϕ^e ; l^*	0	$-\frac{b_1^*}{b_0}N^{II}\phi^e$	0	$-\frac{b_1^*}{b_0}\phi^e$	$-l^*\phi^e$	$-\left(b_0^*-\frac{b_1}{b_0}Kb_1^*\right)\phi^e$	$-\phi^e$
W^e ; l^*	0	$\frac{b_0^*}{b_0}N^{II}W^e$	0	$\frac{b_0^*}{b_0}W^e$	W^e	$-\left(\frac{b_1}{b_0}b_0^*-b_1^*\right)KW^e$	0

Tafel 6.4 Lagerungsfall $i \vdash\!\!\dashv k$ Einspannmoment M_i, Querschn.drehwinkel φ_k

		Vorzeichenvereinb. "V"	$K = N^{II}/EI$, $b_j = b_j(l)$, $b_j^* = b_j(l^*)$

M_i { diagram i — k — l — φ_k

Q_i, Q_k nach (6.49) oder Tafel 6.1
R_i, R_k nach Tafel 6.1

$i \vdash l \dashv k$	$M_i =$		$\varphi_k =$	
φ_i	$\dfrac{lb_1}{lb_2-b_3}EI\varphi_i$	$\dfrac{3}{l}EI\varphi_i$	$-\dfrac{b_3}{lb_2-b_3}\varphi_i$	$-\dfrac{1}{2}\varphi_i$
w_i … w_k, $\psi=(w_i+w_k)/l$	$-\dfrac{lb_1}{lb_2-b_3}EI\psi$	$-\dfrac{3}{l}EI\psi$	$\dfrac{lb_2}{lb_2-b_3}\psi$	$1{,}5\psi$
M_k	$\dfrac{b_3}{lb_2-b_3}M_k$	$\dfrac{1}{2}M_k$	$\left(1-\dfrac{b_3}{lb_2-b_3}\right)\dfrac{b_2}{b_1}\dfrac{M_k}{EI}$	$\dfrac{l}{4EI}M_k$
Vorverf. ψ^0	0	0	0	0
Vorverf. w^0 q, $\bar{q}=q-N^{II}8w^0/l^2$	$-\dfrac{\frac{l^2}{2}b_3-lb_4}{lb_2-b_3}\bar{q}$	$-\dfrac{l^2}{8}q$	$-\dfrac{b_3^2-b_2b_4}{lb_2-b_3}\dfrac{\bar{q}}{EI}$	$-\dfrac{l^3}{48EI}q$
q (Dreieck)	$-\dfrac{\frac{l^2}{6}b_3-b_5}{lb_2-b_3}q$	$-\dfrac{7l^2}{120}q$	$-\left[\dfrac{b_2b_5+(b_2^2-b_1b_3)b_3}{lb_2-b_3}-b_4\right]\dfrac{q}{lEI}$	$-\dfrac{l^3}{80EI}q$
quadr.Par. q	$-\dfrac{\frac{l^2}{12}b_3-\frac{2}{l}b_6}{lb_2-b_3}q$	$-\dfrac{l^2}{40}q$	$-\left[\dfrac{b_2b_6+(b_2^2-b_1b_3)b_4}{lb_2-b_3}-b_5\right]\dfrac{2q}{l^2EI}$	$-\dfrac{l^3}{120EI}q$
q_Δ, l^*	$-\dfrac{\frac{l^{*2}}{2}b_3-lb_4^*}{lb_2-b_3}q_\Delta$	$\left(\dfrac{l^{*2}}{4}-\dfrac{l^{*4}}{8l^2}\right)q_\Delta$	$-\left[\dfrac{b_2b_4^*+(b_2^2-b_1b_3)b_2^*}{lb_2-b_3}-b_3^*\right]\dfrac{q_\Delta}{EI}$	$-\left(\dfrac{l}{8}-\dfrac{l^*}{6}+\dfrac{l^{*2}}{16l}\right)l^{*2}\dfrac{q_\Delta}{EI}$
m	0	0	0	0
T_o, T_u, h, $\kappa^e=\dfrac{T_u-T_o}{h}\alpha_T$	$-\dfrac{lb_2}{lb_2-b_3}EI\kappa^e$	$-1{,}5EI\kappa^e$	$-\left(1-\dfrac{b_3}{lb_2-b_3}\right)\dfrac{b_2}{b_1}\kappa^e$	$-\dfrac{l}{4}\kappa^e$
P, l^*	$-\dfrac{l^*b_3-lb_3^*}{lb_2-b_3}P$	$-\dfrac{l^2-l^{*2}}{2l^2}l^*P$	$-\left[\dfrac{b_2b_3^*+(b_2^2-b_1b_3)b_1^*}{lb_2-b_3}-b_2^*\right]\dfrac{P}{EI}$	$-\left(l-l^*\right)^2\dfrac{l^*}{4lEI}P$
M^e, l^*	$-\dfrac{lb_2^*-b_3}{lb_2-b_3}M^e$	$-\dfrac{3l^{*2}-l^2}{2l^2}M^e$	$\left[\dfrac{b_2b_2^*+(b_2^2-b_1b_3)b_0^*}{lb_2-b_3}-b_1^*\right]\dfrac{M^e}{EI}$	$\left(3l^*-l\right)\dfrac{l-l^*}{4lEI}M^e$
ϕ^e, l^*	$-\dfrac{lb_1^*}{lb_2-b_3}EI\phi^e$	$-\dfrac{3l^*}{l^2}EI\phi^e$	$\left(\dfrac{lb_1-b_2}{lb_2-b_3}b_1^*-b_0^*\right)\phi^e$	$\left(1{,}5\dfrac{l^*}{l}-1\right)\phi^e$
W^e, l^*	$\dfrac{lb_0^*}{lb_2-b_3}EIW^e$	$\dfrac{3}{l^2}EIW^e$	$-\left(\dfrac{lb_1-b_2}{lb_2-b_3}b_0^*-Kb_1^*\right)W^e$	$-\dfrac{1{,}5}{l}W^e$

Tafel 6.5 Lagerungsfall $i \vdash\!\!\dashv k$ Einspannmomente M_i, M_k

| Vorzeichenvereinb."V" $M_i\langle\ \overset{i\qquad k}{\underset{\longleftarrow\ l\ \longrightarrow}{\rule{3cm}{0pt}}}\ \rangle M_k$ | $K = N^{II}/EI$, $b_j = b_j(l)$, $b_j^* = b_j(l^*)$ Q_i, Q_k nach (6.49) oder Tafel 6.1 R_i, R_k nach Tafel 6.1 Theorie I. Ordnung | | | |

$i\ \overset{}{\underset{\longleftarrow\ l\ \longrightarrow}{\rule{2cm}{0pt}}}\ k$	$M_i =$		$M_k =$	
$\overset{\varphi_i}{\diagdown}$	$\dfrac{lb_2 - b_3}{b_2^2 - b_1 b_3} EI\varphi_i$	$4\dfrac{EI}{l}\varphi_i$	$\dfrac{b_3}{b_2^2 - b_1 b_3} EI\varphi_i$	$2\dfrac{EI}{l}\varphi_i$
$\overset{\varphi_k}{\diagup}$	$\dfrac{b_3}{b_2^2 - b_1 b_3} EI\varphi_k$	$2\dfrac{EI}{l}\varphi_k$	$\dfrac{lb_2 - b_3}{b_2^2 - b_1 b_3} EI\varphi_k$	$4\dfrac{EI}{l}\varphi_k$
$w_i\ \overset{\psi\qquad w_k}{\diagdown}$ $\psi = (w_i + w_k)/l$	$-\dfrac{lb_2}{b_2^2 - b_1 b_3} EI\psi$	$-6\dfrac{EI}{l}\psi$	$-\dfrac{lb_2}{b_2^2 - b_1 b_3} EI\psi$	$-6\dfrac{EI}{l}\psi$
Vorverf. $\overset{}{\psi^0}$	0	0	0	0
Vorverf. $\overset{q}{w^0}$ $\bar{q} = q - N^{II} 8w^0/l^2$	$-\dfrac{\frac{l}{2}b_2 - b_3}{b_1}\bar{q}$	$-\dfrac{l^2}{12}q$	$\dfrac{\frac{l}{2}b_2 - b_3}{b_1}\bar{q}$	$\dfrac{l^2}{12}q$
$\overset{}{\nearrow}q$	$\dfrac{b_3 b_4 - b_2 b_5}{b_2^2 - b_1 b_3}\dfrac{q}{l}$	$-\dfrac{l^2}{30}q$	$\left[\dfrac{b_2 b_5 - (lb_2 - b_3)b_4}{b_2^2 - b_1 b_3} + b_3\right]\dfrac{q}{l}$	$\dfrac{l^2}{20}q$
quadr.Par. $\overset{}{q}$	$\dfrac{b_3 b_5 - b_2 b_6}{b_2^2 - b_1 b_3}\dfrac{2q}{l^2}$	$-\dfrac{l^2}{60}q$	$\left[\dfrac{b_2 b_6 - (lb_2 - b_3)b_5}{b_2^2 - b_1 b_3} + b_4\right]\dfrac{2q}{l^2}$	$\dfrac{l^2}{30}q$
$\overset{q_\Delta}{\underset{\longleftarrow l^* \longrightarrow}{\rule{1.5cm}{0pt}}}$	$\dfrac{b_3 b_3^* - b_2 b_4^*}{b_2^2 - b_1 b_3}q_\Delta$	$-\left(\dfrac{l^{*3}}{3l} - \dfrac{l^{*4}}{4l^2}\right)q_\Delta$	$\left[\dfrac{b_2 b_4^* - (lb_2 - b_3)b_3^*}{b_2^2 - b_1 b_3} + b_2^*\right]q_\Delta$	$\left(\dfrac{l^{*2}}{2} - \dfrac{2l^{*3}}{3l} + \dfrac{l^{*4}}{4l^2}\right)q_\Delta$
$\overset{m}{\frown\frown\frown\frown}$	0	0	0	0
$\overset{T_o\quad\ \ h}{\underset{\kappa^e = \frac{T_u - T_o}{h}\alpha_T}{T_u}}$	$-EI\kappa^e$	$-EI\kappa^e$	$EI\kappa^e$	$EI\kappa^e$
$\overset{P}{\underset{\longleftarrow\ \ \urcorner}{\rule{1.5cm}{0pt}}}$	$-\dfrac{b_3 b_2^* - b_2 b_3^*}{b_2^2 - b_1 b_3}P$	$-\dfrac{l - l^*}{l^2}l^{*2}P$	$\left[\dfrac{b_2 b_3^* - (lb_2 - b_3)b_2^*}{b_2^2 - b_1 b_3} + b_1^*\right]P$	$\left(1 - \dfrac{l^*}{l}\right)^2 l^* P$
$\overset{M^e}{\underset{\longleftarrow l^* \rightarrow}{\frown}}$	$\dfrac{b_3 b_1^* - b_2 b_2^*}{b_2^2 - b_1 b_3}M^e$	$\dfrac{2l - 3l^*}{l^2}l^* M^e$	$\left[\dfrac{-b_2 b_2^* + (lb_2 - b_3)b_1^*}{b_2^2 - b_1 b_3} - b_0^*\right]M^e$	$\left(3\dfrac{l^*}{l} - 1\right)\left(1 - \dfrac{l^*}{l}\right)M^e$
$\overset{}{\underset{\longleftarrow l^* \rightarrow}{\diagdown_{\phi^e}}}$	$\dfrac{b_3 b_0^* - b_2 b_1^*}{b_2^2 - b_1 b_3}$ $\cdot EI\phi^e$	$\dfrac{2l - 6l^*}{l^2}EI\phi^e$	$\left[\dfrac{-b_2 b_1^* + (lb_2 - b_3)b_0^*}{b_2^2 - b_1 b_3} - Kb_1^*\right]$ $\cdot EI\phi^e$	$\dfrac{4l - 6l^*}{l^2}EI\phi^e$
$w^e\ \overset{}{\underset{\longleftarrow l^* \rightarrow}{\diagdown}}$	$\dfrac{b_2 b_0^* - Kb_3 b_1^*}{b_2^2 - b_1 b_3}$ $\cdot EIW^e$	$\dfrac{6}{l^2}EIW^e$	$\left[\dfrac{b_2 b_0^* - (lb_0 - b_1)b_1^*}{b_2^2 - b_1 b_3} + Kb_0^*\right]$ $\cdot EIW^e$	$\dfrac{6}{l^2}EIW^e$

Beispiel zu Tafel 6.1 und 6.2, Lagerungsfall

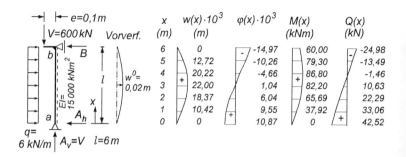

Abb. 6.3 Beispiel für Lagerungsfall

Abb. 6.3 zeigt System, Vorverformung und Belastung des betrachteten Beispiels. Gesucht sind die Auflagerkräfte und die Funktionen $w(x)$, $\varphi(x)$, $M(x)$ und $Q(x)$ für $x = 0, 1, 2, 3, 4, 5, 6$ m. In den Tafeln 6.1 und 6.2 sind die Einwirkungen $M_k = M_b = Ve = 60$ kNm und $q = 6$ kN/m bzw.

$\bar{q} = q - N^{II} 8w^0/l^2 = 8{,}667$ kN/m mit $N^{II} = -V = -600$ kN zu berücksichtigen. Die für die beiden Tafeln erforderlichen b_j werden mit $x = l = 6$ m und $K = N^{II}/EI = -0{,}04$ m^{-2} nach (6.19) oder (6.24) ermittelt und betragen

$$b_0 = 0{,}3624, \quad b_1 = 4{,}660 \text{ m}, \quad b_2 = 15{,}94 \text{ m}^2, \quad b_3 = 33{,}50 \text{ m}^3, \quad b_4 = 51{,}47 \text{ m}^4$$

Tafel 6.1: $\quad R_a = \dfrac{1}{l}M_b + \dfrac{1}{2}ql = 28{,}00$ kN $= A_h$, $\quad R_b = \dfrac{1}{l}M_b - \dfrac{1}{2}ql = -8{,}00$ kN $= -B$

$\qquad\qquad Q_a = \dfrac{1}{b_1}\big(M_b + b_2\,\bar{q}\big) = 42{,}52$ kN, $\quad Q_b = \dfrac{1}{b_1}\big(b_0 M_b - b_2\,\bar{q}\big) = -24{,}98$ kN

Tafel 6.2: $\quad \varphi_a = \phi_a = \dfrac{1}{b_1 EI}\left[\dfrac{b_3}{l}M_b + \left(\dfrac{l}{2}b_3 - b_4\right)\bar{q}\right] = 0{,}01087$

$\qquad\qquad \varphi_b = -\phi_b = -\dfrac{1}{b_1 EI}\left[\left(b_2 - \dfrac{b_3}{l}\right)M_b + \left(\dfrac{l}{2}b_3 - b_4\right)\bar{q}\right] = -0{,}01497$

Kontrollen (6.49): $\quad Q_a \overset{!}{=} R_a - N^{II}\left(\varphi_a + 4\dfrac{w^0}{l}\right)$, $\quad Q_b \overset{!}{=} R_b - N^{II}\left(\varphi_b - 4\dfrac{w^0}{l}\right)$

(6.51): $w(x) = x\,\varphi_a + \dfrac{1}{EI}\left[-b_3(x)\,Q_a + b_4(x)\,\overline{q}\right]$

(6.52): $\varphi(x) = \varphi_a + \dfrac{1}{EI}\left[-b_2(x)\,Q_a + b_3(x)\,\overline{q}\right]$

(6.53): $M(x) = b_1(x)Q_a - b_2(x)\overline{q}$

Ort und Größe von max$M$ siehe Abschnitt 6.7

(6.54): $Q(x) = b_0(x)\,Q_a - b_1(x)\,\overline{q}$

Kontrollen: $w(l)\overset{!}{=}0,\qquad \varphi(l)\overset{!}{=}\varphi_b,\qquad M(l)\overset{!}{=}M_b,\qquad Q(l)\overset{!}{=}Q_b$

Die Ergebnisse sind in Abb. 6.3 dargestellt.

Verzweigungslastfaktor η_{Ki}

$$V_{Ki} = \left(\frac{\pi}{l}\right)^2 EI = 4\,112\text{ kN},\qquad \eta_{Ki} = \frac{V_{Ki}}{V} = 6{,}854$$

Im Verzweigungsfall wird $b_1 = 0$.

Beispiel zu Tafel 6.3, Lagerungsfall ⊢————

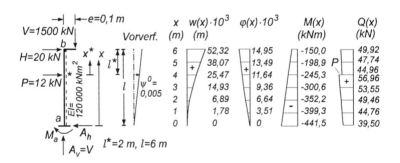

Abb. 6.4 Beispiel für Lagerungsfall ⊢————

System, Vorverformung und Belastung des gewählten Beispiels gehen aus Abb. 6.4 hervor. Gesucht sind wieder die Auflagergrößen in a und die Zustandsgrößen $w(x)$, $\varphi(x)$, $M(x)$ und $Q(x)$ für $x = 0$, 1 bis 6 m. In Tafel 6.3 sind die Einwirkungen $M_k = M_b = -Ve = -150$ kNm, $R_k = R_b = H = 20$ kN bzw. $\overline{R}_k = \overline{R}_b = R_b - N^{II}\psi^0 = 27{,}5$ kN und $P = 12$ kN zu berücksichtigen, wobei $N^{II} = -V = -1\,500$ kN ist. Die erforderlichen b_j werden mit $x = l = 6$ m, die b_j^* (für P) mit $x = l^* = 2$ m nach (6.19) oder (6.24) berech-

147

net, dabei gilt $K = N^{II}/EI = -0{,}0125\,\mathrm{m}^{-2}$. Man erhält

$b_0 = 0{,}7833$, $\quad b_1 = 5{,}560\,\mathrm{m}$, $\quad b_2 = 17{,}34\,\mathrm{m}^2$, $\quad b_3 = 35{,}20\,\mathrm{m}^3$

$b_0^* = 0{,}9751$, $\quad b_1^* = 1{,}983\,\mathrm{m}$, $\quad b_2^* = 1{,}992\,\mathrm{m}^2$, $\quad b_3^* = 1{,}330\,\mathrm{m}^3$

Tafel 6.3: $R_a = H + P = 32$ kN $= A_h$

$$M_a = \frac{1}{b_0}\left[M_b - b_1\,\overline{R}_b - \left(b_1 - b_1^*\right)P\right] = -441{,}5 \text{ kNm}$$

$$w_b = \frac{1}{b_0 EI}\left\{-b_2\,M_b + (lb_2 - b_3)\,\overline{R}_b + \left[\left(l - l^*\right)b_2 - b_3 + b_3^*\right]P\right\}$$

$$= 0{,}05232\,\mathrm{m}$$

$$\varphi_b = \frac{1}{b_0 EI}\left[-b_1 M_b + b_2 \overline{R}_b + \left(b_2 - b_1 b_1^* + b_0 b_2^*\right)P\right] = 0{,}01495$$

(6.49): $\quad Q_a = R_a - N^{II}\psi^0 = 39{,}50$ kN

(6.51): $\quad w(x) = \dfrac{1}{EI}\left[-b_2(x)\,M_a - b_3(x)\,Q_a + b_3(x^*)\,P\right]$

(6.52): $\quad \varphi(x) = \dfrac{1}{EI}\left[-b_1(x)\,M_a - b_2(x)\,Q_a + b_2(x^*)\,P\right]$

$\qquad\qquad x^* = x - 4$ m

$\qquad\qquad b_j(x^*) = 0$ für $x^* < 0$,

(6.53): $M(x) = \qquad b_0(x)\,M_a + b_1(x)\,Q_a - b_1(x^*)\,P$

$\qquad\qquad$ d.h. im Bereich a bis $*$

(6.54): $Q(x) = \qquad Kb_1(x)\,M_a + b_0(x)\,Q_a - b_0(x^*)\,P$

Kontrollen: $w(l)\overset{!}{=}w_b$, $\quad \varphi(l)\overset{!}{=}\varphi_b$, $\quad M(l)\overset{!}{=}M_b$

Die Ergebnisse sind in Abb. 6.4 dargestellt.

Verzweigungslastfaktor η_{Ki}

$$V_{\mathrm{Ki}} = \left(\frac{\pi}{2l}\right)^2 EI = 8\,225 \text{ kN}, \quad \eta_{\mathrm{Ki}} = \frac{V_{\mathrm{Ki}}}{V} = 5{,}483$$

Im Verzweigungsfall wird $b_0 = 0$.

Beispiel zu Tafel 6.4, Lagerungsfall ├──────○

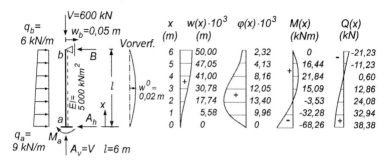

Abb. 6.5 Beispiel für Lagerungsfall ├──────○

In Abb. 6.5 sind System, Vorverformung und Einwirkungen des Beispiels dargestellt. Neben den Lasten ist auch eine eingeprägte Lagerverschiebung w_b gegeben. Gesucht sind die Auflagergrößen und die Zustandsgrößen $w(x)$, $\varphi(x)$, $M(x)$ und $Q(x)$ für $x = 1$, 2 bis 6 m. Die Trapezlast wird gemäß (6.41) in $q_0 = q_a = 9$ kN/m (Rechteck) und $q_1 = (q_b - q_a)/l = -0,5$ kN/m^2 (Dreieck) zerlegt. In Tafel 6.4 sind die Einwirkungen ψ, $\bar{q} = q_a - N^{II} 8 w^0/l^2$ $= 11,67$ kN/m und Dreieckslast mit $q = q_b - q_a = -3$ kN/m zu berücksichtigen, wobei $N^{II} = -V = -600$ kN ist. Die benötigten b_j werden mit $x = l = 6$ m und $K = N^{II}/EI = -0,12$ m^{-2} nach (6.19) oder (6.24) ermittelt:

$b_0 = -0,4861$, $\quad b_1 = 2,523$ m, $\quad b_2 = 12,38$ m^2, $\quad b_3 = 28,98$ m^3, $\quad b_4 = 46,80$ m^4,

$b_5 = 58,52$ m^5

Tafel 6.4: $M_a = \dfrac{1}{l\,b_2 - b_3}\left[-l\,b_1 EI\psi - \left(\dfrac{l^2}{2}b_3 - l\,b_4\right)\bar{q} - \left(\dfrac{l^2}{6}b_3 - b_5\right)(q_b - q_a)\right]$

$\qquad = -68,26$ kNm

$\qquad \varphi_b = \dfrac{1}{l\,b_2 - b_3}\left[l\,b_2\psi - \left(b_3^2 - b_2 b_4\right)\dfrac{\bar{q}}{EI}\right] - \left[\dfrac{b_2 b_5 + \left(b_2^2 - b_1 b_3\right)b_3}{l\,b_2 - b_3} - b_4\right]\dfrac{q_b - q_a}{l\,EI}$

$\qquad = 0,00232$

Bemerkung: φ_b wird einfacher, wie im weiteren angegeben, als $\varphi(x=l)$ berechnet.

149

Tafel 6.1: $R_a = -\frac{1}{l}M_a + N^{II}\psi + \frac{1}{2}q_a l + \frac{1}{6}(q_b - q_a)l = 30{,}38 \text{ kN} = A_h$

$$R_b = -\frac{1}{l}M_a + N^{II}\psi - \frac{1}{2}q_a l - \frac{1}{3}(q_b - q_a)l = R_a - \frac{1}{2}(q_a + q_b)l$$

$$= -14{,}62 \text{ kN} = -B$$

(6.49): $Q_a = R_a - N^{II}4\frac{w^0}{l} = 38{,}38 \text{ kN}, \quad Q_b = R_b - N^{II}\left(\varphi_b - 4\frac{w^0}{l}\right) = -21{,}23 \text{ kN}$

Die Formeln (6.51) bis (6.54) sind gemäß (6.41) um den Anteil q_1 (Dreieckslast) wie folgt zu erweitern:

(6.51): $w(x) = \frac{1}{EI}\left[-b_2(x)M_a - b_3(x)Q_a + b_4(x)\overline{q} + b_5(x)q_1\right]$

(6.52): $\varphi(x) = \frac{1}{EI}\left[-b_1(x)M_a - b_2(x)Q_a + b_3(x)\overline{q} + b_4(x)q_1\right]$

(6.53): $M(x) = \qquad b_0(x)M_a + b_1(x)Q_a - b_2(x)\overline{q} - b_3(x)q_1$

Ort und Größe von max$M$ siehe Abschnitt 6.7

(6.54): $Q(x) = \qquad Kb_1(x)M_a + b_0(x)Q_a - b_1(x)\overline{q} - b_2(x)q_1$

Kontrollen: $w(l) \overset{!}{=} w_b, \quad \varphi(l) \overset{!}{=} \varphi_b, \quad M(l) \overset{!}{=} 0, \quad Q(l) \overset{!}{=} Q_b$

Die Ergebnisse sind in Abb. 6.5 dargestellt.

Verzweigungslastfaktor η_{Ki}

Abb. 4.9: $s_K = 0{,}699\,l = 4{,}195 \text{ m}$

$$V_{Ki} = \left(\frac{\pi}{s_K}\right)^2 EI = 2\,804 \text{ kN}, \quad \eta_{Ki} = \frac{V_{Ki}}{V} = 4{,}674$$

Im Verzweigungsfall wird $lb_2 - b_3 = 0$.

Beispiel zu Tafel 6.5, Lagerungsfall |———|

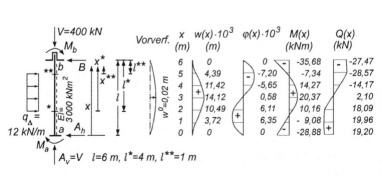

Abb. 6.6 Beispiel für Lagerungsfall |———|

150

Abb. 6.6 zeigt das hier gewählte Beispiel. Wie zuvor sind die Auflagergrößen und die Funktionen der Zustandsgrößen gesucht. Die Gleichlast q_Δ im Bereich * bis ** wird, wie in Abb. 6.2 angegeben, erfaßt. In Tafel 6.5 sind die Einwirkungen $\bar{q} = -N^{II} 8 w^0/l^2 = 1{,}778$ kN/m ($N^{II} = -V = -400$ kN) und $q_\Delta = 12$ kN/m (zweifach) zu berücksichtigen. Die erforderlichen b_j werden mit $x = l = 6$ m, die b_j^* mit $x = l^* = 4$ m und die b_j^{**} mit $x = l^{**} = 1$ m nach (6.19) oder (6.24) berechnet, wobei jeweils $K = N^{II}/EI = -0{,}1333$ m^{-2} gilt.

Man erhält

$$b_0 = -0{,}5811, \quad b_1 = 2{,}229 \text{ m}, \quad b_2 = 11{,}86 \text{ m}^2, \quad b_3 = 28{,}28 \text{ m}^3, \quad b_4 = 46{,}06 \text{ m}^4$$

$$b_1^* = 2{,}722 \text{ m}, \quad b_2^* = 6{,}675 \text{ m}^2, \quad b_3^* = 9{,}585 \text{ m}^3, \quad b_4^* = 9{,}936 \text{ m}^4$$

$$b_1^{**} = 0{,}9779 \text{ m}, \quad b_2^{**} = 0{,}4945 \text{ m}^2, \quad b_3^{**} = 0{,}1656 \text{ m}^3, \quad b_4^{**} = 0{,}04148 \text{ m}^4$$

Tafel 6.5: $M_a = -\dfrac{1}{b_1}\left(\dfrac{l}{2}b_2 - b_3\right)\bar{q} - \dfrac{b_3\left(b_3^* - b_3^{**}\right) - b_2\left(b_4^* - b_4^{**}\right)}{b_2^2 - b_1 b_3}q_\Delta = -28{,}88$ kNm

$$M_b = \frac{1}{b_1}\left(\frac{l}{2}b_2 - b_3\right)\bar{q} + \left[\frac{b_2\left(b_4^* - b_4^{**}\right) - (lb_2 - b_3)\left(b_3^* - b_3^{**}\right)}{b_2^2 - b_1 b_3} + b_2^* - b_2^{**}\right]q_\Delta$$

$$= 35{,}68 \text{ kNm} \quad (\text{Vorzeichenvereinbarung "V"})$$

Tafel 6.1: $R_a = -\dfrac{1}{l}\left(M_a + M_b\right) + \dfrac{l^{*2} - l^{**2}}{2l}q_\Delta = 13{,}87$ kN $= A_h$

$$R_b = -\frac{1}{l}\left(M_a + M_b\right) - \left(l^* - l^{**} - \frac{l^{*2} - l^{**2}}{2l}\right)q_\Delta = R_a - \left(l^* - l^{**}\right)q_\Delta$$

$$= -22{,}13 \text{ kN}$$

(6.49): $Q_a = R_a - N^{II} 4\dfrac{w^0}{l} = 19{,}20$ kN, $\quad Q_b = R_b + N^{II} 4\dfrac{w^0}{l} = -27{,}47$ kN

Die Formeln (6.51) bis (6.54) sind gemäß (6.41) um den Anteil q_Δ wie folgt zu erweitern:

(6.51): $w(x) = \dfrac{1}{EI}\left\{-b_2(x)M_a - b_3(x)Q_a + b_4(x)\bar{q} + \left[b_4(x^*) - b_4(x^{**})\right]q_\Delta\right\}$

(6.52): $\varphi(x) = \dfrac{1}{EI}\left\{-b_1(x)M_a - b_2(x)Q_a + b_3(x)\bar{q} + \left[b_3(x^*) - b_3(x^{**})\right]q_\Delta\right\}$

(6.53): $M(x) = b_0(x)M_a + b_1(x)Q_a - b_2(x)\bar{q} - \left[b_2(x^*) - b_2(x^{**})\right]q_\Delta$

Ort und Größe von max$M$ siehe Abschnitt 6.7

(6.54): $Q(x) = Kb_1(x)M_a + b_0(x)Q_a - b_1(x)\bar{q} - \left[b_1(x^*) - b_1(x^{**})\right]q_\Delta$

Dabei gilt

$$x^* = x - 2 \text{ m}, \quad b_j(x^*) = 0 \quad \text{für} \quad x^* < 0$$

$$x^{**} = x - 5 \text{ m}, \quad b_j(x^{**}) = 0 \quad \text{für} \quad x^{**} < 0$$

Kontrollen: $w(l) \overset{!}{=} 0, \quad \varphi(l) \overset{!}{=} 0, \quad M(l) \overset{!}{=} -M_b, \quad Q(l) \overset{!}{=} Q_b$

Die Ergebnisse sind in Abb. 6.6 dargestellt.

Verzweigungslastfaktor η_{Ki}

$$V_{\text{Ki}} = \left(\frac{\pi}{l/2}\right)^2 EI = 3\,290 \text{ kN} \quad (s_{\text{K}} = l/2), \quad \eta_{\text{Ki}} = \frac{V_{\text{Ki}}}{V} = 8{,}225$$

Im Verzweigungsfall gilt: $b_1 = 0, \quad b_2 = 0$ und daher auch $b_2^2 - b_1 b_3 = 0$

6.7 Maximales Feldmoment

Ort und Größe des maximalen Feldmoments eines Stabes oder Stababschnittes lassen sich explizit angeben, wenn die *Streckenlast q* im untersuchten Bereich höchstens *linear* ist. Daneben können beide Vorverformungsarten (w^0, ψ^0) sowie die eingeprägte Verkrümmung $\kappa^{\text{e}} = konst.$ vorhanden sein. Um die Stelle x_{M} von max$M$ angeben zu können, ist es notwendig, für die Funktionen b_j die *analytischen* Formeln gemäß (6.19) zu verwenden und die Fälle $K > 0$ (Längszug), $K < 0$ (Längsdruck) und $K = 0$ (Theorie I. Ordnung) zu unterscheiden.

Die Systemskizze der Tafel 6.6 zeigt den betrachteten Stab(abschnitt) i k mit den genannten Einwirkungen sowie die Stelle x_{M} und die Größe max$M$ des gesuchten maximalen Feldmoments. Die Aufgabenstellung ist eindeutig, wenn entweder M_i und Q_i oder aber M_i und M_k bekannt sind. Im letzteren Fall berechnet sich Q_i nach Tafel 6.1 mit $b_j = b_j(l)$ wie folgt:

$$Q_i = \frac{1}{b_1}\left(-b_0 M_i + M_k + b_2 \tilde{q} + b_3 q_1\right) \tag{6.57}$$

mit $\quad \tilde{q} = \overline{q} - N^{\text{II}} \kappa^{\text{e}}$ $\tag{6.58}$

$$\overline{q} = q_i - N^{\text{II}} 8 \frac{w^0}{l^2} \quad \left(q_0 = q_i\right) \tag{6.59}$$

$$q_1 = \frac{1}{l}\left(q_k - q_i\right) \tag{6.60}$$

152

Aus der 3. und 4. Zeile der Übertragungsbeziehung erhält man die Funktionen (vgl. auch (6.53) und (6.54))

$$M(x) = b_0(x) M_i + b_1(x) Q_i - b_2(x) \tilde{q} - b_3(x) q_1 \tag{6.61}$$

$$Q(x) = K b_1(x) M_i + b_0(x) Q_i - b_1(x) \tilde{q} - b_2(x) q_1 = M'(x) \tag{6.62}$$

ψ^0 geht in diese Formeln nicht ein.

Theorie I. Ordnung ($N^{II} = 0$, $K = 0$)

Mit $b_j(x) = a_j(x)$ und $\tilde{q} = \overline{q} = q_i$ ergibt sich

$$M(x) = M_i + x Q_i - \frac{x^2}{2} q_i - \frac{x^3}{6} q_1 \tag{6.63}$$

$$Q(x) = \qquad Q_i - x\, q_i - \frac{x^2}{2} q_1 \tag{6.64}$$

Aus $Q(x_M) = 0$ erhält man eine quadratische Bestimmungsgleichung für x_M und nach Einsetzen in (6.63) $M(x_M) = \max M$. Die erforderlichen Formeln sind in Tafel 6.6 angegeben, wobei der meist vorliegende Sonderfall einer *Gleichlast* ($q_i = q_k = q$) getrennt dargestellt ist.

Theorie II. Ordnung ($N^{II} \neq 0$, $K \neq 0$)

In (6.61) wird gemäß (6.19) $b_2(x) = (b_0(x) - 1)/K$ und $b_3(x) = (b_1(x) - 1)/K$ eingesetzt. Mit den Abkürzungen

$$\overline{M}_i = M_i - \frac{\tilde{q}}{K}, \qquad \overline{Q}_i = Q_i - \frac{q_1}{K} \tag{6.65}$$

erhält man

$$M(x) = b_0(x) \overline{M}_i + b_1(x) \overline{Q}_i + \frac{1}{K}(\tilde{q} + x q_1) \tag{6.66}$$

Längsdruck ($N^{II} < 0$, $K < 0$)

Mit $f = \sqrt{-K}$ werden nach (6.19) b_0 und b_1 in (6.66) eingeführt:

$$M(x) = \overline{M}_i \cos(fx) + \overline{Q}_i \frac{1}{f} \sin(fx) + \frac{1}{K}(\tilde{q} + x q_1) \tag{6.67}$$

Die Zusammenfassung der Terme mit $\cos(fx)$ und $\sin(fx)$ kann in der Form

$$M(x) = \overline{M}_i \frac{\cos(\alpha - fx)}{\cos\alpha} + \frac{1}{K}(\tilde{q} + x q_1) \tag{6.68}$$

153

dargestellt werden, welche die Bedingung $M(x{=}0) = M_i$ bereits erfüllt. Die unbekannte Konstante α läßt sich aus $Q(x{=}0) = Q_i$ bestimmen. Die Ableitung von (6.68) liefert zunächst

$$Q(x) = f\,\overline{M}_i\,\frac{\sin(\alpha - fx)}{\cos\alpha} + \frac{q_1}{K} \qquad (6.69)$$

Daraus erhält man für $x = 0$

$$Q_i = f\,\overline{M}_i\,\tan\alpha + \frac{q_1}{K} \quad \rightarrow \quad \tan\alpha = \frac{Q_i}{f\,\overline{M}_i} = \tau \qquad (6.70)$$

wobei noch die Abkürzung τ eingeführt wurde. Die Auflösung von (6.70) nach α in der Form

$$\alpha = \arctan\frac{\overline{Q}_i}{f\,\overline{M}_i} = \arctan\tau \qquad (6.71)$$

liefert für negative Argumente negative Werte für α, die dann um π erhöht werden müßten, weil – wie aus folgenden Formeln ersichtlich – für x_M stets der kleinste *positive* Wert von α erforderlich ist. Eine entsprechende Abfrage erübrigt sich, wenn anstelle von arctan die Funktion arccos verwendet wird, welche stets den kleinsten positiven Wert von α liefert. Mit den Abkürzungen $\tau = \tan\alpha$ und $\zeta = 1/\cos\alpha$ gilt für die Umrechnung

$$\zeta = \tau\sqrt{1 + \frac{1}{\tau^2}} \qquad (6.72)$$

und damit

$$\alpha = \arccos\frac{1}{\zeta} \qquad (6.73)$$

Aus (6.69) erhält man mit $Q(x_\mathrm{M}) = 0$ und mit der Abkürzung

$$\beta = \alpha - f\,x_\mathrm{M} \qquad (6.74)$$

$$\beta = \arcsin\frac{-q_1}{Kf\zeta\overline{M}_i} \qquad (6.75)$$

und daraus

$$x_\mathrm{M} = \frac{\alpha - \beta}{f} \qquad (6.76)$$

Selbstverständlich tritt max$M$ nur auf, wenn $0 < x_\mathrm{M} < l$ erfüllt ist. Dies muß immer dann der Fall sein, wenn Q im Feld des Stabes eine Nullstelle hat, das heißt, wenn Q_i und Q_k unterschiedliche Vorzeichen aufweisen.

Für $x = x_M$ ergibt sich aus (6.68)

$$\max M = \overline{M}_i \, \zeta \cos\beta + \frac{1}{K}(\tilde{q} + x_M q_1) \tag{6.77}$$

Im Sonderfall einer *Gleichlast* ist $q_1 = 0$, $\beta = 0$ und $\cos\beta = 1$.

Alle für die Anwendung erforderlichen Formeln sind in Tafel 6.6 wiedergegeben.

Längszug $(N^{II} > 0,\ K > 0)$

Mit $f = \sqrt{K}$ erhält man hier analog zu (6.67)

$$M(x) = \overline{M}_i \cosh(fx) + \overline{Q}_i \frac{1}{f} \sinh(fx) + \frac{1}{K}(\tilde{q} + x\,q_1) \tag{6.78}$$

Bei der Zusammenfassung der Terme mit $\cosh(fx)$ und $\sinh(fx)$ müssen je nachdem, ob sich eine cosh- oder sinh-Funktion ergibt, 2 Fälle unterschieden werden.

1. Fall: Analog zu den Formeln bei Längsdruck erhält man hier

$$M(x) = \overline{M}_i \, \frac{\cosh(\alpha - fx)}{\cosh\alpha} + \frac{1}{K}(\tilde{q} + x\,q_1) \tag{6.79}$$

$$Q(x) = -f\,\overline{M}_i \, \frac{\sinh(\alpha - fx)}{\cosh\alpha} + \frac{q_1}{K} \tag{6.80}$$

Für $x = 0$ ergibt sich daraus

$$Q_i = -f\,\overline{M}_i \tanh\alpha + \frac{q_1}{K} \quad \rightarrow \quad -\tanh\alpha = \frac{\overline{Q}_i}{f\,\overline{M}_i} = \tau \tag{6.81}$$

Die unbekannte Konstante α ist dann

$$\alpha = \operatorname{artanh}(-\tau) = \frac{1}{2}\ln\frac{1-\tau}{1+\tau} \tag{6.82}$$

Aus der Forderung, daß das Argument von ln positiv sein muß, ergibt sich folgende Bedingung dafür, daß der 1. Fall vorliegt:

$$|\tau| < 1 \tag{6.83}$$

Aus (6.80) erhält man mit $Q(x_M) = 0$, mit (6.74) und mit der Abkürzung

$$\delta = \frac{q_1 \cosh\alpha}{K f \overline{M}_i} \tag{6.84}$$

$$\beta = \text{arsinh}\,\delta = \ln\!\left(\sqrt{\delta^2+1} + \delta\right) \tag{6.85}$$

und daraus wieder

$$x_M = \frac{\alpha - \beta}{f} \tag{6.86}$$

(6.79) liefert, wenn $0 < x_M < l$ erfüllt ist, das maximale Feldmoment

$$\max M = \overline{M}_i\,\frac{\cosh\beta}{\cosh\alpha} + \frac{1}{K}\left(\tilde{q} + x_M q_1\right) \tag{6.87}$$

2. Fall: Ist die Bedingung (6.83) vom 1. Fall nicht erfüllt, ist $M(x)$ in folgender Form darzustellen:

$$M(x) = \overline{M}_i\,\frac{\sinh(\alpha - fx)}{\sinh\alpha} + \frac{1}{K}\left(\tilde{q} + x q_1\right) \tag{6.88}$$

Die Ableitung liefert

$$Q(x) = -f\,\overline{M}_i\,\frac{\cosh(\alpha - fx)}{\sinh\alpha} + \frac{q_1}{K} \tag{6.89}$$

Aus $Q(x{=}0) = Q_i$ gewinnt man wieder die Bestimmungsgleichung für α :

$$Q_i = -f\,\overline{M}_i\,\frac{1}{\tanh\alpha} + \frac{q_1}{K} \quad \rightarrow \quad -\tanh\alpha = \frac{f\,\overline{M}_i}{\overline{Q}_i} = \frac{1}{\tau} \tag{6.90}$$

$$\alpha = \text{artanh}\!\left(-\frac{1}{\tau}\right) = \frac{1}{2}\ln\frac{\tau-1}{\tau+1} \tag{6.91}$$

Das Argument von $\ln$ muß wieder positiv sein, was folgende Bedingung für den 2. Fall ergibt:

$$|\tau| > 1 \tag{6.92}$$

Mit den Abkürzungen (6.74) und

$$\delta = \frac{q_1 \sinh\alpha}{K f \overline{M}_i} \tag{6.93}$$

erhält man aus der Bedingung $Q(x_M) = 0$ mit Hilfe von (6.89)

$$\beta = \text{arcosh}\,\delta = \pm\ln\!\left(\sqrt{\delta^2-1} + \delta\right) \tag{6.94}$$

Für $\delta < 1$ existiert keine Lösung, das heißt $M(x)$ hat keinen Extremwert. x_M wird wieder aus (6.86) bestimmt. Für $\max M$ gilt, wenn $0 < x_M < l$ erfüllt ist, nach (6.88)

$$\max M = \overline{M}_i \frac{\sinh\beta}{\sinh\alpha} + \frac{1}{K}(\tilde{q} + x_M q_1) \tag{6.95}$$

Im Sonderfall einer *Gleichlast* wird $q_1 = 0$, $\delta = 0$ und im 1. Fall $\beta = 0$, $\cosh\beta = 1$, während im 2. Fall dann wegen $\delta = 1$ keine Lösung vorliegt.

Die für die Anwendung benötigten Formeln sind in Tafel 6.6 zusammengestellt.

Beispiele

Für die Beispiele der Abb. 6.3, 6.5 und 6.6 wird Ort und Größe von $\max M$ bestimmt.

Beispiel der Abb. 6.3

Es liegt der Sonderfall $q = konst.$, $q_1 = 0$ vor. Folgende Daten werden übernommen:

$$\tilde{q} = \overline{q} = 8{,}667 \text{ kN/m}, \quad M_a = 0, \quad Q_a = 42{,}52 \text{ kN}, \quad K = -0{,}04 \text{ m}^{-2}$$

Tafel 6.6: $f = \sqrt{|K|} = 0{,}2 \text{ m}^{-1}$

M-Verlauf

$$\overline{M}_a = -\frac{\tilde{q}}{K} = 216{,}67 \text{ kNm}$$

$$\tau = \frac{Q_a}{f\overline{M}_a} = 0{,}9813$$

maxM=86,89 kNm

$$\zeta = \tau\sqrt{1 + \frac{1}{\tau^2}} = 1{,}401$$

x_M=3,880 m

$$x_M = \frac{1}{f}\arccos\frac{1}{\zeta} = 3{,}880 \text{ m}$$

$$\max M = \zeta\,\overline{M}_a + \frac{\tilde{q}}{K} = 86{,}89 \text{ kNm}$$

Beispiel der Abb. 6.5

Es liegt der allgemeine Fall q linear vor. Folgende Daten werden übernommen:

$$\tilde{q} = \overline{q} = 11{,}67 \text{ kN/m}, \quad q_1 = -0{,}5 \text{ kN/m}^2, \quad M_a = -68{,}26 \text{ kNm}, \quad Q_a = 38{,}38 \text{ kN},$$

$$K = -0{,}12 \text{ m}^{-2}$$

Tafel 6.6 Ort und Größe von max$M$ im Feld eines Stabes (Stababschnittes)

Einwirkungen: q linear, κ^e konstant

Vorverformungen: w^0, ψ^0 (hier ohne Einfluß)

Endmomente: M_i, M_k

Abkürzungen: $\tilde{q} = q_i - N^{II}(8w^0/l^2 + \kappa^e)$

$q_1 = (q_k - q_i)/l$

Bed.: $0 \le x_M \le l$ $Q_i = \dfrac{1}{b_1}(-b_0 M_i + M_k + b_2 \tilde{q} + b_3 q_1)$, $b_j = b_j(l)$

| | Theorie I. Ordnung $N^{II} = 0$ | Theorie II. Ordnung $K = N^{II}/EI$, $f = \sqrt{\lvert K \rvert}$, $\overline{M}_i = M_i - \tilde{q}/K$, $\overline{Q}_i = Q_i - q_1/K$ | |
		Längsdruck: $N^{II} < 0$	Längszug: $N^{II} > 0$
q_i q_k M_i M_k	$Q_i = \dfrac{M_k - M_i}{l} + \left(\dfrac{q_i}{3} + \dfrac{q_k}{6}\right)l$ $x_M = \dfrac{2Q_i}{q_i \pm \sqrt{q_i^2 + 2Q_i q_1}}$ $\max M =$ $M_i + \left(\dfrac{q_i}{2} + \dfrac{q_1}{3}x_M\right)x_M^2$	$\tau = \dfrac{\overline{Q}_i}{f\,\overline{M}_i}$ $\zeta = \tau\sqrt{1 + \dfrac{1}{\tau^2}}$ $\beta = \arcsin\dfrac{-q_1}{K f \zeta \overline{M}_i}$ $x_M = \dfrac{1}{f}\left(\arccos\dfrac{1}{\zeta} - \beta\right)$ $\max M = \zeta\,\overline{M}_i \cos\beta +$ $+\dfrac{\tilde{q} + x_M q_1}{K}$	$\tau = \dfrac{\overline{Q}_i}{f\,\overline{M}_i}$ $\lvert\tau\rvert < 1$: $\alpha = \dfrac{1}{2}\ln\dfrac{1-\tau}{1+\tau}$, $\delta = \dfrac{q_1\cosh\alpha}{K f \overline{M}_i}$ $\beta = \ln\left(\sqrt{\delta^2 + 1} + \delta\right)$ $x_M = (\alpha - \beta)/f$ $\max M = \overline{M}_i \dfrac{\cosh\beta}{\cosh\alpha} + \dfrac{\tilde{q} + x_M q_1}{K}$ $\lvert\tau\rvert > 1$: $\alpha = \dfrac{1}{2}\ln\dfrac{\tau-1}{\tau+1}$, $\delta = \dfrac{q_1\sinh\alpha}{K f \overline{M}_i}$ $\delta < 1$: keine Lösung $\delta > 1$: $\beta = \pm\ln\left(\sqrt{\delta^2 - 1} + \delta\right)$ $x_M = (\alpha - \beta)/f$ $\max M = \overline{M}_i \dfrac{\sinh\beta}{\sinh\alpha} + \dfrac{\tilde{q} + x_M q_1}{K}$
$q = konst.$ M_i M_k	$Q_i = \dfrac{M_k - M_i}{l} + \dfrac{1}{2}ql$ $x_M = \dfrac{Q_i}{q}$ $\max M = M_i + \dfrac{1}{2}q x_M^2$	$\tau = \dfrac{Q_i}{f\,\overline{M}_i}$ $\zeta = \tau\sqrt{1 + \dfrac{1}{\tau^2}}$ $x_M = \dfrac{1}{f}\arccos\dfrac{1}{\zeta}$ $\max M = \zeta\,\overline{M}_i + \dfrac{\tilde{q}}{K}$	$\tau = \dfrac{Q_i}{f\,\overline{M}_i}$ $\lvert\tau\rvert < 1$: $x_M = \dfrac{1}{2f}\ln\dfrac{1-\tau}{1+\tau}$ $\max M = \overline{M}_i\sqrt{1 - \tau^2} + \dfrac{\tilde{q}}{K}$ $\lvert\tau\rvert > 1$: keine Lösung
$q = konst.$ $M_i = M_k = 0$	$\max M = \dfrac{1}{8}ql^2$	$\max M = \left(1 - \dfrac{1}{\cos\dfrac{fl}{2}}\right)\dfrac{\tilde{q}}{K}$	$\max M = \left(1 - \dfrac{1}{\cosh\dfrac{fl}{2}}\right)\dfrac{\tilde{q}}{K}$

Tafel 6.6: $f = \sqrt{|K|} = 0{,}3464$

$$\overline{M}_a = M_a - \frac{\tilde{q}}{K} = 28{,}96 \text{ kNm}$$

$$\overline{Q}_a = Q_a - \frac{q_1}{K} = 34{,}21 \text{ kN}$$

$$\tau = \frac{\overline{Q}_a}{f\,\overline{M}_a} = 3{,}410$$

$$\zeta = \tau\sqrt{1 + \frac{1}{\tau^2}} = 3{,}554$$

$$\beta = \arcsin\frac{-q_1}{K f \zeta \overline{M}_a} = -0{,}1171$$

$$x_{\mathrm{M}} = \frac{1}{f}\left(\arccos\frac{1}{\zeta} - \beta\right) = 4{,}049 \text{ m}$$

$$\max M = \zeta\,\overline{M}_a \cos\beta + \frac{\tilde{q} + x_{\mathrm{M}} q_1}{K} = 21{,}86 \text{ kNm}$$

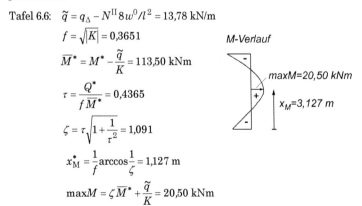

M-Verlauf

maxM=21,86 kNm

x_M=4,049 m

Beispiel der Abb. 6.6

Die Formeln der Tafel 6.6 mit $q = konst. = q_\Delta$ müssen für den Abschnitt von * bis ** angewendet werden, das heißt, Anfangspunkt i ist die Stelle * mit $M^* = 10{,}16$ kNm und $Q^* = 18{,}09$ kN, und anstelle von x_{M} wird x_{M}^* geschrieben.

Tafel 6.6: $\tilde{q} = q_\Delta - N^{\mathrm{II}} 8 w^0 / l^2 = 13{,}78 \text{ kN/m}$

$$f = \sqrt{|K|} = 0{,}3651$$

$$\overline{M}^* = M^* - \frac{\tilde{q}}{K} = 113{,}50 \text{ kNm}$$

$$\tau = \frac{Q^*}{f\,\overline{M}^*} = 0{,}4365$$

$$\zeta = \tau\sqrt{1 + \frac{1}{\tau^2}} = 1{,}091$$

$$x_{\mathrm{M}}^* = \frac{1}{f}\arccos\frac{1}{\zeta} = 1{,}127 \text{ m}$$

$$\max M = \zeta\,\overline{M}^* + \frac{\tilde{q}}{K} = 20{,}50 \text{ kNm}$$

M-Verlauf

maxM=20,50 kNm

x_M=3,127 m

gemessen vom Fußpunkt a: $x_{\mathrm{M}} = x_{\mathrm{M}}^* + 2 = 3{,}127 \text{ m}$

6.8 Stab mit Gelenk im Feld

Als Lagerungsfälle werden der beidseitig und der einseitig eingespannte Stab behandelt. Da die herzuleitenden Formeln beim Drehwinkel- und allgemeinen Verschiebungsgrößenverfahren Anwendung finden, wird die Vorzeichenvereinbarung "V" gewählt. Es werden die Vorverformungen ψ^0 und w^0 und die Einwirkungen $q = konst.$, P sowie M_f im Gelenkpunkt f berücksichtigt. Dieser Punkt f kann ein reales Gelenk oder auch ein Fließgelenk sein, wobei dann M_f als Moment des vollplastizierten Querschnitts bekannt ist. Im Fall des gelenkig gelagerten Stabendes k kann dort das Moment M_k vorhanden sein.

Die etwas aufwendige Herleitung der Formeln wird aus Platzgründen nicht wiedergegeben. Alle für die Anwendung erforderlichen Definitionen und Beziehungen enthält Tafel 6.7. Liegt der angegebene Lagerungsfall real vor, so kann die Verzweigungslast jeweils aus der Bedingung $D = 0$ bestimmt werden.

Beispiel zu Tafel 6.7, Lagerungsfall |—o——o|

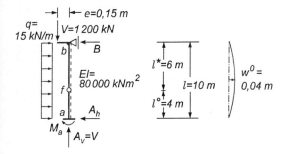

Abb. 6.7 Beispiel für Stab mit Gelenk im Feld |—o——o|

Abb. 6.7 zeigt das Beispiel eines Gelenkstabes mit gelenkiger Lagerung in b, das heißt, es liegt der unten in Tafel 6.7 behandelte Lagerungsfall vor. Alle gegebenen Größen sind in Abb. 6.7 enthalten. Gesucht sind M_a nach Tafel 6.7 und darüber hinaus die Auflagerkräfte A_h, B sowie im Gelenk R_f und w_f.

Tafel 6.7 Stab mit Gelenk im Feld, M_i, M_k für Lagerungsfall $i \vdash\!\!-\!\!\circ\!\!-\!\!-\!\dashv k$,
M_i für Lagerungsfall $i \vdash\!\!-\!\!\circ\!\!-\!\!-\!\!\triangleleft k$

Vorzeichenvereinbarung "V"	Theorie I. Ordnung

$K = \dfrac{N^{II}}{EI}$, $\quad b_j^\circ = b_j(l^\circ)$, $\quad b_j^* = b_j(l^*)$

R_i, R_k nach Tafel 6.1 (wie für Stab ohne Gelenk in f)

$$M_i \stackrel{\curvearrowleft}{} \boxed{\overset{\circ}{\underset{i \quad f \quad k}{\vdash\!\!-\!\!\circ\!\!-\!\!-\!\!\dashv}}} \stackrel{\curvearrowright}{} M_k$$

Vorwerte: $c^\circ = l^\circ b_2^\circ - b_3^\circ$, $\quad c^* = l^* b_2^* - b_3^*$, $\quad D = b_0^\circ c^* + b_0^* c^\circ$, $\quad \boxed{D = (l^{\circ 3} + l^{*3})/3}$

	$M_i =$		$M_k =$	
φ_i	$b_1^\circ\left(l\,b_0^\circ - b_1^*\right)\dfrac{EI}{D}\varphi_i$	$l^{\circ 2}\dfrac{EI}{D}\varphi_i$	$b_1^\circ b_1^* \dfrac{EI}{D}\varphi_i$	$l^\circ l^* \dfrac{EI}{D}\varphi_i$
φ_k	$b_1^\circ b_1^* \dfrac{EI}{D}\varphi_k$	$l^\circ l^* \dfrac{EI}{D}\varphi_k$	$b_1^*\left(l\,b_0^\circ - b_1^\circ\right)\dfrac{EI}{D}\varphi_k$	$l^{*2}\dfrac{EI}{D}\varphi_k$
w_i w_k $\psi = (w_i + w_k)/l$	$l\,b_1^\circ b_0^* \dfrac{EI}{D}\psi$	$l\,l^\circ \dfrac{EI}{D}\psi$	$l\,b_1^* b_0^\circ \dfrac{EI}{D}\psi$	$l\,l^* \dfrac{EI}{D}\psi$
Vorverf. ψ^0	0	0	0	0
q Vorverf. w^0 $\bar{q} = q - N^{II} 8w^0/l^2$	$-\left[\left(\dfrac{l^\circ}{2}b_3^\circ - b_4^\circ\right)\left(l\,b_0^* - b_1^*\right) \right.$ $\left. + b_1^\circ\left(\dfrac{1}{2}c^* - \dfrac{l^*}{2}b_3^* + b_4^*\right)\right]\dfrac{\bar{q}}{D}$	$-\left(\dfrac{l^{\circ 4}-l^{*4}}{24}\right.$ $\left. +\dfrac{l\,l^{*3}}{6}\right)l^\circ \dfrac{q}{D}$	$\left[\left(\dfrac{l^*}{2}b_3^* - b_4^*\right)\left(l\,b_0^\circ - b_1^\circ\right)\right.$ $\left. + b_1^*\left(\dfrac{1}{2}c^\circ - \dfrac{l^\circ}{2}b_3^\circ + b_4^\circ\right)\right]\dfrac{\bar{q}}{D}$	$\left(\dfrac{l^{*4}-l^{\circ 4}}{24}\right.$ $\left. +\dfrac{l\,l^{\circ 3}}{6}\right)l^* \dfrac{q}{D}$
P	$-b_1^\circ c^* \dfrac{1}{D}P$	$-\dfrac{l^\circ l^{*3}}{3}\dfrac{1}{D}P$	$b_1^* c^\circ \dfrac{1}{D}P$	$\dfrac{l^* l^{\circ 3}}{3}\dfrac{1}{D}P$
M_f	$\left(l\,b_2^* - b_3^\circ - b_3^*\right)\dfrac{1}{D}M_f$	$\left(\dfrac{l\,l^{*2}}{D}-1\right)\dfrac{M_f}{2}$	$-\left(l\,b_2^\circ - b_3^\circ - b_3^*\right)\dfrac{1}{D}M_f$	$-\left(\dfrac{l\,l^{\circ 2}}{D}-1\right)\dfrac{M_f}{2}$

$$M_i \stackrel{\curvearrowleft}{} \boxed{\overset{\circ}{\underset{i \quad f \quad k}{\vdash\!\!-\!\!\circ\!\!-\!\!-\!\!\triangleleft}}}$$

	$M_i =$		
φ_i	$N^{II} l\,b_1^\circ \dfrac{1}{D}\varphi_i$	0	
w_i w_k $\psi = (w_i + w_k)/l$	$-N^{II} l\,b_1^\circ \dfrac{1}{D}\psi$	0	
Vorverf. ψ^0	0	0	
q Vorverf. w^0 $\bar{q} = q - N^{II}8w^0/l^2$	$-\left(\dfrac{l}{2}b_1^\circ - b_2^\circ\right)\dfrac{1}{D}\bar{q}l$	$-\dfrac{l^\circ}{2}ql$	Vorwert: $D = l\,b_0^\circ - b_1^\circ$
P	$-l^* b_1^\circ \dfrac{1}{D}P$	$-l^\circ P$	
M_f	$\dfrac{l}{D}M_f$	$\dfrac{l}{l^*}M_f$	
M_k	$b_1^\circ \dfrac{1}{D}M_k$	$\dfrac{l^\circ}{l^*}M_k$	

Die Funktionen b_j° werden mit $N^{II} = -V$, $K = N^{II}/EI = -0{,}015 \text{ m}^{-2}$ und $x = l^\circ = 4$ m nach (6.19) oder (6.24) bestimmt:

$b_0^\circ = 0{,}8824$, $b_1^\circ = 3{,}842$ m, $b_2^\circ = 7{,}841 \text{ m}^2$, $b_3^\circ = 10{,}54 \text{ m}^3$, $b_4^\circ = 10{,}58 \text{ m}^4$

Tafel 6.7: $D = 4{,}982$ m

$$\bar{q} = q - N^{II} 8\frac{w^0}{l^2} = 15 + 3{,}84 = 18{,}84 \text{ kN/m}$$

$$M_a = \left[-\left(\frac{l}{2}b_1^\circ - b_2^\circ \right)\bar{q}l + b_1^\circ M_b \right]\frac{1}{D} = -568{,}7 \text{ kNm}$$

mit $M_b = -Ve = -180 \text{ kNm}$

Tafel 6.1: $R_a = -\frac{1}{l}\left(M_a + M_b \right) + \frac{1}{2}ql = 149{,}9 \text{ kN} = A_h \quad \left(M_k = -M_b \right)$

$\qquad R_b = R_a - ql = -0{,}13 \text{ kN} \quad \rightarrow \quad B = -R_b = 0{,}13 \text{ kN}$

(6.42), 4. Zeile: $R_f = R_a - ql^\circ = 89{,}9 \text{ kN}$

(6.42), 1. Zeile: $w_f = \left(-b_2^\circ M_a - b_3^\circ R_a + b_4^\circ \bar{q} + b_3^\circ N^{II} 4\frac{w^0}{l} \right)\frac{1}{EI} = 0{,}0360 \text{ m}$

oder nach (6.40), 1. Zeile mit $Q_a = R_a - N^{II} 4\frac{w^0}{l} = 169{,}1 \text{ kN}$

Verzweigungsfall: D wird null für $V_{Ki} = 7\,994 \text{ kN}$.

Die Knicklast des Abschnittes $f\,b$ beträgt $V_{Ki} = \left(\pi/l^* \right)^2 EI = 21\,932 \text{ kN}$, sie ist größer und deshalb nicht maßgebend.

Zum Vergleich: ohne Gelenk in f wäre $V_{Ki} = \left(\dfrac{\pi}{0{,}699\,l} \right)^2 EI = 16\,160 \text{ kN}$, siehe Abb. 4.9.

7 Gleichgewichtsbedingungen für Stabsysteme

7.1 Allgemeines

Das Gleichgewicht der Stäbe wird durch die Übertragungsbeziehungen bereits vollständig beschrieben. Werden bei Stabsystemen zusätzlich für jeden Knoten 2 *Kräftegleichgewichtsbedingungen* und bei biegesteifen Stabverbindungen 1 *Momentengleichgewichtsbedingung* formuliert, so ist das Gleichgewicht insgesamt hinreichend beschrieben.

Während beim *allgemeinen Verschiebungsgrößenverfahren* die Gleichgewichtsbedingungen in der genannten Form angewendet werden, benötigt das *Drehwinkelverfahren* im Fall verschieblicher Systeme sogenannte *Systemgleichgewichtsbedingungen*, die stets mit dem Prinzip der virtuellen Verrückungen formuliert werden. Diese Beziehungen enthalten als unbekannte Schnittgrößen nur Stabendmomente, also keine Schnittkräfte. Inhaltlich stellen sie eine ganz bestimmte Linearkombination der Kräftegleichgewichtsbedingungen der Knoten dar (was jedoch nicht unmittelbar erkennbar ist). Hinsichtlich der Kontrolle von Ergebnissen folgt daraus, daß die Systemgleichgewichtsbedingungen nicht überprüft werden müssen, wenn die Kräftegleichgewichtsbedingungen der Knoten bereits überprüft wurden.

7.2 Knotengleichgewicht

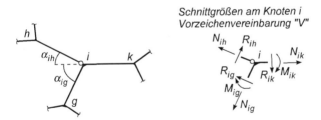

Schnittgrößen am Knoten i
Vorzeichenvereinbarung "V"

Abb. 7.1 Schnittgrößen am Knoten i

Das Kräftegleichgewicht für den Knoten i der Abb. 7.1 lautet

$$\sum H = -N_{ig}\cos\alpha_{ig} - R_{ig}\sin\alpha_{ig} - N_{ih}\cos\alpha_{ih} + R_{ih}\sin\alpha_{ih} + N_{ik} = 0 \qquad (7.1)$$

$$\sum V = N_{ig}\sin\alpha_{ig} - R_{ig}\cos\alpha_{ig} - N_{ih}\sin\alpha_{ih} - R_{ih}\cos\alpha_{ih} + R_{ik} = 0 \qquad (7.2)$$

Mit der Vorzeichenvereinbarung "V" lautet das Momentengleichgewicht

$$\sum M = M_{ig} + M_{ik} = 0 \tag{7.3}$$

Ist am Knoten eine eingeprägte Kraft oder ein eingeprägtes Moment vorhanden, so sind die Gleichgewichtsbedingungen entsprechend zu erweitern.

7.3 Systemgleichgewicht

Diese Gleichgewichtsbedingung existiert nur bei *verschieblichen Systemen*. Solche Systeme liegen vor, wenn das zugehörige *Gelenksystem* (bei dem Gelenke an allen Knoten und Auflagereinspannungen eingeführt werden) mindestens 1 kinematischen Freiheitsgrad aufweist.

Dabei ist die Zahl der kinematischen Freiheitsgrade gleich der Zahl der linear unabhängigen Systemgleichgewichtsbedingungen. Die Formulierung wird stets mit dem Prinzip der virtuellen Verrückungen durchgeführt, wobei als virtuelle Verrückungen alle möglichen Verschiebungen des Gelenksystems zulässig sind. Da der Einzelstab eine Starrkörperbewegung ausführt, dürfen Streckenlasten durch statisch gleichwertige Knotenkräfte ersetzt werden. Berücksichtigt man die *Vorverformungen* gemäß Abb. 4.2 durch die Ersatzbelastung, so wird deutlich, daß w^0 keinen Einfluß auf das Systemgleichgewicht hat, da die Ersatzbelastung eine Gleichgewichtsgruppe darstellt. Dagegen leistet das aus ψ^0 hervorgehende Kräftepaar virtuelle Arbeit.

Der Einfluß der Theorie II. Ordnung wird in gleicher Weise wie ψ^0 erfaßt, so daß, wie Abb. 7.2 zeigt, für jeden Stab s ein Paar von Kräften der Größe $N_s^{II}(\psi_s + \psi_s^0)$ als fiktive Lasten anzusetzen ist. Damit kann das Prinzip der virtuellen Verrückungen wie für Theorie I. Ordnung angeschrieben werden.

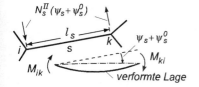

M_{ik}, M_{ki} nach Vorzeichenvereinbarung "V"

Abb. 7.2 Fiktives Kräftepaar zur Berücksichtigung von Vorverformung und Theorie II. Ordnung

Beispiel 1: 1 kinematischer Freiheitsgrad

virtuelle Verschiebung

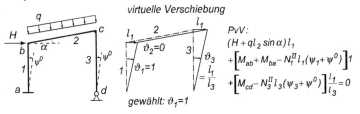

PvV:

$$(H + ql_2 \sin \alpha) l_1$$
$$+ \left[M_{ab} + M_{ba} - N_1^{II} l_1 (\psi_1 + \psi^0) \right] 1$$
$$+ \left[M_{cd} - N_3^{II} l_3 (\psi_3 + \psi^0) \right] \frac{l_1}{l_3} = 0$$

Beispiel 2: 2 kinematische Freiheitsgrade

virtuelle Verschiebungen

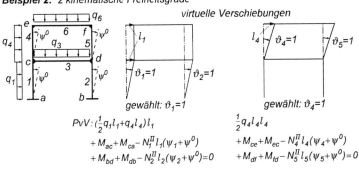

gewählt: $\vartheta_1 = 1$

$$PvV : (\tfrac{1}{2} q_1 l_1 + q_4 l_4) l_1$$
$$+ M_{ac} + M_{ca} - N_1^{II} l_1 (\psi_1 + \psi^0)$$
$$+ M_{bd} + M_{db} - N_2^{II} l_2 (\psi_2 + \psi^0) = 0$$

gewählt: $\vartheta_4 = 1$

$$\tfrac{1}{2} q_4 l_4 l_4$$
$$+ M_{ce} + M_{ec} - N_4^{II} l_4 (\psi_4 + \psi^0)$$
$$+ M_{df} + M_{fd} - N_5^{II} l_5 (\psi_5 + \psi^0) = 0$$

Beispiel 3: 2 kinematische Freiheitsgrade

virtuelle Verschiebungen

antimetrisch   symmetrisch

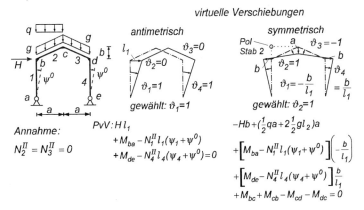

Annahme:
$$N_2^{II} = N_3^{II} = 0$$

PvV: $H l_1$
$$+ M_{ba} - N_1^{II} l_1 (\psi_1 + \psi^0)$$
$$+ M_{de} - N_4^{II} l_4 (\psi_4 + \psi^0) = 0$$

$$-Hb + (\tfrac{1}{2} qa + 2\tfrac{1}{2} gl_2) a$$
$$+ \left[M_{ba} - N_1^{II} l_1 (\psi_1 + \psi^0) \right] \left(-\frac{b}{l_1} \right)$$
$$+ \left[M_{de} - N_4^{II} l_4 (\psi_4 + \psi^0) \right] \frac{b}{l_1}$$
$$+ M_{bc} + M_{cb} - M_{cd} - M_{dc} = 0$$

Abb. 7.3 Systemgleichgewichtsbedingungen für 3 Beispiele
Stabendmomente nach Vorzeichenvereinbarung "V"

165

Für die virtuellen Verschiebungen wird vereinbart, daß alle biegesteifen Knoten den Drehwinkel null haben. Dann leisten die auf die Knoten wirkenden Stabendmomente keine Arbeit, während die auf den Stab s wirkenden Endmomente die virtuelle Arbeit $(M_{ik} + M_{ki})\,\vartheta_s$ leisten, wobei die Vorzeichenvereinbarung "V" gilt (Abb. 7.2) und ϑ_s der im Uhrzeigersinn positiv definierte virtuelle Stabdrehwinkel ist.

Das Prinzip der virtuellen Verrückung lautet nun

$$A^L + \sum_s \underbrace{\left[M_{ik} + M_{ki} - N_s^{II} l_s \left(\psi_s + \psi_s^0 \right) \right]}_{\substack{\text{Einfluß der Theorie II. Ordnung} \\ \text{und der Vorverformung}}} \vartheta_s = 0 \qquad (7.4)$$

Darin ist A^L die virtuelle Arbeit der Lasten.

Abb. 7.3 zeigt für 3 Beispiele die Ermittlung der Systemgleichgewichtsbedingungen mit Hilfe des Prinzips der virtuellen Verrückung. Beispiel 1 hat eine Systemgleichgewichtsbedingung, Beispiel 2 zwei entkoppelte und Beispiel 3 zwei gekoppelte Systemgleichgewichtsbedingungen.

8 Verschiebungsgrößenermittlung, Verträglichkeitskontrollen

8.1 Allgemeines

Bei den hier behandelten Beziehungen werden *nur* M-Verformungen berücksichtigt. N-Verformungen, eingeprägte Längsdehnungen und Lagerverschiebungen sowie andere Einflüsse für Verschiebungsgrößen lassen sich wie in Abschnitt 2.3.4 angegeben erfassen. Darüber hinaus seien die zu bestimmenden Verschiebungsgrößen auf Knotenpunkte und Stabenden beschränkt.

Unter den genannten Annahmen ist es möglich, alle gesuchten Verschiebungsgrößen ausschließlich unter Verwendung der *Winkelgewichte*, die nach Tafel 6.2 bestimmt werden können, zu berechnen. Das gleiche gilt für Verträglichkeitskontrollen von statisch unbestimmten Systemen. Die beiden Winkelgewichte an den Endpunkten des Stabes $i\,k$ als Teil eines Systems müssen nun mit 2 Indizes versehen werden und lauten demnach ϕ_{ik} und ϕ_{ki}.

Für die wichtigsten Einwirkungen $q = konst.$, P, beliebige Endmomente M_{ik}, M_{ki} und die Vorverformung w^0 (ψ^0 ohne Einfluß) lauten die Formeln gemäß Tafel 6.2 (Vorzeichenvereinbarung "K")

$$\phi_{ik} = \frac{1}{b_1 EI}\left[\left(b_2 - \frac{b_3}{l}\right)M_{ik} + \frac{b_3}{l}M_{ki} + \left(\frac{l}{2}b_3 - b_4\right)\overline{q} + \left(\frac{l^*}{l}b_3 - b_3^*\right)P\right] \tag{8.1}$$

$$\phi_{ki} = \frac{1}{b_1 EI}\left[\frac{b_3}{l}M_{ik} + \left(b_2 - \frac{b_3}{l}\right)M_{ki} + \left(\frac{l}{2}b_3 - b_4\right)\overline{q} + \left(b_2 b_1^* - b_1 b_2^* - \frac{l^*}{l}b_3 + b_3^*\right)P\right] \tag{8.2}$$

$$\text{mit } \overline{q} = q - N^{II} 8w^0/l^2 \tag{8.3}$$

Die Anwendung der nachfolgend beschriebenen Verfahren setzt voraus, daß die Stabendmomente bereits ermittelt sind.

8.2 Prinzip der virtuellen Kräfte

Für eine Verschiebungsgröße v lautet das Prinzip zunächst

$$v = \sum_s \int_0^l \overline{M}\,\kappa\,dx \tag{8.4}$$

mit $\sum_s$ Summe über alle Stäbe s des Systems

$\overline{M} = \overline{M}(x)$ virtuelles Moment aus der v zugeordneten Lastgröße 1,

$\overline{M}$ nach *Theorie I. Ordnung*

$$\kappa = \kappa(x) = \frac{M(x)}{EI} + \kappa^e \text{ wirkliche Verkrümmung (vgl. (6.4), } \kappa = -\varphi')$$

Wegen der vorliegenden Theorie *kleiner Verschiebungen* ist die Beziehung zwischen κ und v linear. Daraus folgt, daß die *virtuellen Momente* $\overline{M}$ grundsätzlich nach *Theorie I. Ordnung* zu bestimmen sind. Die wirklichen, nach Theorie II. Ordnung berechneten Momente M lassen sich nun nicht mehr durch Polynome beschreiben, so daß die bei Theorie I. Ordnung verfügbaren Integraltafeln keine Gültigkeit mehr besitzen.

Unter den erwähnten Annahmen ist $\overline{M}(x)$ im Bereich eines Stabes stets linear, so daß geschrieben werden kann

$$\overline{M} = \overline{M}_{ik}\left(1 - \frac{x}{l}\right) + \overline{M}_{ki}\frac{x}{l} \tag{8.5}$$

Für die *Winkelgewichte* als Querschnittsdrehwinkel relativ zur Sehne gilt

$$\phi_{ik} = \int_0^l \left(1 - \frac{x}{l}\right)\kappa\,dx, \qquad \phi_{ki} = \int_0^l \frac{x}{l}\kappa\,dx \tag{8.6}$$

Daraus folgt, daß (8.4) in folgender für die praktische Anwendung maßgebenden Form geschrieben werden kann:

$$\boxed{v = \sum_s \left(\overline{M}_{ik}\,\phi_{ik} + \overline{M}_{ki}\,\phi_{ki}\right)} \tag{8.7}$$

Diese gilt selbstverständlich auch für Theorie I. Ordnung. Wie bereits erwähnt, können die Winkelgewichte ϕ_{ik} und ϕ_{ki} nach Tafel 6.2 oder gegebenenfalls nach (8.1) und (8.2) bestimmt werden. Für die wirklichen und virtuellen Momente gilt die Vorzeichenvereinbarung "K" (Faserdefinition).

Das Prinzip der virtuellen Kräfte in der Form (8.7) hat neben der allgemeinen Anwendbarkeit auch den Vorteil, daß für verschiedene Verschiebungsgrößen (desselben Lastfalls) die Winkelgewichte ϕ_{ik} und ϕ_{ki} nur einmal zu berechnen sind.

Reduktionssatz

Der Reduktionssatz, wonach bei *statisch unbestimmten Systemen* $\overline{M}$ an einem beliebigen *statisch bestimmten Grundsystem* oder *Teilsystem* ermittelt werden darf, gilt unverändert auch bei Theorie II. Ordnung.

Beispiel:

System und Belastung   virtuelle Momente $\overline{M}$ für $\delta_{c,v}$ am
statisch bestimmten System (Gelenk in c)

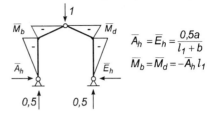

$$\overline{A}_h = \overline{E}_h = \frac{0,5a}{l_1 + b}$$

$$\overline{M}_b = \overline{M}_d = -\overline{A}_h\, l_1$$

Vorzeichenvereinbarung " K "

PvK: $\delta_{c,v} = \overline{M}_b(\phi_{ba} + \phi_{bc}) + \overline{M}_d(\phi_{dc} + \phi_{de})$

mit $\phi_{ba} = \dfrac{1}{b_1 E I_1}(b_2 - \dfrac{b_3}{l_1})M_b$ b_j für Stab 1

$\phi_{bc} = \dfrac{1}{b_1 E I_2}\left[(b_2 - \dfrac{b_3}{l_2})M_b + \dfrac{b_3}{l_2}M_c + (\dfrac{l_2}{2}b_3 - b_4)q_2\right]$ b_j für Stab 2

$\phi_{dc} = \dfrac{1}{b_1 E I_3}\left[\dfrac{b_3}{l_3}M_c + (b_2 - \dfrac{b_3}{l_3})M_d + (\dfrac{l_3}{2}b_3 - b_4)q_3\right]$ b_j für Stab 3

$\phi_{de} = \dfrac{1}{b_1 E I_4}(b_2 - \dfrac{b_3}{l_4})M_d$ b_j für Stab 4

$q_2 = q\,\cos^2\alpha + g\,\cos\alpha, \quad q_3 = g\,\cos\alpha$

Abb. 8.1 Beispiel für Anwendung des Prinzips der virtuellen Kräfte und
des Reduktionssatzes für Vertikalverschiebung $\delta_{c,v}$

Abb. 8.1 zeigt das bereits in Abb. 7.3 dargestellte Beispiel des einfach statisch unbestimmten Zweigelenkrahmens. Die Stabendmomente M_b, M_c
und M_d müssen bereits berechnet sein (nach Theorie I. oder II. Ordnung).
Gesucht sei die Vertikalverschiebung $\delta_{c,v}$. Nach dem Reduktionssatz wird
für den virtuellen Lastfall in c ein Gelenk eingeführt und damit ein statisch
bestimmtes System erhalten. Die virtuellen Momente $\overline{M}_b$ und $\overline{M}_d$ sind
dann statisch bestimmt und (wie bereits erwähnt) nach Theorie I. Ordnung
zu berechnen.

Sind weitere Verschiebungsgrößen zu bestimmen, so ändern sich nur
$\overline{M}_b$ und $\overline{M}_d$. Für die Horizontalverschiebungskomponente $\delta_{c,h}$ (nach
rechts positiv) würde man beispielsweise $\overline{M}_c = 0,5\,l_1$ und $\overline{M}_d = -0,5\,l_1$ erhalten.

8.3 Mohrsche Analogie

Die Mohrsche Analogie (in der hier dargestellten Form) erlaubt für gerade oder abgeknickte Stabzüge die Bestimmung der horizontalen oder vertikalen Verschiebungskomponenten der Knotenpunkte, wenn der zugehörige Mohrsche Ersatzträger nicht statisch unbestimmt ist. Dieser Ersatzträger ist stets *geradlinig*. Er ist horizontal anzuordnen, wenn die vertikalen, bzw. vertikal anzuordnen, wenn die horizontalen Verschiebungskomponenten gesucht sind. In beiden Fällen wird der Ersatzträger mit den Winkelgewichten in voller Größe (keine Komponentenbildung) belastet. Für die aus dieser ideellen Belastung hervorgehenden ideellen Schnittgrößen lautet die Analogie

Verschiebungskomponente	δ = ideelles Moment M^*
Querschnittsdrehwinkel	φ = ideelle Querkraft Q^*
Gelenk: Relativdrehwinkel	$\Delta\varphi$ = ideelle Auflagerkraft

Ist die Mohrsche Analogie anwendbar, so ergibt sich für ein statisch bestimmtes System stets ein statisch bestimmter Ersatzträger und für ein statisch unbestimmtes System ein statisch bestimmter oder ein kinematischer Ersatzträger. Im letzteren Fall müssen die Winkelgewichte als ideelle Belastung des Ersatzträgers bestimmte Gleichgewichtsbedingungen erfüllen, die für das wirkliche System Verträglichkeitskontrollen darstellen.

Die Lagerungsbedingungen des Ersatzträgers, die aus den Analogiebeziehungen folgen, ergeben sich aus folgendem Schema:

wirklicher Träger	Ersatzträger
Ersatzträger	wirklicher Träger
$\triangle$———⟨	$\triangle$———⟨
————⟨	⊢———⟨
⟨——o——⟨	⟨——$\triangle$——⟨
⟨——$\underset{\triangle}{\otimes}$——⟨	⟨——$\underset{\triangle}{\otimes}$——⟨

Abb. 8.2 zeigt 4 verschiedene Beispiele für die Anwendung der Mohrschen Analogie. In den Beispielen 1 und 3 liegt ein statisch bestimmter Ersatzträger vor, in Beispiel 2 ein kinematischer Ersatzträger, der eine Verträglichkeitskontrolle erlaubt, und in Beispiel 4 ein statisch unbestimmter Ersatzträger, der die Anwendung der Mohrschen Analogie ausschließt.

Beispiel 1

System
stat. best.

Ersatzträger
stat. best.

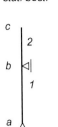

$M_c^* = -(\phi_{ba} + \phi_{bc})l_2 \quad = \delta_c$

$Q_a^* = A^* = \phi_{ab} \quad\quad\quad = \varphi_a$

$Q_b^* = A^* - \phi_{ab} - \phi_{ba} = -\phi_{ba} = \varphi_b$

$Q_c^* = -C^* = Q_b^* - \phi_{bc} - \phi_{cb} = \varphi_c$

Beispiel 2

System
stat. unbest.

Ersatzträger
kinematisch

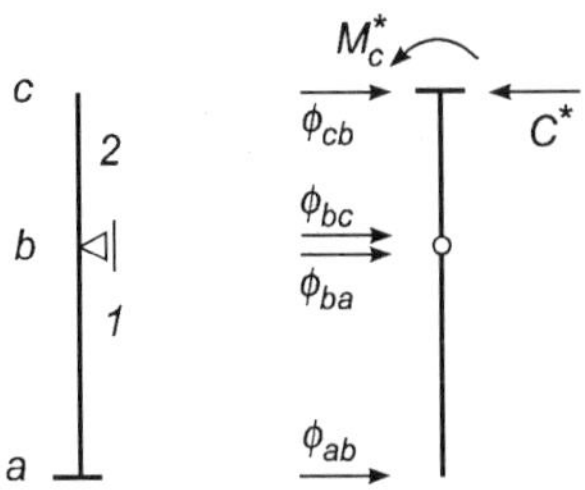

$Q_a^* = \phi_{ab} = \varphi_a = 0 \quad$ Verträglichkeitskontr.

$M_c^* = \delta_c$

$Q_b^* = \varphi_b$ $\Big\}$ Berechnung s. Beispiel 1

$Q_c^* = \varphi_c$

Beispiel 3

System, statisch unbestimmt

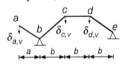

Ersatzträger, statisch best.

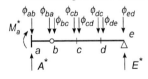

$Q_b^* = \phi_{bc} + \frac{2}{3}(\phi_{cb} + \phi_{cd}) + \frac{1}{3}(\phi_{dc} + \phi_{de}) = \varphi_b$

$Q_a^* = A^* = Q_b^* + \phi_{ab} + \phi_{ba} \quad\quad = \varphi_a$

$Q_c^* = Q_b^* - \phi_{bc} - \phi_{cb} \quad\quad = \varphi_c$

$Q_d^* = Q_c^* - \phi_{cd} - \phi_{dc} \quad\quad = \varphi_d$

$Q_e^* = -E^* = Q_d^* - \phi_{de} - \phi_{ed} \quad = \varphi_e$

$M_a^* = -(Q_b^* + \phi_{ba})a \quad\quad = \delta_{a,v}$

$M_c^* = (Q_b^* - \phi_{bc})a \quad\quad = \delta_{c,v}$

$M_d^* = (Q_c^* - \phi_{cd})a = (E^* - \phi_{ed})a = \delta_{d,v}$

Beispiel 4

System, statisch bestimmt

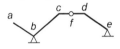

Ersatzträger, statisch unbest.

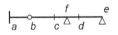

Mohrsche Analogie
nicht anwendbar !

Abb. 8.2 4 Beispiele zur
Mohrschen Analogie

Bei der Berechnung von $Q^*(=\varphi)$ an Zwischenpunkten des Ersatzträgers ist zu beachten, daß Q^* an der Schnittstelle *zwischen* den beiden dort vorhandenen Winkelgewichten zu berechnen ist. Ist nur $M^*(=\delta)$ zu bestimmen, so kann jeweils die Summe der beiden an einem Punkt vorhandenen Winkelgewichte der Rechnung zugrunde gelegt werden.

8.4 Mohrsches Verfahren für rahmenartige Systeme

Betrachtet werden abgeknickte Stabzüge, die auch ein beliebiges *Teilsystem* darstellen können, die aber kein Gelenk an einem Zwischenknoten aufweisen dürfen. Die Winkelgewichte sind nun als *normal zur Systemebene* wirkend anzunehmen.

1. Fall: Stabzug ausgehend von einem Gelenk

Die Längenänderung der Sehne vom Gelenk zum betrachteten Knotenpunkt ist gleich dem statischen Moment der Winkelgewichte bezüglich dieser Sehne. Dieses statische Moment ist positiv anzusetzen, wenn Definitionsfaser und Sehne auf derselben Seite des Stabzuges liegen. Abb. 8.3 zeigt die Anwendung für einen Stabzug aus 4 Stäben.

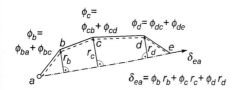

Abb. 8.3 Längenänderung der Sehne eines Stabzuges

In Abb. 8.4 ist für das Beispiel eines Dreigelenkrahmens die Bestimmung der Verschiebung des Gelenkpunktes c angegeben. Diese resultiert aus der Längenänderung der betrachteten Sehne und einer (unbekannten) Verdrehung normal zur Sehne.

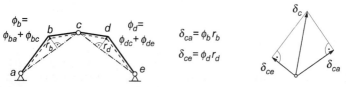

Abb. 8.4 Bestimmung der Gelenkverschiebung eines Dreigelenkrahmens

2. Fall: Stabzug ausgehend von einer starren Einspannung

Für einen Knoten des betrachteten Stabzuges lassen sich der Querschnittsdrehwinkel als Summe der Winkelgewichte und die Verschiebungskomponenten als statische Momente der Winkelgewichte bestimmen. Die einzelnen Formeln gehen aus Abb. 8.5 hervor.

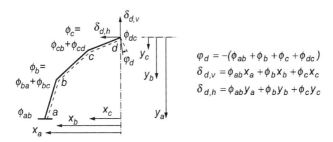

$$\varphi_d = -(\phi_{ab} + \phi_b + \phi_c + \phi_{dc})$$
$$\delta_{d,v} = \phi_{ab}x_a + \phi_b x_b + \phi_c x_c$$
$$\delta_{d,h} = \phi_{ab}y_a + \phi_b y_b + \phi_c y_c$$

Abb. 8.5 Verschiebungsgrößen eines Knotens eines starr eingespannten Stabzuges

Abb. 8.6 zeigt schließlich für ein einfaches Beispiel die Berechnung von Vertikalverschiebungskomponenten. Für den Stabzug *a b c d* ist die unterschiedliche Lage der Definitionsfaser zu beachten.

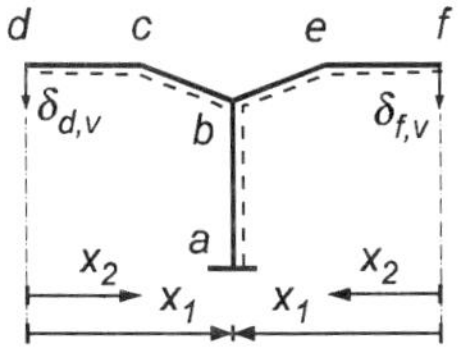

$$\delta_{d,v} = (\phi_{ab} + \phi_{ba} - \phi_{bc})x_1 - (\phi_{cb} + \phi_{cd})x_2$$
$$\delta_{f,v} = -(\phi_{ab} + \phi_{ba} + \phi_{be})x_1 - (\phi_{eb} + \phi_{ef})x_2$$

Abb. 8.6 Bestimmung der Vertikalverschiebungen eines eingespannten Rahmens

8.5 Mohrsche Kontrollen für statisch unbestimmte Systeme

Die Mohrschen Kontrollen ergeben sich aus den Formeln des vorigen Abschnittes. Sie beinhalten Verträglichkeitskontrollen. Dabei ist die Anzahl der (linear unabhängigen) Kontrollen höchstens gleich dem Grad der statischen Unbestimmtheit. Abb. 8.7 zeigt einige einfache und grundlegende

173

Fälle. Jeder der dargestellten Fälle kann auch ein beliebiges Teilsystem eines Tragwerks sein.

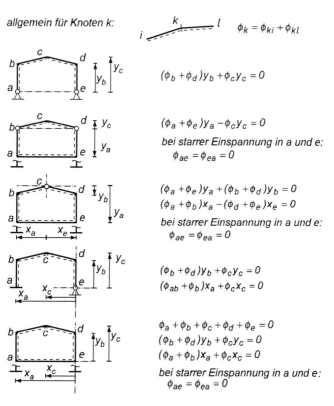

allgemein für Knoten k: $\quad \phi_k = \phi_{ki} + \phi_{kl}$

$(\phi_b + \phi_d)y_b + \phi_c y_c = 0$

$(\phi_a + \phi_e)y_a - \phi_c y_c = 0$

bei starrer Einspannung in a und e:
$\quad \phi_{ae} = \phi_{ea} = 0$

$(\phi_a + \phi_e)y_a + (\phi_b + \phi_d)y_b = 0$
$(\phi_a + \phi_b)x_a - (\phi_d + \phi_e)x_e = 0$

bei starrer Einspannung in a und e:
$\quad \phi_{ae} = \phi_{ea} = 0$

$(\phi_b + \phi_d)y_b + \phi_c y_c = 0$
$(\phi_{ab} + \phi_b)x_a + \phi_c x_c = 0$

$\phi_a + \phi_b + \phi_c + \phi_d + \phi_e = 0$
$(\phi_b + \phi_d)y_b + \phi_c y_c = 0$
$(\phi_a + \phi_b)x_a + \phi_c x_c = 0$

bei starrer Einspannung in a und e:
$\quad \phi_{ae} = \phi_{ea} = 0$

Abb. 8.7 Mohrsche Kontrollen für statisch unbestimmte Systeme oder Teilsysteme

174

9 Dreimomentengleichung für Stabzüge mit unverschieblichen Knoten

9.1 Allgemeines

Die Dreimomentengleichung stellt einen Sonderfall des Kraftgrößenverfahrens dar, bei dem die *Knotenmomente* als statisch Unbestimmte gewählt werden. Da es sich hier stets um *unverschiebliche* Systeme handelt, Systeme also, bei denen keine unbekannten Stabdrehwinkel vorliegen, ist eine *einheitliche Formulierung* für Theorie I. und II. Ordnung möglich. Für verschiebliche Systeme ist dies wegen des Zusatzterms, wie er z.B. in (7.4) auftritt, allgemein nicht der Fall.

N-Verformungen werden grundsätzlich *vernachlässigt*, was im allgemeinen Voraussetzung für das Vorliegen eines unverschieblichen Systems ist.

Sind die Längskräfte N^{II} nicht statisch bestimmt, müssen sie – auf der sicheren Seite liegend $(N^{II} \leq N)$ – mit vereinfachten Gleichgewichtsbedingungen abgeschätzt werden.

9.2 Dreimomentengleichung, Grundform

Diese Dreimomentengleichung ist anwendbar für

- Durchlaufträger,

- Durchlaufstützen,

- abgeknickte Stabzüge, das heißt Rahmen, die aus einem Stabzug bestehen,

wobei alle Knoten unverschieblich sein müssen, *bekannte* Knotenverschiebungen jedoch zulässig sind. Abb. 9.1 zeigt hierzu 3 Beispiele.

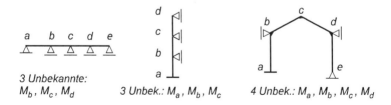

Abb. 9.1 Beispiele für die Anwendbarkeit der Dreimomentengleichung

Bei allen Knoten und Auflagereinspannungen werden *Drehfedern* vorgesehen, mit denen „nachgiebige" Knoten (z.B. HV-Kopfplattenstoß) oder „nachgiebige" Verbindungen mit der Erdscheibe modelliert werden können (Abb. 9.2).

Die Dreimomentengleichung erhält man dadurch, daß für den allgemeinen Knoten k des Stabzuges $i\,k\,l$ gemäß Abb. 9.2 die Verträglichkeitsbedingung für die Querschnittsdrehwinkel

$$-\varphi_{ki} + \frac{1}{\hat{c}_k} M_k + \varphi_{kl} = 0 \tag{9.1}$$

angeschrieben wird und daß φ_{ki} und φ_{kl} mit Hilfe der Tafel 6.2 durch die unbekannten Momente und die (bekannten) Einwirkungen ausgedrückt werden.

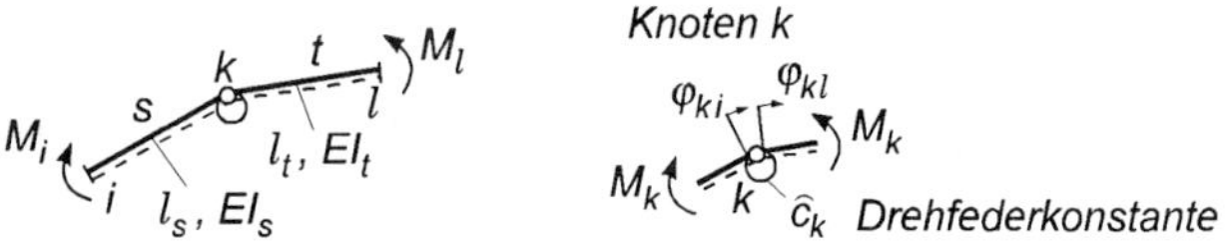

Abb. 9.2 Stabzug $i\,k\,l$, Knoten k mit Drehfeder

Eine starre Verbindung im Knoten k kann mit $1/\hat{c}_k = 0$ leicht berücksichtigt werden. Bei einer gelenkigen Verbindung mit $\hat{c}_k = 0$ ist die Verträglichkeitsbedingung (9.1) nicht mehr gültig, die Unbekannte M_k entfällt, und die Momente der Stabzüge links und rechts des Knotens k sind entkoppelt.

Für die Querschnittsdrehwinkel φ_{ki} (*rechtes* Ende des Stabes $i\,k$) und φ_{kl} (*linkes* Ende des Stabes $k\,l$) erhält man aus Tafel 6.2

$$\varphi_{ki} = -\phi_{ki} + \psi_s^e = -(\beta_s M_i + \alpha_s M_k + \phi_{ki}^0) + \psi_s^e \tag{9.2}$$

$$\text{mit } \beta_s = \frac{b_3/l_s}{b_1 EI_s}, \quad \alpha_s = \frac{b_2 - b_3/l_s}{b_1 EI_s}, \quad b_j \text{ für Stab } s \tag{9.3}$$

$$\textit{Theorie I. Ordnung:} \ \beta_s = \frac{1}{6} \frac{l_s}{EI_s}, \quad \alpha_s = \frac{1}{3} \frac{l_s}{EI_s} \tag{9.3a}$$

$$\varphi_{kl} = \phi_{kl} + \psi_t^e = (\alpha_t M_k + \beta_t M_l + \phi_{kl}^0) + \psi_t^e \tag{9.4}$$

mit β_t und α_t nach (9.3), jedoch für Stab t

ϕ_{ki}^0 und ϕ_{kl}^0 sind die bekannten Anteile der Winkelgewichte, die nach Tafel 6.2 ab der Zeile mit $\overline{q}$ bestimmt werden können.

Für die Endpunkte i und k des Stabes s lauten diese Anteile, wenn die Vorverformungen, $q_s = konst.$ und P_s berücksichtigt werden (vgl. auch (8.1) und (8.2))

$$\phi_{ik}^0 = \frac{1}{b_1 EI_s}\left[\left(\frac{l_s}{2}b_3 - b_4\right)\overline{q}_s + \left(\frac{l_s^*}{l_s}b_3 - b_3^*\right)P_s\right] \tag{9.5}$$

$$\phi_{ki}^0 = \frac{1}{b_1 EI_s}\left[\left(\frac{l_s}{2}b_3 - b_4\right)\overline{q}_s + \left(b_2 b_1^* - b_1 b_2^* - \frac{l_s^*}{l_s}b_3 + b_3^*\right)P_s\right] \tag{9.6}$$

$$b_j = b_j(l_s), \ b_j^* = b_j(l_s^*) \quad \text{für Stab } s$$

$$\text{mit } \overline{q}_s = q_s - N_s^{II}8\frac{w_s^0}{l_s^2} \tag{9.7}$$

Theorie I. Ordnung: $\displaystyle \phi_{ik}^0 = \frac{1}{EI_s}\left(\frac{l_s^3}{24}q_s + \frac{l_s^2 - l_s^{*2}}{6l_s}l_s^* P_s\right)$ \hfill (9.5a)

$$\phi_{ki}^0 = \frac{1}{EI_s}\left(\frac{l_s^3}{24}q_s + \frac{2l_s^2 - 3l_s l_s^* + l_s^{*2}}{6l_s}l_s^* P_s\right) \tag{9.6a}$$

Wenn die *Stabdrehwinkel* ψ_s^e und ψ_t^e auftreten, so sind diese als eingeprägte Größen vorhanden, das heißt bekannt. Sie können z.B. durch *Auflagerabsenkungen* oder – bei Rahmen – auch durch *Temperaturdehnungen* der Stäbe, das heißt durch Längenänderungen $\lambda^e = T\alpha_T l$, hervorgerufen werden.

Nach Einsetzen von (9.2) und (9.4) in (9.1) erhält man die Dreimomentengleichung in folgender Form:

Knoten k: $\boxed{\beta_s M_i + d_k M_k + \beta_t M_l = L_k}$ \hfill (9.8)

$$\text{mit } d_k = \alpha_s + \frac{1}{\overline{c}_k} + \alpha_t \tag{9.9}$$

$$L_k = -\phi_{ki}^0 - \phi_{kl}^0 + \psi_s^e - \psi_t^e \tag{9.10}$$

Die Dreimomentengleichung (9.8) ist für alle Knoten oder Einspannungen mit *statisch unbestimmtem* Moment zu formulieren. Ist der Stab s nicht vorhanden und besitzt der Stab t am Ende k eine starre oder elastische Auflagereinspannung, so gilt für (9.1) $\varphi_{ki} = 0$, damit entfallen in (9.8) alle auf den Stab $i\,k$ bezogenen Anteile. Diese Aussage gilt sinngemäß, wenn Stab t nicht vorhanden ist und Stab s in k eine starre oder elastische Auflagereinspannung hat $(\varphi_{kl} = 0)$.

Beispiel 1: Durchlaufstütze

Abb. 9.3 zeigt System, Vorverformungen und Belastung des Beispiels. Der Fußpunkt a ist elastisch eingespannt (Drehfederkonstante $\bar{c}_a$). Da Stab 3 keine Längskraft aufweist, ist in c das *statisch bestimmte* Moment $M_c = -q\,l_3^2/2$ vorhanden. Damit liegen die beiden *statisch unbestimmten* Momente M_a und M_b vor, und die Dreimomentengleichungen für a und b liefern folgendes Gleichungssystem:

$$\begin{bmatrix} d_a & \beta_1 \\ \beta_1 & d_b \end{bmatrix} \cdot \begin{bmatrix} M_a \\ M_b \end{bmatrix} = \begin{bmatrix} L_a \\ L_b \end{bmatrix}$$

mit $d_a = \alpha_1 + \dfrac{1}{\bar{c}_a}$, $\quad d_b = \alpha_1 + \alpha_2$, $\quad L_a = -\phi_{ab}^0$, $\quad L_b = -\phi_{ba}^0 - \phi_{bc}^0$

Für α_s, β_s gilt (9.3), für ϕ_{ik}^0, ϕ_{ki}^0 gilt (9.5) bzw. (9.6) mit $P_s = 0$; allerdings ist für ϕ_{bc}^0 zusätzlich der Term $\beta_2 M_c$ zu berücksichtigen, da dieser in (9.8) bekannt und deshalb auf die rechte Seite zu stellen ist. Die Formel lautet damit

$$\phi_{bc}^0 = \frac{1}{b_1 EI}\left(\frac{l_2}{2}b_3 - b_4\right)\bar{q}_2 + \beta_2 M_c, \qquad b_j \text{ für Stab 2}$$

Nach Auflösung des Gleichungssystems lassen sich mit bekannten Momenten M_a, M_b und M_c die Transversalkräfte R_{ik}, R_{ki}, die Querkräfte Q_{ik}, Q_{ki} und die Querschnittsdrehwinkel φ_{ik}, φ_{ki} nach Tafel 6.1 bzw. 6.2 berechnen. Danach können mit (9.1) die Verträglichkeitskontrollen und mit den Umrechnungsformeln (6.49) weitere Kontrollen durchgeführt werden. Alle Zahlenwerte sind in der Tabelle der Abb. 9.3 zusammengestellt. Diese enthält auch Ort und Größe von max$M$ gemäß Tafel 6.6, die Berechnung der horizontalen Auflagerkräfte aus den Transversalkräften sowie den Verzweigungslastfaktor η_{Ki} und die daraus hervorgehenden Knicklasten und Knicklängen. η_{Ki} ergibt sich aus der Bedingung $Det = d_a d_b - \beta_1^2 = 0$.

Lastfall Verschiebung von Lager b um $\delta_b^{\text{e}} = 0{,}03\,\text{m}$ nach rechts

Dieser Lastfall soll dem zuvor berechneten überlagert werden. Deshalb müssen dieselben Längskräfte N_s^{II} zugrunde gelegt werden, und die Matrix des Gleichungssystems bleibt unverändert.

Aus δ_b^{e} ergeben sich die eingeprägten Stabdrehwinkel

$$\psi_1^{\text{e}} = \frac{\delta_b^{\text{e}}}{l_1} = 0{,}005 \quad \text{und} \quad \psi_2^{\text{e}} = -\frac{\delta_b^{\text{e}}}{l_2} = -0{,}006$$

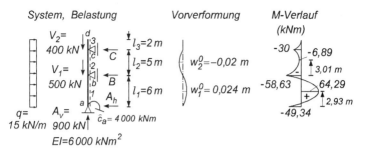

| System, Belastung | Vorverformung | M-Verlauf (kNm) |

$EI = 6\,000\ \text{kNm}^2$

Stab	1		2		3	
Knoten	a		b		c	
Stelle	a	$b\,a$	$b\,c$	$c\,b$	$c\,d$	d
l_s (m)	6		5		2	
EI_s (kNm^2)	6 000		6 000		6 000	
N_s^{II} (kN)	−900		−400		0	
K_s (m^{-2})	−0,15		−0,06667		0	
b_0	−0,6838		0,2762			
b_1 (m)	1,884		3,722			
b_2 (m^2)	11,23		10,86		−	
b_3 (m^3)	27,44		19,16			
b_4 (m^4)	45,16		24,64			
$10^3\alpha_s$ (kNm)$^{-1}$	0,5885		0,3145		−	
$10^3\beta_s$ (kNm)$^{-1}$	0,4046		0,1716		−	
w_s^0 (m)	0,024		−0,02		−	
$\overline{q}_s$ (kN/m)	19,80		12,44		15	
ϕ_{ik}^0	0,06509	0,06509	0,00782	−	−	−
$10^3 d_k$ (kNm)$^{-1}$	0,8385	0,9030		−	−	
L_k	−0,06509	−0,07290		−	−	
M_k (kNm)	−49,34	−58,63		−30		0
Q_{ik} (kN)	68,95	−70,51	32,58	−22,76	30	0
R_{ik} (kN)	43,45	−46,55	43,23	−31,77	30	0
φ_k	0,01233	−0,01062		0,00653		−
x_{M} (m)	2,93		3,01		−	
$\max M$ (kNm)	64,29		−6,89		−	

$A_{\mathrm{h}} = R_a = 43{,}45\,\text{kN},\quad B = R_{bc} - R_{ba} = 89{,}77\,\text{kN},\quad C = R_{cd} - R_{cb} = 61{,}77\,\text{kN}$

$\eta_{\mathrm{Ki}} = 3{,}422 \rightarrow N_{\mathrm{Ki},1} = -3\,080\,\text{kN},\ s_{\mathrm{K},1} = 4{,}38\,\text{m},\ N_{\mathrm{Ki},2} = -1\,369\,\text{kN},\ s_{\mathrm{K},2} = 6{,}58\,\text{m}$

Abb. 9.3 Beispiel 1 zur Dreimomentengleichung (Grundform)

und nach (9.10) die Lastglieder

$$L_a = -\psi_1^e = -0{,}005 \quad \text{und} \quad L_b = \psi_1^e - \psi_2^e = 0{,}011$$

Die Auflösung des Gleichungssystems liefert die Momente

$$M_a = -15{,}11 \text{ kNm} \quad \text{und} \quad M_b = 18{,}95 \text{ kNm}$$

Die Weiterrechnung erfolgt wie zuvor angegeben.

Beispiel 2: Unverschieblicher Rahmen

Der in Abb. 9.4 dargestellte unverschiebliche Rahmen hat die 3 unbekannten Momente M_b, M_c und M_d. Die Dreimomentengleichungen liefern somit folgendes Gleichungssystem:

$$\begin{bmatrix} d_b & \beta_2 & \\ \beta_2 & d_c & \beta_3 \\ & \beta_3 & d_d \end{bmatrix} \cdot \begin{bmatrix} M_b \\ M_c \\ M_d \end{bmatrix} = \begin{bmatrix} L_b \\ L_c \\ L_d \end{bmatrix}$$

Die Stiele werden nach Theorie II. Ordnung mit

$$N_1^{II} = -\left(V_b + \frac{3}{4}q_l a + \frac{1}{4}q_r a\right), \quad N_4^{II} = -\left(V_d + \frac{1}{4}q_l a + \frac{3}{4}q_r a\right)$$

berechnet, während für die Riegel näherungsweise Theorie I. Ordnung angewendet wird. Wie am Ende der Berechnung gezeigt werden kann, ist für diese Riegel das Kriterium (4.9) erfüllt.

Für die Matrixglieder d_b, d_c, d_d gilt nach (9.9)

$$d_b = \alpha_1 + \alpha_2, \quad d_c = \alpha_2 + \alpha_3, \quad d_d = \alpha_3 + \alpha_4$$

und für die Lastglieder nach (9.10)

$$L_b = -\phi_{ba}^0 - \phi_{bc}^0, \quad L_c = -\phi_{cb}^0 - \phi_{cd}^0, \quad L_d = -\phi_{dc}^0 - \phi_{de}^0$$

ϕ_{ba}^0 wird nach (9.6) mit $P_1 = -H$, ϕ_{de}^0 nach (9.5) mit $P_4 = 0$ ermittelt, während für ϕ_{bc}^0, ϕ_{cb}^0, ϕ_{cd}^0, ϕ_{dc}^0 (9.5a) bzw. (9.6a) mit $P_2 = P_3 = 0$ und $q_2 = q_l \cos^2\gamma$ bzw. $q_3 = q_r \cos^2\gamma$ maßgebend sind. Der weitere Rechengang wird wie bei Beispiel 1 durchgeführt. Zusätzlich sind hier die Stablängskräfte N_{ik}, N_{ki} und die Auflagerkräfte aus den Transversalkräften R_{ik}, R_{ki} mit Hilfe der Kräftegleichgewichtsbedingungen für die Knoten (vgl. Abschnitt 7.2) zu bestimmen. Alle interessierenden Zahlenwerte einschließlich jenen für den Verzweigungsfall sind in der Tabelle der Abb. 9.4 zusammengestellt.

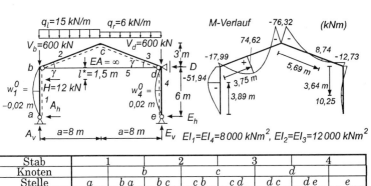

$EI_1 = EI_4 = 8\,000\ kNm^2$, $EI_2 = EI_3 = 12\,000\ kNm^2$

	a	b a	b c	c b	c d	d c	d e	e
Stab	1		2		3		4	
Knoten		b		c		d		
Stelle	a	b a	b c	c b	c d	d c	d e	e
l_s (m)	6		8,544		8,544		6	
EI_s (kNm²)	8 000		12 000		12 000		8 000	
N_s^{II} (kN)	−702		0		0		−666	
K_s (m⁻²)	−0,08775		0		0		−0,08325	
b_0	−0,2051		—		—		−0,1597	
b_1 (m)	3,304						3,421	
b_2 (m²)	13,73						13,93	
b_3 (m³)	30,72						30,97	
b_4 (m⁴)	48,62						48,88	
Stab 1	$b_0^* = 0,9029$, $b_1^* = 1,451\,m$, $b_2^* = 1,107\,m^2$, $b_3^* = 0,5570\,m^3$							
$10^3\alpha_s$ (kNm)⁻¹	0, 3258		0,2373		0,2373		0,3203	
$10^3\beta_s$ (kNm)⁻¹	—		0,1187		0,1187		—	
w_s^0 (m)	−0,02		—				0,02	
$\bar{q}_s$ (kN/m)	−3,120		13,15		5,260		2,960	
$10^3\phi_{ik}$		−9,293	28,48	28,48	11,39	11,39	4,763	
$10^3 d_k$ (kNm)⁻¹		0,5632		0,4747		0,5577		—
$10^3 L_k$	—	−19,19		−39,87		−16,15		—
M_k (kNm)	0	−17,99		−76,32		−12,73		0
Q_{ik} (kN)	−23,68	26,00	49,35	−63,01	29,91	−15,03	11,46	−8,33
R_{ik} (kN)	−6,00	6,00	49,35	−63,01	29,91	−15,03	2,12	2,12
N_{ik} (kN)	−702,3		−159,8	−117,7	−130,1	−147,0	−665,7	
$10^3\varphi_k$	−11,86	15,15		−8,23		0,69		−2,36
x_M (m)	3,89		3,75		5,69		3,64	
max M (kNm)	−51,94		74,62		8,74		10,25	

$A_h = R_{ab} = -6,00\,kN$, $A_v = -N_1 = 702,3\,kN$, $E_h = R_{ed} = 2,12\,kN$
$E_v = -N_4 = 665,7\,kN$, $D = -8,12\,kN$, $N_5 = 138,3\,kN$
$\eta_{Ki} = 4,509 \to N_{Ki,1} = -3\,165\,kN$, $s_{K,1} = 4,99\,m$, $N_{Ki,4} = -3\,003\,kN$, $s_{K,4} = 5,13\,m$

Abb. 9.4 Beispiel 2 zur Dreimomentengleichung (Grundform)

9.3 Dreimomentengleichung, erweiterte Form

Die Erweiterung bezieht sich auf einen am Ende des Stabzuges eingespannten Kragarm, der eine Längskraft aufweist und nach Theorie II. Ordnung zu berechnen ist. Das Einspannmoment des Kragarms liefert dann eine weitere Unbekannte für das Gleichungssystem.

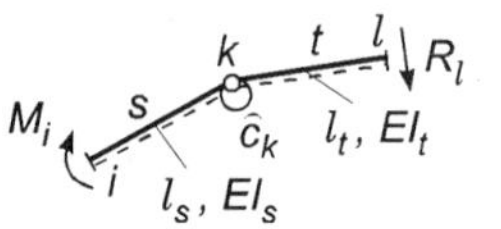

i,k unverschiebliche Knoten
l freies Stabende, R_l bekannt

Abb. 9.5 Stabzug mit eingespanntem Kragarm

Mit den Vereinbarungen der Abb. 9.5 erhält man nach Tafel 6.3

$$M_k = \kappa_{kl}\varphi_{kl} + M_k^0 \tag{9.11}$$

$$\text{mit } \kappa_{kl} = \frac{b_1}{b_0} N_t^{II}, \quad b_j \text{ für Stab } t \tag{9.12}$$

M_k^0 ist das sich aus den Einwirkungen auf Stab t ergebende Moment nach Tafel 6.3. Für die praktisch wichtigsten Einflüsse ψ_t^0, R_l und $q_t = konst.$ erhält man

$$M_k^0 = -\frac{1}{b_0}\left[b_1\left(R_l - N_t^{II}\psi_t^0\right) + \left(l_t b_1 - b_2\right)q_t\right], \quad b_j \text{ für Stab } t \tag{9.13}$$

Nun wird φ_{ki} entsprechend (9.2) in die Verträglichkeitsbedingung (9.1) eingesetzt und diese nach φ_{kl} aufgelöst. Nach Einführung in (9.11) erhält man zusätzlich zu den Dreimomentengleichungen der übrigen Knoten die neu hinzukommende Gleichung für den Knoten k

$$\beta_{ki}M_i + d_k M_k = L_k \tag{9.14}$$

$$\text{mit } \beta_{ki} = \kappa_{kl}\beta_s, \quad d_k = 1 + \kappa_{kl}\left(\alpha_s + \frac{1}{c_k}\right) \tag{9.15}$$

$$\text{und} \quad L_k = M_k^0 + \kappa_{kl}\left(-\phi_{ki}^0 + \psi_s^e\right) \tag{9.16}$$

Die zusätzliche Gleichung (9.14) bleibt auch im Sonderfall $N_t^{II} = 0$ gültig. Mit $\kappa_{kl} = 0$ wird dort $d_k = 1$, $\beta_{ki} = 0$ und $L_k = M_k^0$, das heißt, die zusätzliche Gleichung lautet $M_k = M_k^0$.

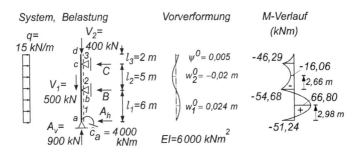

System, Belastung — **Vorverformung** — **M-Verlauf (kNm)**

$q = 15$ kN/m, $V_2 = 400$ kN, $l_3 = 2$ m, $\psi^0 = 0,005$, $-46,29$, $-16,06$, $2,66$ m

$V_1 = 500$ kN, $l_2 = 5$ m, $w_2^0 = -0,02$ m, $-54,68$, $66,80$, $2,98$ m

$l_1 = 6$ m, A_h, $w_1^0 = 0,024$ m, $-51,24$

$A_v = 900$ kN, $c_a = 4\,000$ kNm, $EI = 6\,000$ kNm^2

Stab	1		2		3	
Knoten	a		b		c	
Stelle	a	$b\,a$	$b\,c$	$c\,b$	$c\,d$	d
l_s (m)	6		5		2	
EI_s (kNm^2)	6 000		6 000		6 000	
N_s^{II} (kN)	−900		−400		−400	
K_s (m^{-2})	−0,15		−0,06667		−0,06667	
b_0	−0,6838		0,2762		0,8696	
b_1 (m)	1,884		3,722		1,912	
b_2 (m^2)	11,23		10,86		1,956	
b_3 (m^3)	27,44		19,16		1,316	
b_4 (m^4)	45,16		24,64		0,6608	
$10^3\alpha_s$ (kNm)$^{-1}$	0,5885		0,3145		$\kappa_{cd} = -879,6$ kNm	
$10^3\beta_s$ (kNm)$^{-1}$	0,4046		0,1716	$\beta_{cb} = -0,1510$	−	
Vorverf.	$w_1^0 = 0,024$ m		$w_2^0 = -0,02$ m		$\psi_3^0 = 0,005$	
$\bar{q}_s$ (kN/m)	19,80		12,44		15	
ϕ_{ik}^0	0,06509	0,06509	0,01296	0,01296	$M_{cd}^0 = -36,63$ kNm	
$10^3 d_k$ (kNm)$^{-1}$	0,8385	0,9030		$d_c = 0,7233$		−
L_k	−0,06509	−0,07805		−25,23		−
M_k (kNm)	−51,24	−54,68		−46,29		0
Q_{ik} (kN)	70,36	−70,93	27,91	−25,03	36,39	8,86
R_{ik} (kN)	44,43	−45,57	39,18	−35,82	30	0
φ_k	0,01281	−0,01218		0,01098		−
x_M (m)	2,98		2,66		−	
$\max M$ (kNm)	66,80		−16,06		−	
$A_h = R_a = 44,43$ kN, $B = R_{bc} - R_{ba} = 84,75$ kN, $C = R_{cd} - R_{cb} = 65,82$ kN						
$\eta_{Ki} = 2,501 \rightarrow N_{Ki,1} = -2\,251$ kN, $s_{K,1} = 5,13$ m, $N_{Ki,2,3} = -1\,000$ kN, $s_{K,2,3} = 7,69$ m						

Abb. 9.6 Beispiel 3 zur Dreimomentengleichung (erweiterte Form)

Bemerkung: Dividiert man (9.14) durch κ_{kl}, bleibt die Matrix des Gleichungssystems symmetrisch, der Sonderfall der Theorie I. Ordnung für Stab t ist dann allerdings ausgeschlossen.

Beispiel 3: Durchlaufstütze mit längsbelastetem Kragarm

Dieses Beispiel unterscheidet sich von Beispiel 1 der Abb. 9.3 nur dadurch, daß V_2 statt in c nun in d angreift und daß der Kragarm aufgrund der Längsbelastung die Vorverdrehung ψ^0 erhält (Abb. 9.6). Die Dreimomentengleichungen für die Punkte a und b bleiben inhaltlich unverändert, bei jener für b tritt jetzt aber, da M_c unbekannt ist, der Term $\beta_2 M_c$ nicht mehr beim Lastglied L_b, sondern auf der linken Seite der Gleichung auf. Das Gleichungssystem hat hier die Form

$$\begin{bmatrix} d_a & \beta_1 & \\ \beta_1 & d_b & \beta_2 \\ & \beta_{cb} & d_c \end{bmatrix} \cdot \begin{bmatrix} M_a \\ M_b \\ M_c \end{bmatrix} = \begin{bmatrix} L_a \\ L_b \\ L_c \end{bmatrix}$$

Für die zusätzliche 3. Gleichung gilt nach (9.15) bzw. (9.16)

$$\beta_{cb} = \kappa_{cd}\beta_2, \quad d_c = 1 + \kappa_{cd}\alpha_2, \quad L_c = M_c^0 - \kappa_{cd}\,\phi_{cb}^0$$

wobei sich κ_{cd} und M_c^0 nach (9.12) bzw. (9.13) bestimmen aus

$$\kappa_{cd} = \frac{b_1}{b_0}N_3^{II}, \quad M_c^0 = -\frac{1}{b_0}\left[-b_1 N_3^{II}\psi^0 + \left(l_3 b_1 - b_2\right)q\right], \quad b_j \text{ für Stab 3}$$

Würde man $N_3^{II} = 0$ setzen, so wären die Momente M_a, M_b, M_c identisch mit jenen des Beispiels 1 – trotz unterschiedlichen Gleichungssystems.

Der weitere Rechengang ist wie im Beispiel 1. Alle Zahlenwerte sind wieder tabellarisch in Abb. 9.6 zusammengestellt. Der Verzweigungslastfaktor η_{Ki} ermäßigt sich von 3,422 auf 2,501, das heißt, die Stabilitätsgefährdung des Systems hat zugenommen.

10 Gemischtes Kraftgrößen-Verschiebungsgrößen-Verfahren

10.1 Allgemeines

Die hier behandelten Systeme bestehen wie jene des vorigen Kapitels aus einem *Stabzug*, jedoch sind nun die *Knoten verschieblich*, das heißt, es treten unbekannte Stabdrehwinkel und Knotenverschiebungen auf. Wegen des Zusatzterms $N^{II}\psi$ bei der Berechnung von R_i und R_k nach Tafel 6.1 bzw. des Terms $N_s^{II}l_s\psi_s$ in der Systemgleichgewichtsbedingung (7.4) kann bei Theorie II. Ordnung ein reines Kraftgrößenverfahren nicht mehr angewendet werden. Das statt dessen benötigte gemischte Verfahren weist neben den *unbekannten Kraftgrößen* auch *unbekannte Verschiebungsgrößen* auf. Dementsprechend sind neben den *Verträglichkeitsbedingungen* zusätzlich *Knoten-* oder *Systemgleichgewichtsbedingungen* für das Gleichungssystem zu formulieren. Diese Vorgehensweise schließt, wie alle angegebenen Verfahren, den Sonderfall der Theorie I. Ordnung ein. Gegenüber dem reinen Kraftgrößenverfahren hat das gemischte Verfahren den (kaum mehr relevanten) Nachteil einer größeren Anzahl von Unbekannten, andererseits aber den Vorteil, daß die Zustände 0, 1, 2 usw. nicht mehr dargestellt und berechnet werden müssen. Vielmehr lassen sich Matrix- und Lastglieder des Gleichungssystems nach fertigen Formeln unmittelbar angeben. Darüber hinaus sind nach Auflösung des Gleichungssystems auch die Knotenverschiebungen bekannt oder leicht berechenbar.

Als statisch Unbestimmte werden, wie im vorigen Kapitel, die Knoten- bzw. Auflagereinspannmomente gewählt. Die zugehörige Verträglichkeitsbedingung ist jeweils die um die unbekannten Stabdrehwinkel erweiterte Dreimomentengleichung.

Die Anzahl der unbekannten Verschiebungsgrößen entspricht der Anzahl der *kinematischen Freiheitsgrade* des zugehörigen Gelenksystems und ist gleich der Anzahl der zu formulierenden Gleichgewichtsbedingungen. Als unbekannte Verschiebungsgrößen werden Knotenverschiebungen oder Stabdrehwinkel verwendet.

10.2 Durchlaufträger auf elastischen Stützen

Aus erwähnten Gründen existiert die bei Theorie I. Ordnung verfügbare *Fünfmomentengleichung* hier nicht mehr.

Abb. 10.1 zeigt den Abschnitt ikl des betrachteten Durchlaufträgers. Die Federauflager können eingeprägte (das heißt vorgegebene) Absenkungen δ_k^e aufweisen. Als Unbekannte werden die statisch unbestimmten Momente

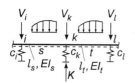

Knoten k

Biegelinie Stab s

R_{ki} ↓V_k $\hat{c}_k$ *Drehfederkonstante*

M_k ↑ ↑ M_k

δ_k^e ↑ R_{kl}

↑ K c_k *Federkonstante*

Federzusammendrückung $\Delta_k = \delta_k - \delta_k^e$

Federgesetz: $K = \Delta_k c_k$

Abb. 10.1 Stabzug $i\,k\,l$, Knoten k mit Feder und Drehfeder

M_k und (als Verschiebungsgrößen) die Federzusammendrückungen Δ_k gewählt. Für die Knotenverschiebungen δ_k gilt

$$\delta_k = \Delta_k + \delta_k^e \tag{10.1}$$

Wie bei der Dreimomentengleichung dürfen an den Knoten und Auflagereinspannungen Drehfedern vorhanden sein. Die hier benötigte Form der Dreimomentengleichung erhält man dadurch, daß in (9.10) ψ_s^e durch

$$\psi_s = \psi_s^u + \psi_s^e \tag{10.2}$$

(und ψ_t analog) ersetzt wird, wobei der hochgestellte Index u den unbekannten Anteil kennzeichnet. Für die Stabdrehwinkel gilt in Übereinstimmung mit (10.1)

$$\psi_s^u = \frac{1}{l_s}(\Delta_k - \Delta_i) \tag{10.3}$$

$$\psi_s^e = \frac{1}{l_s}(\delta_k^e - \delta_i^e) \tag{10.4}$$

$$\psi_s = \frac{1}{l_s}(\delta_k - \delta_i) = \psi_s^u + \psi_s^e \tag{10.5}$$

Aus (9.8) erhält man dann für den Knoten k

$$\beta_s M_i + d_k M_k + \beta_t M_l - \psi_s^u + \psi_t^u = L_k \tag{10.6}$$

wobei β_s, d_k, β_t und L_k wie in (9.8) definiert sind. Nach Ersatz der unbekannten Drehwinkel gemäß (10.3) liegt die *1. Gruppe* der Gleichungen des Gleichungssystems vor:

$$k: \quad \boxed{\beta_s M_i + d_k M_k + \beta_t M_l + \frac{1}{l_s}\Delta_i - \left(\frac{1}{l_s} + \frac{1}{l_t}\right)\Delta_k + \frac{1}{l_t}\Delta_l = L_k} \tag{10.7}$$

Für die *2. Gruppe* der Gleichungen wird die Gleichgewichtsbedingung $\Sigma V = 0$ für den Knoten k formuliert, wenn dort die Unbekannte Δ_k auftritt, das heißt, wenn dort kein festes Lager ($c_k = \infty$) vorhanden ist. Man erhält gemäß Abb. 10.1

$$V_k - R_{ki} + R_{kl} - K = 0 \tag{10.8}$$

Für die Transversalkräfte gilt nach Tafel 6.1

$$R_{ki} = \frac{1}{l_s}(M_k - M_i) + N_s^{II}(\psi_s + \psi_s^0) + R_{ki}^0 \tag{10.9}$$

$$R_{kl} = \frac{1}{l_t}(M_l - M_k) + N_t^{II}(\psi_t + \psi_t^0) + R_{kl}^0 \tag{10.10}$$

worin R_{ki}^0 und R_{kl}^0 die bekannten Anteile ab der Zeile $q = konst.$ in Tabelle 6.1 darstellen. Für $q = konst.$ und P erhält man z.B.

$$R_{ki}^0 = -\frac{1}{2}q_s l_s - \left(1 - \frac{l_s^*}{l_s}\right)P_s \tag{10.11}$$

$$R_{kl}^0 = \frac{1}{2}q_t l_t + \frac{l_t^*}{l_t}P_t \tag{10.12}$$

Betrachtet man den *Stab s* mit den Endpunkten i, k, so lassen sich die Kräfte R_{ik}^0 und $-R_{ki}^0$ als (nach unten positiv definierte) Knotenkräfte interpretieren, die die Querlast des Stabes s statisch gleichwertig ersetzen. Diese Knotenkräfte werden im weiteren mit F_{ik} und F_{ki} bezeichnet. Damit gilt für q_s und P_s

$$\left.\begin{aligned} F_{ik} &= R_{ik}^0 = \frac{1}{2}q_s l_s + \frac{l_s^*}{l_s}P_s \\ F_{ki} &= -R_{ki}^0 = \frac{1}{2}q_s l_s + \left(1 - \frac{l_s^*}{l_s}\right)P_s \end{aligned}\right\} \quad F_{ik} + F_{ki} = q_s l_s + P_s \tag{10.13}$$

Dieser Sachverhalt ist in Abb. 10.2 dargestellt.

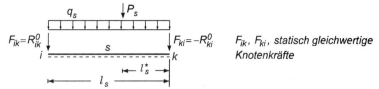

Abb. 10.2 Statisch gleichwertige Knotenkräfte $F_{ik} = R_{ik}^0$, $F_{ki} = -R_{ki}^0$

Für die Federkraft K (= Auflagerkraft) gilt das Federgesetz

$$K = c_k \Delta_k \quad (c_k \text{ Federkonstante}) \tag{10.14}$$

Nun wird (10.1) in (10.5) und diese Beziehung dann in (10.9) und (10.10) eingesetzt. R_{ki} und R_{kl} sowie (10.14) werden danach in die Gleichgewichtsbedingung (10.8) eingeführt. Die so erhaltene 2. *Gruppe* der Gleichungen ist für jeden Punkt mit $\Delta_k \neq 0$ zu formulieren und lautet

$$k: \quad \boxed{\frac{1}{l_s} M_i - \left(\frac{1}{l_s} + \frac{1}{l_t}\right) M_k + \frac{1}{l_t} M_l + \frac{N_s^{\mathrm{II}}}{l_s} \Delta_i - g_k \Delta_k + \frac{N_t^{\mathrm{II}}}{l_t} \Delta_l = F_k} \tag{10.15}$$

mit $\quad g_k = c_k + \dfrac{N_s^{\mathrm{II}}}{l_s} + \dfrac{N_t^{\mathrm{II}}}{l_t}$ $\tag{10.16}$

$$F_k = -V_k - F_{ki} - F_{ik} + N_s^{\mathrm{II}}(\psi_s^0 + \psi_s^{\mathrm{e}}) - N_t^{\mathrm{II}}(\psi_t^0 + \psi_t^{\mathrm{e}}) \tag{10.17}$$

ψ_s^{e} und ψ_t^{e}, die auch im Lastglied L_k gemäß (9.10) auftreten, sind nur bei eingeprägten Lagerverschiebungen vorhanden und dann nach (10.4) zu berechnen. Die Matrix des Gleichungssystems ist symmetrisch.

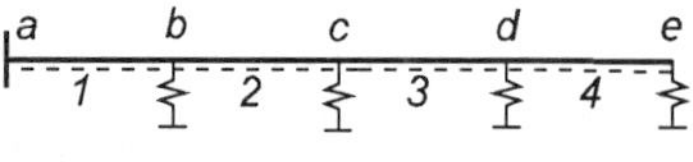

unbekannte Momente: M_a, M_b, M_c, M_d
unbek. Verschiebungen: Δ_b, Δ_c, Δ_d, Δ_e

Abb. 10.3 Durchlaufträger, 4 Felder

Für den in Abb. 10.3 dargestellten 4feldrigen Durchlaufträger mit den unbekannten Momenten M_a, M_b, M_c, M_d und den unbekannten Federverkürzungen Δ_b, Δ_c, Δ_d, Δ_e (die wegen fehlender Auflagerverschiebungen gleich den Knotenverschiebungen sind) müssen für die Punkte a, b, c, d die Verträglichkeitsbedingungen (10.7) und für die Punkte b, c, d, e die Gleichgewichtsbedingungen (10.15) formuliert werden. Das Gleichungssystem hat damit folgende Form:

$$
\begin{bmatrix}
d_a & \beta_1 & & & \frac{1}{l_1} & & & \\
\beta_1 & d_b & \beta_2 & & -\lambda_b & \frac{1}{l_2} & & \\
& \beta_2 & d_c & \beta_3 & \frac{1}{l_2} & -\lambda_c & \frac{1}{l_3} & \\
& & \beta_3 & d_d & & \frac{1}{l_3} & -\lambda_d & \frac{1}{l_4} \\
\hline
\frac{1}{l_1} & -\lambda_b & \frac{1}{l_2} & & -g_b & \frac{N_2^{\mathrm{II}}}{l_2} & & \\
& \frac{1}{l_2} & -\lambda_c & \frac{1}{l_3} & \frac{N_2^{\mathrm{II}}}{l_2} & -g_c & \frac{N_3^{\mathrm{II}}}{l_3} & \\
& & \frac{1}{l_3} & -\lambda_d & & \frac{N_3^{\mathrm{II}}}{l_3} & -g_d & \frac{N_4^{\mathrm{II}}}{l_4} \\
& & & \frac{1}{l_4} & & & \frac{N_4^{\mathrm{II}}}{l_4} & -g_e
\end{bmatrix}
\cdot
\begin{bmatrix}
M_a \\ M_b \\ M_c \\ M_d \\ \hline \Delta_b \\ \Delta_c \\ \Delta_d \\ \Delta_e
\end{bmatrix}
=
\begin{bmatrix}
L_a \\ L_b \\ L_c \\ L_d \\ \hline F_b \\ F_c \\ F_d \\ F_e
\end{bmatrix}
\tag{10.18}
$$

mit $\lambda_b = \dfrac{1}{l_1} + \dfrac{1}{l_2}$, $\quad \lambda_c = \dfrac{1}{l_2} + \dfrac{1}{l_3}$, $\quad \lambda_d = \dfrac{1}{l_3} + \dfrac{1}{l_4}$

Ein *Gelenk* in a, b, c, d oder ein *festes* Lager in b, c, d, e kann durch Streichen der entsprechenden Zeile und Spalte des Gleichungssystems berücksichtigt werden. Zum Beispiel gilt

für *Gelenk* in c: Streichen der 3. Zeile und 3. Spalte ($M_c = 0$)

für *festes Lager* in c: Streichen der 6. Zeile und 6. Spalte ($\Delta_c = 0$)

Beispiel: 3feldrige Stütze mit elastischer Lagerung

Die in Abb. 10.4 dargestellte Stütze mit den festen Lagern in a und d, den elastischen Lagern in b und c, der starren Einspannung in a und dem Gelenk in c weist die unbekannten Momente M_a, M_b und die unbekannten Verschiebungen Δ_b, Δ_c auf. Damit lautet das Gleichungssystem

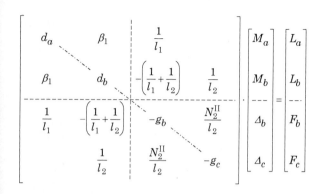

$$
\begin{bmatrix}
d_a & \beta_1 & \dfrac{1}{l_1} & \\[2mm]
\beta_1 & d_b & -\left(\dfrac{1}{l_1}+\dfrac{1}{l_2}\right) & \dfrac{1}{l_2} \\[2mm]
\dfrac{1}{l_1} & -\left(\dfrac{1}{l_1}+\dfrac{1}{l_2}\right) & -g_b & \dfrac{N_2^{II}}{l_2} \\[2mm]
& \dfrac{1}{l_2} & \dfrac{N_2^{II}}{l_2} & -g_c
\end{bmatrix}
\cdot
\begin{bmatrix}
M_a \\[2mm] M_b \\[2mm] \Delta_b \\[2mm] \Delta_c
\end{bmatrix}
=
\begin{bmatrix}
L_a \\[2mm] L_b \\[2mm] F_b \\[2mm] F_c
\end{bmatrix}
$$

Die ebenfalls in Abb. 10.4 angegebenen Vorverformungen sind so gewählt, daß sie qualitativ ähnlich zur Knickbiegelinie im Verzweigungsfall verlaufen. Die Bestimmung dieser Knickbiegelinie wird nach Lösung der vorliegenden Aufgabe gezeigt. Die Vorkrümmung des Stabes 3 (Stich w_3^0) geht nicht in das Gleichungssystem ein, sie beeinflußt nur M- und Q-Verlauf des Stabes 3 selbst und ist notwendig, weil sonst diese Momente und Querkräfte null wären. (Die Schnittgrößen des Stabes 3 sind die gleichen wie jene des Balkens auf 2 Stützen).

Die Hauptdiagonalglieder der Matrix berechnen sich wie folgt:

(9.9): $\quad d_a = \alpha_1, \quad d_b = \alpha_1 + \alpha_2$

(10.16): $\quad g_b = c_b + \dfrac{N_1^{II}}{l_1} + \dfrac{N_2^{II}}{l_2}, \qquad g_c = c_c + \dfrac{N_2^{II}}{l_2} + \dfrac{N_3^{II}}{l_3}$

Für die Lastglieder gilt

(9.10): $\quad L_a = -\phi_{ab}^0, \quad L_b = -\phi_{ba}^0 - \phi_{bc}^0$

(10.17): $\quad F_b = -H_b - \dfrac{1}{2}ql_1 - \dfrac{1}{2}ql_2 + N_1^{II}\psi_1^0 - N_2^{II}\psi_2^0$

$\qquad\qquad F_c = -H_c - \dfrac{1}{2}ql_2 - \dfrac{1}{2}ql_3 + N_2^{II}\psi_2^0 - N_3^{II}\psi_3^0$

Alle für die Aufstellung des Gleichungssystems benötigten Zahlenwerte gehen aus der Tabelle der Abb. 10.4 hervor. Das Gleichungssystem selbst lautet (Einheiten m, kN)

$$\begin{bmatrix} 0{,}1527 \cdot 10^{-3} & 0{,}8392 \cdot 10^{-4} & 0{,}1667 & 0 \\ 0{,}8392 \cdot 10^{-4} & 0{,}2698 \cdot 10^{-3} & -0{,}3667 & 0{,}2 \\ 0{,}1667 & -0{,}3667 & -285 & -90 \\ 0 & 0{,}2 & -90 & -360 \end{bmatrix} \cdot \begin{bmatrix} M_a \\ M_b \\ \Delta_b \\ \Delta_c \end{bmatrix} = \begin{bmatrix} -0{,}004392 \\ -0{,}006645 \\ -32 \\ -45{,}25 \end{bmatrix}$$

Die Unbekannten des Gleichungssystems und die Transversalkräfte enthält ebenfalls die Tabelle in Abb. 10.4. Die daraus hervorgehenden Auflagerkräfte betragen $A_h = 26{,}22$ kN, $B = 24{,}87$ kN, $C = 53{,}24$ kN und $D = 5{,}68$ kN.

Aus der Bedingung, daß die Determinante null werden muß, erhält man $\eta_{Ki} = 4{,}500$ und daraus $N_{Ki,1} = -3\,375$ kN, $s_{K,1} = 6{,}62$ m, $N_{Ki,2} = -2\,025$ kN, $s_{K,2} = 8{,}55$ m, während für Stab 3 (Pendelstab) unabhängig von η_{Ki} $s_{K,3} = l_3$ gilt.

Lastfall Verschiebung von Auflager c um $\delta_c^e = 0{,}04$ m nach rechts

Um diesen Lastfall überlagern zu können, müssen die Längskräfte N_s^{II} beibehalten werden, so daß oben angegebene Matrix unverändert bleibt.

Aus δ_c^e erhält man

$$\psi_2^e = \frac{\delta_c^e}{l_2} = 0{,}008 \quad \text{und} \quad \psi_3^e = -\frac{\delta_c^e}{l_3} = -0{,}01$$

(9.10): $\quad L_a = 0, \quad L_b = -\psi_2^e = -0{,}008$

(10.17): $\quad F_b = -N_s^{II}\psi_2^e = 3{,}6$ kN, $\quad F_c = N_2^{II}\psi_2^e - N_3^{II}\psi_3^e = -5{,}6$ kN

Die Auflösung des Gleichungssystems liefert

$M_a = -0{,}56$ kNm, $M_b = -18{,}37$ kNm, $\Delta_b = 0{,}00976$ m, $\Delta_c = 0{,}00291$ m

Die Knotenverschiebungen betragen nach (10.1)

$\delta_b = \Delta_b = 0{,}00976$ m, $\quad \delta_c = \Delta_c + \delta_c^e = 0{,}04291$ m

Überraschend ist, daß die Feder in c eine Zusammendrückung erfährt und damit eine Druckkraft aufweist. Dies ist ein Effekt, der in der Theorie II. Ordnung begründet ist. Bei Theorie I. Ordnung (und Vorliegen eines statisch unbestimmten Systems) sind Auflagerkraft und eingeprägte Verschiebung stets gleichgerichtet.

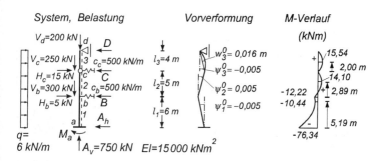

System, Belastung   *Vorverformung*   *M-Verlauf (kNm)*

Abb. 10.4 Beispiel einer 3feldrigen Stütze mit elastischer Lagerung

Stab	1		2		3	
Knoten	a	b		c		
Stelle	a	$b\,a$	$b\,c$	$c\,b$	$c\,d$	d
l_s (m)	6		5		4	
EI_s (kNm^2)	15 000		15 000		15 000	
N_s^{II} (kN)	–750		–450		–200	
K_s (m^{-2})	–0,05		–0,03		–	
b_0	0,2272		0,6479			
b_1 (m)	4,355		4,398			
b_2 (m^2)	15,46		11,74		–	
b_3 (m^3)	32,90		20,07			
b_4 (m^4)	50,86		25,40			
$10^3\,\alpha_s$ (kNm)$^{-1}$	0,1527		0,1171		–	
$10^3\,\beta_s$ (kNm)$^{-1}$	0,08392		–		–	
$10^3\,d_k$ (kNm)$^{-1}$	0,1527	0,2698		–		–
c_k (kN/m)	–	500		500		–
g_k (kN/m)	–	285		360		–
ψ_s^0	–0,005		0,005		–0,005	
q_s (kN/m)	6		6		6	
H_k (kN)	–	5		15		–
$10^3\,\phi_{ik}^0$	4,392	4,392	2,252	–	–	–
$10^3\,L_k$	–4,392	–6,645		–		–
F_k (kN)	–	–32		–45,25		–
M_k (kNm)	–76,34	–12,22		0		0
$\Delta_k = \delta_k$ (m)	0	0,0497		0,1065		0
R_{ik} (kN)	26,22	–9,78	10,09	–19,91	18,32	–5,68

Knickbiegelinie im Verzweigungsfall

Wie bereits angegeben, wird für $\eta_{\text{Ki}} = 4{,}500$ die Determinante der Matrix des Gleichungssystems null. Dieses jetzt homogene Gleichungssystem lautet

$$\begin{bmatrix} 0{,}5110 \cdot 10^{-3} & 0{,}4331 \cdot 10^{-3} & 0{,}1667 & 0 \\ 0{,}4331 \cdot 10^{-3} & 0{,}6592 \cdot 10^{-3} & -0{,}3667 & 0{,}2 \\ 0{,}1667 & -0{,}3667 & 467{,}5 & -405{,}0 \\ 0 & 0{,}2 & -405{,}0 & 130{,}0 \end{bmatrix} \cdot \begin{bmatrix} M_a \\ M_b \\ \Delta_b \\ \Delta_c \end{bmatrix} = 0$$

Die Unbekannten lassen sich nur bis auf einen gemeinsamen Faktor bestimmen, das heißt, es kann eine Unbekannte beliebig gewählt werden, und die übrigen Unbekannten liegen dann eindeutig fest. Hier wird $M_a = 100$ kNm gewählt. Die 1. Spalte wird nun mit M_a multipliziert und auf die rechte Seite gestellt. Von den 4 Gleichungen für die 3 Unbekannten M_b, Δ_b und Δ_c ist eine überzählig und kann später als Kontrollgleichung verwendet werden. Wird die 1. Gleichung weggelassen, so erhält man

$$\begin{bmatrix} 0{,}6592 \cdot 10^{-3} & -0{,}3667 & 0{,}2 \\ -0{,}3667 & 467{,}5 & -405{,}0 \\ 0{,}2 & -405{,}0 & 130{,}0 \end{bmatrix} \cdot \begin{bmatrix} M_b \\ \Delta_b \\ \Delta_c \end{bmatrix} = \begin{bmatrix} -0{,}04331 \\ -16{,}67 \\ 0 \end{bmatrix}$$

Die Auflösung liefert $M_b = -112{,}1$ kN, $\Delta_b = -0{,}0152$ m, $\Delta_c = 0{,}1251$ m.

Die verschiedenen Vorzeichen von Δ_b und Δ_c bedingen die in Abb. 10.4 angenommenen Vorverdrehungen ψ_s^0.

Abschließend sei auf einen theoretisch unzulässigen, aber praktisch doch gangbaren Weg der Ermittlung der Knickbiegelinie ohne Determinantenberechnung und Lösung des reduzierten Gleichungssystems hingewiesen:

η_{Ki} wird z.B. aus der Bedingung $1/M_a = 0$ ermittelt, danach wird das Gleichungssystem mit η_{Ki}-fachen N_s^{II} für einen beliebigen Lastfall gelöst. Die Unbekannten werden aus numerischen Gründen nicht unendlich, sondern es werden „nur" sehr große Beträge erhalten. Werden diese normiert, z.B. mit einem Faktor so multipliziert, daß, wie oben, $M_a = 100$ kNm wird, so erhält man die gesuchte Knickform, das heißt, die gleichen Werte für M_b, Δ_b, Δ_c wie oben. Der zugrunde gelegte Lastfall, das heißt die Größe der Lastglieder, ist dabei praktisch ohne Einfluß. Dieses Vorgehen ist für alle baustatischen Verfahren gleichermaßen möglich.

10.3 Abgeknickte Stabzüge mit frei verschieblichen Knoten

Für den hier betrachteten Stabzug gelten die gleichen Annahmen wie bei der Dreimomentengleichung, jedoch sind jetzt die *Knoten frei verschieblich*. Wie in Abschnitt 10.2 treten neben den unbekannten Momenten zusätzlich unbekannte Verschiebungsgrößen – hier *Grundstabdrehwinkel* – auf. Um die dafür notwendigen Beziehungen zu erhalten, sind zunächst grundlegende Zusammenhänge der Kinematik – wie sie auch für das Drehwinkelverfahren von Bedeutung sind – zu formulieren.

Kinematik des zugehörigen Gelenksystems

Hat das zugehörige Gelenksystem n kinematische Freiheitsgrade, so entsteht das *geometrisch bestimmte* Gelenksystem durch Einführung von n geeigneten einwertigen Bindungen, z.B. einwertigen Lagern an Knotenpunkten.

In Kapitel 7 zeigt Abb. 7.3 die Beispiele 1 bis 3.

Für *Beispiel 1* ist $n = 1$, im Knoten b könnte ein einwertiges, horizontal unverschiebliches Lager angeordnet werden.

Für *Beispiel 2* ist $n = 2$, in den Knoten c und e könnte jeweils ein einwertiges, horizontal unverschiebliches Lager angeordnet werden.

Für *Beispiel 3* ist $n = 2$, im Firstknoten c könnte ein zweiwertiges, also in jeder Richtung unverschiebliches Lager angeordnet werden.

Das geometrisch bestimmte Gelenksystem wird benötigt, wenn *eingeprägte Stablängenänderungen* λ_s^e (z.B. aus Temperaturänderung T_s) oder *eingeprägte Auflagerverschiebungen* als Einwirkungen vorgegeben sind. In diesem Fall treten *Knotenverschiebungen* δ_k^e und *Stabdrehwinkel* ψ_s^e am geometrisch bestimmten Gelenksystem auf, die vorweg zu bestimmen sind und dann als *bekannte* Größen in die Rechnung eingehen (wie bei der Dreimomentengleichung).

Abb. 10.5 zeigt anhand des Beispiels 3 aus Abb. 7.3 die Knotenverschiebung δ_b^e und die Stabdrehwinkel ψ_s^e für die Erwärmung des Stabes 2 und für die Auflagerverschiebung δ_a^e.

Erwärmung Stab 2: $\lambda_2^e = T_2\,\alpha_T\,l_2$ *Absenkung des Auflagers a um* $\delta_a^{\,e}$

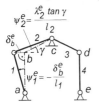

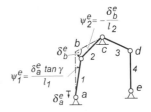

Knoten b   *Knoten b*

Abb. 10.5   Bestimmung von δ_k^e und ψ_s^e am geometrisch bestimmten
Gelenksystem (Zusatzlager in c)

Den (gegebenenfalls vorhandenen) Drehwinkeln ψ_s^e überlagern sich die
unbekannten Anteile ψ_s^u, die im betrachteten Beispiel durch die unbekannte Verschiebung des Knotens c zustande kommen. Wie in (10.2) gilt auch
hier für die resultierend vorhandenen Stabdrehwinkel

$$\psi_s = \psi_s^u + \psi_s^e \tag{10.19}$$

Die ψ_s^u lassen sich in Abhängigkeit von n *unbekannten Grundstabdrehwinkeln* ψ_q ($q = $ I, II...) ausdrücken durch

$$\psi_s^u = \sum_{q=\mathrm{I}}^{n} \vartheta_{sq}\psi_q \tag{10.20}$$

Für die ϑ_{sq} werden n *kinematische Pläne* $q = $ I, II... benötigt, deren Ver-
schiebungszustände voneinander *linear unabhängig* sein müssen, sonst
aber beliebig sein können. ϑ_{sq} in (10.20) ist als Drehwinkel des Stabes s im
kinematischen Plan q definiert. Um die Größe der Verschiebungen festzule-
gen, wird in jedem Plan ein Drehwinkel $\vartheta_{sq} = 1$ gewählt (was nicht notwendig, aber meist zweckmäßig ist). ψ_q ist unbekannter Faktor des Planes
q und Unbekannte des Gleichungssystems.

Die in Abb. 7.3 für die Beispiele 1 bis 3 angegebenen *virtuellen* Verschiebungen erfüllen alle genannten Forderungen, können also auch als kinematische Pläne zur Beschreibung der *wirklichen* Verschiebungen verwendet
werden. Bezeichnet man beim Beispiel 3 der Abb. 7.3 den antimetrischen
Verschiebungszustand als Plan I, den symmetrischen als Plan II, so lautet

(10.20) in Matrizenschreibweise

$$
\begin{bmatrix} \psi_1^u \\ \psi_2^u \\ \psi_3^u \\ \psi_4^u \end{bmatrix} = \begin{bmatrix} 1 & -b/l_1 \\ 0 & 1 \\ 0 & -1 \\ 1 & b/l_1 \end{bmatrix} \cdot \begin{bmatrix} \psi_I \\ \psi_{II} \end{bmatrix} \tag{10.21}
$$

Gleichungssystem

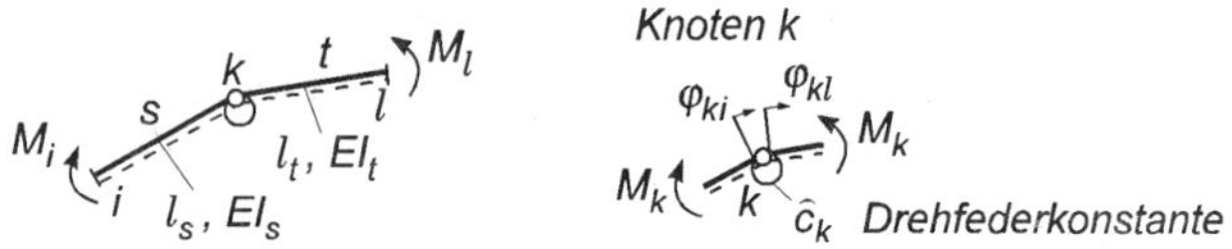

Abb. 10.6 Stabzug $i\ k\ l$ mit frei verschieblichen Knoten

Für den Knoten k des in Abb. 10.6 dargestellten Stabzuges lautet die *Verträglichkeitsbedingung* wie in (10.6)

$$
\beta_s M_i + d_k M_k + \beta_t M_l - \psi_s^u + \psi_t^u = L_k \tag{10.22}
$$

wobei β_s, d_k, β_t und L_k wie bei der Dreimomentengleichung (9.8) definiert sind.

Nach Ersatz von ψ_s^u und ψ_t^u durch (10.20) erhält man die *1. Gruppe* der Gleichungen des Gleichungssystems:

$$
k: \quad \boxed{\beta_s M_i + d_k M_k + \beta_t M_l + \sum_{q=I}^{n} (\vartheta_{tq} - \vartheta_{sq})\psi_q = L_k} \tag{10.23}
$$

Für die 2. Gruppe der Gleichungen werden die *Systemgleichgewichtsbedingungen* mit Hilfe des Prinzips der virtuellen Verrückung gemäß (7.4) formuliert. Als virtuelle Verschiebungen werden die Verschiebungen der kinematischen Pläne q = I, II... verwendet. Diesen Plänen kommt damit eine Doppelfunktion zu: sie beschreiben die *wirklichen* Verschiebungen und liefern gleichzeitig die *virtuellen* Verschiebungen für das Prinzip der virtuellen Verrückung.

Neben dem Index q wird für die kinematischen Pläne auch der Index r verwendet. Mit den virtuellen Verschiebungen des *Planes r* lautet die Systemgleichgewichtsbedingung nach (7.4) hier

$$\sum_s \left[M_i - M_k - N_s^{\text{II}} l_s \left(\psi_s + \psi_s^0 \right) \right] \vartheta_{sr} + A_r^{\text{L}} = 0 \tag{10.24}$$

Bei den Momenten genügt *ein* Index; wegen der hier verwendeten Vorzeichenvereinbarung "K" ändert sich gegenüber (7.4) das Vorzeichen von M_k. A_r^{L} ist die virtuelle Arbeit der Lasten, deren Berechnung für die Beispiele 1 bis 3 in Abb. 7.3 gezeigt wurde.

In (10.24) werden nun gleiche Momente zusammengefaßt, für ψ_s wird (10.19) und für ψ_s^{u} (10.20) eingesetzt. Die so erhaltene *2. Gruppe* der Gleichungen ist für jeden Plan $r = \text{I}$ bis n zu formulieren und lautet

$$r: \quad \boxed{\sum_k \left(\vartheta_{tr} - \vartheta_{sr} \right) M_k + \sum_{q=1}^{n} \alpha_{rq} \psi_q = L_r} \tag{10.25}$$

mit $\sum\limits_k$ Summe über alle Knoten k und Auflagereinspannungen

$$\alpha_{rq} = -\sum_s N_s^{\text{II}} l_s \vartheta_{sr} \vartheta_{sq} \tag{10.26}$$

$$L_r = -A_r^{\text{L}} + \sum_s N_s^{\text{II}} l_s \left(\psi_s^0 + \psi_s^{\text{e}} \right) \vartheta_{sr} \tag{10.27}$$

A_r^{L} virtuelle Arbeit der Lasten, wobei die Verschiebungen aus *Plan r* als virtuelle Verschiebungen verwendet werden

Die Matrix des Gleichungssystems ist wieder *symmetrisch*.

Nach Auflösung des Gleichungssystems ergeben sich die ψ_s^{u} nach (10.20) und die ψ_s nach (10.19). Abb. 10.7 zeigt die rekursive Ermittlung der Knotenverschiebungskomponenten $\delta_{k,\text{h}}^{\text{u}}$ und $\delta_{k,\text{v}}^{\text{u}}$, ausgehend von einem festen Auflager. Gegebenenfalls sind die eingeprägten Anteile $\delta_{k,\text{h}}^{\text{e}}$ und $\delta_{k,\text{v}}^{\text{e}}$ zu überlagern.

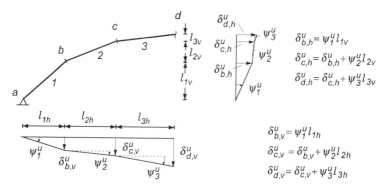

resultierende Verschiebungen: $\delta_{k,h} = \delta_{k,h}^u + \delta_{k,h}^e$, $\delta_{k,v} = \delta_{k,v}^u + \delta_{k,v}^e$

Abb. 10.7 Berechnung der Knotenverschiebungskomponenten $\delta_{k,h}$, $\delta_{k,v}$

Beispiel: Zweigelenkrahmen

Als Beispiel wird der bereits in Abb. 7.3 (als Beispiel 3) behandelte Rahmen gewählt. Diese Aufgabe mit den Zahlenwerten für alle gegebenen Größen zeigt Abb. 10.8. Das Gleichungssystem hat die unbekannten Momente M_b, M_c, M_d und die unbekannten Grundstabdrehwinkel ψ_I und ψ_{II}. Es lautet gemäß (10.23) und (10.25)

$$
\begin{bmatrix}
d_b & \beta_2 & & \vartheta_{2I}-\vartheta_{1I} & \vartheta_{2II}-\vartheta_{1II} \\
\beta_2 & d_c & \beta_3 & \vartheta_{3I}-\vartheta_{2I} & \vartheta_{3II}-\vartheta_{2II} \\
& \beta_3 & d_d & \vartheta_{4I}-\vartheta_{3I} & \vartheta_{4II}-\vartheta_{3II} \\
\hline
\vartheta_{2I}-\vartheta_{1I} & \vartheta_{3I}-\vartheta_{2I} & \vartheta_{4I}-\vartheta_{3I} & \alpha_{I\,I} & \alpha_{I\,II} \\
\vartheta_{2II}-\vartheta_{1II} & \vartheta_{3II}-\vartheta_{2II} & \vartheta_{4II}-\vartheta_{3II} & \alpha_{II\,I} & \alpha_{II\,II}
\end{bmatrix}
\cdot
\begin{bmatrix}
M_b \\ M_c \\ M_d \\ \hline \psi_I \\ \psi_{II}
\end{bmatrix}
=
\begin{bmatrix}
L_b \\ L_c \\ L_d \\ \hline L_I \\ L_{II}
\end{bmatrix}
$$

$$(10.28)$$

Die Riegel werden nach Theorie I. Ordnung, das heißt mit $N_2^{II} = N_3^{II} = 0$ berechnet.

Für die Stiele wird angesetzt

$$N_1^{II} = -\left(V_b + gl_2 + 0{,}75\,qa - H\frac{l_1}{2a}\right) = -238{,}8 \text{ kN}$$

$$N_4^{II} = -\left(V_d + gl_2 + 0{,}25\,qa + H\frac{l_1}{2a}\right) = -210{,}6 \text{ kN}$$

Damit ergeben sich folgende Funktionswerte b_j:

Stab	b_0	b_1 (m)	b_2 (m^2)	b_3 (m^3)
1	0,7926	5,579	17,36	35,23
4	0,8164	5,628	17,44	35,32

Für die Gleichlast der Riegel erhält man

$$q_2 = g\cos\gamma + q\cos^2\gamma = 11{,}70 \text{ kN/m}, \quad q_3 = g\cos\gamma = 4{,}68 \text{ kN/m}$$

Die Berechnung der Werte α_s, β_s, d_k und L_k erfolgt wie bei der Dreimomentengleichung und wird deshalb hier nicht mehr gezeigt. Die bereits in Abb. 7.3 enthaltenen kinematischen Pläne werden in Abb. 10.8 wiederholt und mit Zahlenwerten versehen. Die ϑ_{sq} betragen nach (10.21)

s	1	2	3	4
$\vartheta_{sI} =$	1	0	0	1
$\vartheta_{sII} =$	$-0{,}5$	1	-1	0,5

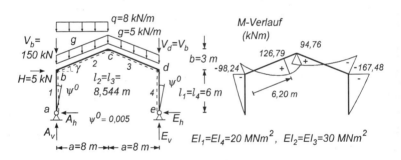

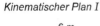

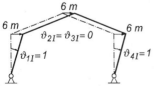

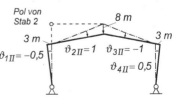

Abb. 10.8 Beispiel: Zweigelenkrahmen

Für die neu hinzukommenden Matrix- und Lastglieder gilt

$$(10.26): \alpha_{\text{I I}} = -\left(N_1^{\text{II}} l_1 \vartheta_{1\text{I}}^2 + N_4^{\text{II}} l_4 \vartheta_{4\text{I}}^2\right) = -\left(N_1^{\text{II}} + N_4^{\text{II}}\right) l_1 = 2\,697 \text{ kNm}$$

$$\alpha_{\text{I II}} = -\left(N_1^{\text{II}} l_1 \vartheta_{1\text{I}} \vartheta_{1\text{II}} + N_4^{\text{II}} l_4 \vartheta_{4\text{I}} \vartheta_{4\text{II}}\right) = \left(N_1^{\text{II}} - N_4^{\text{II}}\right) l_1 \, 0.5 =$$
$$-84.75 \text{ kNm} = \alpha_{\text{II I}}$$

$$\alpha_{\text{II II}} = -\left(N_1^{\text{II}} l_1 \vartheta_{1\text{II}}^2 + N_4^{\text{II}} l_4 \vartheta_{4\text{II}}^2\right) = -\left(N_1^{\text{II}} + N_4^{\text{II}}\right) l_1 \, 0.5^2 = 674.2 \text{ kNm}$$

Abb.7.3: $A_{\text{I}}^{\text{L}} = H l_1 = 30 \text{ kNm}, \quad A_{\text{II}}^{\text{L}} = -H b + \left(\frac{1}{2} q a + g l_2\right) a = 582.8 \text{ kNm}$

$$(10.27): L_{\text{I}} = -A_{\text{I}}^{\text{L}} + N_1^{\text{II}} l_1 \psi^0 \vartheta_{1\text{I}} + N_4^{\text{II}} l_4 \psi^0 \vartheta_{4\text{I}} =$$
$$-A_{\text{I}}^{\text{L}} + \left(N_1^{\text{II}} + N_4^{\text{II}}\right) l_1 \psi^0 = -43.48 \text{ kNm}$$

$$L_{\text{II}} = -A_{\text{II}}^{\text{L}} + N_1^{\text{II}} l_1 \psi^0 \vartheta_{1\text{II}} + N_4^{\text{II}} l_4 \psi^0 \vartheta_{4\text{II}} =$$
$$-A_{\text{II}}^{\text{L}} + \left(-N_1^{\text{II}} + N_4^{\text{II}}\right) l_1 \psi^0 0.5 = -582.3 \text{ kNm}$$

Gleichungssystem

$$\begin{bmatrix} 1.979 \cdot 10^{-4} & 4.747 \cdot 10^{-5} & 0 & -1 & 1.5 \\ 4.747 \cdot 10^{-5} & 1.899 \cdot 10^{-4} & 4.747 \cdot 10^{-5} & 0 & -2 \\ 0 & 4.747 \cdot 10^{-5} & 1.976 \cdot 10^{-4} & 1 & 1.5 \\ -1 & 0 & 1 & 2\,697 & -84.75 \\ 1.5 & -2 & 1.5 & -84.75 & 674.2 \end{bmatrix} \cdot \begin{bmatrix} M_b \\ M_c \\ M_d \\ \psi_{\text{I}} \\ \psi_{\text{II}} \end{bmatrix} = \begin{bmatrix} -0.01013 \\ -0.01419 \\ -0.004056 \\ -43.48 \\ -582.3 \end{bmatrix}$$

$\rightarrow M_b = -98.24 \text{ kNm}, \ M_c = 94.76 \text{ kNm}, \ M_d = -167.48 \text{ kNm},$

$\psi_{\text{I}} = 9.859 \cdot 10^{-3}, \ \psi_{\text{II}} = 9.783 \cdot 10^{-3}$

$(10.20), (10.21): \psi_1 = 4.968 \cdot 10^{-3}, \quad \psi_2 = 9.783 \cdot 10^{-3}$
$$\psi_3 = -9.783 \cdot 10^{-3}, \quad \psi_4 = 14.751 \cdot 10^{-3}$$

(wegen $\psi_s^{\text{e}} = 0$ ist $\psi_s = \psi_s^{\text{u}}$)

Tafel 6.1: $R_{ab} = R_{ba} = -18.75 \text{ kN}, \ R_{bc} = 72.55 \text{ kN}, \ R_{cb} = -27.37 \text{ kN}$
$$R_{cd} = -10.69 \text{ kN}, \ R_{dc} = -50.69 \text{ kN}, \ R_{de} = R_{ed} = 23.75 \text{ kN}$$

$(7.1), (7.2): N_1 = -236.39 \text{ kN}, \ N_{bc} = -52.58 \text{ kN}, \ N_{cb} = -15.10 \text{ kN}$
$$N_{cd} = -29.38 \text{ kN}, \ N_{dc} = -44.38 \text{ kN}, \ N_4 = -213.05 \text{ kN}$$

$A_v = -N_1, \quad A_h = R_{ab}, \quad E_v = -N_4, \quad E_h = R_{ed}$

2 Kontrollen: $\Sigma H = 0$, $\Sigma V = 0$ für ganzes System

Abb. 10.7: $\delta_{b,h} = \psi_1 l_1 = 0{,}0298$ m, $\quad \delta_{c,h} = \delta_{b,h} + \psi_2 b = 0{,}0592$ m

$\quad\quad\quad \delta_{d,h} = \delta_{c,h} - \psi_3 b = 0{,}0885$ m, $\quad \delta_{e,h} = \delta_{d,h} - \psi_4 l_4 = 0$ (Kontrolle)

$\quad\quad\quad \delta_{b,v} = 0, \quad \delta_{c,v} = \psi_2 a = 0{,}0783$ m, $\quad \delta_{d,v} = \delta_{c,v} + \psi_3 a = 0$ (Kontrolle)

Die Ermittlung der Zustandsgrößen ist damit abgeschlossen. Zusätzlich soll für die vorliegende Aufgabe noch die Anwendung des Prinzips der virtuellen Kräfte (Abschnitt 8.2), der Mohrschen Analogie (Abschnitt 8.3), des Mohrschen Verfahrens für rahmenartige Systeme (Abschnitt 8.4) und einer Mohrsche Kontrolle (Abschnitt 8.5) gezeigt werden.

Die benötigten Winkelgewichte der Knoten betragen (Tafel 6.2)

$\phi_b = \phi_{ba} + \phi_{bc} = -4{,}815 \cdot 10^{-3}, \qquad \phi_c = \phi_{cb} + \phi_{cd} = 19{,}57 \cdot 10^{-3}$

$\phi_d = \phi_{dc} + \phi_{de} = -24{,}53 \cdot 10^{-3}$

Abb. 10.9 zeigt die Anwendung der genannten Verfahren zur Bestimmung von $\delta_{c,v}$ bzw. δ_c sowie eine Mohrsche Kontrolle.

Lastfall Erwärmung von Stab 2 um $T_2 = 40\,°C$ und Auflagerabsenkung $\delta_a^e = 0{,}1$ m

Diese beiden Einwirkungen und die daraus hervorgehenden Größen δ_b^e, ψ_1^e und ψ_2^e sind bereits in Abb. 10.5 angegeben, wobei $\lambda_2^e = T_2 \alpha_T l_2 = 0{,}004101$ m ist ($\alpha_T = 1{,}2 \cdot 10^{-5}\,°C^{-1}$). Mit den Formeln der Abb. 10.5 erhält man am geometrisch bestimmten Gelenksystem

Last-fall	$\delta_{b,h}^e$ (mm)	$\delta_{b,v}^e$ (mm)	$10^3 \psi_1^e$	$10^3 \psi_2^e$	$10^3 L_b$	$10^3 L_c$	L_d	L_I (kNm)	L_{II} (kNm)
λ_2^e	-4,38	0	-0,730	0,180	-0,910	0,180	0	1,046	-0,5231
δ_a^e	37,5	100	6,250	-12,50	18,75	-12,50	0	-8,957	4,478

Die betrachteten Lastfälle sollen dem bereits berechneten Lastfall überlagert werden, das heißt, N_1^{II} und N_4^{II} sind beizubehalten, und die Matrix des Gleichungssystems bleibt unverändert. Für die Lastglieder, deren Zahlenwerte die oben angegebene Tabelle enthält, gilt

Prinzip der virtuellen Kräfte, Bestimmung von $\delta_{c,v}$

virtueller Lastfall, nach Reduktionssatz wird Gelenk in c eingeführt

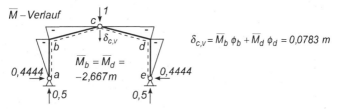

$\overline{M}$ – Verlauf

$\delta_{c,v} = \overline{M}_b\,\phi_b + \overline{M}_d\,\phi_d = 0{,}0783\ m$

$\overline{M}_b = \overline{M}_d = -2{,}667\ m$

Mohrsche Analogie, Bestimmung von $\delta_{c,v}$

Ersatzträger mit ideeller Belastung

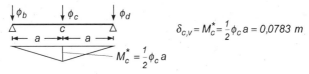

$\delta_{c,v} = M_c^* = \dfrac{1}{2}\phi_c\,a = 0{,}0783\ m$

$M_c^* = \dfrac{1}{2}\phi_c\,a$

Mohrsches Verfahren für rahmenartige Systeme, Bestimmung von δ_c

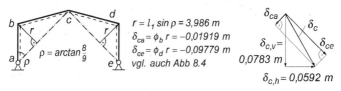

$r = l_1 \sin\rho = 3{,}986\ m$

$\delta_{ca} = \phi_b\,r = -0{,}01919\ m$

$\delta_{ce} = \phi_d\,r = -0{,}09779\ m$

vgl. auch Abb 8.4

$\rho = \arctan\dfrac{8}{9}$

$\delta_{c,v} = 0{,}0783\ m$

$\delta_{c,h} = 0{,}0592\ m$

Mohrsche Kontrolle gemäß Abb. 8.7

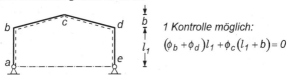

1 Kontrolle möglich:

$(\phi_b + \phi_d)l_1 + \phi_c(l_1 + b) = 0$

Abb. 10.9 Verschiebungsgrößenberechnung, Mohrsche Kontrolle

(9.10): $L_b = \psi_1^e - \psi_2^e,\quad L_c = \psi_2^e,\quad L_d = 0$

(10.27): $L_I = N_1^{II}l_1\psi_1^e\vartheta_{1I},\quad L_{II} = N_1^{II}l_1\psi_1^e\vartheta_{1II}\quad (A_I^L = A_{II}^L = 0)$

Die Auflösung des Gleichungssystems liefert M_b, M_c, M_d, ψ_I und ψ_{II}. Danach erhält man die ψ_s^u aus (10.20), die ψ_s aus (10.19), die $\delta_{k,h}^u$ und $\delta_{k,v}^u$ nach Abb. 10.7 und nach Überlagerung der $\delta_{k,h}^e$ und $\delta_{k,v}^e$ die resultierenden Verschiebungskomponenten $\delta_{k,h}$ und $\delta_{k,v}$.

Die Zahlenwerte lauten wie folgt:

Last-fall	M_b (kNm)	M_c (kNm)	M_d (kNm)	$10^3 \psi_I$	$10^3 \psi_{II}$	$10^3 \psi_1^u$	$10^3 \psi_2^u$	$10^3 \psi_3$	$10^3 \psi_4$
λ_2^e	-0,504	-0,782	-0,772	0,4814	-0,1945	0,5787	-0,1945	0,1945	0,3842
δ_a^e	-11,61	0,183	11,37	-11,65	6,262	-14,78	6,262	-6,262	-8,516

Last-fall	$10^3 \psi_1$	$10^3 \psi_2$	$\delta_{b,h}^u$ (mm)	$\delta_{c,h}$ (mm)	$\delta_{d,h}$ (mm)	$\delta_{b,h}$ (mm)	$\delta_{b,v}^u$ (mm)	$\delta_{c,v}$ (mm)	$\delta_{d,v}$ (mm)	$\delta_{b,v}$ (mm)
λ_2^e	-0,1513	-0,0145	3,47	2,89	2,31	-0,91	0	-1,56	0	0
δ_a^e	-8,528	-6,238	-88,7	-69,9	-51,1	-51,2	0	50,1	0	100

In den Knoten c und d ist $\delta_k^e = 0$ und deshalb $\delta_k = \delta_k^u$. Bemerkenswert ist, daß für δ_a^e beträchtliche Momente auftreten. Diese ergeben sich nur aus dem Einfluß der Theorie II. Ordnung. Im Fall der Theorie I. Ordnung würde nur eine Starrkörperbewegung ohne Schnittgrößen vorliegen.

Bemerkung: Die Verfahren der Abschnitte 8.2 bis 8.5 dürfen hier *nicht* ohne eine Erweiterung für eingeprägte Längsdehnungen bzw. Auflagerverschiebungen angewendet werden. Wie in Abschnitt 8.1 erwähnt, berücksichtigen diese Verfahren in der angegebenen Form nur M-Verformungen.

10.4 Verschieblicher und unverschieblicher Rechteckrahmen

Zunächst wird der in Abb. 10.10 dargestellte *verschiebliche, geschlossene Rechteckrahmen* mit angehängten Pendelstäben und Feder betrachtet und dafür das Gleichungssystem nach dem gemischten Kraftgrößen-Verschiebungsgrößenverfahren aufgestellt. Alle weiteren Rahmenfälle erhält man dann durch Streichen von Gliedern dieses Gleichungssystems.

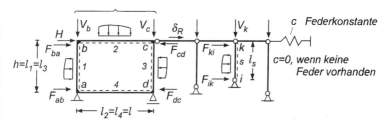

$$V = -(N_1^{II} + N_3^{II}) = resultierende\,Vertikallast\,auf\,Rahmen$$

Vorverformung: ψ^0 für alle Stiele gleich
w^0 für alle Stäbe möglich

Knotenkräfte F_{ab}, F_{ba} für Stiel 1, F_{cd}, F_{dc} für Stiel 3, F_{ik}, F_{ki} für Stiel s
ersetzen Querlast im Feld statisch gleichwertig
Drehfedern (s. Abb. 10.6) sind in allen Knoten a, b, c, d möglich

Abb. 10.10 Rechteckrahmen, allgemeiner Fall

Für das in Abb. 10.10 dargestellte System ergeben sich die Momente M_a, M_b, M_c, M_d als *unbekannte Kraftgrößen*, während die Verschiebung δ_R des Riegelstrangs als *unbekannte Verschiebungsgröße* gewählt wird.

Wenn längs des Riegelstranges *eingeprägte Längenänderungen* λ^e auftreten, so rufen diese (zusätzlich zur unbekannten Verschiebung δ_R) die Federzusammendrückung Δ^e, die Knotenverschiebungen δ_k^e und die Stabdrehwinkel $\psi_s^e = \delta_k^e / l_s$ hervor, so daß dann gilt

$$\delta_k = \delta_R + \delta_k^e \tag{10.29}$$

Zur Bestimmung von δ_k^e ist das *geometrisch bestimmte Gelenksystem* zugrunde zu legen, das an einem beliebigen Punkt des Riegelstrangs horizontal unverschieblich gehalten ist (z.B. in b oder c).

Der kinematische Plan ergibt sich aus der Riegelverschiebung $\delta_R = 1$ am Gelenksystem, woraus die Stielverdrehungen

$$\vartheta_1 = \vartheta_3 = \frac{1}{h}, \qquad \vartheta_s = \frac{1}{l_s} \tag{10.30}$$

hervorgehen.

Die Formulierung der Beziehungen (10.23) für die Punkte a, b, c, d und der Beziehung (10.25) für den kinematischen Plan führt zu folgendem Gleichungssystem (an die Stelle von ψ_I tritt δ_R):

Spalte: a   b   c   d   I

$$\text{Zeile:}\begin{array}{c} a \\ b \\ c \\ d \\ I \end{array}
\begin{bmatrix}
d_a & \beta_1 & & \beta_4 & 1/h \\
\beta_1 & d_b & \beta_2 & & -1/h \\
 & \beta_2 & d_c & \beta_3 & 1/h \\
\beta_4 & & \beta_3 & d_d & -1/h \\
\hline
1/h & -1/h & 1/h & -1/h & \alpha_I
\end{bmatrix}
\cdot
\begin{bmatrix} M_a \\ M_b \\ M_c \\ M_d \\ \delta_R \end{bmatrix}
=
\begin{bmatrix} L_a \\ L_b \\ L_c \\ L_d \\ L_I \end{bmatrix}
\qquad (10.31)$$

Für die einzelnen Glieder gilt

$$(9.9):\ d_a = \alpha_4 + \frac{1}{\hat{c}_a} + \alpha_1, \quad d_b = \alpha_1 + \frac{1}{\hat{c}_b} + \alpha_2$$

$$d_c = \alpha_2 + \frac{1}{\hat{c}_c} + \alpha_3, \quad d_d = \alpha_3 + \frac{1}{\hat{c}_d} + \alpha_4 \qquad\qquad (10.32)$$

β_s, α_s nach (9.3) bzw. (9.3a)

$$(9.10):\ L_a = -\phi_{ad}^0 - \phi_{ab}^0 + \psi_4^e - \psi_1^e, \quad L_b = -\phi_{ba}^0 - \phi_{bc}^0 + \psi_1^e - \psi_2^e$$

$$L_c = -\phi_{cb}^0 - \phi_{cd}^0 + \psi_2^e - \psi_3^e, \quad L_d = -\phi_{dc}^0 - \phi_{da}^0 + \psi_3^e - \psi_4^e \qquad (10.33)$$

ϕ_{ik}^0, ϕ_{ki}^0 nach Tafel 6.2 bzw. (9.5), (9.6), (9.5a), (9.6a)

$$(10.26):\ \alpha_I = \frac{V}{h} + \sum_k \frac{V_k}{l_s} - c, \quad V \text{ nach Abb. 10.10} \qquad (10.34)$$

$$\sum_k \text{ Summe über die Lasten } V_k \text{ der Pendelstäbe}$$

$$(10.27):\ L_I = -\Bigg[H + F_{ba} - F_{cd} + \sum_k F_{ki} + \left(V + \sum_k V_k\right)\psi^0 - N_1^{II}\psi_1^e - N_3^{II}\psi_3^e$$

$$+ \sum_k V_k \psi_s^e - \Delta^e c \Bigg] \qquad (10.35)$$

δ_b^e, δ_c^e, δ_k^e, Δ^e nur bei λ^e im Bereich des Riegelstrangs

Beispiele aussteifender Elemente, die durch eine Feder modelliert werden können

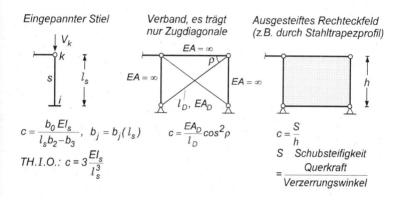

Eingepannter Stiel	Verband, es trägt nur Zugdiagonale	Ausgesteiftes Rechteckfeld (z.B. durch Stahltrapezprofil)

$$c = \frac{b_0 \, EI_s}{l_s b_2 - b_3}, \quad b_j = b_j(l_s)$$

$$c = \frac{EA_D}{l_D} \cos^2 \rho$$

$$c = \frac{S}{h}$$

$$TH.I.O.: \; c = 3\frac{EI_s}{l_s^3}$$

S Schubsteifigkeit

$= \dfrac{Querkraft}{Verzerrungswinkel}$

Abb. 10.11 Federsteifigkeiten von aussteifenden Elementen

Ersatz aufgestellter Pendelstäbe durch angehängte Pendelstäbe

Wie Abb. 10.12 zeigt, lassen sich aufgestellte durch angehängte Pendelstäbe ersetzen, indem diese Stäbe bezüglich der Riegelachse einschließlich Vorverformung und Querlast nach unten geklappt werden. Danach läßt sich das System mit den angegebenen Formeln berechnen.

Abb. 10.12 Ersatz aufgestellter durch angehängte Pendelstäbe

Weitere Rahmenfälle, deren Gleichungssystem aus dem allgemeinen System nach (10.31) durch Streichen von Gliedern hervorgeht

Stab 4 nicht vorhanden	Die auf Stab 4 bezogenen Anteile α_4, β_4, ϕ_{ad}^0, ϕ_{da}^0, ψ_4^e entfallen.
Rahmen unverschieblich, $\delta_R = 0$	Zeile und Spalte I sind zu streichen, Berechnung erfolgt mit Dreimomentengleichung.
Gelenk in a, b, c bzw. d	Zeile und Spalte a, Zeile und Spalte b, Zeile und Spalte c bzw. Zeile und Spalte d sind zu streichen.

Alle geänderten Systembedingungen können in beliebiger Kombination vorhanden sein.

Bemerkung zur Fließgelenktheorie: Anstelle von Gelenken können in a, b, c und d auch *Fließgelenke* berücksichtigt werden. In diesem Fall ist wieder die betreffende Zeile zu streichen, die betreffende Spalte aber mit dem (bekannten) Fließgelenkmoment zu multiplizieren und auf die rechte Seite zu stellen. Sind z.B. Fließgelenke in c und d mit $M_c = -M_{pl}$ und $M_d = M_{pl}$ vorhanden, so erhält man aus (10.31) das Gleichungssystem

$$\begin{bmatrix} d_a & \beta_1 & 1/h \\ \beta_1 & d_b & -1/h \\ 1/h & -1/h & \alpha_I \end{bmatrix} \cdot \begin{bmatrix} M_a \\ M_b \\ \delta_R \end{bmatrix} = \begin{bmatrix} L_a - \beta_4 M_{pl} \\ L_b + \beta_2 M_{pl} \\ L_I + 2M_{pl}/h \end{bmatrix}$$

Beispiel 1: Verschieblicher Zweigelenkrahmen

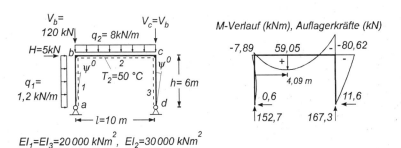

$EI_1 = EI_3 = 20\,000 \text{ kNm}^2$, $EI_2 = 30\,000 \text{ kNm}^2$

Abb. 10.13 Beispiel 1: Verschieblicher Zweigelenkrahmen, M-Verlauf, Auflagerkräfte

Das in Abb. 10.13 dargestellte Beispiel besteht aus einem verschieblichen Zweigelenkrahmen. Neben den Lasteinwirkungen erfährt der Riegel eine Erwärmung, aus der sich die Längenänderung $\lambda_2^e = T_2 \alpha_T l_2 = 0,006$ m ergibt ($\alpha_T = 1,2 \cdot 10^{-5}\,°\text{C}^{-1}$).

Das maßgebende Gleichungssystem mit den Unbekannten M_b, M_c und δ_R geht aus (10.31) durch Streichen der Zeilen a, d, der Spalten a, d und Weglassen der auf den Stab 4 bezogenen Anteile hervor und lautet dann

$$
\begin{bmatrix} d_b & \beta_2 & -1/h \\ \beta_2 & d_c & 1/h \\ -1/h & 1/h & \alpha_{\mathrm{I}} \end{bmatrix} \cdot \begin{bmatrix} M_b \\ M_c \\ \delta_{\mathrm{R}} \end{bmatrix} = \begin{bmatrix} L_b \\ L_c \\ L_{\mathrm{I}} \end{bmatrix}
\tag{10.36}
$$

Näherungsweise (aber praktisch ausreichend genau) wird mit gleichen Stiellängskräften $N_1^{\mathrm{II}} = N_3^{\mathrm{II}}$ und mit $N_2^{\mathrm{II}} = 0$ gerechnet. Man erhält

$$
V = V_b + V_c + q_2 l_2 = 320 \text{ kN} \quad \rightarrow \quad N_1^{\mathrm{II}} = N_3^{\mathrm{II}} = -V/2 = -160 \text{ kN}
$$

Stiele

$K = -0,008 \text{ m}^{-2}$, $b_0 = 0,8594$, $b_1 = 5,716$ m, $b_2 = 17,57$ m^2, $b_3 = 35,49$ m^3, $b_4 = 53,48$ m^4, $\alpha_1 = \alpha_3 = 0,1020 \cdot 10^{-3}(\text{kNm})^{-1}$, $\phi_{ba}^0 = 0,5560 \cdot 10^{-3}$

Riegel

$\alpha_2 = 0,1111 \cdot 10^{-3}(\text{kNm})^{-1}$, $\beta_2 = \alpha_2/2$, $\phi_{bc}^0 = \phi_{cb}^0 = 0,01111$

Geometrisch bestimmtes Gelenksystem: Punkt b wird gehalten

$$
\rightarrow \quad \delta_c^e = \lambda_2^e, \quad \psi_3^e = \frac{\delta_c^e}{h} = 0,001
$$

Gleichungssystem

$d_b = \alpha_1 + \alpha_2 = 0,2131 \cdot 10^{-3}(\text{kNm})^{-1} = d_c$, $L_b = -\phi_{ba}^0 - \phi_{bc}^0 = -0,01167$,

$L_c = -\phi_{cb}^0 - \psi_3^e = -0,01211$

$\alpha_{\mathrm{I}} = \dfrac{V}{h} = 53,33$ kN/m, $L_{\mathrm{I}} = -\left(H + \dfrac{1}{2}q_1 h + V\psi^0 - N_3^{\mathrm{II}}\psi_3^e \right) = -10,36$ kN

Auflösung: $M_b = -7,89$ kNm, $M_c = -80,62$ kNm, $\delta_{\mathrm{R}} = 0,03304$ m

Verschiebungsgrößen

$\delta_b = \delta_{\mathrm{R}}$, $\delta_c = \delta_{\mathrm{R}} + \delta_c^e = 0,03904$ m, $\psi_1 = \delta_b/h = 0,005507$, $\psi_3 = \delta_c/h = 0,006507$

Transversalkräfte

$R_a = 0{,}60$ kN, $\quad R_{ba} = -6{,}60$ kN, $\quad R_{bc} = 32{,}73$ kN, $\quad R_{cb} = -47{,}27$ kN

$R_{cd} = R_{dc} = 11{,}60$ kN

Längskräfte

$N_1 = -152{,}7$ kN, $\quad N_2 = -11{,}6$ kN, $\quad N_3 = -167{,}3$ kN

Auflagerkräfte: siehe Abb. 10.13

Verzweigungslastfaktor: $\eta_{Ki} = 6{,}137 \ \to \ s_{K,1} = s_{K,3} = 14{,}18$ m

Beispiel 2: wie Beispiel 1, jedoch mit Gelenk in c

Nach Streichen der 2. Zeile und Spalte in (10.36) erhält man hier folgendes
Gleichungssystem:

$$\begin{bmatrix} d_b & -1/h \\ \hline -1/h & \alpha_{\mathrm{I}} \end{bmatrix} \cdot \begin{bmatrix} M_b \\ \hline \delta_{\mathrm{R}} \end{bmatrix} = \begin{bmatrix} L_b \\ \hline L_{\mathrm{I}} \end{bmatrix} \tag{10.37}$$

Auflösung: $M_b = 143{,}11$ kNm, $\quad \delta_{\mathrm{R}} = 0{,}2530$ m

Verzweigungslastfaktor: $\eta_{Ki} = 2{,}411 \ \to \ s_{K,1} = 22{,}62$ m

Durch Einführung des Gelenks in c ist die Knicklast auf etwa 40 % gefallen.

**Beispiel 3: Verschieblicher, eingespannter Rahmen mit angehängten
Pendelstäben und eingespannten Stielen als Federelemente**

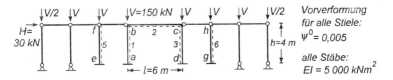

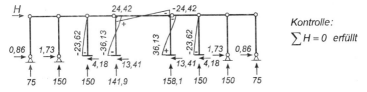

M-Verlauf (kNm), Auflagerkräfte (kN)

Abb. 10.14 Beispiel 3: Verschieblicher, eingespannter Rahmen

Wie Abb. 10.14 zeigt, besteht Beispiel 3 aus einem eingespannten Rechteck-rahmen mit angehängten Pendelstäben und zusätzlichen eingespannten Stielen, die als Feder mit der Konstanten $c = c_f + c_h = 2c_f$ gemäß Abb. 10.10 modelliert werden können.

Rechnet man mit $N_1^{II} = N_2^{II} = -V$, so ist der Rahmen hinsichtlich Geome-trie und Steifigkeiten *symmetrisch* und weist aufgrund seiner Belastung einen *antimetrischen* Momenten- und Verschiebungszustand auf, das heißt, es ist $M_d = -M_a$ und $M_c = -M_b$. Darüber hinaus ist Stab 4 gemäß Abb. 10.10 nicht vorhanden. Das Gleichungssystem (10.31) mit 5 Unbekannten wird damit auf eines mit 3 Unbekannten reduziert und lautet

$$
\begin{bmatrix}
d_a & \beta_1 & 1/h \\
\beta_1 & d_b - \beta_2 & -1/h \\
2/h & -2/h & \alpha_I
\end{bmatrix}
\cdot
\begin{bmatrix}
M_a \\
M_b \\
\delta_R
\end{bmatrix}
=
\begin{bmatrix}
L_a \\
L_b \\
L_I
\end{bmatrix}
\tag{10.38}
$$

Die Matrix ist nicht mehr symmetrisch, was aber durch Division der letzten Gleichung durch 2 leicht erreicht werden könnte.

Für den Riegel wird wieder $N_2^{II} = 0$ angenommen. Die Stiele 1, 3, 5 und 6 haben gleiche Längskräfte $N_s^{II} = -V$, gleiche EI und deshalb auch gleiche b_j. Mit $K^{II} = -0,03 \text{ m}^{-2}$ erhält man

$b_0 = 0,7694$, $b_1 = 3,688 \text{ m}$, $b_2 = 7,685 \text{ m}^2$, $b_3 = 10,41 \text{ m}^3$

Nach Abb. 10.11 ergibt sich für den Stiel 5 $c_f = 189,3 \text{ kN/m}$ und für beide Stiele 5 und 6 zusammen $c = 2c_f = 378,5 \text{ kN/m}$.

Mit $\alpha_1 = 0,2756 \cdot 10^{-3} (\text{kNm})^{-1}$, $\beta_1 = 0,1412 \cdot 10^{-3} (\text{kNm})^{-1}$, $\alpha_2 = 0,4 \cdot 10^{-3} (\text{kNm})^{-1}$ und $\beta_2 = \alpha_2/2$ bestimmen sich die Glieder des Gleichungssystem aus

$d_a = \alpha_1$, $d_b - \beta_2 = \alpha_1 + \alpha_2 - \beta_2 = 0,4756 \cdot 10^{-3} (\text{kNm})^{-1}$, $\alpha_I = (2V + 3V)/h - c =$ $-191,0 \text{ kN/m}$, $L_a = L_b = 0$, $L_I = -(H + 7V\psi^0) = -35,25 \text{ kN}$

Auflösung: $M_a = -36,13 \text{ kNm}$, $M_b = 24,42 \text{ kNm}$, $\delta_R = 0,02604 \text{ m}$

Tafel 6.3: $\overline{R}_{fe} = R_{fe} - N_5^{II} \psi^0 = c_f \delta_R = 4,93 \text{ kN} \rightarrow R_{fe} = 4,18 \text{ kN} = R_{ef}$

M-Verlauf und Auflagerkräfte sind in Abb. 10.14 angegeben.

Verzweigungslastfaktor: $\eta_{Ki} = 5,687 \rightarrow s_{K,1} = s_{K,3} = s_{K,5} = s_{K,6} = 7,606 \text{ m}$

Beispiel 4: Verschieblicher, geschlossener Rahmen mit aufgestellten Pendelstäben, Anwendung der Belastungsumordnung

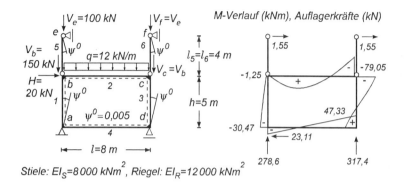

Abb. 10.15 Beispiel 4: Verschieblicher, geschlossener Rahmen

Anhand des in Abb. 10.15 dargestellten Beispiels 4 soll neben der Anwendung des zur Diskussion stehenden Verfahrens die bei *symmetrischen* Systemen mögliche *Belastungsumordnung* gezeigt werden. Voraussetzung bei Theorie II. Ordnung ist, daß das System hinsichtlich *Geometrie* und *Steifigkeit symmetrisch* ist, das heißt, daß auch die Längskräfte N_s^{II} symmetrisch sein müssen. Dies ist mit der Annahme $N_1^{II} = N_3^{II} = -V/2 = -298$ kN erfüllt, wobei definitionsgemäß $V = ql + 2(V_b + V_e) = 596$ kN ist. Für die Riegel wird mit $N_2^{II} = N_4^{II} = 0$ gerechnet. Der Rahmen besitzt demnach 2 Symmetrieachsen.

Die Belastungsumordnung teilt nun die gegebene Belastung in einen Lastfall *Symmetrie* und einen Lastfall *Antimetrie* auf. Im Lastfall Symmetrie sind die Zustandsgrößen spiegelgleich, im Lastfall Antimetrie spiegelgleich und mit umgekehrter Wirkungsrichtung. Speziell für die Momente gilt, daß zugeordnete Punkte im Lastfall Symmetrie gleiche, im Lastfall Antimetrie entgegengesetzt gleiche Werte aufweisen. Mit dieser Regel ist es möglich, die Anzahl der Unbekannten in den beiden Lastfällen zu vermindern und so die Berechnung zu vereinfachen. Für die Eigenwertberechnung ist dieses Vorgehen auch zulässig, da die interessierende *Knickfigur* eines symmetrischen Systems immer entweder *symmetrisch* oder *antimetrisch* ist. Dabei ist (wie stets) der Zustand mit dem kleineren Verzweigungslastfaktor

η_{Ki} maßgebend. Nach dem Superpositionsgesetz der Theorie II. Ordnung (siehe Abschnitt 4.4) müssen in beiden Lastfällen dieselben N_s^{II} (nämlich die des resultierenden Lastfalls) zugrunde gelegt werden, deren Werte hier bereits angegeben wurden.

Lastfall Symmetrie (Index ^{S})

Für die Unbekannten von (10.31) gilt

$$M_d^S = M_a^S, \qquad M_c^S = M_b^S, \qquad \delta_R^S = 0$$

Damit ergeben sich die ersten beiden Gleichungen von (10.31)

$$\begin{bmatrix} d_a + \beta_4 & \beta_1 \\ \beta_1 & d_b + \beta_2 \end{bmatrix} \cdot \begin{bmatrix} M_a^S \\ M_b^S \end{bmatrix} = \begin{bmatrix} L_a^S \\ L_b^S \end{bmatrix} \tag{10.39}$$

Diese sind bereits ausreichend. Die weiteren Gleichungen c und d beinhalten das gleiche, während Gleichung I trivial wird. Als Einwirkung ist nur q vorhanden. Man erhält folgende Zahlenwerte:

$$\begin{bmatrix} 0{,}5559 \cdot 10^{-3} & 0{,}1167 \cdot 10^{-3} \\ 0{,}1167 \cdot 10^{-3} & 0{,}5559 \cdot 10^{-3} \end{bmatrix} \cdot \begin{bmatrix} M_a^S \\ M_b^S \end{bmatrix} = \begin{bmatrix} 0 \\ -0{,}02133 \end{bmatrix}$$

Auflösung: $M_a^S = 8{,}43$ kNm, $\quad M_b^S = -40{,}15$ kNm

Lastfall Antimetrie (Index ^{A})

Für die Unbekannten von (10.31) gilt

$$M_d^A = -M_a^A, \qquad M_c^A = -M_b^A$$

und, da der Zustand jetzt auch antimetrisch bezüglich der horizontalen Achse ist,

$$M_b^A = -M_a^A \text{ und damit } M_c^A = M_a^A.$$

Die Gleichungen a und I von (10.31) liefern

$$\begin{bmatrix} d_a - \beta_1 - \beta_4 & 1/h \\ \hline 4/h & \alpha_I \end{bmatrix} \cdot \begin{bmatrix} M_a^A \\ \hline \delta_R \end{bmatrix} = \begin{bmatrix} L_a^A \\ \hline L_I \end{bmatrix} \tag{10.40}$$

Die weggelassenen Gleichungen b, c, d sind identisch mit Gleichung a.

Hier sind nun die Vorverformungen ψ^0 und die Last H zu berücksichtigen. Damit erhält man die Zahlenwerte

$$\begin{bmatrix} 0{,}2169 \cdot 10^{-3} & 0{,}2 \\ \hline 0{,}8 & 169{,}2 \end{bmatrix} \cdot \begin{bmatrix} M_a^A \\ \hline \delta_R \end{bmatrix} = \begin{bmatrix} 0 \\ \hline -23{,}98 \end{bmatrix}$$

wobei für α_I und L_I die Formeln gelten

(10.34): $\alpha_I = \dfrac{V}{h} + 2\dfrac{V_e}{l_5}$, (10.35): $L_I = -\left[H + \left(V + 2V_e\right)\psi^0\right]$

Auflösung: $M_a^A = -38{,}90$ kN, $\delta_R = 0{,}04219$ m

Überlagerung

$M_a = 8{,}43 - 38{,}90 = -30{,}47$ kNm, $M_b = -40{,}15 + 38{,}90 = -1{,}25$ kNm

$M_c = -40{,}15 - 38{,}90 = -79{,}05$ kNm, $M_d = 8{,}43 + 38{,}90 = 47{,}33$ kNm

$\delta_R = 0{,}04219$ m

Diese Unbekannten erhält man selbstverständlich auch, wenn der resultierende Lastfall betrachtet und das voll besetzte Gleichungssystem (10.31) gelöst wird. M-Verlauf und Auflagerkräfte sind in Abb. 10.15 wiedergegeben. Letztere sind mit Hilfe der R_{ik}, des Knotengleichgewichts und der N_{ik} zu bestimmen.

Aus der Anschauung folgt hier eindeutig, daß antimetrisches Knicken maßgebend ist. Aus dem Lastfall Antimetrie erhält man $\eta_{Ki} = 4{,}243$ und damit $s_{K,1} = s_{K,3} = 7{,}902$ m.

11 Drehwinkelverfahren

11.1 Allgemeines

Wie bei den bisher behandelten Verfahren werden auch beim Drehwinkelverfahren die N-Verformungen vernachlässigt. Darin liegt der *wesentliche* Unterschied zum allgemeinen Verschiebungsgrößenverfahren (Kapitel 14), während die Tatsache, daß einmal Drehwinkel und das andere Mal auch Verschiebungen als Unbekannte verwendet werden, *unwesentlich* ist.

Die Vernachlässigung der N-Verformungen führt dazu, daß beim Drehwinkelverfahren in der Regel soviel Unbekannte weniger als beim Verschiebungsgrößenverfahren vorhanden sind, wie das System Stäbe aufweist.

Besonders einfach herzuleiten und anzuwenden ist das Drehwinkelverfahren für *unverschiebliche* Systeme. Hier sind als Unbekannte nur *Knotendrehwinkel* vorhanden, und die Bestimmungsgleichungen ergeben sich nur aus dem *Momentengleichgewicht* der Knoten.

Bei *verschieblichen* Systemen treten als zusätzliche Unbekannte *Grundstabdrehwinkel* (wie in Abschnitt 10.3) auf, und es sind zur Aufstellung des Gleichungssystems zusätzlich *Systemgleichgewichtsbedingungen* gemäß Abschnitt 7.3 zu formulieren.

Es gilt die Vorzeichenvereinbarung "V" (siehe Abb. 5.5). Die positiven Stabend- und Knotenmomente sind in Abb. 11.1 noch einmal angegeben.

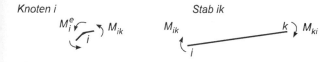

Knoten i   *Stab ik*

M_i^e M_{ik} M_{ik} k M_{ki}

Abb. 11.1 Positive Momente an Stabenden und Knoten

11.2 Drehwinkelverfahren für unverschiebliche Systeme

Knoten mit unbekannten Drehwinkeln im Sinne des Drehwinkelverfahrens sind dort vorhanden, wo *freie Drehbarkeit* vorliegt und *statisch unbestimmte Stabendmomente* auftreten.

Im Beispiel der Abb. 11.2 sind die Punkte e und b Knoten, der Punkt f nicht, da dort das Moment statisch bestimmt ist und der Kragarm abgeschnitten werden kann. Für den Punkt b trifft dies nicht zu, weil M_b für $V_c \neq 0$ nach den Formeln der Theorie II. Ordnung (siehe Tafel 6.3) auch von

φ_b abhängt. Die Annahme eines Knotens in b ist aber auch im Fall $V_c = 0$ zulässig (jedoch nicht notwendig).

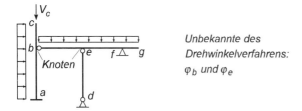

Unbekannte des
Drehwinkelverfahrens:
φ_b und φ_e

Abb. 11.2 Definition der Knoten für Drehwinkelverfahren

Grundlage des Drehwinkelverfahrens sind die nachfolgend angegebenen Formeln für die Stabendmomente in Abhängigkeit der Knoten- und Stabdrehwinkel.

Lagerungsfall 1 $i \vdash\!\!\!\underset{s}{\rule{2cm}{0pt}}\!\!\!\dashv k$

$$M_{ik} = M_{ik}^0 + \kappa_{ik}\varphi_i + \lambda_s\varphi_k - \eta_{ik}\psi_s^{\mathrm{u}}$$

$$M_{ki} = M_{ki}^0 + \kappa_{ki}\varphi_k + \lambda_s\varphi_i - \eta_{ki}\psi_s^{\mathrm{u}}$$
$\left.\rule{0pt}{1.2cm}\right\}$ (11.1)

dabei gilt

$$\kappa_{ik} = \kappa_{ki} = \kappa_s, \qquad \eta_{ik} = \eta_{ki} = \eta_s = \kappa_s + \lambda_s \tag{11.2}$$

Die von der Querlast des Stabes hervorgerufenen „Volleinspannmomente" M_{ik}^0, M_{ki}^0 können der Tafel 6.5 ab der Zeile mit $q = konst.$ entnommen werden. Die Formeln für die Koeffizienten ergeben sich aus den ersten 3 Zeilen der Tafel 6.5, sie sind in Tafel 11.1 noch einmal angegeben.

Lagerungsfall 2 $i \vdash\!\!\!\underset{s}{\rule{2cm}{0pt}}\!\!\!\circ\!\!\dashv k$

$$M_{ik} = M_{ik}^0 + \kappa_{ik}\varphi_i - \eta_{ik}\psi_s^{\mathrm{u}} \tag{11.3}$$

mit $\kappa_{ik} = \eta_{ik}$ (11.4)

M_{ik}^0 erhält man aus Tafel 6.4 ab der Zeile mit M_k. Die ersten beiden Zeilen liefern die in Tafel 11.1 angegebenen Formeln für $\kappa_{ik} = \eta_{ik}$.

Lagerungsfall 3 $i \longmapsto\underset{s}{\quad} k$

$$M_{ik} = M_{ik}^0 + \kappa_{ik}\varphi_i \qquad (11.5)$$

M_{ik}^0 ist der Tafel 6.3 ab der Zeile mit M_k zu entnehmen. Die erste Zeile liefert die in Tafel 11.1 wiedergegebene Formel für κ_{ik}. Im Sonderfall $N_s^{\mathrm{II}} = 0$ wird $\kappa_{ik} = 0$ und $M_{ik} = M_{ik}^0$, das heißt, M_{ik} ist, wie bereits erwähnt, dann statisch bestimmt.

Tafel 11.1 Koeffizienten κ_{ik}, κ_{ki}, λ_s (Stabindex s weggelassen)

Theorie I. Ordnung

Lagerungs-fall	1 $i \longmapsto k$		2 $i \longmapsto\!\!\!\circ k$	3 $i \longmapsto k$	
$\kappa_{ik} =$	$\dfrac{lb_2 - b_3}{b_2^2 - b_1 b_3} EI$	$4\dfrac{EI}{l}$	$\dfrac{b_1}{b_2 - b_3/l} EI \quad 3\dfrac{EI}{l}$	$\dfrac{b_1}{b_0} N^{\mathrm{II}}$	0
$\kappa_{ki} =$			0	$-$	
$\lambda =$	$\dfrac{b_3}{b_2^2 - b_1 b_3} EI$	$2\dfrac{EI}{l}$	0	$-$	

Bemerkenswert ist, daß bei den beiden Lagerungsfällen 1 und 2 die Vorverformung ψ^0 die Momente M_{ik}^0 und M_{ki}^0 nicht beeinflußt und daß w^0 als Zuschlag zu $q = \mathit{konst}.$ berücksichtigt werden kann. Beides trifft für den Lagerungsfall 3 nicht zu.

Treten eingeprägte Stabdrehwinkel ψ_s^{e} auf, was nur in den ersten beiden Lagerungsfällen möglich ist, so gilt

$$M_{ik}^0 = -\eta_{ik}\psi_s^{\mathrm{e}} \qquad (11.6)$$

und für Lagerungsfall 1 darüber hinaus $M_{ki}^0 = M_{ik}^0$.

Dabei haben die ψ_s^{e} die gleiche Bedeutung wie in Abschnitt 9.2 bei der Dreimomentengleichung.

Mit (11.1) und (11.3) wurden bereits die allgemeinen, auch für verschiebliche Systeme gültigen Formeln angeschrieben. Bei den hier betrachteten *unverschieblichen* Systemen ist stets $\psi_s^{\mathrm{u}} = 0$ (nicht jedoch ψ_s^{e}).

Das Momentengleichgewicht am Knoten i lautet

$$\sum_k M_{ik} + M_i^e = 0 \qquad (11.7)$$

wobei mit M_i^e ein eingeprägtes Moment (z.B. aus Kragarm mit $N^{II} = 0$) berücksichtigt werden kann.

Das Gleichungssystem für die unbekannten Knotendrehwinkel φ_k erhält man durch Einsetzen der Momente M_{ik} gemäß (11.1), (11.3) bzw. (11.5) in (11.7). Es lautet

$$\boxed{\sum_k \alpha_{ik}\varphi_k = L_i} \qquad \text{für alle Knoten } i \qquad (11.8)$$

Für die Hauptdiagonalglieder gilt

$$\alpha_{ii} = \sum_k \kappa_{ik} \qquad (11.9)$$

Die Summe erstreckt sich über alle am Knoten i eingespannten Stäbe. Für die übrigen Glieder gilt

$$\alpha_{ik} = \alpha_{ki} = \lambda_s \text{ , wenn } k \text{ dem Knoten } i \text{ benachbart ist, sonst } \alpha_{ik} = 0 \qquad (11.10)$$

Die Lastglieder berechnen sich aus

$$L_i = -\sum_k M_{ik}^0 - M_i^e \qquad (11.11)$$

wobei sich die Summe über alle am Knoten i vorhandenen Volleinspannmomente erstreckt.

Nach Auflösung des Gleichungssystems erhält man die Stabendmomente aus (11.1), (11.3) bzw. (11.5). Danach kann (11.7) als Kontrollgleichung für alle Knoten verwendet werden.

Elastische Einspannung eines Stabendes oder Knotens in die Erdscheibe

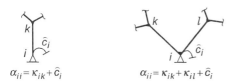

Abb. 11.3 Elastische Einspannung an einem Stabende oder Knoten

Wie in Abb. 11.3 angegeben, lassen sich elastische Auflagereinspannungen durch Addition der Drehfedersteifigkeit $\hat{c}_i$ beim Hauptdiagonalglied α_{ii} leicht berücksichtigen. Im linken dargestellten Fall bewirkt die Drehfeder den *zusätzlichen* unbekannten Drehwinkel φ_i, und Stab $i\,k$ hat anstelle des Lagerungsfalls 2 dann den Lagerungsfall 1.

Beispiel 1

Der in Abb. 11.4 dargestellte Rahmen wurde bereits mit Hilfe der Dreimomentengleichung berechnet, vgl. Abb. 9.4.

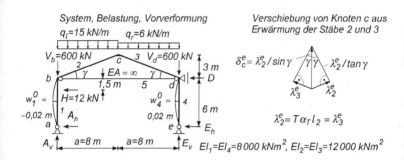

Abb. 11.4 Beispiel 1 für Drehwinkelverfahren

Aus der Tabelle der Abb. 9.4 wird $N_1^{II} = -702$ kN, $N_2^{II} = N_3^{II} = 0$ und $N_4^{II} = -666$ kN übernommen. Die daraus hervorgehenden b_j sowie die Werte $\bar{q}_1$, q_2, q_3 und $\bar{q}_4$ sind in der genannten Tabelle angegeben und werden hier nicht wiederholt.

Um den Einfluß der Last H auf M_{ba}^0 nach Tafel 6.4 berücksichtigen zu können, muß hier $l_1^* = 6 - 1{,}5 = 4{,}5$ m festgelegt werden. Für den Stab 1 ergibt sich daraus der für M_{ba}^0 erforderliche Wert $b_3^* = 13{,}89$ m^3.

Nach dem Drehwinkelverfahren liegen die 3 unbekannten Drehwinkel φ_b, φ_c, φ_d vor. Für die Stiele 1 und 4 ist Lagerungsfall 2, für die Riegel 2 und 3 Lagerungsfall 1 maßgebend.

Tafel 11.1: $\kappa_{ba} = 3\,069$ kNm, $\kappa_2 = \kappa_3 = 5\,618$ kNm, $\lambda_2 = \lambda_3 = 2\,809$ kNm

$\kappa_{de} = 3\,122$ kNm

Tafel 6.4: $M_{ba}^0 = \left[\left(\dfrac{l_1^2}{2}b_3 - l_1 b_4\right)\bar{q}_1 - \left(l_1^* b_3 - l_1 b_3^*\right)H\right]/\left(l_1 b_2 - b_3\right) = -28,52 \text{ kN}$

(b_j für Stab 1)

$$M_{de}^0 = -\left(\dfrac{l_4^2}{2}b_3 - l_4 b_4\right)\bar{q}_4 / \left(l_4 b_2 - b_3\right) = -14,87 \text{ kN} \quad (b_j \text{ für Stab 4})$$

Tafel 6.5: $M_{bc}^0 = -\dfrac{l_2^2}{12}q_2 = -80 \text{ kNm} = -M_{cb}^0, \quad M_{cd}^0 = -\dfrac{l_3^2}{12}q_3 = -32 \text{ kNm} = -M_{dc}^0$

Gleichungssystem

$$\begin{bmatrix} \alpha_{bb} = \kappa_{ba}+\kappa_2 & \alpha_{bc} = \lambda_2 & \alpha_{bd} = 0 \\ \alpha_{cb} = \lambda_2 & \alpha_{cc} = \kappa_2+\kappa_3 & \alpha_{cd} = \lambda_3 \\ \alpha_{db} = 0 & \alpha_{dc} = \lambda_3 & \alpha_{dd} = \kappa_3+\kappa_{de} \end{bmatrix} \cdot \begin{bmatrix} \varphi_b \\ \varphi_c \\ \varphi_d \end{bmatrix} = \begin{bmatrix} L_b = -M_{ba}^0 - M_{bc}^0 \\ L_c = -M_{cb}^0 - M_{cd}^0 \\ L_d = -M_{dc}^0 - M_{de}^0 \end{bmatrix}$$

Zahlenwerte

$$\begin{bmatrix} 8\,687 & 2\,809 & 0 \\ 2\,809 & 11\,236 & 2\,809 \\ 0 & 2\,809 & 8\,740 \end{bmatrix} \cdot \begin{bmatrix} \varphi_b \\ \varphi_c \\ \varphi_d \end{bmatrix} = \begin{bmatrix} 108,52 \\ -48,00 \\ -17,13 \end{bmatrix}$$

Auflösung: $\varphi_b = 0,015154, \quad \varphi_c = -0,008232, \quad \varphi_d = 0,000685$

(11.1), (11.3) mit $\psi_s^u = 0$:

$M_{ba} = 17,99 \text{ kNm}, \quad M_{bc} = -17,99 \text{ kNm}$

$M_{cb} = 76,32 \text{ kNm}, \quad M_{cd} = -76,32 \text{ kNm}$

$M_{dc} = 12,73 \text{ kNm}, \quad M_{de} = -12,73 \text{ kNm}$

Die Kontrolle (11.7) ist an den Knoten b, c und d offensichtlich erfüllt. Die Berechnung weiterer Zustandsgrößen erfolgt, wie bereits in Abb. 9.4 angegeben. Dort ist auch der Verzweigungslastfaktor η_{Ki} mitgeteilt und der M-Verlauf des Rahmens gezeigt.

Lastfall Erwärmung der Stäbe 2 und 3 um $T = 25$ °C

Mit $\alpha_T = 1,2 \cdot 10^{-5} \text{ °C}^{-1}$ erhält man die Stablängenänderungen $\lambda_2^e = T\alpha_T l_2$ $= 0,002563 \text{ m} = \lambda_3^e$. Wie Abb. 11.4 zeigt, gehen daraus die Knotenverschiebung $\delta_c^e = \delta_c = \lambda_2^e / \sin\gamma = 0,0073 \text{ m}$ und die Stabdrehwinkel $\psi_2^e = -(\lambda_2^e/\tan\gamma)/l_2 = -0,0008$ sowie $\psi_3^e = 0,0008$ hervor. Nach (11.6) ergibt sich dann $M_{bc}^0 = M_{cb}^0 = -\eta_2\psi_2^e = 6,742 \text{ kNm}$ und $M_{cd}^0 = M_{dc}^0 = -6,742 \text{ kNm}$, wobei nach (11.2) $\eta_2 = \kappa_2 + \lambda_2 = 8427$ kNm ist. Die Lastglieder betragen damit $L_b = -6{,}742$ kNm, $L_c = 0$ und $L_d = 6{,}742$ kNm. Die Längskräfte N_s^{II} werden beibehalten, so daß der hier betrachtete Lastfall dem vorigen Lastfall überlagert werden kann. Die Matrix des Gleichungssystems bleibt damit unverändert.

Auflösung: $\varphi_b = -0{,}7765 \cdot 10^{-3}$, $\quad \varphi_c = 0{,}0014 \cdot 10^{-3}$, $\quad \varphi_d = 0{,}7709 \cdot 10^{-3}$

Stabendmomente

$M_{ba} = -2{,}383$ kNm $= -M_{bc}$, $\quad M_{cb} = 4{,}568$ kNm $= -M_{cd}$

$M_{dc} = -2{,}407$ kNm $= -M_{de}$

Beispiel 2

Anhand dieses in Abb. 11.5 dargestellten Beispiels soll insbesondere die Behandlung von Kragarmen und einer elastischen Auflagereinspannung gezeigt werden. Stab 2 ist aufgrund seiner Längskraft nach Theorie II. Ordnung zu berechnen, während Stab 6 keine Längskraft aufweist, das Moment in f deshalb statisch bestimmt ist und der Punkt f somit nicht als Knoten mit unbekanntem Drehwinkel angesehen werden muß.

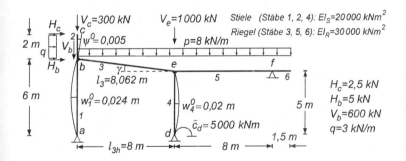

Abb. 11.5 Beispiel 2 für Drehwinkelverfahren

Als Unbekannte treten φ_b, φ_e und – wegen der elastischen Einspannung in d – auch φ_d auf. Lagerungsfall 1 liegt für Stab 3, Lagerungsfall 2 für die Stäbe 1, 4, 5 und Lagerungsfall 3 für Stab 2 vor.

Abschätzung der Längskräfte N_s^{II}

$$N_1^{II} = -V_b - V_c - \frac{1}{2}p\,l_{3h} = -932 \text{ kN}, \qquad N_2^{II} = -V_c = -300 \text{ kN}$$

$$N_4^{II} = -V_e - \frac{1}{2}p(l_{3h} + l_5) = -1\,064 \text{ kN}, \qquad N_3^{II} = N_5^{II} = N_6^{II} = 0$$

Funktionswerte b_j

Stab	b_0	b_1 (m)	b_2 (m^2)	b_3 (m^3)	b_4 (m^4)
1	0,2721	4,458	15,62	33,10	51,07
2	0,9701	1,980	1,990		
4	0,4055	3,963	11,17	19,49	

Tafel 11.1: $\kappa_{ba} = 8\,824$ kNm, $\kappa_{bc} = -612,3$ kNm, $\kappa_3 = 14\,884$ kNm

$\qquad\qquad \lambda_3 = 7\,442$ kNm, $\kappa_4 = 15\,278$ kNm, $\lambda_4 = 8\,185$ kNm

$\qquad\qquad \kappa_{ef} = 11\,250$ kNm

Tafel 6.4: $\bar{q}_1 = 4,971$ kN/m (nach links gerichtet) $\rightarrow M_{ba}^0 = -23,72$ kNm

$$M_{fe} = \frac{1}{2}p\,l_6^2 = 9 \text{ kNm}, \quad M_{ef}^0 = \frac{1}{2}M_{fe} - \frac{1}{8}p\,l_5^2 = -59,5 \text{ kNm}$$

Tafel 6.3: $\bar{R}_c = H_c - N_2^{II}\psi^0 = 4$ kN, $q_2 = q \rightarrow M_{bc}^0 = -14,26$ kNm

Tafel 6.5: $q_3 = p\cos^2\gamma = 7,877$ kN/m, $M_{be}^0 = -\frac{1}{12}q_3 l_3^2 = -42,67$ kNm $= -M_{eb}^0$

$\qquad\qquad$ oder $M_{be}^0 = -\frac{1}{12}p\,l_{3h}^2$

$\qquad\qquad \bar{q}_4 = 6,810$ kN/m (nach rechts gerichtet) $\rightarrow M_{de}^0 = -14,51$ kNm $= -M_{ed}^0$

Die Kraft H_b hat keinen Einfluß auf den Formänderungs- und Momentenzustand. Sie wirkt sich nur auf die abschließende Längskraftberechnung aus.

Gleichungssystem

$$
\begin{bmatrix}
\kappa_{ba}+\kappa_{bc}+\kappa_3 & \lambda_3 & 0 \\
\lambda_3 & \kappa_3+\kappa_4+\kappa_{ef} & \lambda_4 \\
0 & \lambda_4 & \kappa_4+\hat{c}_d
\end{bmatrix}
\cdot
\begin{bmatrix}
\varphi_b \\
\varphi_e \\
\varphi_d
\end{bmatrix}
=
\begin{bmatrix}
-M_{ba}^0-M_{bc}^0-M_{be}^0 \\
-M_{eb}^0-M_{ed}^0-M_{ef}^0 \\
-M_{de}^0
\end{bmatrix}
$$

Zahlenwerte

$$\begin{bmatrix} 23\,096 & 7\,442 & 0 \\ 7\,442 & 41\,412 & 8\,185 \\ 0 & 8\,185 & 20\,278 \end{bmatrix} \cdot \begin{bmatrix} \varphi_b \\ \varphi_e \\ \varphi_d \end{bmatrix} = \begin{bmatrix} 80,65 \\ 2,32 \\ 14,51 \end{bmatrix}$$

Auflösung: $\varphi_b = 0,003758$, $\varphi_e = -0,000827$, $\varphi_d = 0,001049$

(11.1), (11.3), (11.5) mit $\psi_s^u = 0$:

$M_{ba} = 9,437$ kNm, $\quad M_{bc} = -16,56$ kNm, $\quad M_{be} = 7,12$ kNm

Kontrolle: $M_{ba} + M_{bc} + M_{be} \overset{!}{=} 0$

$M_{eb} = 58,33$ kNm, $\quad M_{ed} = 10,47$ kNm, $\quad M_{ef} = -68,80$ kNm

Kontrolle: $M_{eb} + M_{ed} + M_{ef} \overset{!}{=} 0$

$M_{de} = -5,25$ kNm, $\quad M_{\text{Feder}} = \hat{c}_d \varphi_d = 5,25$ kNm

Der M-Verlauf ist in Abb. 11.6 dargestellt. Die Ordinaten werden auf der gezogenen Seite der Stäbe abgetragen. Die Angabe eines Vorzeichens erübrigt sich damit.

M-Verlauf (vorzeichenlos), M-Ordinaten auf Zugseite der Stäbe

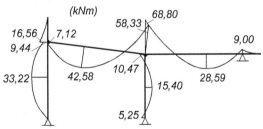

Abb. 11.6 M-Verlauf für Beispiel 2 nach Abb. 11.5

Verzweigungslastfaktor: $\eta_{\text{Ki}} = 7,821$

$\rightarrow s_{K,1} = 5,20$ m, $\quad s_{K,2} = 9,17$ m, $\quad s_{K,4} = 4,87$ m

11.3 Drehwinkelverfahren für allgemein verschiebliche Systeme

Verschiebliche Systeme liegen vor, wenn das zugehörige Gelenksystem kinematisch ist. Ist n die Anzahl der kinematischen Freiheitsgrade, so treten zusätzlich zu den unbekannten *Knotendrehwinkeln* φ_k genau n unbekannte *Grundstabdrehwinkel* ψ_q auf. Alle hier benötigten Aussagen und Regeln bezüglich dieser Grundstabdrehwinkel, bezüglich der *Kinematik des Gelenksystems* und bezüglich der Formulierung der *Systemgleichgewichtsbedingungen* mit Hilfe des Prinzips der virtuellen Verrückung sind bereits in Abschnitt 10.3 dargelegt. Das gleiche gilt auch hinsichtlich eingeprägter Knotenverschiebungen δ_k^e und eingeprägter Stabdrehwinkel ψ_s^e (vgl. z.B. Abb. 10.5).

Gemäß (10.20) berechnen sich die unbekannten Stabdrehwinkel ψ_s^u aus den Grundstabdrehwinkeln ψ_q mit der Beziehung

$$\psi_s^u = \sum_{q=1}^{n} \vartheta_{sq} \psi_q \qquad (11.12)$$

Bei der in (10.24) angegebenen Systemgleichgewichtsbedingung ändert sich aufgrund der hier verwendeten Vorzeichenvereinbarung "V" das Vorzeichen des Moments in k, so daß nun gilt

$$\sum_s \left[M_{ik} + M_{ki} - N_s^{II} l_s \left(\psi_s + \psi_s^0 \right) \right] \vartheta_{sr} + A_r^L = 0 \qquad (11.13)$$

mit $\sum\limits_s$ über alle Stäbe s des Systems

ϑ_{sr} Drehwinkel des Stabes s im kinematischen Plan r

A_r^L virtuelle Arbeit aller Lasten, wobei die Verschiebungen aus Plan r als virtuelle Verschiebungen verwendet werden

Gemäß (10.19) gilt unverändert

$$\psi_s = \psi_s^u + \psi_s^e \qquad (11.14)$$

wobei ψ_s^u der unbekannte und ψ_s^e der bekannte Anteil des Stabdrehwinkels ist, der z.B. aus Temperaturdehnungen oder Auflagerverschiebungen hervorgeht und vorweg zu bestimmen ist.

Das Gleichungssystem für die unbekannten Knotendrehwinkel φ_k und unbekannten Grundstabdrehwinkel ψ_q setzt sich aus 2 Gruppen von Gleichungen zusammen:

1. Gruppe

Diese Gleichungen gehen aus dem Momentengleichgewicht der Knoten i gemäß (11.7) hervor. Hierzu wird zunächst ψ_s^u gemäß (11.12) in (11.1) bzw. (11.3) ersetzt. Diese Beziehungen für die Momente werden dann in die Knotengleichgewichtsbedingung (11.7) eingeführt.

2. Gruppe

Diese Gleichungen ergeben sich aus den Systemgleichgewichtsbedingungen (11.13), nachdem dort ψ_s durch (11.14) ersetzt und dann wieder die genannten Beziehungen für die Momente eingeführt werden.

Insgesamt lautet das Gleichungssystem

$$
\begin{aligned}
&\left.\begin{array}{l}
\displaystyle\sum_k \alpha_{ik}\varphi_k + \sum_q \alpha_{iq}\psi_q = L_i \qquad \text{für alle Knoten } i \\[3mm]
\displaystyle\sum_k \alpha_{rk}\varphi_k + \sum_q \alpha_{rq}\psi_q = L_r \qquad \text{für alle kinematischen Pläne } r
\end{array}\right\}
\end{aligned} \tag{11.15}
$$

Die Matrix des Gleichungssystems ist *symmetrisch*, das heißt, es gilt $\alpha_{ik} = \alpha_{ki}$, $\alpha_{iq} = \alpha_{qi}$ (oder $\alpha_{rk} = \alpha_{kr}$) und $\alpha_{rq} = \alpha_{qr}$.

Matrixglieder

α_{ii} nach (11.9), α_{ik} nach (11.10)

$$
\alpha_{iq} = -\sum_k \eta_{ik}\vartheta_{sq} \tag{11.16}
$$

mit $\displaystyle\sum_k$ über alle am Knoten i eingespannten Stäbe

$$
\alpha_{rq} = \sum_s \omega_s \vartheta_{sr}\vartheta_{sq} \tag{11.17}
$$

mit $\displaystyle\sum_s$ über alle Stäbe s des Systems

und $\omega_s = \eta_{ik} + \eta_{ki} + N_s^{II} l_s$ (11.18)

Für *Kragarme* ist stets $\vartheta_{sr} = 0$, und ω_s existiert nicht.

Für *Pendelstäbe* (auch mit Querlast) ist $\eta_{ik} = \eta_{ki} = 0$ und deshalb $\omega_s = N_s^{II} l_s$.

Lastglieder

Volleinspannmomente wie in Abschnitt 11.2

L_i nach (11.11)

$$L_r = A_r^L + \sum_s \left[M_{ik}^0 + M_{ki}^0 - N_s^{II} l_s (\psi_s^0 + \psi_s^e) \right] \vartheta_{sr} \tag{11.19}$$

mit $\sum_s$ über alle Stäbe des Systems

Nach Auflösung des Gleichungssystems werden alle ψ_s^u nach (11.12) und dann die Stabendmomente nach (11.1), (11.3) bzw. (11.5) berechnet. Die resultierenden Stabdrehwinkel sind – wenn ψ_s^e vorhanden ist – mit (11.14) zu bestimmen.

Kontrollen

Als *wesentliche Kontrollen* sind beim Drehwinkelverfahren die Knotengleichgewichtsbedingungen gemäß (11.7) und die Systemgleichgewichtsbedingungen gemäß (11.13) zu überprüfen. Die Verträglichkeitskontrollen – z.B. Mohrsche Kontrollen – müssen selbstverständlich auch erfüllt sein, doch ist dies auch dann der Fall, wenn alle Unbekannten des Gleichungssystems falsch sind.

Näherungstheorie II. Ordnung

Diese Näherungstheorie existiert nur bei *verschieblichen* Systemen. Bei der Formulierung des Gleichgewichts wird die tatsächliche, *gekrümmte Biegelinie* der Stäbe näherungsweise durch die *gerade Sehne* ersetzt. Für die Formeln des Drehwinkelverfahrens bedeutet dies, daß alle Koeffizienten $\kappa_{ik}, \lambda_s, \eta_{ik}$ und alle Volleinspannmomente M_{ik}^0 nach Theorie I. Ordnung berechnet werden und daß sich die Theorie II. Ordnung lediglich in den Zusatztermen $N_s^{II} l_s$ in (11.18) und $N_s^{II} l_s (\psi_s^0 + \psi_s^e)$ in (11.19) auswirkt. Der Mehraufwand gegenüber Theorie I. Ordnung ist dann außerordentlich gering. Die Ergebnisse dieser Näherungstheorie liegen allerdings in der Regel auf der *unsicheren* Seite. Die Fehler bei den Stabendmomenten hängen davon ab, inwieweit die Stabbiegelinien von den Sehnen abweichen. Diese Fehler können bis zu etwa 20 % betragen.

Die Näherungstheorie II. Ordnung wird im weiteren nicht angewendet.

Beispiel 1

Aus Abschnitt 10.3, Abb. 10.8 wird das Beispiel des Zweigelenkrahmens übernommen. Die Abb. 10.8 mit Aufgabenstellung, kinematischen Plänen und M-Verlauf ist in folgender Abb. 11.7 wiederholt:

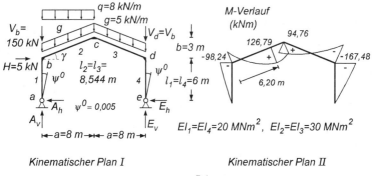

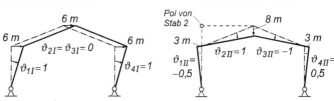

Abb. 11.7 Beispiel 1, Zweigelenkrahmen

Unbekannte des Gleichungssystems: φ_b, φ_c, φ_d, ψ_{I}, ψ_{II}

Längskräfte (wie in Abschnitt 10.3)

$$N_1^{\mathrm{II}} = -238,8 \text{ kN}, \quad N_2^{\mathrm{II}} = N_3^{\mathrm{II}} = 0, \quad N_4^{\mathrm{II}} = -210,6 \text{ kN}$$

Funktionswerte b_j

Stab	b_0	b_1 (m)	b_2 (m^2)	b_3 (m^3)
1	0,7926	5,579	17,36	35,23
4	0,8164	5,628	17,44	35,32

ϑ_{sr} aus kinematischen Plänen I und II

s	1	2	3	4
$\vartheta_{sI} =$	1	0	0	1
$\vartheta_{sII} =$	$-0,5$	1	-1	0,5

Für die Stiele liegt Lagerungsfall 2, für die Riegel Lagerungsfall 1 vor.

Tafel 11.1: $\kappa_{ba} = 9\,710$ kNm, (11.4): $\eta_{ba} = \kappa_{ba}$

$\qquad \kappa_2 = \kappa_3 = 14\,045$ kNm, $\lambda_2 = \lambda_3 = 7\,022$ kNm

$\qquad$ (11.2): $\eta_2 = \kappa_2 + \lambda_2 = 21\,067$ kNm $= \eta_3$

$\qquad \kappa_{de} = 9\,745$ kNm, (11.4): $\eta_{de} = \kappa_{de}$

Gleichlasten der Riegel:

$q_2 = g\cos\gamma + q\cos^2\gamma = 11,70$ kN/m, $\quad q_3 = g\cos\gamma = 4,68$ kN/m

Tafel 6.5: $M_{bc}^0 = -q_2 l_2^2 / 12 = -71,15$ kNm $= -M_{cb}^0$

$\qquad M_{cd}^0 = -q_3 l_3^2 / 12 = -28,48$ kNm $= -M_{dc}^0$

$M_{ba}^0 = M_{de}^0 = 0$

Gleichungssystem

$$
\begin{bmatrix}
\alpha_{bb}=\kappa_{ba}+\kappa_2 & \alpha_{bc} & \alpha_{bd} & \alpha_{bI} & \alpha_{bII} \\
 & & \text{symmetrisch} & & \\
\alpha_{cb}=\lambda_2 & \alpha_{cc}=\kappa_2+\kappa_3 & \alpha_{cd} & \alpha_{cI} & \alpha_{cII} \\
\alpha_{db}=0 & \alpha_{dc}=\lambda_3 & \alpha_{dd}=\kappa_3+\kappa_{de} & \alpha_{dI} & \alpha_{dII} \\
\hline
\alpha_{Ib}=-\eta_{ba} & \alpha_{Ic}=0 & \alpha_{Id}=-\eta_{de} & \alpha_{I\,I} & \alpha_{I\,II} \\
\alpha_{IIb}=\dfrac{\eta_{ba}}{2}-\eta_2 & \alpha_{IIc}=0 & \alpha_{IId}=\eta_3-\dfrac{\eta_{de}}{2} & \alpha_{II\,I} & \alpha_{II\,II}
\end{bmatrix}
\cdot
\begin{bmatrix}
\varphi_b \\ \varphi_c \\ \varphi_d \\ \hline \psi_I \\ \psi_{II}
\end{bmatrix}
=
\begin{bmatrix}
L_b \\ L_c \\ L_d \\ \hline L_I \\ L_{II}
\end{bmatrix}
$$

Für die formelmäßig nicht angegebenen Glieder gilt

(11.17): $\alpha_{I\,I} = \omega_1 \cdot 1^2 + \omega_4 \cdot 1^2 = 16\,758$ kNm

$\qquad \alpha_{I\,II} = \omega_1 \cdot 1 \cdot (-0,5) + \omega_4 \cdot 1 \cdot 0,5 = 102,1$ kNm

$\qquad \alpha_{II\,II} = \omega_1 \cdot (-0,5)^2 + \omega_2 \cdot 1^2 + \omega_3 \cdot (-1)^2 + \omega_4 \cdot 0,5^2 = 88\,459$ kNm mit

(11.18): $\omega_1 = \eta_{ba} + N_1^{II} l_1 = 8\,277$ kNm, $\quad \omega_2 = 2\eta_2 = 42\,135$ kNm

$\qquad \omega_4 = \eta_{de} + N_4^{II} l_4 = 8\,481$ kNm

(11.11): $L_b = -M_{ba}^0 - M_{bc}^0 = 71{,}15$ kNm, $\quad L_c = -M_{cb}^0 - M_{cd}^0 = -42{,}67$ kNm

$\qquad L_d = -M_{dc}^0 - M_{de}^0 = -28{,}48$ kNm

(11.19): $L_I = A_I^L + \left[M_{ba}^0 - N_1^{II} l_1 (\psi^0 + \psi_1^e) \right] \cdot 1 + \left[M_{de}^0 - N_4^{II} l_4 (\psi^0 + \psi_4^e) \right] \cdot 1$

$\qquad = 43{,}48$ kNm

$\qquad L_{II} = A_{II}^L + \left[M_{ba}^0 - N_1^{II} l_1 (\psi^0 + \psi_1^e) \right] \cdot (-0{,}5) + (M_{bc}^0 + M_{cb}^0) \cdot 1$

$\qquad\qquad + (M_{cd}^0 + M_{dc}^0) \cdot (-1) + \left[M_{de}^0 - N_4^{II} l_4 (\psi^0 + \psi_4^e) \right] \cdot 0{,}5 = 582{,}34$ kNm

mit $A_I^L = 30$ kNm, $A_{II}^L = 582{,}8$ kN wie in Beispiel von Abschnitt 10.3 und

mit $\psi_1^e = \psi_4^e = 0$

Zahlenwerte

$$
\begin{bmatrix}
23\,755 & 7\,022 & 0 & -9\,710 & -16\,213 \\
7\,022 & 28\,090 & 7\,022 & 0 & 0 \\
0 & 7\,022 & 23\,789 & -9\,745 & 16\,195 \\
-9\,710 & 0 & -9\,745 & 16\,758 & 102{,}1 \\
-16\,213 & 0 & 16\,195 & 102{,}1 & 88\,459
\end{bmatrix}
\cdot
\begin{bmatrix}
\varphi_b \\ \varphi_c \\ \varphi_d \\ \psi_I \\ \psi_{II}
\end{bmatrix}
=
\begin{bmatrix}
71{,}15 \\ -42{,}67 \\ -28{,}48 \\ 43{,}48 \\ 582{,}34
\end{bmatrix}
$$

Auflösung: $\varphi_b = 0{,}015086$, $\quad \varphi_c = -0{,}004681$, $\quad \varphi_d = -0{,}002437$

$\qquad\qquad \psi_I = 0{,}009859$, $\quad \psi_{II} = 0{,}009783$

(11.12): $\psi_1^u = 1 \cdot \psi_I - 0{,}5 \cdot \psi_{II} = 0{,}004968$, $\quad \psi_2^u = 1 \cdot \psi_{II} = 0{,}009783$

$\qquad \psi_3^u = -1 \cdot \psi_{II} = -0{,}009783$, $\quad \psi_4^u = 1 \cdot \psi_I + 0{,}5 \cdot \psi_{II} = 0{,}014751$

(11.14): $\psi_s = \psi_s^u$, da alle $\psi_s^e = 0$

(11.1), (11.3): $M_{ba} = 98{,}24$ kNm $= -M_{bc}$, $\quad M_{cb} = -94{,}76$ kNm $= -M_{cd}$

$\qquad M_{dc} = 167{,}48$ kNm $= -M_{de}$

Kontrollen nach (11.13):

$r = I: \left[M_{ba} - N_1^{II} l_1 (\psi_1 + \psi^0) \right] \cdot 1 + \left[M_{de} - N_4^{II} l_4 (\psi_4 + \psi^0) \right] \cdot 1 + A_I^L \overset{!}{=} 0$

$r = II: \left[M_{ba} - N_1^{II} l_1 (\psi_1 + \psi^0) \right] \cdot (-0{,}5) + (M_{bc} + M_{cb}) \cdot 1 + (M_{cd} + M_{dc}) \cdot (-1)$

$\qquad + \left[M_{de} - N_4^{II} l_4 (\psi_4 + \psi^0) \right] \cdot 0{,}5 + A_{II}^L \overset{!}{=} 0$

Der M-Verlauf ist in Abb. 11.7 des Abschnitts 10.3 dargestellt. Weitere Schnittgrößen, die Auflagerkräfte und der Verzweigungslastfaktor η_{Ki} sind im Abschnitt 10.3 angegeben.

Lastfall Erwärmung von Stab 2 um $T_2 = 40\,^\circ\text{C}$ und Auflagerabsenkung $\delta_a^e = 0{,}1\,\text{m}$

Diese Einwirkungen wurden bereits im Abschnitt 10.3 beim vorliegenden Beispiel behandelt. Von dort wird übernommen:

Lastfall $\lambda_2^e = 0{,}004101\,\text{m}$: $\psi_1^e = -0{,}730 \cdot 10^{-3}$, $\psi_2^e = 0{,}180 \cdot 10^{-3}$

Lastfall $\delta_a^e = 0{,}1\,\text{m}$: $\psi_1^e = 0{,}00625$, $\psi_2^e = 0{,}0125$

(11.6): $M_{ba}^0 = -\eta_{ba}\psi_1^e$, $M_{bc}^0 = M_{cb}^0 = -\eta_2\psi_2^e$

Damit ergeben sich folgende Zahlenwerte $(A_{\text{I}}^{\text{L}} = A_{\text{II}}^{\text{L}} = 0)$:

Last-fall	M_{ba}^0 (kNm)	M_{bc}^0 $=M_{cb}^0$ (kNm)	L_b (kNm)	L_c (kNm)	L_d	L_{I} (kNm)	L_{II} (kNm)	$10^3\varphi_b$	$10^3\varphi_c$	$10^3\varphi_d$
λ_2^e	7,088	-3,792	-3,296	3,792	0	6,042	-10,605	-0,0994	0,0836	0,3049
δ_a^e	-60,69	263,3	-202,66	-263,3	0	-51,73	552,5	-7,332	-5,705	-7,350

Last-fall	$10^3\psi_{\text{I}}$	$10^3\psi_{\text{II}}$	$10^3\psi_1^{\text{u}}$	$10^3\psi_2^{\text{u}}$	$10^3\psi_1$	$10^3\psi_2$	$10^3\psi_3$	$10^3\psi_4$
λ_2^e	0,4814	-0,1945	0,5787	-0,1945	-0,1513	-0,0145	0,1945	0,3842
δ_a^e	-11,65	6,262	-14,78	6,262	-8,528	-6,238	-6,262	-8,516

Last-fall	M_{ba} (kNm)	M_{bc} (kNm)	M_{cb} (kNm)	M_{cd} (kNm)	M_{dc} (kNm)	M_{de} (kNm)
λ_2^e	0,504	-0,504	0,782	-0,782	0,772	-0,772
δ_a^e	11,61	-11,61	-0,183	0,183	-11,37	11,37

Die in Abschnitt 10.3 angegebenen Knotenverschiebungen werden hier nicht wiederholt.

Beispiel 2

Das Beispiel 2 des vorigen Abschnittes 11.2 wird so modifiziert, daß am Auflager d eine starre Einspannung angeordnet wird, daß das feste Lager in f durch einen Pendelstab ersetzt wird und daß dort die zusätzliche Kraft V_f wirkt. Das so erhaltene Beispiel zeigt Abb. 11.8.

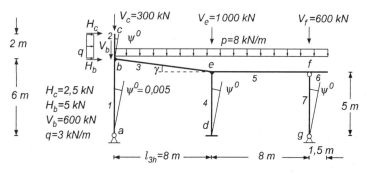

Stiele 1, 2, 4 : EI_S=20 000 kNm², Riegel 3, 5, 6 : EI_R=30 000 kNm²

Kinematischer Plan I

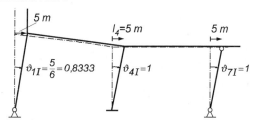

M-Verlauf (vorzeichenlos) (kNm)

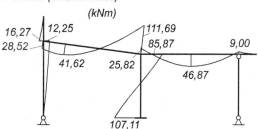

Abb. 11.8 Beispiel 2, verschieblicher Rahmen

Unbekannte: φ_b, φ_e, ψ_I

Stab 4 wird als Grundstab gewählt. Damit erhält man den ebenfalls in der Abb. 11.8 dargestellten kinematischen Plan I mit den Stabdrehwinkeln

$$\vartheta_{1I} = 0,8333, \quad \vartheta_{2I} = 0, \quad \vartheta_{3I} = 0, \quad \vartheta_{4I} = 1, \quad \vartheta_{5I} = 0, \quad \vartheta_{7I} = 1$$

Gleichungssystem

$$\begin{bmatrix} \alpha_{bb} & \alpha_{be} & \vdots & \alpha_{bI} \\ \\ \alpha_{eb} & \alpha_{ee} & \vdots & \alpha_{eI} \\ \hline \alpha_{Ib} & \alpha_{Ie} & \vdots & \alpha_{II} \end{bmatrix} \cdot \begin{bmatrix} \varphi_b \\ \\ \varphi_e \\ \hline \psi_I \end{bmatrix} = \begin{bmatrix} L_b \\ \\ L_e \\ \hline L_I \end{bmatrix}$$

Unverändert gegenüber Beispiel 2 des Abschnittes 11.2 sind folgende Größen:

N_1^{II}, N_2^{II}, N_3^{II}, N_4^{II}, N_5^{II}, $\quad b_j$ für Stäbe 1, 2, 4

κ_{ba}, κ_{bc}, κ_3, λ_3, κ_4, λ_4, κ_{ef}, α_{bb}, $\alpha_{be}=\alpha_{eb}$, α_{ee}

M_{bc}^0, M_{be}^0, M_{eb}^0, M_{ef}^0

Für die sich ändernden bzw. neu hinzukommenden Größen gilt:

$$N_7^{II} = -V_f - (l_5/2 + l_6)p = -644 \text{ kN}$$

$$M_{ba}^0 = 0, \qquad M_{ed}^0 = M_{de}^0 = 0$$

$$\eta_{ba} = \kappa_{ba} = 8\,824 \text{ kNm}, \quad \eta_4 = \kappa_4 + \lambda_4 = 23\,463 \text{ kNm}$$

(11.16): $\alpha_{bI} = \alpha_{Ib} = -\eta_{ba}\vartheta_{1I} = -7\,353 \text{ kNm}$

$\qquad \alpha_{eI} = \alpha_{Ie} = -\eta_4 \cdot 1 = -23\,463 \text{ kNm}$

(11.18): $\omega_1 = \eta_{ba} + N_1^{II}l_1 = 3\,232 \text{ kNm}, \quad \omega_4 = 2\eta_4 + N_4^{II}l_4 = 41\,606 \text{ kNm}$

$\qquad \omega_7 = N_7^{II}l_7 = -3\,220 \text{ kNm}$

(11.17): $\alpha_{II} = \omega_1\vartheta_{1I}^2 + \omega_4 \cdot 1^2 + \omega_7 \cdot 1^2 = 40\,630 \text{ kNm}$

(11.11): $L_b = -M_{bc}^0 - M_{be}^0 = 56,92 \text{ kNm}, \quad L_e = -M_{eb}^0 - M_{ef}^0 = 16,83 \text{ kNm}$

$A_I^L = (H_c + ql_2 + H_b)l_4 = 67,5 \text{ kNm}$

(11.19): $L_I = A_I^L - (N_1^{II}l_1\vartheta_{1I} + N_4^{II}l_4 \cdot 1 + N_7^{II}l_7 \cdot 1)\psi^0 = 133,5 \text{ kNm}$

Auflösung des Gleichungssystems

$$\varphi_b = 0{,}003286, \quad \varphi_e = 0{,}002994, \quad \psi_I = 0{,}005609$$

(11.12): $\psi_1^u = 0{,}004675, \quad \psi_4^u = \psi_7^u = 0{,}005609$

(11.14): $\psi_s^e = 0 \rightarrow \psi_s = \psi_s^u$ für alle Stäbe

(11.1), (11.3), (11.5): $\left.\begin{aligned} M_{ba} &= -12{,}25 \text{ kNm} \\ M_{bc} &= -16{,}27 \text{ kNm} \\ M_{be} &= 28{,}52 \text{ kNm} \end{aligned}\right\} \quad \sum M \overset{!}{=} 0$

$\left.\begin{aligned} M_{eb} &= 111{,}69 \text{ kNm} \\ M_{ed} &= -85{,}87 \text{ kNm} \\ M_{ef} &= -25{,}82 \text{ kNm} \end{aligned}\right\} \quad \sum M \overset{!}{=} 0$

$$M_{de} = -107{,}11 \text{ kNm}$$

Kontrollen nach (11.13)

$$\left[M_{ba} - N_1^{II} l_1 (\psi_1 + \psi^0) \right] \vartheta_{1I} + \left[M_{ed} + M_{de} - N_4^{II} l_4 (\psi_4 + \psi^0) \right] \cdot 1$$

$$- N_7^{II} l_7 (\psi_7 + \psi^0) \cdot 1 + A_I^L \overset{!}{=} 0$$

Der M-Verlauf ist in Abb. 11.8 dargestellt.

Die Determinante der Matrix des Gleichungssystems wird null für

$$\eta_{Ki} = 2{,}933 \rightarrow s_{K,1} = 8{,}50 \text{ m}, \quad s_{K,2} = 14{,}98 \text{ m}, \quad s_{K,4} = 7{,}95 \text{ m}, \quad s_{K,7} = l_7$$

11.4 Drehwinkelverfahren für Stockwerkrahmen mit horizontal verschieblichen Knoten

Dieses Verfahren stellt einen Sonderfall des im vorigen Abschnitt 11.3 behandelten allgemeinen Verfahrens dar. Voraussetzung ist, daß alle Knoten *ausschließlich horizontal verschieblich* sind und die Riegel keinen (unbekannten) Drehwinkel aufweisen ($\psi_s^u = 0$). Während die Riegel beliebig geneigt sein dürfen, müssen die Stiele vertikal sein. Einen allgemeinen Rahmen dieser Art zeigt Abb. 11.9.

kinematischer Plan r

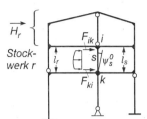
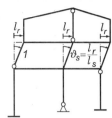

Abb. 11.9 Stockwerkrahmen mit horizontal verschieblichen Knoten

Jedes Stockwerk hat genau 1 kinematischen Freiheitsgrad. Es wird verein-bart, daß der *linke Stiel* eines Stockwerks jeweils *Grundstab* ist, also im kinematischen Plan r – wie in Abb. 11.9 gezeigt – den Drehwinkel 1 hat. Der (beliebige) Stiel s des betrachteten Stockwerks r hat dann den Dreh-winkel

$$\vartheta_{sr} = \frac{l_r}{l_s} \tag{11.20}$$

Für alle Stiele außerhalb des Stockwerks r ist $\vartheta_{sr} = 0$ (Abb. 11.9). Im Son-derfall *gleicher Stielhöhen innerhalb des Stockwerks r* gilt

$$\vartheta_{sr} = 1 \tag{11.21}$$

Die kinematischen Pläne brauchen im Anwendungsfall nicht gezeichnet zu werden. Die von diesen beeinflußten Matrix- und Lastglieder lassen sich formelmäßig unmittelbar angeben. Sie lauten

$$\alpha_{iq} = \alpha_{qi} = -\eta_{ik}\vartheta_{sq}, \text{ wenn Stiel } i\,k \text{ im Stockwerk } q, \text{ sonst } \alpha_{iq} = 0 \tag{11.22}$$

$$\alpha_{rr} = \sum_s \omega_s \vartheta_{sr}^2 \tag{11.23}$$

mit $\sum_s$ über alle Stiele s des Stockwerks r, gilt auch im weiteren

ω_s nach (11.18)

$$\alpha_{rq} = 0, \text{ wenn } r \neq q \tag{11.24}$$

$$A_r^{\mathsf{L}} = \left(H_r + \sum_s F_{ik} \right) l_r \tag{11.25}$$

mit H_r Summe aller Horizontallasten oberhalb Stockwerk r (Abb. 11.9)

F_{ik} Knotenkraft, die zusammen mit F_{ki} die Querlast des Stiels s sta-tisch gleichwertig ersetzt (Abb. 11.9)

$$L_r = A_r^L + \sum_s (M_{ik}^0 + M_{ki}^0)\vartheta_{sr} - l_r \sum_s N_s^{II}(\psi_s^0 + \psi_s^e) \qquad (11.26)$$

Nach Auflösung des Gleichungssystems gilt für die

Stiele: $\psi_s^u = \vartheta_{sq}\psi_q$, Riegel: $\psi_s^u = 0$ \qquad (11.27)

Systemgleichgewichtskontrollen für alle kinematischen Pläne r

$$\sum_s (M_{ik} + M_{ki})\vartheta_{sr} - l_r \sum_s N_s^{II}(\psi_s + \psi_s^0) + A_r^L = 0 \qquad (11.28)$$

Alle übrigen Formeln gelten unverändert.

Stockwerkrahmen mit angehängten Pendelstielen und Schubfeldern

Abb. 11.10 zeigt einen allgemeinen Stockwerkrahmen mit *angehängten Pendelstielen* und *Schubfeldern*, deren Steifigkeiten S_r jeweils als Quotient aus horizontaler Schubkraft und Verzerrungswinkel definiert sind (vgl. Abb. 4.1).

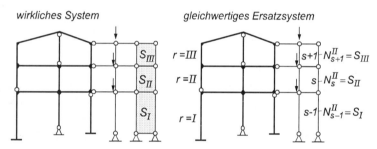

Abb. 11.10 Ersatz von Schubfeldern durch Pendelstäbe mit $N_s^{II} = S_r$

Schubfelder können z.B. durch Trapezprofilscheiben oder auch durch Verbände gebildet werden, wenn dabei nur die Längsdehnungen der (schlanken) Diagonalen berücksichtigt werden. Wie Abb. 11.10 zeigt, dürfen die Schubfelder durch Pendelstäbe ersetzt werden, deren Längskräfte N_s^{II} jeweils gleich der Schubsteifigkeit S_r sind. Dies geht aus der in Abschnitt 4.1 beschriebenen *Schubfeldanalogie* hervor. Die angehängten Pendelstiele ergeben nach dem Drehwinkelverfahren *keine* zusätzlichen Unbekannten; sie beeinflussen *nur* die Matrixglieder α_{rr} durch $\omega_s = N_s^{II} l_s$ gemäß (11.18) und die Lastglieder L_r durch den Term $-l_r N_s^{II}(\psi_s^0 + \psi_s^e)$ gemäß (11.26), wobei die Vorverdrehungen ψ_s^0 selbstverständlich nur bei tatsächlich vorhandenen Pendelstielen (mit Druckkräften) anzusetzen sind.

Zusammenfassend kann festgestellt werden, daß angehängte Pendelstiele – und damit auch Schubfelder – mit nur geringem Mehraufwand nach dem Drehwinkelverfahren berücksichtigt werden können.

Beispiel 1

Dieses Beispiel eines einfeldrigen, zweigeschossigen, symmetrischen Rahmens ist in Abb. 11.11 dargestellt.

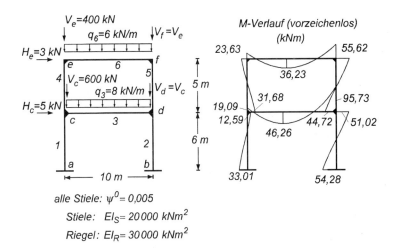

Abb. 11.11 Beispiel 1, verschieblicher, zweigeschossiger Stockwerkrahmen

Der Einfluß der Horizontallasten auf die N_s^{II} der Stiele wird vernachlässigt, so daß gilt

$$N_1^{II} = N_2^{II} = -V_c - V_e - \frac{1}{2}(q_3 + q_6)\,l_3 = -1070 \text{ kN}$$

$$N_4^{II} = N_5^{II} = -V_e - \frac{1}{2}q_6\,l_6 = -430 \text{ kN}$$

Für die Riegel wird $N_3^{II} = N_6^{II} = 0$ angenommen.

Damit sind alle systembezogenen Größen *symmetrisch*.

Unbekannte: φ_c, φ_d, φ_e, φ_f, ψ_I, ψ_{II}

(11.21):

s	1	2	3	4	5	6
$\vartheta_{sI} =$	1	1	0	0	0	0
$\vartheta_{sII} =$	0	0	0	1	1	0

Funktionswerte b_j

Stab	b_0	b_1 (m)	b_2 (m^2)	b_3 (m^3)
1, 2	0,1820	4,251	15,29	32,69
4, 5	0,7431	4,564	11,95	20,28

Tafel 11.1: $\kappa_1 = 12\,455$ kNm, $\lambda_1 = 6\,894$ kNm, $\eta_1 = \kappa_1 + \lambda_1 = 19\,349$ kNm

$\kappa_4 = 15\,711$ kNm, $\lambda_4 = 8\,073$ kNm, $\eta_4 = \kappa_4 + \lambda_4 = 23\,784$ kNm

$\kappa_3 = \kappa_6 = 12\,000$ kNm, $\lambda_3 = \lambda_6 = 6\,000$ kNm

(11.18): $\omega_1 = 2\eta_1 + N_1^{II} l_1 = 32\,278$ kNm, $\omega_4 = 2\eta_4 + N_4^{II} l_4 = 45\,418$ kNm

Tafel 6.5: $M_{cd}^0 = -66,67$ kNm $= -M_{dc}^0$, $M_{ef}^0 = -50$ kNm $= -M_{fe}^0$

(11.25): $A_I^L = (H_c + H_e) l_1 = 48$ kNm, $A_{II}^L = H_e l_4 = 15$ kNm

Gleichungssystem

$$
\begin{bmatrix}
\alpha_{cc}=\kappa_1+\kappa_3+\kappa_4 & \alpha_{cd}=\lambda_3 & \alpha_{ce}=\lambda_4 & \alpha_{cf}=0 & \alpha_{cI}=-\eta_1 & \alpha_{cII}=-\eta_4 \\
 & \alpha_{dd}=\alpha_{cc} & \alpha_{de}=0 & \alpha_{df}=\alpha_{ce} & \alpha_{dI}=\alpha_{cI} & \alpha_{dII}=\alpha_{cII} \\
 & & \alpha_{ee}=\kappa_4+\kappa_6 & \alpha_{ef}=\lambda_6 & \alpha_{eI}=0 & \alpha_{eII}=-\eta_4 \\
 & & & \alpha_{ff}=\alpha_{ee} & \alpha_{fI}=0 & \alpha_{fII}=\alpha_{eII} \\
 & \text{symmetrisch} & & & \alpha_{I\,I}=2\omega_1 & \alpha_{I\,II}=0 \\
 & & & & & \alpha_{II\,II}=2\omega_4
\end{bmatrix}
\cdot
\begin{bmatrix}
\varphi_c \\ \varphi_d \\ \varphi_e \\ \varphi_f \\ \hline \psi_I \\ \psi_{II}
\end{bmatrix}
$$

$$
=
\begin{bmatrix}
L_c = -M_{cd}^0 \\
L_d = -M_{dc}^0 \\
L_e = -M_{ef}^0 \\
L_f = -M_{fe}^0 \\
\hline
L_I = A_I^L - 2N_1^{II} l_1 \psi^0 \\
L_{II} = A_{II}^L - 2N_4^{II} l_4 \psi^0
\end{bmatrix}
$$

Zahlenwerte

$$\begin{bmatrix} 40\,166 & 6\,000 & 8\,073 & 0 & -19\,349 & -23\,784 \\ 6\,000 & 40\,166 & 0 & 8\,073 & -19\,349 & -23\,784 \\ 8\,073 & 0 & 27\,711 & 6\,000 & 0 & -23\,784 \\ 0 & 8\,073 & 6\,000 & 27\,711 & 0 & -23\,784 \\ -19\,349 & -19\,349 & 0 & 0 & 64\,556 & 0 \\ -23\,784 & -23\,784 & -23\,784 & -23\,784 & 0 & 90\,837 \end{bmatrix} \cdot \begin{bmatrix} \varphi_c \\ \varphi_d \\ \varphi_e \\ \varphi_f \\ \psi_I \\ \psi_{II} \end{bmatrix} = \begin{bmatrix} 66{,}67 \\ -66{,}67 \\ 50 \\ -50 \\ 112{,}2 \\ 36{,}50 \end{bmatrix}$$

Auflösung: $\varphi_c = 0{,}003672$, $\varphi_d = 0{,}0005865$, $\varphi_e = 0{,}002618$, $\varphi_f = -0{,}0008408$

$\psi_I = 0{,}003014$, $\psi_{II} = 0{,}001982$

$\psi_1 = \psi_2 = \psi_I$, $\psi_4 = \psi_5 = \psi_{II}$ (alle $\psi_s^e = 0$)

(11.1): $M_{ac} = -33{,}01$ kNm

$M_{ca} = -12{,}59$ kNm

$M_{cd} = -19{,}09$ kNm $\Big\} \sum M \overset{!}{=} 0$

$M_{ce} = 31{,}68$ kNm

$M_{ec} = 23{,}63$ kNm $= -M_{ef}$

$M_{bd} = -54{,}28$ kNm

$M_{db} = -51{,}02$ kNm

$M_{dc} = 95{,}73$ kNm $\Big\} \sum M \overset{!}{=} 0$

$M_{df} = -44{,}72$ kNm

$M_{fd} = -55{,}62$ kNm $= -M_{fe}$

Kontrollen nach (11. 28)

$r = \mathrm{I}$: $M_{ac} + M_{ca} + M_{bd} + M_{db} - l_1 2 N_1^{II}(\psi_1 + \psi^0) + A_I^L \overset{!}{=} 0$

$r = \mathrm{II}$: $M_{ce} + M_{ec} + M_{df} + M_{fd} - l_4 2 N_4^{II}(\psi_4 + \psi^0) + A_{II}^L \overset{!}{=} 0$

Der M-Verlauf ist in Abb. 11.11 dargestellt.

Verzweigungslastfaktor $\eta_{Ki} = 3{,}687$

$\rightarrow s_{K,1} = s_{K,2} = 7{,}07$ m, $\quad s_{K,4} = s_{K,5} = 11{,}16$ m

Bemerkung: Aufgrund der vorliegenden Symmetrie von System und Längs-kräften N_s^{II} kann die *Belastungsumordnung* mit folgenden beiden Lastfällen angewendet werden:

Lastfall Symmetrie: 2 Unbekannte: $\varphi_c = -\varphi_d$ und $\varphi_e = -\varphi_f$, $(\psi_I = \psi_{II} = 0)$
Einwirkungen: q_3 und q_6

Lastfall Antimetrie: 4 Unbekannte: $\varphi_c = \varphi_d$, $\varphi_e = \varphi_f$, ψ_I und ψ_{II}
Einwirkungen: ψ^0, H_c, H_e

Beispiel 1 mit angehängten Schubfeldern

Wenn beim Rahmen der Abb. 11.11 zusätzlich Schubfelder mit den Steifig-keiten S_I und S_{II} im 1. bzw. 2. Stockwerk vorhanden sind, deren Höhen gleich den Stockwerkshöhen l_1 bzw. l_4 sind, so ändern sich beim Glei-chungssystem nur die beiden Matrixglieder $\alpha_{I\,I}$ und $\alpha_{II\,II}$ wie folgt:

$$\alpha_{I\,I} = 2\omega_1 + \underline{S_I l_1}, \qquad \alpha_{II\,II} = 2\omega_4 + \underline{S_{II} l_4}$$

Die Kontrollgleichungen (11.28) lauten in erweiterter Form

$r = \text{I}: \quad M_{ac} + M_{ca} + M_{bd} + M_{db} - l_1 2 N_1^{II}(\psi_1 + \psi^0) - \underline{S_I l_1 \psi_1} + A_I^L \overset{!}{=} 0$

$r = \text{II}: \quad M_{ce} + M_{ec} + M_{df} + M_{fd} - l_4 2 N_4^{II}(\psi_4 + \psi^0) - \underline{S_{II} l_4 \psi_4} + A_{II}^L \overset{!}{=} 0$

Die horizontalen Schubkräfte der Schubfelder sind $Q_I = S_I \psi_1$ und $Q_{II} = S_{II} \psi_4$.
Alle übrigen Formeln bleiben unverändert.

Beispiel 2

Anhand des in Abb. 11.12 dargestellten Beispiels eines zweigeschossigen Rahmens soll der Einfluß von angehängten Pendelstielen und ungleichen Stiellängen innerhalb eines Stockwerks gezeigt werden.

System und Vertikallasten symmetrisch

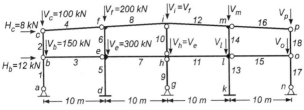

$l_2 = 4$ m, $l_6 = 5$ m, $l_{10} = 6$ m; $EI_6 = EI_8 = 20\,000$ kNm²;   alle Stiele

$l_1 = 5$ m, $l_5 = 6$ m, $l_9 = 5$ m; $EI_5 = EI_7 = 30\,000$ kNm²; $\psi^0 = 0,005$

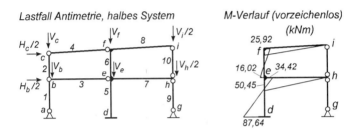

Abb. 11.12   Beispiel 2, zweigeschossiger Stockwerkrahmen mit angehängten Pendelstielen

Das System, die Vertikallasten und damit auch die Stiellängskräfte N_s^{II} sind symmetrisch. Bei Anwendung der *Belastungsumordnung* gilt für den

Lastfall Symmetrie

Alle Knotendrehwinkel, Stabdrehwinkel und Momente sind null; als Schnittgrößen sind nur Längskräfte N_s vorhanden, die statisch bestimmt sind.

Lastfall Antimetrie

Hier ist $M_h = 0$ und $M_i = 0$. Die Knotendrehwinkel, Stabdrehwinkel und Momente werden am *halben* System gemäß Abb. 11.12 berechnet, bei dem die Lasten H_b, H_c, V_h und V_i halbiert werden müssen.

Im folgenden wird ausschließlich der Lastfall Antimetrie berechnet, der – wie bereits erwähnt – die endgültigen Drehwinkel und Momente liefert. Sind auch die Längs- und Auflagerkräfte zu ermitteln, so werden diese am einfachsten anschließend mit Hilfe der Transversalkräfte und des Knotengleichgewichts am ganzen System unter der wirklichen Belastung berechnet. Der Lastfall Symmetrie wird dann nicht benötigt.

Unbekannte: φ_e, φ_f, $\psi_I = \psi_5$, $\psi_{II} = \psi_6$ (Stiele 5 und 6 sind Grundstäbe)

Gleichungssystem

$$
\begin{bmatrix}
\alpha_{ee} & \alpha_{ef} & \alpha_{eI} & \alpha_{eII} \\
\alpha_{fe} & \alpha_{ff} & \alpha_{fI} & \alpha_{fII} \\
\alpha_{Ie} & \alpha_{If} & \alpha_{II} & \alpha_{III} \\
\alpha_{IIe} & \alpha_{IIf} & \alpha_{III} & \alpha_{IIII}
\end{bmatrix}
\cdot
\begin{bmatrix}
\varphi_e \\
\varphi_f \\
\psi_I \\
\psi_{II}
\end{bmatrix}
=
\begin{bmatrix}
L_e \\
L_f \\
L_I \\
L_{II}
\end{bmatrix}
$$

Längskräfte N_s^{II} (nur aus Vertikallasten), ϑ_{sr} nach (11.20)

s	1	2	5	6	9	10
N_s^{II} (kN)	−250	−100	−500	−200	−250	−100
$\vartheta_{sI} =$	1,2	0	1	0	1,2	0
$\vartheta_{sII} =$	0	1,25	0	1	0	0,8333

Funktionswerte b_j

Stab	b_0	b_1 (m)	b_2 (m^2)	b_3 (m^3)
5	0,7147	5,418	17,12	34,94
6	0,8776	4,794	12,24	20,57

Tafel 11.1: $\kappa_5 = 19\,597$ kNm, $\lambda_5 = 10\,102$ kNm, $\eta_5 = \kappa_5 + \lambda_5 = 29\,699$ kNm

$\kappa_6 = 15\,866$ kNm, $\lambda_6 = 8\,034$ kNm, $\eta_6 = \kappa_6 + \lambda_6 = 23\,900$ kNm

$\kappa_{eh} = 9\,000$ kNm, $\kappa_{fi} = 5\,970$ kNm

(11.18): $\omega_5 = 56\,397$ kNm, $\omega_6 = 46\,800$ kNm

(11.9): $\alpha_{ee} = \kappa_5 + \kappa_6 + \kappa_{eh} = 44\,463$ kNm, $\alpha_{ff} = \kappa_6 + \kappa_{fi} = 21\,836$ kNm

(11.10): $\alpha_{ef} = \alpha_{fe} = \lambda_6$

(11.22): $\alpha_{eI} = \alpha_{Ie} = -\eta_5$, $\alpha_{eII} = \alpha_{IIe} = -\eta_6$, $\alpha_{fI} = \alpha_{If} = 0$, $\alpha_{fII} = \alpha_{IIf} = -\eta_6$

(11.23): $\alpha_{II} = N_1^{II} l_1 \vartheta_{I1}^2 + \omega_5 + N_9^{II} l_9 \vartheta_9^2 = 52\,797$ kNm $\left.\begin{array}{l} \\ \\ \end{array}\right\}$ (Pendelstäbe:

$\alpha_{IIII} = N_2^{II} l_2 \vartheta_{II2}^2 + \omega_6 + N_{10}^{II} l_{10} \vartheta_{10}^2 = 45\,758$ kNm $\left.\begin{array}{l}\\\end{array}\right\}$ $\omega_s = N_s^{II} l_s$)

(11.24): $\alpha_{\text{I}\text{II}} = \alpha_{\text{II}\text{I}} = 0$

alle $M_{ik}^0 = 0 \;\rightarrow\; L_e = L_f = 0$

(11.25): $A_{\text{I}}^{\text{L}} = \dfrac{1}{2}(H_b + H_c)l_5 = 60$ kNm, $\quad A_{\text{II}}^{\text{L}} = \dfrac{1}{2}H_c l_6 = 20$ kNm

(11.26): $L_{\text{I}} = A_{\text{I}}^{\text{L}} - l_5(N_1^{\text{II}} + N_5^{\text{II}} + N_9^{\text{II}})\psi^0 = 90$ kNm

$\qquad L_{\text{II}} = A_{\text{II}}^{\text{L}} - l_6(N_2^{\text{II}} + N_6^{\text{II}} + N_{10}^{\text{II}})\psi^0 = 30$ kNm

Auflösung des Gleichungssystems

$\varphi_e = 0{,}005605, \quad \varphi_f = 0{,}004342, \quad \psi_{\text{I}} = 0{,}004857, \quad \psi_{\text{II}} = 0{,}005851$

(11.27): $\psi_1 = \vartheta_{1\text{I}}\psi_{\text{I}} = 0{,}005829 = \psi_9, \quad \psi_2 = \vartheta_{2\text{II}}\psi_{\text{II}} = 0{,}007314$

$\qquad \psi_{10} = \vartheta_{10\text{II}}\psi_{\text{II}} = 0{,}004876$

(11.1), (11.3): $M_{de} = -87{,}64$ kNm

$$\left.\begin{array}{l} M_{ed} = -34{,}42 \text{ kNm} \\ M_{eh} = 50{,}45 \text{ kNm} \\ M_{ef} = -16{,}02 \text{ kNm} \\ M_{fe} = -25{,}92 \text{ kNm} = -M_{fi} \end{array}\right\} \quad \sum M \overset{!}{=} 0$$

Kontrollen nach (11.28)

$r = \text{I}: \quad M_{de} + M_{ed} - l_5\Big[N_1^{\text{II}}(\psi_1 + \psi^0) + N_5^{\text{II}}(\psi_5 + \psi^0) + N_9^{\text{II}}(\psi_9 + \psi^0)\Big] + A_{\text{I}}^{\text{L}} \overset{!}{=} 0$

$r = \text{II}: \quad M_{ef} + M_{fe} - l_6\Big[N_2^{\text{II}}(\psi_2 + \psi^0) + N_6^{\text{II}}(\psi_6 + \psi^0) + N_{10}^{\text{II}}(\psi_{10} + \psi^0)\Big] + A_{\text{II}}^{\text{L}} \overset{!}{=} 0$

Der M-Verlauf ist in Abb. 11.12 angegeben.

Verzweigungslastfaktor $\eta_{\text{Ki}} = 3{,}586 \;\rightarrow\; s_{\text{K},5} = 12{,}85$ m, $\quad s_{\text{K},6} = 16{,}59$ m

12 Drehverschiebungsverfahren

Das Drehverschiebungsverfahren ist anwendbar, wenn die *Transversalkräfte* R_{ik} der Stiele *bekannt* sind. Systeme, für die diese Voraussetzung zutrifft, sind in Abb. 12.1 dargestellt.

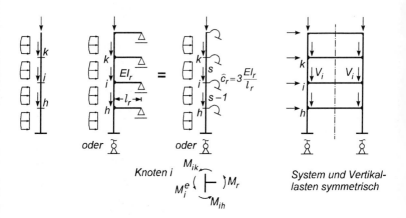

Abb. 12.1 Systeme mit bekannten R_{ik} der Stiele

Aus der Gleichgewichtsbedingung $\sum H = 0$ sind R_{ik} und R_{ki} für jeden Stiel vorweg zu berechnen und damit bekannt. Dies erlaubt gegenüber dem Drehwinkelverfahren eine Reduzierung der Unbekannten auf die *Knotendrehwinkel* φ_i. Die Stieldrehwinkel sind also nicht mehr Unbekannte des Gleichungssystems, sie treten aber gleichzeitig mit jedem Knotendrehwinkel φ_i auf. Aufgrund dieser Kopplung von Knoten- und Stieldrehwinkeln wird das Verfahren als Drehverschiebungsverfahren bezeichnet. Dieses hat in der Regel nur halb soviel Unbekannte wie das Drehwinkelverfahren, darüber hinaus ist die *Matrix* des Gleichungssystems nur *dreigliedrig besetzt*.

Der *allgemeine Fall* eines Systems mit Drehfedern in den Knoten ist in der Mitte der Abb. 12.1 angegeben. Die links dargestellte *mehrfeldrige, eingespannte Stütze* stellt davon einen Sonderfall dar, bei dem die Drehfederkonstanten $\hat{c}_r$ null sind. Für den rechts gezeigten *symmetrischen Rahmen* mit symmetrischen Stiellängskräften kann für den Lastfall *Antimetrie* das halbe System mit halben Riegellängen und halben Horizontalkräften betrachtet und berechnet werden, womit das in der Mitte der Abb. 12.1 dargestellte System vorliegt.

Wie in Abb. 12.1 angegeben, dürfen bei den Rahmen auch *gelenkige Lager* an den Stielfußpunkten vorhanden sein. Darüber hinaus können in allen Fällen auch *elastische Einspannungen* (Drehfedern) an den Stielfußpunkten berücksichtigt werden – wobei dann zusätzlich ein unbekannter Knotendrehwinkel auftritt. Im übrigen sind – wie beim Drehwinkelverfahren – dort unbekannte Drehwinkel vorhanden, wo *drehbare* Knoten mit *statisch unbestimmten* Momenten vorliegen.

Für die Momente M_{ik}, M_{ki} gilt wieder die Vorzeichenvereinbarung "V".

Herleitung der Formeln für den allgemeinen Stiel $i\,k$

Lagerungsfall 1 $\quad i \;\longmapsto\!\!\!-\!\!\!-\!\!\!\mid\mid k$

Aus der 2. Zeile der Übertragungsbeziehung (6.42) für $x = l$ erhält man

$$\varphi_k = b_0 \varphi_i - \frac{1}{EI}(b_1 M_{ik} + b_2 R_{ik}) + \varphi_{ki}^R \tag{12.1}$$

Als praktisch wichtigste Einwirkungen werden ψ^0, $q = konst.$, κ^e und P berücksichtigt, die zusammen mit den Schnittgrößen in Abb. 12.2 angegeben sind.

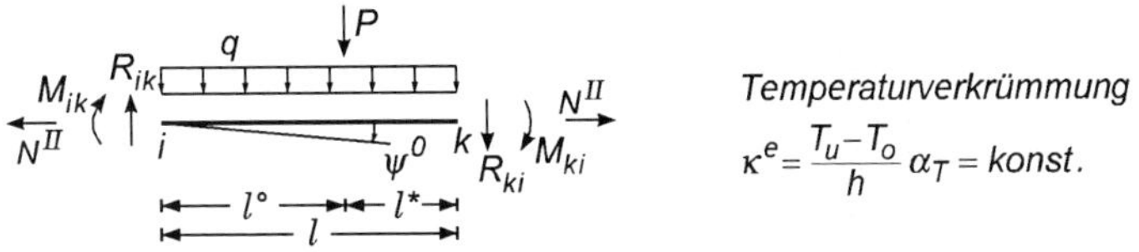

Abb. 12.2 Stab $i\,k$ mit Schnittgrößen und berücksichtigten Einwirkungen

Die Vorkrümmung mit Stich w^0 bleibt außer Betracht, da bei den hier vorliegenden verschieblichen Systemen nur ψ^0 anzusetzen ist.

Aus (6.43), (6.41) und mit $\varphi_i^V = \psi^0$ ergibt sich

$$\varphi_{ki}^R = \frac{1}{EI}(b_3 q + b_2^* P) - b_1 \kappa^e + \frac{1}{EI} b_2 N^{II} \psi^0 \tag{12.2}$$

Nach Einsetzen in (12.1) und Auflösen nach M_{ik} erhält man

$$M_{ik} = M_{ik}^0 + \kappa_{ik}\varphi_i - \lambda_s \varphi_k \tag{12.3}$$

$$\text{mit } \kappa_{ik} = \frac{b_0}{b_1} EI, \qquad \lambda_s = \frac{1}{b_1} EI \tag{12.4}$$

$$M_{ik}^0 = \frac{1}{b_1}\left(-b_2\,\overline{R}_{ik} + b_3\,q + b_2^*\,P\right) - EI\,\kappa^{\rm e}, \quad \overline{R}_{ik} = R_{ik} - N^{\rm II}\psi^0 \tag{12.5}$$

Die entsprechende Formel für M_{ki} kann durch Drehung des Stabes $i\,k$ um 180° in Systemebene erhalten werden. Dabei sind i und k zu vertauschen, anstelle von $b_2^* = b_2(l^*)$ tritt $b_2^\circ = b_2(l^\circ)$, und die Vorzeichen von q, P und $\kappa^{\rm e}$ kehren sich um. Man erhält

$$M_{ki} = M_{ki}^0 + \kappa_{ki}\varphi_k - \lambda_s\varphi_i \tag{12.6}$$

mit $\kappa_{ki} = \kappa_{ik} = \kappa_s$ \hfill (12.7)

$$M_{ki}^0 = \frac{1}{b_1}\left(-b_2\,\overline{R}_{ki} - b_3\,q - b_2^\circ\,P\right) + EI\,\kappa^{\rm e}, \quad \overline{R}_{ki} = R_{ki} - N^{\rm II}\psi^0 \tag{12.8}$$

Lagerungsfall 2 $\quad i \vdash\!\!\!\!-\!\!\!-\!\!\!-\; k$

Dieser Lagerungsfall liegt beim obersten Stiel der mehrfeldrigen Stütze in Abb. 12.1 links vor.

Aus der 3. Zeile der Übertragungsbeziehung (6.42) für $x = l$ ergibt sich

$$-M_{ki} = -N^{\rm II}b_1\varphi_i + b_0 M_{ik} + b_1 R_{ik} - b_2\,q - b_1^*P + N^{\rm II}b_2\kappa^{\rm e} - b_1 N^{\rm II}\psi^0 \tag{12.9}$$

wobei M_{ki}^R gemäß (6.43) bereits eingesetzt wurde. M_{ki} am freien Ende k ist null oder hat einen bekannten Wert, wenn dort ein eingeprägtes Moment wirksam ist.

Die Auflösung nach M_{ik} liefert

$$M_{ik} = M_{ik}^0 + \kappa_{ik}\varphi_i \tag{12.10}$$

mit $\kappa_{ik} = N^{\rm II}\dfrac{b_1}{b_0}$ \hfill (12.11)

$$M_{ik}^0 = \frac{1}{b_0}\left(-b_1\overline{R}_{ik} + b_2\,q + b_1^*P - N^{\rm II}b_2\kappa^{\rm e} - M_{ki}\right) \tag{12.12}$$

$\overline{R}_{ik}$ ist wie in (12.5) definiert.

Lagerungsfall 3 $\quad i \,\circ\!\!-\!\!\!-\!\!\!-\!\!\!|\, k$

Dieser Lagerungsfall liegt beim untersten Stiel vor, wenn der Fußpunkt gelenkig gelagert ist.

Wie beim Lagerungsfall 1 läßt sich die Formel für M_{ki} durch Drehung des Stabes aus den Formeln (12.10) bis (12.12) gewinnen, wobei dieselben Regeln gelten.

Man erhält

$$M_{ki} = M_{ki}^0 + \kappa_{ki}\varphi_k \qquad (12.13)$$

$$\text{mit } \kappa_{ki} = N^{\mathrm{II}}\frac{b_1}{b_0} \qquad (12.14)$$

$$M_{ki}^0 = \frac{1}{b_0}\Big(-b_1\,\overline{R}_{ki} - b_2 q - b_1^\circ P + N^{\mathrm{II}}b_2\kappa^{\mathrm{e}} - M_{ik}\Big) \qquad (12.15)$$

$\overline{R}_{ki}$ ist wie in (12.8) definiert. Mit M_{ik} kann ein eingeprägtes Moment am gelenkig gelagerten Fußpunkt i berücksichtigt werden.

Gleichungssystem

Durch Vorgabe der (statisch bestimmten) Kräfte R_{ik}, R_{ki} ist das *Stockwerksgleichgewicht* bereits *erfüllt*. Das Gleichungssystem ergibt sich dann ausschließlich aus dem *Momentengleichgewicht* der Knoten.

Gemäß Abb. 12.1 gilt für den Knoten i

$$M_{ih} + M_{ik} + M_r + M_i^{\mathrm{e}} = 0 \qquad (12.16)$$

wobei mit M_i^{e} ein eingeprägtes Knotenmoment berücksichtigt werden kann.

Für M_r wird eingesetzt ($\hat{c}_r$ nach Abb. 12.1)

$$M_r = \hat{c}_r\varphi_i \qquad (12.17)$$

Für M_{ih} wird gemäß (12.6) eingeführt

$$M_{ih} = M_{ih}^0 + \kappa_{ih}\varphi_i - \lambda_{s-1}\varphi_h \qquad (12.18)$$

während M_{ik} nach (12.3) ersetzt wird. Die dem *Knoten* i zugeordnete Gleichung des Gleichungssystems lautet dann

$$i: \quad \boxed{-\lambda_{s-1}\varphi_h + d_i\varphi_i - \lambda_s\varphi_k = L_i} \qquad (12.19)$$

$$\text{mit } d_i = \kappa_{ih} + \kappa_{ik} + \hat{c}_r \qquad (12.20)$$

$$L_i = -M_{ih}^0 - M_{ik}^0 - M_i^{\mathrm{e}} \qquad (12.21)$$

Für Lagerungsfall 1 gilt, wie bereits erwähnt, $\kappa_{ik} = \kappa_{ki} = \kappa_s$. Ist in h oder k die Unbekannte φ_h bzw. φ_k nicht vorhanden, so entfällt in (12.19) der entsprechende Term. Ist darüber hinaus der Stab $s-1$ oder s nicht vorhanden, so entfällt in (12.20) und (12.21) der auf diesen Stab bezogene Term. Dasselbe gilt für $\hat{c}_r$ bei fehlender Drehfelder, das heißt fehlendem Riegel.

Nach Auflösung des Gleichungssystems sind die Stabendmomente nach (12.3), (12.6), (12.10) bzw. (12.13) zu bestimmen. Danach können mit (12.16) die für das vorliegende Verfahren wesentlichen Kontrollen durchgeführt werden.

Die (horizontalen) Knotenverschiebungen δ_i, δ_k lassen sich erforderlichenfalls aus Zeile 1 von (6.42) bestimmen. Diese lautet hier

$$\delta_k = \delta_i + b_1\varphi_i + \frac{1}{EI}\left(-b_2 M_{ik} - b_3 \overline{R}_{ik} + b_4 q + b_3^* P\right) - b_2 \kappa^e \tag{12.22}$$

wobei w durch δ ersetzt wurde.

Beim Lagerungsfall 3 ist φ_i unbekannt und (12.22) deshalb nicht anwendbar. Durch die erwähnte Drehung des Stabes erhält man aus (12.22) folgende dann anwendbare Formel:

$$\delta_k = \delta_i + b_1\varphi_k + \frac{1}{EI}\left(-b_2 M_{ki} - b_3 \overline{R}_{ki} - b_4 q - b_3^\circ P\right) + b_2 \kappa^e \tag{12.23}$$

Die Anwendung von (12.22) bzw. (12.23) erfolgt rekursiv, indem beim untersten Stiel mit $\delta_i = 0$ begonnen und die Berechnung nach oben fortschreitend durchgeführt wird. Die Stieldrehwinkel bestimmen sich dann aus

$$\psi_s = \frac{\delta_k - \delta_i}{l_s} \tag{12.24}$$

Sonderfall Theorie I. Ordnung

Mit $b_j = a_j = l^j/j!$, $b_j^* = a_j^* = l^{*j}/j!$ und $b_j^\circ = a_j^\circ = l^{\circ j}/j!$ erhält man unmittelbar die Formeln der Theorie I. Ordnung. Insbesondere wird im Lagerungsfall 2 und 3 (wegen $N^{II} = 0$) $\kappa_{ik} = 0$ und $\kappa_{ki} = 0$; das heißt, daß mit φ_i bzw. φ_k eine Starrkörperbewegung verbunden ist.

Beispiel 1: Rechteckrahmen mit eingespannten Fußpunkten

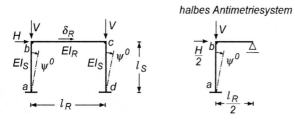

Abb. 12.3 Rechteckrahmen mit eingespannten Fußpunkten

Der in Abb. 12.3 gezeigte symmetrische Rechteckrahmen läßt sich nach dem Drehverschiebungsverfahren mit nur 1 Unbekannten, nämlich φ_b, berechnen. Die Berechnung wird zunächst in allgemeiner Form durchgeführt, wobei das halbe System gemäß Abb. 12.3 zugrunde gelegt wird.

Stiel, Lagerungsfall 1

$$N^{\mathrm{II}} = -V, \quad K = \frac{N^{\mathrm{II}}}{EI_S}, \quad x = l_S \;\rightarrow\; b_0 \text{ bis } b_3$$

$$\kappa = \frac{b_0}{b_1} EI_S, \quad \lambda = \frac{1}{b_1} EI_S$$

$$R_{ab} = R_{ba} = \frac{H}{2} = R, \quad \overline{R} = \frac{H}{2} + V\psi^0$$

(12.5), (12.8): $M_{ab}^0 = M_{ba}^0 = -\dfrac{b_2}{b_1}\overline{R}$

Riegel: $\hat{c} = 3\dfrac{EI_R}{l_R/2} = 6\dfrac{EI_R}{l_R}$

Gleichung für φ_b

(12.19): $(\kappa + \hat{c})\varphi_b = -M_{ba}^0 \;\rightarrow\; \varphi_b = \dfrac{-M_{ba}^0}{\kappa + \hat{c}}$

Momente

(12.3): $M_{ab} = M_{ab}^0 - \lambda\varphi_b$, \quad (12.6): $M_{ba} = M_{ba}^0 + \kappa\varphi_b$, \quad (12.17): $M_{bc} = \hat{c}\,\varphi_b$

Kontrolle: $M_{ba} + M_{bc} \overset{!}{=} 0$

Riegelverschiebung

(12.22): $\delta_R = \dfrac{1}{EI_S}(-b_2 M_{ab} - b_3\overline{R})$

oder

(12.23): $\delta_R = b_1\varphi_b + \dfrac{1}{EI_S}(-b_2 M_{ba} - b_3\overline{R})$

Die Verzweigungslast V_{Ki} folgt aus der Bedingung $\kappa + \hat{c} = 0$.

Zahlenbeispiel

Gegeben: $l_S = 6$ m, $l_R = 10$ m, $EI_S = 20\,000$ kNm^2, $EI_R = 30\,000$ kNm^2

$\psi^0 = 0{,}005$, $V = 500$ kN, $H = 12$ kN

$K = -0{,}025$ m^{-2}, $b_0 = 0{,}5828$, $b_1 = 5{,}140$ m, $b_2 = 16{,}69$ m^2, $b_3 = 34{,}41$ m^3

$\kappa = 2\,268$ kNm, $\lambda = 3\,891$ kNm, $\overline{R} = 8{,}5$ kN, $M_{ba}^0 = M_{ab}^0 = -27{,}60$ kNm

$\hat{c} = 18\,000$ kNm, $\varphi_b = 0{,}001362$

$M_{ab} = -32{,}90$ kNm, $M_{ba} = -24{,}51$ kNm, $M_{bc} = 24{,}51$ kNm

$\delta_R = 0{,}01283$ m

$V_{Ki} = 3\,993$ kN $\rightarrow$ $s_K = 7{,}031$ m

Beispiel 2: Rechteckrahmen mit gelenkig gelagerten Fußpunkten

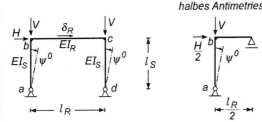

halbes Antimetriesystem

Abb. 12.4 Rechteckrahmen mit gelenkig gelagerten Fußpunkten

Stiel, Lagerungsfall 3

$N^{II} = -V$, $K = \dfrac{N^{II}}{EI_S}$, $x = l_S \rightarrow b_0$ bis b_3

$\kappa_{ba} = N^{II} \dfrac{b_1}{b_0}$

$R_{ab} = R_{ba} = \dfrac{H}{2} = R$, $\overline{R} = \dfrac{H}{2} + V\psi^0$

(12.15): $M_{ba}^0 = -\dfrac{b_1}{b_0}\overline{R}$

Riegel: $\hat{c} = 6\dfrac{EI_R}{l_R}$

Gleichung für φ_b

(12.19): $(\kappa_{ba} + \hat{c})\varphi_b = -M_{ba}^0 \quad \rightarrow \quad \varphi_b = \dfrac{-M_{ba}^0}{\kappa_{ba} + \hat{c}}$

Momente

(12.13): $M_{ba} = M_{ba}^0 + \kappa_{ba}\varphi_b$, (12.17): $M_{bc} = \hat{c}\,\varphi_b$

Kontrolle: $M_{ba} + M_{bc} \overset{!}{=} 0$

Riegelverschiebung

(12.23): $\delta_R = b_1\varphi_b + \dfrac{1}{EI_S}(-b_2 M_{ba} - b_3\overline{R})$

Die Verzweigungslast folgt aus der Bedingung $\kappa_{ba} + \hat{c} = 0$.

Zahlenbeispiel

Gegebene Werte, K, b_j wie in Beispiel 1

$\kappa_{ba} = -4\,410$ kNm, $\overline{R} = 8{,}5$ kN, $M_{ba}^0 = -74{,}97$ kNm

$\hat{c} = 18\,000$ kNm, $\varphi_b = 0{,}005\,516$

$M_{ba} = -99{,}29$ kNm, $M_{bc} = 99{,}29$ kNm

$\delta_R = 0{,}09658$ m

$V_{Ki} = 981{,}8$ kN $\rightarrow$ $s_K = 14{,}18$ m

Beispiel 3: Zweigeschossiger Stockwerkrahmen

Das in Abb. 12.5 dargestellte Beispiel 3 ist identisch mit dem Lastfall Antimetrie des in Abb. 11.11 gezeigten Beispiels. Es entfallen die Gleichlasten
der Riegel, und die Vertikallasten werden so gewählt, daß die Stiele die
gleichen Längskräfte N_s^{II} haben. Da Stieldrehwinkel nur im Lastfall Antimetrie auftreten, müssen sich hier dieselben Werte wie im Beispiel der
Abb. 11.11 ergeben. Das gleiche gilt für den Verzweigungslastfaktor η_{Ki}, da
die Knickfigur antimetrisch ist.

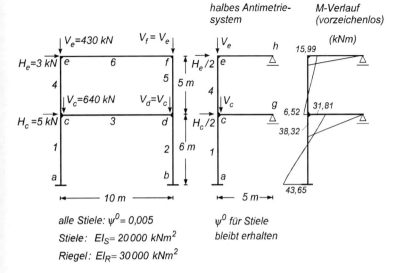

Abb. 12.5 Beispiel 3, zweigeschossiger Stockwerkrahmen

Der Berechnung wird wieder das in Abb. 12.5 gezeigte halbe Antimetriesystem zugrunde gelegt. Nach dem Drehverschiebungsverfahren treten die beiden Unbekannten φ_c und φ_e auf.

Stiellängskräfte: $N_1^{II} = -1\,070$ kN, $N_4^{II} = -430$ kN

Funktionswerte b_j

Stab	b_0	b_1 (m)	b_2 (m^2)	b_3 (m^3)
1	0,1820	4,251	15,29	32,69
4	0,7431	4,564	11,95	20,28

Stiele, Lagerungsfall 1

$\kappa_1 = 856{,}1$ kNm, $\lambda_1 = 4\,704$ kNm, $\kappa_4 = 3\,256$ kNm, $\lambda_4 = 4\,382$ kNm

$R_{ac} = R_{ca} = 4$ kN $= R_1$, $\quad \overline{R}_1 = R_1 - N_1^{II}\psi^0 = 9{,}35$ kN

$R_{ce} = R_{ec} = 1{,}5$ kN $= R_4$, $\quad \overline{R}_4 = R_4 - N_4^{II}\psi^0 = 3{,}65$ kN

(12.5), (12.8): $M_{ac}^0 = M_{ca}^0 = -33{,}63$ kNm, $M_{ce}^0 = M_{ec}^0 = -9{,}557$ kNm

Riegel

$$\hat{c}_3 = \hat{c}_6 = 3\frac{EI_R}{l_R/2} = 18\,000 \text{ kNm}$$

Gleichungssystem

$$\begin{bmatrix} d_c = \kappa_1 + \kappa_4 + \hat{c}_3 = 22\,112 & -\lambda_4 = -4\,382 \\ -\lambda_4 = -4\,382 & d_e = \kappa_4 + \hat{c}_6 = 21\,256 \end{bmatrix} \cdot \begin{bmatrix} \varphi_c \\ \varphi_e \end{bmatrix} = \begin{bmatrix} L_c = -M_{ca}^0 - M_{ce}^0 = 43{,}19 \\ L_e = -M_{ec}^0 = 9{,}557 \end{bmatrix}$$

Auflösung: $\varphi_c = 0{,}002\,129$, $\varphi_e = 0{,}000\,885$

Momente

(12.3): $M_{ac} = -43{,}65$ kNm

$\left.\begin{array}{l} \text{(12.6):} \quad M_{ca} = -31{,}81 \text{ kNm} \\ \text{(12.17):} \quad M_3 = 38{,}32 \text{ kNm} \ (= M_{cg}) \\ \text{(12.3):} \quad M_{ce} = -6{,}52 \text{ kNm} \end{array}\right\} \quad \sum M \overset{!}{=} 0$

$\left.\begin{array}{l} \text{(12.6):} \quad M_{ec} = -15{,}99 \text{ kNm} \\ \text{(12.17):} \quad M_6 = 15{,}99 \text{ kNm} \ (= M_{eh}) \end{array}\right\} \quad \sum M \overset{!}{=} 0$

Der M-Verlauf ist in Abb. 12.5 angegeben.

Riegelverschiebungen

$\left.\begin{array}{l} \text{(12.22):} \quad \delta_c = \dfrac{1}{EI_S}(-b_2 M_{ac} - b_3 \overline{R}_1) = 0{,}0181 \text{ m} \\[2mm] \text{oder} \\[2mm] \text{(12.23):} \quad \delta_c = b_1\varphi_c + \dfrac{1}{EI_S}(-b_2 M_{ca} - b_3 \overline{R}_1) = 0{,}0181 \text{ m} \end{array}\right\} \quad b_j \text{ für Stab 1}$

$\left.\begin{array}{l} \text{(12.22):} \quad \delta_e = \delta_c + b_1\varphi_c + \dfrac{1}{EI_S}(-b_2 M_{cd} - b_3 \overline{R}_4) = 0{,}0280 \text{ m} \\[2mm] \text{oder} \\[2mm] \text{(12.23):} \quad \delta_e = \delta_c + b_1\varphi_e + \dfrac{1}{EI_S}(-b_2 M_{dc} - b_3 \overline{R}_4) = 0{,}0280 \text{ m} \end{array}\right\} \quad b_j \text{ für Stab 4}$

Die daraus hervorgehenden Stieldrehwinkel ψ_1 und ψ_4 stimmen mit denen des Beispiels in Abb. 11.11 überein. Wie dort ergibt sich auch hier $\eta_{\text{Ki}} = 3{,}687$.

Beispiel 4: Dreifeldrige, elastisch eingespannte Stütze

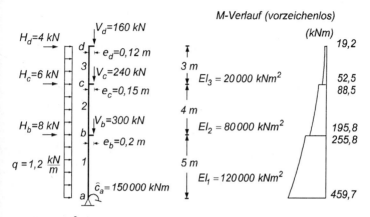

alle Stiele: $\psi^0 = 0,005$

Abb. 12.6 Beispiel 4, dreifeldrige, elastisch eingespannte Stütze

Die in Abb. 12.6 dargestellte dreifeldrige Stütze weist die 3 unbekannten Knotendrehwinkel φ_a, φ_b und φ_c auf. Am freien Ende d liegt keine Unbekannte vor, dort ist das Moment bekannt. An den Knoten b und c sind die eingeprägten Momente M_b^e bzw. M_c^e vorhanden (Abb. 12.1).

$$M_b^e = -V_b e_b = -60 \text{ kNm}, \quad M_c^e = -V_c e_c = -36 \text{ kNm}, \quad M_{dc} = V_d e_d = 19,2 \text{ kNm}$$

Für die Stiele 1 und 2 liegt Lagerungsfall 1, für Stiel 3 Lagerungsfall 2 vor.

Stab	N_s^{II} (kN)	b_0	b_1 (m)	b_2 (m²)	b_3 (m³)	b_4 (m⁴)	κ_s (kNm)	λ_s (kNm)
1	−700	0,9280	4,879	12,35	20,68	25,92	22 822	24 593
2	−400	0,9603	3,947	7,947	10,62	10,64	19 464	20 269
3	−160	0,9642	2,964	4,473	4,484	3,367	$\kappa_{cd} = -491,9$	

$$R_{cd} = H_d + ql_3 = 7,6 \text{ kN}, \quad R_{cb} = R_{cd} + H_c = 13,6 \text{ kN}, \quad R_{bc} = R_{cb} + ql_2 = 18,4 \text{ kN}$$

$$R_{ba} = R_{bc} + H_b = 26,4 \text{ kN}, \quad R_{ab} = R_{ba} + ql_1 = 32,4 \text{ kN}$$

(12.5), (12.8): $M_{ab}^0 = -85{,}77$ kNm, $M_{ba}^0 = -80{,}76$ kNm

$$M_{bc}^0 = -37{,}84 \text{ kNm}, \quad M_{cb}^0 = -34{,}64 \text{ kNm}$$

(12.12): $M_{cd}^0 = \dfrac{1}{b_0}\left[-b_1(R_{cd}-N_3^{II}\psi^0) + b_2 q - M_{dc}\right] = -40{,}17$ kNm, b_j von Stab 3

Gleichungssystem

$$\begin{bmatrix} \kappa_1+\hat{c}_a=172\,822 & -\lambda_1=-24\,593 & 0 \\ -\lambda_1=-24\,593 & \kappa_1+\kappa_2=42\,286 & -\lambda_2=-20\,269 \\ 0 & -\lambda_2=-20\,269 & \kappa_2+\kappa_{cd}=18\,972 \end{bmatrix} \cdot \begin{bmatrix} \varphi_a \\ \varphi_b \\ \varphi_c \end{bmatrix} = \begin{bmatrix} -M_{ab}^0=85{,}77 \\ -M_{ba}^0-M_{bc}^0-M_b^e=178{,}6 \\ -M_{cb}^0-M_{cd}^0-M_c^e=110{,}8 \end{bmatrix}$$

Auflösung: $\varphi_a = 0{,}003065$, $\varphi_b = 0{,}01805$, $\varphi_c = 0{,}02512$

Momente

(12.17): $M_{\text{Feder}} = 459{,}7$ kNm ⎫

(12.3): $M_{ab} = -459{,}7$ kNm ⎬ $\sum M \overset{!}{=} 0$

(12.6): $M_{ba} = 255{,}8$ kNm

(12.3): $M_{bc} = -195{,}8$ kNm

(12.6): $M_{cb} = 88{,}5$ kNm

(12.10): $M_{cd} = -52{,}5$ kNm

(12.16): $M_{ba} + M_{bc} + M_b^e \overset{!}{=} 0$, $M_{cb} + M_{cd} + M_c^e \overset{!}{=} 0$

Der M-Verlauf ist in Bild 12.6 angegeben.

Knotenverschiebungen

(12.22) oder (12.23): $\delta_b = 0{,}0563$ m

$\delta_c = 0{,}1445$ m

(12.22): $\delta_d = 0{,}2290$ m

Verzweigungslastfaktor: $\eta_{\text{Ki}} = 4{,}853$

$\rightarrow$ $s_{K,1} = 18{,}67$ m, $s_{K,2} = 20{,}17$ m, $s_{K,3} = 15{,}94$ m

Lastfall eingeprägte Verkrümmung κ^e

Für diesen *zu überlagernden* Lastfall (alle N_s^{II} bleiben erhalten) sind gegeben: $\Delta T = T_{\text{rechts}} - T_{\text{links}} = -20\ °C$, $\alpha_T = 1{,}2 \cdot 10^{-5}\ °C^{-1}$ und die Querschnittshöhen $h_1 = 0{,}40$ m, $h_2 = 0{,}35$ m, $h_3 = 0{,}23$ m.

Daraus ergibt sich

$$\kappa_1^e = \frac{\Delta T}{h_1}\alpha_T = -0{,}0006\ \text{m}^{-1}, \quad \kappa_2^e = -0{,}0006857\ \text{m}^{-1}, \quad \kappa_3^e = -0{,}0010435\ \text{m}^{-1}$$

(12.5), (12.8): $M_{ab}^0 = -EI_1\kappa_1^e = 72$ kNm, $M_{ba}^0 = -72$ kNm

$$M_{bc}^0 = -EI_2\kappa_2^e = 54{,}86\ \text{kNm}, \quad M_{cb}^0 = -54{,}86\ \text{kNm}$$

(12.12): $\quad M_{cd}^0 = -N_3^{II}\dfrac{b_2}{b_0}\kappa_3^e = -0{,}775$ kNm

(12.21): $L_a = -72$ kNm, $\quad L_b = 17{,}14$ kNm, $\quad L_c = 55{,}63$ kNm

$\rightarrow \quad \varphi_a = 0{,}0001344, \quad \varphi_b = 0{,}003872, \quad \varphi_c = 0{,}007069$

$M_{\text{Feder}} = 20{,}16$ kNm, $\quad M_{ab} = -20{,}16$ kNm

$M_{ba} = 13{,}06$ kNm, $\quad M_{bc} = -13{,}06$ kNm

$M_{cb} = 4{,}25$ kNm, $\quad M_{cd} = -4{,}25$ kNm

$\delta_b = 0{,}0101$ m, $\quad \delta_c = 0{,}0322$ m, $\quad \delta_d = 0{,}0587$ m

Näherungsberechnung mehrfeldriger Stockwerkrahmen unter Horizontallasten

Solche Rahmen können näherungsweise nach dem Drehverschiebungsverfahren berechnet werden, indem – wie in Abb. 12.7 angegeben – die Stiele innerhalb eines Stockwerkes zu einem „Summenstiel" und die Riegel zu einer „Summendrehfeder" zusammengefaßt werden.

Die Näherung besteht in der Annahme *gleicher Stielbiegelinien* innerhalb eines Stockwerks. Unter dieser Annahme ist die Bildung eines *Summenstiels* zulässig, dessen Biegesteifigkeit gleich der Summe der Biegesteifigkeiten und dessen Längskraft gleich der Summe der Längskräfte der Einzelstiele ist. *Ein* Ende eines Riegels s führt zur Drehfederkonstanten $c_s = 3EI_s/(l_s/2) = 6EI_s/l_s$. Diese Drehfederkonstante ist für jeden Riegel zweimal vorhanden, womit sich die in Abb. 12.7 eingetragenen Summenwerte $\hat{c}_C$ und $\hat{c}_B$ ergeben.

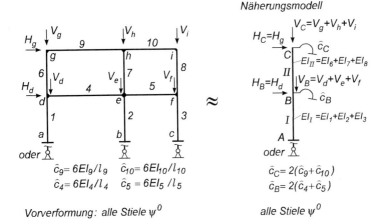

Abb. 12.7 Näherungmodell für einen mehrfeldrigen Stockwerkrahmen

Nach Berechnung des Näherungsmodells können die Stielmomente proportional zu den Biegesteifigkeiten EI_s der Einzelstiele aufgeteilt werden, während sich die Riegelmomente aus $M_s = \hat{c}_s \varphi_B$ ($s = 4$ und 5) bzw. $M_s = \hat{c}_s \varphi_C$ ($s = 9$ und 10) ergeben. Das Momentengleichgewicht am Einzelknoten des wirklichen Stockwerkrahmens ist dann im allgemeinen nicht erfüllt.

Das Näherungsmodell liefert in der Regel eine gute Genauigkeit für die Riegelverschiebungen und für den Verzweigungslastfaktor η_{Ki} („globale" Größen), während die Stabendmomente („lokale" Größen) meist weniger genau sind.

Wichtig ist, daß die Näherungsannahme gleicher Stielbiegelinien innerhalb eines Stockwerks *nicht* bedeutet, daß diese Stiele gleiche Knicklängen aufweisen. Vielmehr wird nach Berechnung von η_{Ki} am *Näherungsmodell* die Knicklänge des Einzelstiels s am *wirklichen* System, wie üblich, aus

$$s_{K,s} = \pi \sqrt{\frac{EI_s}{\eta_{Ki} N_s^{II}}}$$

berechnet.

Die genannte Näherungsannahme bedeutet einen gewissen Zwang für das System, so daß man für die Verschiebungen in der Regel zu kleine, für η_{Ki} aber jedenfalls zu große Werte erhalten wird.

Beispiel 5: Dreifeldriger, zweigeschossiger Rahmen

Dieses Beispiel ist in Abb. 12.8 dargestellt.

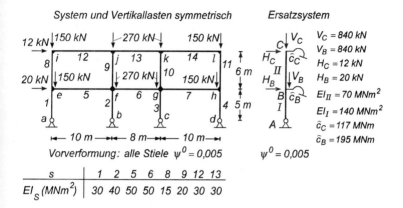

Abb. 12.8 Beispiel 5, dreifeldriger, zweigeschossiger Rahmen

Das Ersatzsystem wird, wie in Abb. 12.7 angegeben, bestimmt.

$EI_I = 2(EI_1 + EI_2) = 140 \text{ MNm}^2, \quad EI_{II} = 2(EI_8 + EI_9) = 70 \text{ MNm}^2$

$\hat{c}_5 = \hat{c}_7 = 6 EI_5/l_5 = 30 \text{ MNm}, \quad \hat{c}_6 = 37,5 \text{ MNm}$

$\hat{c}_{12} = \hat{c}_{14} = 18 \text{ MNm}, \quad \hat{c}_{13} = 22,5 \text{ MNm}$

$\hat{c}_B = 2(2\hat{c}_5 + \hat{c}_6) = 195 \text{ MNm}, \quad \hat{c}_C = 2(2\hat{c}_{12} + \hat{c}_{13}) = 117 \text{ MNm}$

$N_I^{II} = -1680 \text{ kN}, \quad N_{II}^{II} = -840 \text{ kN}$

Stiel	b_0	b_1 (m)	b_2 (m^2)	b_3 (m^3)	Lagerungsfall
I	0,8537	4,754	12,19	20,52	3
II	0,7917	5,577	17,36	35,23	1

(12.14): $\kappa_{BA} = -9355 \text{ kNm}$

(12.4): $\kappa_{II} = 9936 \text{ kNm}, \quad \lambda_{II} = 12551 \text{ kNm}$

$R_{BA} = H_B + H_C = 32 \text{ kN}, \quad R_{BC} = R_{CB} = H_C = 12 \text{ kN}$

(12.15): $M_{BA}^0 = -224{,}96$ kNm

(12.5), (12.8): $M_{BC}^0 = M_{CB}^0 = -50{,}43$ kNm

Gleichungssystem

$$\begin{bmatrix} \kappa_{BA}+\kappa_{II}+\hat{c}_B = 195\,581 & -\lambda_{II} = -12\,551 \\ -\lambda_{II} = -12\,551 & \kappa_{II}+\hat{c}_C = 126\,936 \end{bmatrix} \cdot \begin{bmatrix} \varphi_B \\ \varphi_C \end{bmatrix} = \begin{bmatrix} -M_{BA}^0 - M_{BC}^0 = 275{,}39 \\ -M_{CB}^0 = 50{,}43 \end{bmatrix}$$

Auflösung: $\varphi_B = 0{,}0014427$, $\quad \varphi_C = 0{,}0005399$

Momente

(12.13): $M_{BA} = -238{,}46$ kNm $\left.\begin{array}{l} \\ \\ \\ \end{array}\right\}$

(12.17): $M_B = 281{,}33$ kNm (Drehfeder) $\left.\right\}$ $\sum M \stackrel{!}{=} 0$

(12.3): $M_{BC} = -42{,}87$ kNm

(12.6): $M_{CB} = -63{,}17$ kNm $\left.\begin{array}{l} \\ \\ \end{array}\right\}$ $\sum M \stackrel{!}{=} 0$

(12.17): $M_C = 63{,}17$ kNm (Drehfeder) $\left.\right\}$

Knotenverschiebungen

(12.23): $\quad\quad\quad\quad \delta_B = 0{,}02170$ m $\quad$ (genau: 0,02214 m)

(12.22) oder (12.23): $\delta_C = 0{,}03223$ m $\quad$ (genau: 0,03299 m)

Verzweigungslastfaktor: $\eta_{Ki} = 6{,}272$ $\quad$ (genau: 6,168)

$\quad\rightarrow\quad s_{K,1} = 12{,}54$ m, $\quad s_{K,2} = 10{,}80$ m, $\quad s_{K,8} = 12{,}54$ m, $\quad s_{K,9} = 10{,}80$ m

Die Genauigkeit der Verschiebungen und des Verzweigungslastfaktors beträgt etwa 2 %.

Momente des wirklichen Systems

Stiele: $M_{ea} = M_{BA}\dfrac{EI_1}{EI_I} = -51{,}10$ kNm, $\quad M_{fb} = M_{BA}\dfrac{EI_2}{EI_I} = -68{,}13$ kNm

$\quad\quad\quad M_{BC} \rightarrow M_{ei} = -9{,}19$ kNm, $\quad M_{fj} = -12{,}25$ kNm

$\quad\quad\quad M_{CB} \rightarrow M_{ie} = -13{,}54$ kNm, $\quad M_{jf} = -18{,}05$ kNm

Riegel: $M_{ef} = M_{fe} = \hat{c}_5\varphi_B = 43{,}28$ kNm, $\quad M_{fg} = M_{gf} = \hat{c}_6\varphi_B = 54{,}10$ kNm

$\quad\quad\quad M_{ij} = M_{ji} = \hat{c}_{12}\varphi_C = 9{,}72$ kNm, $\quad M_{jk} = M_{kj} = \hat{c}_{13}\varphi_C = 12{,}15$ kNm

M-Verlauf (vorzeichenlos)

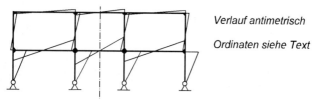

Verlauf antimetrisch

Ordinaten siehe Text

Abb. 12.9 M-Verlauf nach Näherungsmodell

Der M-Verlauf (ohne Ordinatenangabe) ist in Abb. 12.9 angegeben. Wie bereits erwähnt, ist $\sum M = 0$ am Einzelknoten nicht (genau) erfüllt.

13 Reduktionsverfahren

13.1 Allgemeines

Das *Reduktionsverfahren* – auch als *Übertragungsmatrizenverfahren* bezeichnet – ist dadurch gekennzeichnet, daß Kraft- und Verschiebungsgrößen gleichwertig nebeneinander behandelt werden. Es stellt damit neben den Kraft- und Verschiebungsgrößenverfahren ein *eigenständiges baustatisches Verfahren* dar.

Basis des Reduktionsverfahrens ist die in Abschnitt 6.4 angegebene *Übertragungsbeziehung*, die den Zustandsvektor an der allgemeinen Stelle x auf den Zustandsvektor am Anfangspunkt i „reduziert". In diesem Kapitel wird die Übertragungsbeziehung stets für $x = l$ angewendet. Es gilt die Vorzeichenvereinbarung "K".

Die Rechenoperationen sind beim Reduktionsverfahren im wesentlichen auf Matrizenmultiplikationen beschränkt. Wenn diese automatisch durchgeführt werden (was bereits mittels Taschenrechner möglich ist) und wenn die Anwendungsvoraussetzungen erfüllt sind, so stellt das Reduktionsverfahren vielfach die einfachste Berechnungsmethode dar.

Die Anwendung des Reduktionsverfahrens wird hier auf Systeme beschränkt, die nur aus *einem* Stabzug bestehen oder sich als solchen modellieren lassen. *Gelenke* innerhalb des Stabzuges werden *ausgeschlossen*, so daß an den Knoten jeweils nur 2 Stäbe biegesteif (auch drehelastisch) verbunden sind. Dagegen dürfen die Endpunkte des Stabzuges beliebig gelagert sein. An den Knoten können – soweit diese verschieblich sind – *elastische Lagerungen* (Federn) mittels einer *Knotenmatrix* berücksichtigt werden.

Im Gegensatz zu den bisher behandelten Verfahren lassen sich beim Reduktionsverfahren neben den M- auch die N-Verformungen erfassen.

Je nach Verfahrensvariante treten *unabhängig von der Anzahl der Stäbe* des Systems immer nur 1, 2 oder 3 Unbekannte auf. Wird z.B. ein Bogen durch ein Sehnen- oder Tangentenpolygon näherungsweise modelliert, so sind auch bei beliebig großer Anzahl der gewählten Knoten und Stäbe immer nur 3 Unbekannte vorhanden. Auch in dieser Hinsicht unterscheidet sich das Reduktionsverfahren grundsätzlich von allen übrigen Verfahren und weist beträchtliche Vorteile auf.

Die *Übertragungsbeziehung* für die *Queranteile* in R-Darstellung lautet gemäß (6.42) für $x = l$

$$
\begin{bmatrix} w_k \\ \varphi_k \\ M_k \\ R_k \\ -\!-\!- \\ 1 \end{bmatrix}
=
\begin{bmatrix}
1 & b_1 & -\dfrac{b_2}{EI} & -\dfrac{b_3}{EI} & \bigg| & w_k^R \\
 & b_0 & -\dfrac{b_1}{EI} & -\dfrac{b_2}{EI} & \bigg| & \varphi_k^R \\
 & -N^{II}b_1 & b_0 & b_1 & \bigg| & M_k^R \\
 & & & 1 & \bigg| & R_k^R \\
\multicolumn{4}{c}{\hrulefill} & \bigg| & -\!-\!- \\
 & & & & \bigg| & 1
\end{bmatrix}
\cdot
\begin{bmatrix} w_i \\ \varphi_i \\ M_i \\ R_i \\ -\!-\!- \\ 1 \end{bmatrix}
\quad \text{kurz: } \boldsymbol{Z}_k = \boldsymbol{F}_{ki} \cdot \boldsymbol{Z}_i \quad (13.1)
$$

Die Lastglieder w_k^R bis R_k^R werden nach (6.43) und (6.41) bestimmt. Für die wichtigsten Einflüsse ψ^0, w^0, $q = konst.$, κ^e, P und M^e lauten die Formeln

$$
\left.
\begin{aligned}
w_k^R &= \frac{1}{EI}(b_3\,N^{II}\varphi_i^V + b_4\bar{q} + b_3^*P - b_2^*M^e) - b_2\kappa^e \\[4pt]
\varphi_k^R &= \frac{1}{EI}(b_2\,N^{II}\varphi_i^V + b_3\,\bar{q} + b_2^*P - b_1^*M^e) - b_1\kappa^e \\[4pt]
M_k^R &= -(b_1\,N^{II}\varphi_i^V + b_2\,\bar{q} + b_1^*P - b_0^*M^e) + N^{II}b_2\,\kappa^e \\[4pt]
R_k^R &= -(ql + P)
\end{aligned}
\right\}
\qquad (13.2)
$$

mit $\quad \varphi_i^V = \psi^0 + 4\dfrac{w^0}{l}$ $\qquad\qquad\qquad\qquad\qquad (13.3)$

$\qquad \bar{q} = q - N^{II}8\dfrac{w^0}{l^2}$ $\qquad\qquad\qquad\qquad\qquad\quad (13.4)$

Die *Übertragungsbeziehung* für die *Längsanteile* lautet gemäß (6.46) für $x = l$

$$
\begin{bmatrix} u_k \\ N_k \\ -\!-\!- \\ 1 \end{bmatrix}
=
\begin{bmatrix}
1 & \dfrac{l}{EA} & \bigg| & u_k^L \\
 & 1 & \bigg| & N_k^L \\
\multicolumn{2}{c}{\hrulefill} & \bigg| & -\!-\!- \\
 & & \bigg| & 1
\end{bmatrix}
\cdot
\begin{bmatrix} u_i \\ N_i \\ -\!-\!- \\ 1 \end{bmatrix}
\qquad (13.5)
$$

Die Lastglieder u_k^L und N_k^L sind in (6.47) definiert. Für die wichtigsten Einflüsse $n = konst.$, ε^e und P_x lauten die Formeln

$$u_k^L = \frac{1}{EA}\left(\frac{l^2}{2}n + l^* P_x\right) + l\,\varepsilon^e$$

$$N_k^L = l\,n + P_x$$

(13.6)

13.2 Gerade Stabzüge mit verschieblichen Knoten

Falls bei diesen Stabzügen die Transversalkräfte R_{ik} statisch bestimmt sind, kann eine einfachere Berechnung nach Abschnitt 13.3 durchgeführt werden.

Quer- und Längsanteile lassen sich bei den geraden Stabzügen getrennt berechnen. In der Regel wird nur für die Queranteile das Reduktionsverfahren angewendet, während die Längskräfte aus den Gleichgewichtsbedingungen bestimmt werden und die Längsverschiebungen nicht von Interesse sind.

Stabzüge ohne Federn

An den Knoten ändern sich die Zustandsgrößen w, φ, M und R nicht. Dies ist Voraussetzung dafür, daß die Feldmatrizen, wie nachfolgend angegeben, unmittelbar multipliziert werden können. Bei den genannten Zustandsgrößen und dem daraus gebildeten Zustandsvektor genügt dann *ein* Index. Einzellasten und eingeprägte Momente an den Knoten werden einem der dort vorhandenen Stäbe zugeordnet und als Grenzfall der Einwirkungen P und M^e betrachtet. Dabei ist es zweckmäßig – bei Rechenrichtung von links nach rechts –, die Zuordnung zum rechten Ende des Stabes links vom Knoten vorzunehmen. Mit $l^* = 0$ wird dann

$$w_k^R = 0, \quad \varphi_k^R = 0, \quad M_k^R = M^e \quad \text{und} \quad R_k^R = -P$$

(13.7)

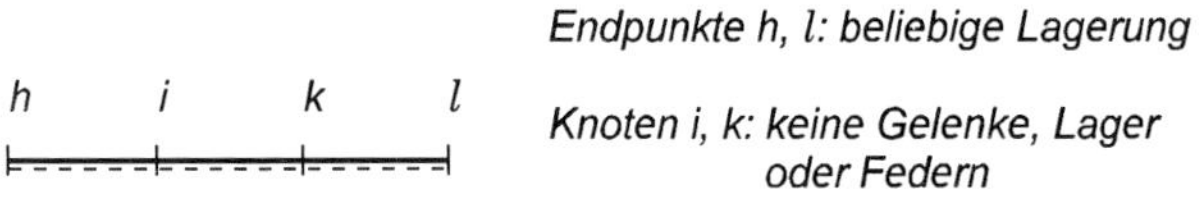

Endpunkte h, l: beliebige Lagerung

Knoten i, k: keine Gelenke, Lager oder Federn

Abb. 13.1 Gerader Stabzug mit 3 Feldern

Für den in Abb. 13.1 dargestellten Stabzug gilt gemäß (13.1)

$$Z_i = F_{ih} \cdot Z_h, \quad Z_k = F_{ki} \cdot Z_i, \quad Z_l = F_{lk} \cdot Z_k$$

(13.8)

Daraus ergibt sich

$$Z_l = F_{lh} \cdot Z_h$$

(13.9)

mit $F_{lh} = F_{lk} \cdot F_{ki} \cdot F_{ih}$ (13.10)

Am Anfangspunkt h sind aufgrund der Lagerung 2 Zustandsgrößen null oder haben einen gegebenen Wert, und 2 Zustandsgrößen sind unbekannt. Damit kann die Matrix F_{ih} von 5 auf 3 Spalten reduziert werden. Die Produktmatrizen haben dann ebenfalls nur 3 Spalten. Von den 4 Zeilen der Beziehung (13.9) werden je nach Randbedingungen am Endpunkt l 2 Zeilen als Bestimmungsgleichungen für die beiden Unbekannten verwendet. Damit ist Z_h bekannt, und die Beziehungen (13.8) liefern dann alle Zustandsgrößen der Punkte i, k und l.

Ist beispielsweise in h eine Einspannung und in l eine gelenkige Lagerung, so gilt

für h: $w_h = 0$, $\varphi_h = 0$, M_h und R_h unbekannt,

für l: $w_l = 0$, $M_l = 0$, φ_l und R_l unbekannt.

Bei F_{ih} kann somit die 1. und 2. Spalte gestrichen werden, und von (13.9) sind die 1. und 3. Zeile Bestimmungsgleichungen für M_h und R_h. Hat w_h oder φ_h einen vorgegebenen Wert, so ist die 1. bzw. 2. Spalte von F_{ih} mit w_h bzw. φ_h zu multiplizieren und zur Lastspalte zu addieren. In jedem Fall hat F_{ih} dann nur noch 3 Spalten.

Beispiel 1: Dreifeldrige Stütze

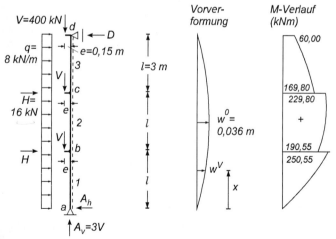

$EI_1 = EI_2 = EI_3 = EI = 40\,000 \text{ kNm}^2$

Abb. 13.2 Beispiel 1, dreifeldrige Stütze

An den Knoten b und c sind die Kräfte $P = H = 16$ kN und $M^e = -Ve = -60$ kNm (Vorzeichen siehe (6.41)) vorhanden. Die Zuordnung erfolgt jeweils zum untenliegenden Stab, so daß sich der Zustandsvektor jeweils auf den Punkt oberhalb des Knotens bezieht. Es ist also

$$M_b = M_{bc}, \quad R_b = R_{bc} \quad \text{und} \quad M_c = M_{cd}, \quad R_c = R_{cd}$$

Für die Punkte unterhalb der Knoten gilt dann

$$M_{ba} = M_{bc} - M^e, \quad R_{ba} = R_{bc} + H \quad \text{und} \quad M_{cb} = M_{cd} - M^e, \quad R_{cb} = R_{cd} + H$$

Vorverformung (quadratische Parabel), vgl. (6.10)

$$w^V = \left(x - \frac{x^2}{3l}\right) 4 \frac{w^0}{3l}$$

$$\varphi^V = (w^V)' = \left(1 - 2\frac{x}{3l}\right) 4 \frac{w^0}{3l}$$

$$\varphi_a^V = \varphi^V(0) = 0{,}016, \quad \varphi_b^V = \varphi^V(l) = 0{,}005333, \quad \varphi_c^V = \varphi^V(2l) = -0{,}005333$$

Diese Größen werden für die Lastglieder nach (13.2) benötigt. Die Anwendung von (13.3) erübrigt sich damit. Die (konstante) Krümmung der Vorverformung beträgt

$$\kappa^V = 8 \frac{w^0}{(3l)^2} = 0{,}003556 \text{ m}^{-1}$$

Mit $N_1^{II} = -3V = -1200$ kN, $N_2^{II} = -2V = -800$ kN und $N_3^{II} = -V = -400$ kN

erhält man dann aus (13.4)

$$\overline{q}_1 = q - N_1^{II} \kappa^V = 12{,}267 \text{ kN/m}, \quad \overline{q}_2 = 10{,}844 \text{ kN/m}, \quad \overline{q}_3 = 9{,}422 \text{ kN/m}$$

Funktionswerte b_j

Stab	b_0	b_1 (m)	b_2 (m^2)	b_3 (m^3)	b_4 (m^4)
1	0,8680	2,867	4,400	4,440	3,345
2	0,9113	2,911	4,433	4,460	3,355
3	0,9553	2,955	4,466	4,480	3,365

Die Formeln für die Lastglieder nach (13.2) lauten hier

$$w_k^R = \frac{1}{EI}(b_3 N_s^{II} \varphi_i^V + b_4 \bar{q}_s)$$

$$\varphi_k^R = \frac{1}{EI}(b_2 N_s^{II} \varphi_i^V + b_3 \bar{q}_s)$$

$$M_k^R = -(b_1 N_s^{II} \varphi_i^V + b_2 \bar{q}_s - M^e)$$

$$R_k^R = -(q l_s + H), \quad \text{wobei } H \text{ für Stab 3 entfällt}$$

Auswertung für $k = b, c, d$, für $i = a, b, c$ und für $s = 1, 2, 3$

Wegen $w_a = 0$ und $M_a = 0$ werden bei der Feldmatrix F_{ba} die 1. und 3. Spalte gestrichen. Man erhält nach (13.1)

$$F_{ba} = \begin{bmatrix} 1 & 2,867 & -0,0001100 & -0,0001110 & -0,001105 \\ 0 & 0,8680 & -0,00007167 & -0,0001100 & -0,0007503 \\ 0 & 3\,440 & 0,8680 & 2,867 & -58,93 \\ 0 & 0 & 0 & 1 & -40 \\ \hline & & & & 1 \end{bmatrix}$$

$$F_{cb} = \begin{bmatrix} 1 & 2,911 & -0,0001108 & -0,0001115 & 0,0004338 \\ 0 & 0,9113 & -0,00007277 & -0,0001108 & 0,0007362 \\ 0 & 2\,329 & 0,9113 & 2,911 & -95,65 \\ 0 & 0 & 0 & 1 & -40 \\ \hline & & & & 1 \end{bmatrix}$$

$$F_{dc} = \begin{bmatrix} 1 & 2,955 & -0,0001117 & -0,0001120 & 0,001032 \\ 0 & 0,9553 & -0,00007388 & -0,0001117 & 0,001293 \\ 0 & 1\,182 & 0,9553 & 2,955 & -108,4 \\ 0 & 0 & 0 & 1 & -24 \\ \hline & & & & 1 \end{bmatrix}$$

Die Multiplikation $F_{da} = F_{dc} \cdot F_{cb} \cdot F_{ba}$ liefert

$$F_{da} = \left[\begin{array}{ccc|c} 6{,}034 & -0{,}002801 & & 0{,}07393 \\ 0{,}1356 & -0{,}0009017 & & 0{,}03837 \\ 5\,565 & 7{,}491 & & -590{,}0 \\ 0 & 1 & & -104 \\ \hline & & & 1 \end{array}\right]$$

Die 1. und 3. Zeile von $Z_d = F_{da} \cdot Z_a$ lauten

$w_d = 6{,}034\,\varphi_a - 0{,}002801\,R_a + 0{,}07393 = 0$

$M_d = 5\,565\,\varphi_a + 7{,}491\,R_a - 590{,}0 = 0$

Auflösung: $\varphi_a = 0{,}01807$, $\qquad R_a = 65{,}33$ kN

Der (reduzierte) Zustandsvektor in a lautet damit ($w_a = 0$, $M_a = 0$)

$$Z_a = \left[\begin{array}{c} 0{,}01807 \\ 65{,}33 \\ \hline 1 \end{array}\right]$$

Zustandsvektoren in b, c und d

$$Z_b = F_{ba} \cdot Z_a = \left[\begin{array}{c} 0{,}04346 \\ 0{,}007751 \\ 190{,}55 \\ 25{,}33 \\ \hline 1 \end{array}\right], \qquad Z_c = F_{cb} \cdot Z_b = \left[\begin{array}{c} 0{,}04251 \\ -0{,}008874 \\ 169{,}80 \\ -14{,}67 \\ \hline 1 \end{array}\right]$$

$$Z_d = F_{dc} \cdot Z_c = \left[\begin{array}{c} 0 \\ -0{,}01809 \\ 0 \\ -38{,}67 \\ \hline 1 \end{array}\right]$$

Der M-Verlauf ist in Abb. 13.2 angegeben.

Auflagerkräfte: $A_h = R_a = 65{,}33$ kN, $\quad D = -R_d = 38{,}67$ kN

Die Determinante der 2×2-Matrix des Gleichungssystems für φ_a und R_a wird null für $\eta_{Ki} = 5{,}945 \;\rightarrow\; s_{K,1} = 7{,}44$ m, $s_{K,2} = 9{,}11$ m, $s_{K,3} = 12{,}88$ m

Stabzüge mit Federn

An Knoten und an den Endpunkten des Stabzuges können durch Einschaltung einer *Knotenmatrix* bei der Matrizenmultiplikation Federn berücksichtigt werden.

Abb. 13.3 zeigt zunächst einen Knoten mit einer *Feder* und einer *parallelgeschalteten Drehfeder* sowie mit einer Einzellast und einem eingeprägten Moment, welche gleichzeitig mit den Federn in der Knotenmatrix berücksichtigt werden können.

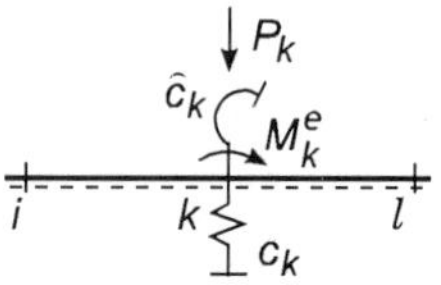

$$M_{kl} = M_{ki} - \hat{c}_k \varphi_k + M_k^e, \qquad \varphi_k = \varphi_{ki} = \varphi_{kl}$$
$$R_{kl} = R_{ki} + c_k w_k - P_k, \qquad w_k = w_{ki} = w_{kl}$$

c_k, $\hat{c}_k$ Federkonstanten

Abb. 13.3   Knoten mit Feder, parallelgeschalteter Drehfeder, Einzellast P_k und eingeprägtem Moment M_k^e

Am Knoten k ist jetzt zwischen dem Zustandsvektor Z_{ki} und Z_{kl} zu unterscheiden, da sich Moment und Transversalkraft, wie in Abb. 13.3 angegeben, ändern. Dagegen bleiben w und φ erhalten. Dieser Sachverhalt wird mit Hilfe der *Knotenmatrix* K_k durch folgende Beziehung ausgedrückt:

$$
\begin{bmatrix} w_{kl} \\ \varphi_{kl} \\ M_{kl} \\ R_{kl} \\ 1 \end{bmatrix}
=
\left[\begin{array}{cccc|c}
1 & & & & \\
& 1 & & & \\
& -\hat{c}_k & 1 & & M_k^e \\
c_k & & & 1 & -P_k \\
\hline
& & & & 1
\end{array} \right]
\cdot
\begin{bmatrix} w_{ki} \\ \varphi_{ki} \\ M_{ki} \\ R_{ki} \\ 1 \end{bmatrix}
\quad \text{kurz: } Z_{kl} = K_k \cdot Z_{ki} \qquad (13.11)
$$

Ist eine der beiden Federn nicht vorhanden, so wird c_k bzw. $\hat{c}_k$ null. Ein starres Lager oder eine starre Einspannung mit $c_k = \infty$ bzw. $\hat{c}_k = \infty$ kann *nicht* berücksichtigt werden.

Eine weitere Möglichkeit einer Federanordnung ist in Abb. 13.4 dargestellt. Die Drehfeder ist hier *zwischengeschaltet*; damit kann eine nachgiebige Verbindung (z.B. HV-Kopfplattenstoß) modelliert werden. Daneben werden wieder die (lineare) Feder und die Einzellast P_k berücksichtigt.

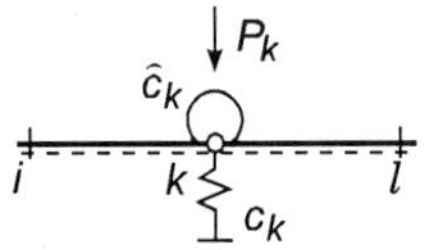

$$\varphi_{kl} = \varphi_{ki} - \frac{1}{\hat{c}_k} M_k, \qquad M_k = M_{ki} = M_{kl}$$

$$R_{kl} = R_{ki} + c_k w_k - P_k, \qquad w_k = w_{ki} = w_{kl}$$

$c_k,\ \hat{c}_k$ Federkonstanten

Abb. 13.4 Knoten mit Feder, zwischengeschalteter Drehfeder und Einzellast P_k

Aus den in Abb. 13.4 angegebenen Formeln folgt hier die Beziehung

$$
\begin{bmatrix} w_{kl} \\ \varphi_{kl} \\ M_{kl} \\ R_{kl} \\ 1 \end{bmatrix}
=
\left[
\begin{array}{cccc:c}
1 & & & & \\
 & 1 & -1/\hat{c}_k & & \\
 & & 1 & & \\
c_k & & & 1 & -P_k \\
\hdashline
 & & & & 1
\end{array}
\right]
\cdot
\begin{bmatrix} w_{ki} \\ \varphi_{ki} \\ M_{ki} \\ R_{ki} \\ 1 \end{bmatrix}
\quad \text{kurz: } Z_{kl} = K_k \cdot Z_{ki} \quad (13.12)
$$

Bei einer biegestarren Verbindung wird $\hat{c}_k = \infty$ und $1/\hat{c}_k = 0$. Ein Gelenk mit $\hat{c}_k = 0$ kann *nicht* berücksichtigt werden. Wie zuvor gilt $c_k = 0$ bei fehlender Feder.

Abschließend sei darauf hingewiesen, daß eine elastische Einspannung am Ende des Stabzuges sowohl mit der Knotenmatrix nach (13.11) als auch nach (13.12) erfaßt werden kann. Im ersten Fall lautet die Randbedingung $M = 0$, im zweiten Fall $\varphi = 0$.

Beispiel 2: Dreifeldrige Stütze mit elastischer Einspannung und angehängtem Pendelstab

System und Belastung von Beispiel 1 (Abb. 13.2) werden übernommen, zusätzlich sind – wie in Abb. 13.5 dargestellt – eine elastische Einspannung des Fußpunktes und ein angehängter Pendelstab vorhanden.

Stab 4 wird durch eine Drehfeder mit der in Abb. 13.5 angegebenen Steifigkeit $\hat{c}_a = 24\,000$ kNm ersetzt. Wie bereits in Abschnitt 4.3 erläutert, kann der Pendelstab mit der Vorverdrehung ψ^0 durch eine horizontale Kraft der Größe $V_f \psi^0 = 3$ kN und eine Feder mit der *negativen* Steifigkeit $c_b = -V_f/l = -200$ kN/m ersetzt werden.

Im Gegensatz zu Beispiel 1 sind hier die Zustandsvektoren Z_a unterhalb und Z_{ab} oberhalb von a sowie Z_{ba} unterhalb und Z_{bc} oberhalb von b zu unterscheiden.

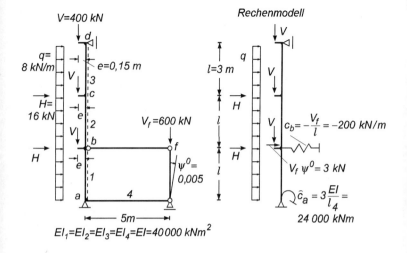

Abb. 13.5 Beispiel 2, dreifeldrige Stütze mit elastischer Einspannung und Pendelstab

Die Drehfeder in a wird durch die Knotenmatrix von (13.11) erfaßt, womit die gleichen Randbedingungen wie bei Beispiel 1 vorliegen, nämlich $w_a = 0$ und $M_a = 0$. Als Knotenmatrix erhält man für a

$$K_a = \begin{bmatrix} 1 & & & \vdots & \\ & 1 & & \vdots & \\ & -\hat{c}_a & 1 & \vdots & \\ & & 1 & \vdots & \\ \hdashline & & & \vdots & 1 \end{bmatrix}$$

wobei wegen $w_a = 0$ und $M_a = 0$ die 1. und 3. Spalte gestrichen werden. Die Beziehung (13.11) lautet dann hier

$$Z_{ab} = K_a \cdot Z_a$$

Mit der Knotenmatrix für b werden jetzt nicht nur die Kraft $V_f\psi^0$ und die Feder erfaßt, sondern auch H und $M^e = -Ve$. Dies bedeutet, daß H und M^e in der Feldmatrix F_{ba} nicht mehr enthalten sind. Dort wird dann $M_b^R = 1{,}07$ kNm und $R_b^R = -24$ kN anstelle von $M_b^R = -58{,}93$ kNm und $R_b^R = -40$ kN des Beispiels 1.

Die Knotenmatrix lautet dann gemäß (13.11)

$$
K_b = \begin{bmatrix}
1 & & & \vdots & \\
& 1 & & \vdots & \\
& & 1 & \vdots & M^{\mathrm{e}} \\
c_b & & 1 & \vdots & -H - V_f \psi^0 \\
\hline
& & & \vdots & 1
\end{bmatrix}
$$

(13.11) hat hier die Form

$$Z_{bc} = K_b \cdot Z_{ba}$$

Die Feldmatrix F_{ba} ändert sich wie angegeben, die Feldmatrizen F_{cb} und F_{dc} bleiben unverändert wie in Beispiel 1. Für die einzelnen Felder gilt

$$Z_{ba} = F_{ba} \cdot Z_{ab}, \quad Z_c = F_{cb} \cdot Z_{bc}, \quad Z_d = F_{dc} \cdot Z_c$$

Die Multiplikation $F_{da} = F_{dc} \cdot F_{cb} \cdot K_b \cdot F_{ba} \cdot K_a$ liefert

$$
F_{da} = \begin{bmatrix}
27,74 & -0,002820 & \vdots & 0,07636 \\
4,665 & -0,0009113 & \vdots & 0,03958 \\
-11273 & 7,616 & \vdots & -605,6 \\
-1101 & 1,022 & \vdots & -106,8 \\
\hline
& & \vdots & 1
\end{bmatrix}
$$

Die 1. und 3. Zeile von $Z_d = F_{da} \cdot Z_a$ lauten

$$w_d = 27,74\,\varphi_a - 0,002820\,R_a + 0,07393 = 0$$

$$M_d = -11273\,\varphi_a + 7,616\,R_a - 605,6 = 0$$

Die Auflösung liefert den (reduzierten) Zustandsvektor in a

$$
Z_a = \begin{bmatrix}
0,006276 \\
88,81 \\
\hline
1
\end{bmatrix}
$$

Die weiteren Zustandsvektoren berechnen sich dann wie folgt:

$$Z_{ab} = K_a \cdot Z_a = \begin{bmatrix} 0 \\ 0,006276 \\ -150,63 \\ 88,81 \\ \hline 1 \end{bmatrix}, \quad Z_{ba} = F_{ba} \cdot Z_{ab} = \begin{bmatrix} 0,02360 \\ 0,005725 \\ 146,52 \\ 64,81 \\ \hline 1 \end{bmatrix}$$

$$Z_{bc} = K_b \cdot Z_{ba} = \begin{bmatrix} 0,02360 \\ 0,005725 \\ 86,52 \\ 41,09 \\ \hline 1 \end{bmatrix}, \quad Z_c = F_{cb} \cdot Z_{bc} = \begin{bmatrix} 0,02653 \\ -0,004896 \\ 116,14 \\ 1,09 \\ \hline 1 \end{bmatrix}$$

$$Z_d = F_{dc} \cdot Z_c = \begin{bmatrix} 0 \\ -0,01209 \\ 0 \\ -22,91 \\ \hline 1 \end{bmatrix}$$

Das noch fehlende Moment unterhalb von c ist $M_{cb} = M_c - M^e = 176,14$ kNm.

Verzweigungslastfaktor: $\eta_{Ki} = 7,745$

13.3 Stabzüge mit bekannten Transversalkräften R_{ik}

Die Anwendungsvoraussetzungen sind hier die gleichen wie beim Drehverschiebungsverfahren in Kapitel 12. Das Reduktionsverfahren ist damit auf alle in Abb. 12.1 angegebenen Systeme anwendbar. Der allgemeine Fall mit den hier gewählten Bezeichnungen wird nachfolgend in Abb. 13.6 noch einmal wiedergegeben. Alternativ dazu können anstelle der parallelgeschalteten auch zwischengeschaltete Drehfedern vorhanden sein.

Aus der 2. und 3. Zeile der Übertragungsbeziehung (6.42) läßt sich mit bekannter Transversalkraft R_{ik} folgende reduzierte Übertragungsbeziehung gewinnen:

$$\begin{bmatrix} \varphi_{ki} \\ M_{ki} \\ \hline 1 \end{bmatrix} = \begin{bmatrix} b_0 & -\dfrac{b_1}{EI} & \bar{\varphi}_k^R \\ -N^{II}b_1 & b_0 & \bar{M}_k^R \\ \hline & & 1 \end{bmatrix} \begin{bmatrix} \varphi_{ik} \\ M_{ik} \\ \hline 1 \end{bmatrix} \quad \text{kurz: } Z_{ki} = F_{ki} \cdot Z_{ik} \qquad (13.13)$$

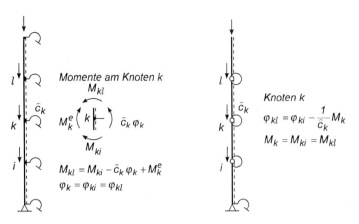

Abb. 13.6 Allgemeiner Fall eines Stabzuges mit bekannten Transversalkräften

$$
\left.\begin{aligned}
\text{mit } \overline{\varphi}_k^R &= \varphi_k^R - \frac{b_2}{EI} R_{ik} \\
\overline{M}_k^R &= M_k^R + b_1 R_{ik}
\end{aligned}\right\} \tag{13.14}
$$

φ_k^R, M_k^R nach (6.43)

Kontrolle: Die Determinante von F_{ki} muß 1 sein.

Wie beim Drehverschiebungsverfahren wird als Vorverformung nur ψ^0 angenommen, daneben werden die Einwirkungen $q = konst.$, P, M^e und κ^e berücksichtigt, vgl. (6.41). Nach (6.43) und (6.41) erhält man damit

$$
\left.\begin{aligned}
\overline{\varphi}_k^R &= \frac{1}{EI}\Big(-b_2 \overline{R}_{ik} + b_3 q + b_2^* P - b_1^* M^e\Big) - b_1 \kappa^e \\
\overline{M}_k^R &= \quad b_1 \overline{R}_{ik} - b_2 q - b_1^* P + b_0^* M^e + N^{II} b_2 \kappa^e \\
\text{mit } \overline{R}_{ik} &= R_{ik} - N^{II} \psi^0
\end{aligned}\right\} \tag{13.15}
$$

R_{ik} als statisch bestimmte Schnittgröße ergibt sich aus $\sum H = 0$ am Systemteil oberhalb der Schnittstelle.

Für eine *parallelgeschaltete* Drehfeder und ein eingeprägtes Moment M_k^e am Knoten k gilt gemäß Abb. 13.6 links

$$
\begin{bmatrix} \varphi_{kl} \\ M_{kl} \\ \hline 1 \end{bmatrix} = \left[\begin{array}{cc|c} 1 & & \\ -\widehat{c}_k & 1 & M_k^e \\ \hline & & 1 \end{array} \right] \cdot \begin{bmatrix} \varphi_{ki} \\ M_{ki} \\ \hline 1 \end{bmatrix} \quad \text{kurz: } Z_{kl} = K_k \cdot Z_{ki} \tag{13.16}
$$

Analog erhält man für die *zwischengeschaltete* Drehfeder nach Abb. 13.6 rechts

$$
\begin{bmatrix} \varphi_{kl} \\ M_{kl} \\ \hline 1 \end{bmatrix} = \left[\begin{array}{cc|c} 1 & -1/\widehat{c}_k & \\ & 1 & \\ \hline & & 1 \end{array} \right] \cdot \begin{bmatrix} \varphi_{ki} \\ M_{ki} \\ \hline 1 \end{bmatrix} \quad \text{kurz: } Z_{kl} = K_k \cdot Z_{ki} \tag{13.17}
$$

Eine elastische Einspannung am Fußpunkt a kann mit (13.16) und $M_a = 0$ oder mit (13.17) und $\varphi_a = 0$ berücksichtigt werden. Der Rechengang verläuft grundsätzlich wie in Abschnitt 13.2; durch Wegfall von w und R im Zustandsvektor ist die Dimension der Matrizen kleiner, und es tritt nur 1 Unbekannte im Zustandsvektor am Anfangspunkt auf.

Die Knotenverschiebungen δ_k können abschließend mit (12.22) oder (12.23) berechnet werden.

Im folgenden werden die Beispiele 1 bis 4 aus Kapitel 12 mit dem Reduktionsverfahren nachgerechnet.

Beispiel 1 und 2 nach Abb. 12.3 und 12.4: Rechteckrahmen

Um beide Lagerungsfälle gleichzeitig berücksichtigen zu können (M_a unbekannt bzw. φ_a unbekannt), wird die Feldmatrix F_{ba} nicht reduziert. Mit den angegebenen Zahlenwerten erhält man hier nach (13.13) und (13.15)

$$
F_{ba} = \left[\begin{array}{cc|c} 0{,}5828 & -0{,}0002570 & -0{,}007093 \\ 2\,570 & 0{,}5828 & 43{,}69 \\ \hline & & 1 \end{array} \right]
$$

und nach (13.16) die Knotenmatrix

$$
K_b = \left[\begin{array}{cc|c} 1 & & \\ -18\,000 & 1 & \\ \hline & & 1 \end{array} \right]
$$

Bezeichnet man den Punkt des Stiels oberhalb der Drehfeder (des Riegels) mit o, so ergibt sich $F_{oa} = K_b \cdot F_{ba}$ und damit

$$
\begin{bmatrix} \varphi_o \\ M_o \\ \text{---} \\ 1 \end{bmatrix} = \begin{bmatrix} 0{,}5828 & -0{,}0002570 & -0{,}007093 \\ -7920 & 5{,}208 & 171{,}36 \\ \multicolumn{3}{c}{\text{-----}} \\ & & 1 \end{bmatrix} \cdot \begin{bmatrix} \varphi_a \\ M_a \\ \text{---} \\ 1 \end{bmatrix} \quad \text{kurz: } \; Z_o = F_{oa} \cdot Z_a
$$

Für beide Lagerungsfälle erhält man mit $M_o = 0$ die Bestimmungsgleichung aus der 2. Zeile.

Beispiel 1: $\varphi_a = 0$, M_a unbekannt

$5{,}208\,M_a + 171{,}36 = 0 \quad \rightarrow \quad M_a = -32{,}90 \text{ kNm}$

$$
Z_{ba} = F_{ba} \cdot Z_a = \begin{bmatrix} 0{,}001362 \\ 24{,}51 \\ \text{-------} \\ 1 \end{bmatrix}, \quad Z_o = K_b \cdot Z_{ba} = \begin{bmatrix} 0{,}001362 \\ 0 \\ \text{-------} \\ 1 \end{bmatrix}
$$

Die Ergebnisse stimmen mit denen in Kapitel 12 überein.

Beispiel 2: φ_a unbekannt, $M_a = 0$

$-7920\,\varphi_a + 171{,}36 = 0 \quad \rightarrow \quad \varphi_a = 0{,}02164$

$$
Z_{ba} = F_{ba} \cdot Z_a = \begin{bmatrix} 0{,}005516 \\ 99{,}29 \\ \text{-------} \\ 1 \end{bmatrix}, \quad Z_o = K_b \cdot Z_{ba} = \begin{bmatrix} 0{,}005516 \\ 0 \\ \text{-------} \\ 1 \end{bmatrix}
$$

Die Ergebnisse stimmen mit denen in Kapitel 12 überein.

Wäre nur Beispiel 1 zu berechnen, so könnte in F_{ba} die 1. Spalte und im Fall des Beispiels 2 die 2. Spalte entfallen.

Die Riegelverschiebung ist wie beim Drehverschiebungsverfahren zu bestimmen.

Beispiel 3 nach Abb. 12.5: Zweigeschossiger Stockwerkrahmen

Die Zahlenwerte für N_1^{II}, N_4^{II}, b_0 bis b_3 der Stiele 1 und 4, $\overline{R}_1$, $\overline{R}_4$ sowie $\hat{c}_3 = \hat{c}_6$ werden von Kapitel 12 übernommen. Es sind die Zustandsvektoren Z_a in a, Z_{ca} unterhalb c, Z_{ce} oberhalb c, Z_{ec} unterhalb e und Z_o oberhalb e zu betrachten.

Feldmatrizen nach (13.13) und (13.15)

$$
F_{ca} = \begin{bmatrix} 0{,}1820 & -0{,}0002126 & -0{,}007148 \\ 4549 & 0{,}1820 & 39{,}75 \\ \multicolumn{3}{c}{\text{-----}} \\ & & 1 \end{bmatrix} \quad \begin{array}{l} \text{wegen } \varphi_a = 0 \text{ wird 1. Spalte} \\ \text{gestrichen} \end{array}
$$

$$F_{ec} = \begin{bmatrix} 0,7431 & -0,0002282 & -0,002181 \\ 1\,963 & 0,7431 & 16,66 \\ \hline & & 1 \end{bmatrix}$$

Knotenmatrizen nach (13.16)

$$K_c = K_e = \begin{bmatrix} 1 & & \\ -18\,000 & 1 & \\ \hline & & 1 \end{bmatrix}$$

Produktmatrix

$$F_{oa} = K_e \cdot F_{ec} \cdot K_c \cdot F_{ca} = \begin{bmatrix} -0,001073 & -0,04592 \\ 21,87 & 954,4 \\ \hline & 1 \end{bmatrix}$$

Die 2. Zeile von $Z_o = F_{oa} \cdot Z_a$ lautet

$$M_o = 21,87\,M_a + 954,4 = 0 \quad \rightarrow \quad M_a = -43,65 \text{ kNm}$$

Der Verzweigungslastfaktor $\eta_{\mathrm{Ki}} = 3,687$ ergibt sich aus der Bedingung, daß der Faktor von M_a in vorstehender Bestimmungsgleichung null werden muß.

Zustandsvektoren

$$Z_{ca} = F_{ca} \cdot Z_a = \begin{bmatrix} 0,002129 \\ 31,81 \\ \hline 1 \end{bmatrix}, \quad Z_{ce} = K_c \cdot Z_{ca} = \begin{bmatrix} 0,002129 \\ -6,52 \\ \hline 1 \end{bmatrix}$$

$$Z_{ec} = F_{ec} \cdot Z_{ce} = \begin{bmatrix} 0,0008885 \\ 15,99 \\ \hline 1 \end{bmatrix}, \quad Z_o = K_e \cdot Z_{ec} = \begin{bmatrix} 0,0008885 \\ 0 \\ \hline 1 \end{bmatrix}$$

Riegelmomente: $M_3 = \hat{c}_3 \varphi_c = 38,32 \text{ kNm}, \quad M_6 = \hat{c}_6 \varphi_e = 15,99 \text{ kNm}$

Beispiel 4 nach Abb. 12.6: Dreifeldrige, elastisch eingespannte Stütze

Die Zahlenwerte für N_s^{II}, b_j und R_{ik} werden von Kapitel 12 übernommen. Die eingeprägten Momente in b, c und d werden jeweils dem untenliegenden Stiel zugeordnet ($l^* = 0 \rightarrow b_1^* = 0$, $b_0^* = 1$). Die Vorzeichen ändern sich gegenüber dem Kapitel 12, so daß hier gilt

$$M_b^e = 60 \text{ kNm}, \quad M_c^e = 36 \text{ kNm}, \quad M_d^e = 19,2 \text{ kNm}$$

Damit ergeben sich nach (13.15) hier für die Lastglieder die Formeln

$$
\left.
\begin{aligned}
\overline{\varphi}_k^R &= \frac{1}{EI_s}\left(-b_2 \overline{R}_{ik} + b_3 q\right) \\[2mm]
\overline{M}_k^R &= \quad b_1 \overline{R}_{ik} - b_2 q + M_k^e
\end{aligned}
\right\}
\quad
\begin{aligned}
&\text{für} \ \ s = 1,\, 2,\, 3 \\
&\qquad\ i = a,\, b,\, c \\
&\qquad\ k = b,\, c,\, d
\end{aligned}
\qquad (13.18)
$$

Die elastische Einspannung in a kann, wie bereits erwähnt, mit (13.16) und $M_u = 0$ oder mit (13.17) und $\varphi_u = 0$ erfaßt werden, wobei der Index u den Punkt unterhalb der Drehfeder in a kennzeichnet.

Die Berechnung wird mit (13.17) durchgeführt.

Folgende Zustandsvektoren treten auf:

Z_u unterhalb Drehfeder, wegen $\varphi_u = 0$ wird 1. Komponente gestrichen

Z_a oberhalb Drehfeder

Z_b oberhalb b

Z_c oberhalb c

Z_d oberhalb d ($\rightarrow M_d = 0$)

Feldmatrizen nach (13.13) und (13.18)

$$
F_{ba} =
\left[
\begin{array}{cc:c}
0,9280 & -0,00004066 & -0,003488 \\
3\,416 & 0,9280 & 220,4 \\
\hdashline
 & & 1
\end{array}
\right]
$$

$$
F_{cb} =
\left[
\begin{array}{cc:c}
0,9603 & -0,00004934 & -0,001867 \\
1\,579 & 0,9603 & 107,0 \\
\hdashline
 & & 1
\end{array}
\right]
$$

$$
F_{dc} =
\left[
\begin{array}{cc:c}
0,9642 & -0,0001482 & -0,001610 \\
474,3 & 0,9642 & 38,73 \\
\hdashline
 & & 1
\end{array}
\right]
$$

Knotenmatrix für Drehfeder in a nach (13.17)

$$
K_a =
\left[
\begin{array}{c:c:c}
1 & -6,667 \cdot 10^{-6} & \\
 & 1 & \\
\hdashline
 & & 1
\end{array}
\right]
\qquad
\begin{aligned}
&\text{1. Spalte gestrichen wegen} \\
&\varphi_u = 0
\end{aligned}
$$

Produktmatrix

$$F_{du} = F_{dc} \cdot F_{cb} \cdot F_{ba} \cdot K_a = \begin{bmatrix} -0,0002043 & -0,06352 \\ 0,7243 & 333,0 \\ \hline & 1 \end{bmatrix}$$

Die 2. Zeile von $Z_d = F_{du} \cdot Z_u$ lautet

$$M_d = 0,7243\,M_a + 333,0 = 0 \quad \rightarrow \quad M_a = -459,7\ \text{kNm}$$

Der Verzweigungslastfaktor $\eta_{\text{Ki}} = 4,853$ ergibt sich aus der Bedingung, daß der Faktor von M_a in vorstehender Bestimmungsgleichung null werden muß.

Zustandsvektoren

$$Z_a = K_a \cdot Z_u = \begin{bmatrix} 0,003065 \\ -459,7 \\ \hline 1 \end{bmatrix}, \quad Z_b = F_{ba} \cdot Z_a = \begin{bmatrix} 0,01805 \\ -195,8 \\ \hline 1 \end{bmatrix}$$

$$Z_c = F_{cb} \cdot Z_b = \begin{bmatrix} 0,02512 \\ -52,5 \\ \hline 1 \end{bmatrix}, \quad Z_d = F_{dc} \cdot Z_c = \begin{bmatrix} 0,03040 \\ 0 \\ \hline 1 \end{bmatrix}$$

Die in den Zustandsvektoren nicht auftretenden Momente unterhalb der Knoten sind

$$M_{ba} = M_b - M_b^e = -255,8\ \text{kNm}, \quad M_{cb} = -88,5\ \text{kNm}, \quad M_{dc} = -19,2\ \text{kNm}$$

Bemerkung: Die eingeprägten Knotenmomente M_k^e könnten auch durch die Knotenmatrix gemäß (13.16) mit $\hat{c}_k = 0$ berücksichtigt werden, sie würden dann im Lastglied $\overline{M}_k^R$ entfallen.

Alle Ergebnisse stimmen mit denen des Kapitels 12 überein.

Lastfall eingeprägte Verkrümmung κ^e

Aus Kapitel 12 wird übernommen: $\kappa_1^e = -0,0006\ \text{m}^{-1}$, $\kappa_2^e = -0,0006857\ \text{m}^{-1}$, $\kappa_3^e = -0,0010435\ \text{m}^{-1}$. Bei den Feldmatrizen ändern sich (nur) die Lastspalten wie folgt:

Matrix	F_{ba}	F_{cb}	F_{dc}	F_{du}
$\overline{\varphi}_k^R =$	0,002928	0,002706	0,003093	0,006420
$\overline{M}_k^R =$	5,187	2,180	0,7468	14,60

$$Z_a = \begin{bmatrix} 0{,}0001344 \\ -20{,}16 \\ \hline 1 \end{bmatrix}, \quad Z_b = \begin{bmatrix} 0{,}003872 \\ -13{,}06 \\ \hline 1 \end{bmatrix}, \quad Z_c = \begin{bmatrix} 0{,}007069 \\ -4{,}25 \\ \hline 1 \end{bmatrix}, \quad Z_d = \begin{bmatrix} 0{,}01054 \\ 0 \\ \hline 1 \end{bmatrix}$$

Die Ergebnisse stimmen mit denen des Kapitels 12 überein.

13.4 Stabzüge mit unverschieblichen Knoten

Die Anwendungsvoraussetzungen sind hier dieselben wie bei der Dreimomentengleichung nach Abschnitt 9.2, das heißt, daß die Knoten *keine* oder im Fall von eingeprägten Auflagerbewegungen und Temperaturdehnungen *bekannte* Verschiebungen aufweisen.

Wie im vorigen Abschnitt 13.3 enthält der Zustandsvektor nur die Größen φ und M, so daß auch hier bei der Systemberechnung nur 1 Gleichung mit 1 Unbekannten auftritt. Im Gegensatz zur Dreimomentengleichung können nun neben den zwischengeschalteten auch parallelgeschaltete Drehfedern berücksichtigt werden (Abb. 13.7).

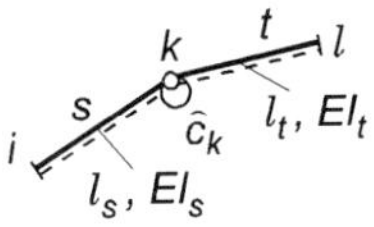

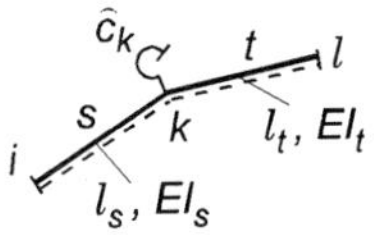

Abb. 13.7 Stabzug $i\,k\,l$, Knoten k mit zwischengeschalteter (links) bzw. parallelgeschalteter (rechts) Drehfeder

Zur Herleitung der hier benötigten reduzierten Übertragungsbeziehung für den Stab $i\,k$ werden die Zeilen 1 bis 3 der Übertragungsbeziehung (6.40) in Q-Darstellung verwendet. Zeile 1 wird zunächst nach Q_{ik} aufgelöst:

$$Q_{ik} = \frac{1}{b_3}\Big[EI(l\,\varphi_{ik} + w_{ik} - w_{ki} + w_k^Q) - b_2 M_{ik} \Big] \tag{13.19}$$

Nach Einsetzen in Zeile 2 und 3 erhält man die gesuchte Übertragungsbeziehung

$$
\begin{bmatrix} \varphi_{ki} \\[2ex] M_{ki} \\[1ex] \text{----} \\[1ex] 1 \end{bmatrix} = \begin{bmatrix} -\left(\dfrac{l\,b_2}{b_3}-1\right) & \dfrac{1}{EI}\left(\dfrac{b_2^2}{b_3}-b_1\right) & \overline{\varphi}_k^Q \\[3ex] EI\dfrac{l\,b_1}{b_3} & -\left(\dfrac{l\,b_2}{b_3}-1\right) & \overline{M}_k^Q \\[3ex] \text{-----} & \text{-----} & \text{----} \\[1ex] & & 1 \end{bmatrix} \cdot \begin{bmatrix} \varphi_{ik} \\[2ex] M_{ik} \\[1ex] \text{----} \\[1ex] 1 \end{bmatrix} \quad \text{kurz: } \boldsymbol{Z}_{ki} = \boldsymbol{F}_{ki}\cdot\boldsymbol{Z}_{ik} \qquad (13.20)
$$

mit
$$
\left.\begin{aligned}
\overline{\varphi}_k^Q &= \varphi_k^Q - \frac{b_2}{b_3}(w_k^Q + w_i - w_k) \\[1ex]
\overline{M}_k^Q &= M_k^Q + EI\,\frac{b_1}{b_3}(w_k^Q + w_i - w_k) \\[1ex]
w_k^Q,\ \ \varphi_k^Q,\ \ & M_k^Q \ \text{ nach (6.41)}
\end{aligned}\right\} \qquad (13.21)
$$

Kontrolle: Die Determinante von $\boldsymbol{F}_{ki}$ muß 1 sein.

Für die Vorkrümmung mit Stich w^0 (ψ^0 ist hier ohne Einfluß) und für die Einwirkungen $q = konst.$, P, M^e und κ^e ergeben sich aus (6.41) folgende Formeln für die Lastglieder:

$$
\overline{\varphi}_k^Q = \frac{1}{EI}\left[\left(b_3-\frac{b_2}{b_3}b_4\right)\overline{q}+\left(b_2^*-\frac{b_2}{b_3}b_3^*\right)P-\left(b_1^*-\frac{b_2}{b_3}b_2^*\right)M^e\right]+\left(\frac{b_2^2}{b_3}-b_1\right)\kappa^e-\frac{b_2}{b_3}(w_i-w_k)
$$

$$
\overline{M}_k^Q = -\left(\frac{l}{2}-\frac{b_4}{b_3}\right)l\,\overline{q}-\left(l^*-l\frac{b_3^*}{b_3}\right)P+\left(1-l\frac{b_2^*}{b_3}\right)M^e+EI\left[-l\frac{b_2}{b_3}\kappa^e+\frac{b_1}{b_3}(w_i-w_k)\right]
$$
$$\tag{13.22}$$

mit $\overline{q} = q - N^{II}8w^0/l^2$ $\hspace{6cm}$ (13.23)

Eine Einzellast P im Knoten k ($b_2^* = b_3^* = 0$) beeinflußt die Lastglieder nicht, während ein eingeprägtes Moment M^e in k bei Zuordnung zum Stab $i\,k$ die Lastglieder $\overline{\varphi}_k^Q = 0$ und $\overline{M}_k^Q = M^e$ ergibt.

Sind keine Drehfedern vorhanden, ändern sich φ und M an den Knoten nicht, und es kann der 2. Index bei φ_{ik}, φ_{ki}, M_{ik}, M_{ki}, $\boldsymbol{Z}_{ik}$ und $\boldsymbol{Z}_{ki}$ entfallen.

Mit $b_j = a_j = l^j/j!$ und $b_j^* = a_j^* = l^{*j}/j!$ erhält man anstelle von (13.20)

$$
\begin{bmatrix} \varphi_{ki} \\ M_{ki} \\ \text{----} \\ 1 \end{bmatrix} =
\begin{bmatrix} -2 & 0{,}5\dfrac{l}{EI} & \vdots & \overline{\varphi}_k^Q \\ 6\dfrac{EI}{l} & -2 & \vdots & \overline{M}_k^Q \\ \text{--------} & & & \\ & & \vdots & 1 \end{bmatrix}
\cdot
\begin{bmatrix} \varphi_{ik} \\ M_{ik} \\ \text{----} \\ 1 \end{bmatrix}
\tag{13.24}
$$

mit

$$
\left.
\begin{aligned}
\overline{\varphi}_k^Q &= \frac{1}{EI}\left[\frac{1}{24}q\,l^3 + \left(1 - \frac{l^*}{l}\right)\frac{l^{*2}}{2}P - \left(1 - 1{,}5\frac{l^*}{l}\right)l^* M^e \right] + 0{,}5\,l\,\kappa^e - \frac{3}{l}\left(w_i - w_k\right) \\
\overline{M}_k^Q &= -0{,}25\,q\,l^2 - \left(1 - \frac{l^{*2}}{l^2}\right)l^* P + \left(1 - 3\frac{l^{*2}}{l^2}\right)M^e + EI\left[-3\kappa^e + \frac{6}{l^2}\left(w_i - w_k\right)\right]
\end{aligned}
\right\}
\tag{13.25}
$$

Die Berücksichtigung von Drehfedern und eines eingeprägten Knotenmoments erfolgt wie in Abschnitt 13.3 mit (13.16) bzw. (13.17).

Sind mit Hilfe der hier angegebenen Übertragungsbeziehung die Zustandsgrößen φ_{ik}, M_{ik} an den Knoten ermittelt, kann für jeden Stab Q_{ik} nach (13.19) und Q_{ki} mit der Zeile 4 von (6.40) berechnet werden. Tafel 6.1 liefert mit bekannten Stabendmomenten M_{ik}, M_{ki} ebenfalls Q_{ik} und Q_{ki} und darüber hinaus auch R_{ik} und R_{ki}.

Im folgenden werden die Beispiele 1 und 2 des Abschnittes 9.2 und das Beispiel 1 des Abschnittes 9.3 nachgerechnet.

Beispiel 1 nach Abschnitt 9.2, Abb. 9.3

Die Tabelle in Abb. 9.3 enthält die Zahlenwerte für N_s^{II}, b_j und $\overline{q}_s$ der am Fußpunkt a elastisch eingespannten Zweifeldstütze mit dem statisch bestimmten Kragarmmoment $M_c = -30$ kNm.

Die Drehfeder in a wird als parallelgeschaltet mit K_a nach (13.16) berücksichtigt. Für den Zustandsvektor Z_u unterhalb von a ist demnach $M_u = 0$ und $\varphi_u = \varphi_a$ unbekannt. Es treten die Zustandsvektoren Z_u, Z_{ab}, Z_b, Z_c, die Knotenmatrix K_a und die Feldmatrizen F_{ba} sowie F_{cb} auf. Im einzelnen erhält man

$$(13.16)\colon\; K_a = \begin{bmatrix} 1 & & \\ -4\,000 & 1 & \\ & & 1 \end{bmatrix} \qquad \text{2. Spalte gestrichen wegen } M_u = 0$$

$$(13.20),\,(13.22)\colon\; F_{ba} = \begin{bmatrix} -1{,}455 & 0{,}0004514 & 0{,}02958 \\ 2\,472 & -1{,}455 & -160{,}9 \\ & & 1 \end{bmatrix}$$

$$F_{cb} = \begin{bmatrix} -1{,}833 & 0{,}0004048 & 0{,}01079 \\ 5\,827 & -1{,}833 & -75{,}54 \\ & & 1 \end{bmatrix}$$

Produktmatrix

$$F_{cu} = F_{cb} \cdot F_{ba} \cdot K_a = \begin{bmatrix} 9{,}330 & -0{,}1085 \\ -34\,189 & 391{,}7 \\ & 1 \end{bmatrix}$$

Die 2. Zeile von $Z_c = F_{cu} \cdot Z_u$ lautet

$$M_c = -34\,189\,\varphi_a + 391{,}7 = -30 \;\rightarrow\; \varphi_a = 0{,}01233$$

$\eta_{\mathrm{Ki}} = 3{,}422$ ergibt sich aus der Bedingung, daß der Faktor von φ_a in vorstehender Bestimmungsgleichung null werden muß.

Zustandsvektoren

$$Z_u = \begin{bmatrix} 0{,}01233 \\ 1 \end{bmatrix}, \qquad Z_{ab} = K_a \cdot Z_u = \begin{bmatrix} 0{,}01233 \\ -49{,}34 \\ 1 \end{bmatrix}$$

$$Z_b = F_{ba} \cdot Z_{ab} = \begin{bmatrix} -0{,}01062 \\ -58{,}63 \\ 1 \end{bmatrix}, \qquad Z_c = F_{cb} \cdot Z_b = \begin{bmatrix} 0{,}00653 \\ -30 \\ 1 \end{bmatrix}$$

Alle weiteren Zustandsgrößen werden wie in Abschnitt 9.2 angegeben bestimmt.

Lastfall Verschiebung von Lager b um $\delta_b^e = 0{,}03$ m nach rechts

Diese eingeprägte Verschiebung geht als $w_b = 0{,}03$ m in die Lastglieder nach (13.22) ein. Die sich ändernden Lastglieder der Matrizen lauten wie folgt:

Matrix	F_{ba}	F_{cb}	F_{cu}
$\overline{\varphi}_k^Q =$	0,01227	−0,01700	−0,04449
$\overline{M}_k^Q =$	−12,36	34,96	129,1

Zustandsvektoren

$$Z_{ab} = \begin{bmatrix} 0{,}003777 \\ -15{,}11 \\ \hline 1 \end{bmatrix}, \quad Z_b = \begin{bmatrix} -0{,}000040 \\ 18{,}95 \\ \hline 1 \end{bmatrix}, \quad Z_c = \begin{bmatrix} -0{,}009252 \\ 0 \\ \hline 1 \end{bmatrix}$$

Beispiel 1 nach Abschnitt 9.3, Abb. 9.6

Gegenüber dem zuvor behandelten Beispiel unterscheidet sich dieses Beispiel dadurch, daß die Last V_c statt in c nun in d angreift, der Kragarm also längsbelastet ist und die Vorverdrehung ψ^0 aufweist. M_c ist damit nicht mehr statisch bestimmt. Der Kragarm hat die bekannte Transversalkraft $R_{cd} = 15 \cdot 2 = 30$ kN, für ihn kann die Feldmatrix F_{dc} nach (13.13) aufgestellt werden. Die Berechnung der Aufgabe wird also durch Kombination der Feldmatrizen nach den Abschnitten 13.4 und 13.3 durchgeführt. Dies ist möglich, weil die Zustandsvektoren beide Male dieselben Komponenten enthalten. Die Matrizen K_a, F_{ba} und F_{cb} des vorigen Beispiels bleiben selbstverständlich unverändert.

Für den Kragarm erhält man

$$(13.13):\ F_{dc} = \begin{bmatrix} 0{,}8696 & -0{,}0003187 & -0{,}007143 \\ 764{,}9 & 0{,}8696 & 31{,}85 \\ \hline & & 1 \end{bmatrix}$$

Produktmatrix

$$F_{du} = F_{dc} \cdot F_{cb} \cdot F_{ba} \cdot K_a = \begin{bmatrix} 19{,}01 & -0{,}2264 \\ -22\,594 & 289{,}4 \\ \hline & 1 \end{bmatrix}$$

Die 2. Zeile von $Z_d = F_{du} \cdot Z_u$ liefert folgende Bestimmungsgleichung für φ_a:

$M_d = -22\,594\,\varphi_a + 289,4 = 0 \;\rightarrow\; \varphi_a = 0,01281$

Zustandsvektoren

$$Z_u = \begin{bmatrix} 0,01281 \\ \hline 1 \end{bmatrix}, \quad Z_{ab} = K_a \cdot Z_u = \begin{bmatrix} 0,01281 \\ -51,24 \\ \hline 1 \end{bmatrix}, \quad Z_b = F_{ba} \cdot Z_{ab} = \begin{bmatrix} -0,01218 \\ -54,68 \cdot \\ \hline 1 \end{bmatrix}$$

$$Z_c = F_{cb} \cdot Z_b = \begin{bmatrix} 0,01098 \\ -46,29 \\ \hline 1 \end{bmatrix}, \quad Z_d = \begin{bmatrix} 0,01716 \\ 0 \\ \hline 1 \end{bmatrix}$$

Beispiel 2 nach Abschnitt 9.3, Abb. 9.4

Die Zahlenwerte für N_s^{II}, b_j, $\overline{q}_s$ des unverschieblichen Rahmens können der Abb. 9.4 entnommen werden. Stab 1 weist zusätzlich die Einzellast $P = -H = -12$ kN mit $l^* = 1,5$ m auf. Es sind die Feldmatrizen F_{ba}, F_{cb}, F_{dc} und F_{ed} zu bestimmen. Als Zustandsvektoren sind Z_a, Z_b, Z_c, Z_d und Z_e vorhanden.

Feldmatrizen nach (13.20), (13.22) bzw. nach (13.24), (13.25)

$$F_{ba} = \begin{bmatrix} -1,682 & 0,0003543 & -0,003506 \\ 5162 & -1,682 & 26,53 \\ \hline & & 1 \end{bmatrix}$$

2. Spalte gestrichen wegen $M_a = 0$

$$F_{cb} = \begin{bmatrix} -2 & 0,000356 & 0,02848 \\ 8427 & -2 & -240 \\ \hline & & 1 \end{bmatrix}$$

$$F_{dc} = \begin{bmatrix} -2 & 0,000356 & 0,01139 \\ 8427 & -2 & -96 \\ \hline & & 1 \end{bmatrix}$$

$$F_{ed} = \begin{bmatrix} -1{,}698 & 0{,}0003554 & 0{,}003326 \\ 5\,302 & -1{,}698 & -25{,}25 \\ \hline & & 1 \end{bmatrix}$$

Produktmatrix

$$F_{ea} = F_{ed} \cdot F_{dc} \cdot F_{cb} \cdot F_{ba} = \begin{bmatrix} 65{,}48 & 0{,}7741 \\ -259\,060 & -3\,072 \\ \hline & 1 \end{bmatrix}$$

Die 2. Zeile von $Z_e = F_{ea} \cdot Z_a$ liefert folgende Bestimmungsgleichung für φ_a:

$$M_e = -259\,060\,\varphi_a - 3\,072 = 0 \;\rightarrow\; \varphi_a = -0{,}01186$$

Der Verzweigungslastfaktor $\eta_{\mathrm{Ki}} = 4{,}509$ wird aus der Bedingung erhalten, daß in vorstehender Gleichung der Faktor von φ_a null wird.

Zustandsvektoren

$$Z_a = \begin{bmatrix} -0{,}01186 \\ \hline 1 \end{bmatrix}, \quad Z_b = F_{ba} \cdot Z_a = \begin{bmatrix} 0{,}01515 \\ -17{,}99 \\ \hline 1 \end{bmatrix}, \quad Z_c = F_{cb} \cdot Z_b = \begin{bmatrix} -0{,}00823 \\ -76{,}32 \\ \hline 1 \end{bmatrix}$$

$$Z_d = F_{dc} \cdot Z_c = \begin{bmatrix} 0{,}00069 \\ -12{,}73 \\ \hline 1 \end{bmatrix}, \quad Z_e = F_{ed} \cdot Z_d = \begin{bmatrix} -0{,}00236 \\ 0 \\ \hline 1 \end{bmatrix}$$

Abschließend sei darauf hingewiesen, daß bei den hier vorliegenden Stabzügen mit *unverschieblichen Knoten* ein *Verlust* an *Genauigkeit* bei einer größeren Anzahl von Stäben auftritt. Dies ist darin begründet, daß die Zustandsgrößen mit zunehmendem Abstand von der sie verursachenden Einwirkung rasch abklingen. Bei Stabzügen mit frei verschieblichen Knoten liegt dieser Sachverhalt nicht vor.

13.5 Abgeknickte Stabzüge mit verschieblichen Knoten

Während bisher nur die Queranteile berücksichtigt wurden, müssen nun auch die Längsanteile einbezogen werden. Die beiden Übertragungsbeziehungen (13.1) und (13.5) lassen sich in folgender Form zusammenfassen, wobei jetzt die Zustandsgrößen an den Enden des Stabes $i\,k$ mit 2 Indizes versehen werden müssen:

$$
\begin{bmatrix} u_{ki} \\ w_{ki} \\ \varphi_{ki} \\ M_{ki} \\ R_{ki} \\ N_{ki} \\ \hline 1 \end{bmatrix}
=
\begin{bmatrix}
1 & & & & & f_0 \\
 & 1 & f_1 & f_2 & f_3 & \\
 & & f_4 & f_5 & f_2 & \\
 & & f_6 & f_4 & f_1 & \\
 & & & & 1 & \\
 & & & & & 1 \\
\hline
 & & & & & & 1
\end{bmatrix}
\begin{bmatrix} u_k^L \\ w_k^R \\ \varphi_k^R \\ M_k^R \\ R_k^R \\ N_k^L \\ \hline 1 \end{bmatrix}
\cdot
\begin{bmatrix} u_{ik} \\ w_{ik} \\ \varphi_{ik} \\ M_{ik} \\ R_{ik} \\ N_{ik} \\ \hline 1 \end{bmatrix}
\quad \text{kurz: } Z_{ki} = F_{ki} \cdot Z_{ik}
$$

$$\tag{13.26}$$

mit

$$
f_0 = \frac{l}{EA}, \quad f_1 = b_1, \quad f_2 = -\frac{b_2}{EI}, \quad f_3 = -\frac{b_3}{EI}, \quad f_4 = b_0, \quad f_5 = -\frac{b_1}{EI}, \quad f_6 = -N^{II} b_1 \tag{13.27}
$$

u_k^L, N_k^L nach (13.6) oder allgemeiner nach (6.47)

w_k^R, φ_k^R, M_k^R, R_k^R nach (13.2) oder allgemeiner nach (6.43)

N-Verformungen können berücksichtigt oder vernachlässigt werden. Im letzeren Fall gilt (wegen $1/EA = 0$) $f_0 = 0$ und $u_k^L = l\varepsilon^e$ gemäß (13.6).

Für die Berechnung abgeknickter Stabzüge nach dem Reduktionsverfahren stehen 2 Möglichkeiten zur Verfügung:

1. Der Knickwinkel der beiden Stabachsen an einem Knoten wird durch eine *Knotenmatrix* berücksichtigt, mit der die Beziehung zwischen den beiden am Knoten vorhandenen Zustandsvektoren ausgedrückt wird.

2. Bei der Übertragungsbeziehung (13.26) wird von der *lokalen*, das heißt auf die Stabkoordinaten bezogenen, zur *globalen*, das heißt auf horizontale und vertikale Koordinaten bezogenen, Darstellung übergegangen. An einem Knoten ohne Federn ändert sich dann der Zustandsvektor nicht, und die Feldmatrizen können unmittelbar (ohne Zwischenschaltung einer Knotenmatrix) multipliziert werden.

Im folgenden wird von der 2. Möglichkeit Gebrauch gemacht, und es wird zunächst angenommen, daß keine Federn an den Knoten vorhanden sind.

Abb. 13.8 zeigt die Definition der Zustandsgrößen an den Endpunkten des Stabes $i\,k$ in *lokaler* und *globaler* Darstellung.

284

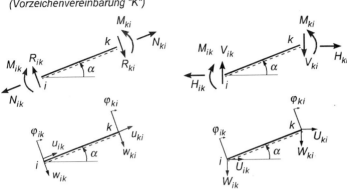

Abb. 13.8   Zustandsgrößen an den Stabenden in lokaler und globaler
Darstellung

Der Zustandsvektor in globaler Darstellung wird mit Y_{ik} bzw. Y_{ki} bezeichnet. Mit Hilfe der Matrix D, die die Drehung der Koordinaten um den Winkel α berücksichtigt, erhält man für die Umrechnung der Zustandsvektoren

$$
\begin{bmatrix} U_{ik} \\ W_{ik} \\ \varphi_{ik} \\ M_{ik} \\ V_{ik} \\ H_{ik} \\ \hline 1 \end{bmatrix}
=
\left[\begin{array}{cccccc|c}
\zeta & \sigma & & & & & \\
-\sigma & \zeta & & & & & \\
& & 1 & & & & \\
& & & 1 & & & \\
& & & & \zeta & -\sigma & \\
& & & & \sigma & \zeta & \\
\hline
& & & & & & 1
\end{array}\right]
\cdot
\begin{bmatrix} u_{ik} \\ w_{ik} \\ \varphi_{ik} \\ M_{ik} \\ R_{ik} \\ N_{ik} \\ \hline 1 \end{bmatrix}
\quad \text{kurz: } Y_{ik} = D \cdot Z_{ik} \qquad (13.28)
$$

mit $\zeta = \cos\alpha$, $\sigma = \sin\alpha$

Dieselbe Matrix D gilt auch für die Zustandsvektoren des Stabendes k:

$$Y_{ki} = D \cdot Z_{ki} \qquad\qquad\qquad\qquad\qquad\qquad\qquad\qquad (13.29)$$

Da die inverse gleich der transponierten Matrix von D ist, das heißt, da
$D^{-1} = D^{\mathrm{T}}$ ist, lautet die Umkehrung von (13.28) bzw. (13.29)

$$Z_{ik} = D^{\mathrm{T}} \cdot Y_{ik}, \quad Z_{ki} = D^{\mathrm{T}} \cdot Y_{ki} \qquad\qquad\qquad\qquad (13.30)$$

Nach Einsetzen von (13.26) in (13.29) und Ersatz von Z_{ik} gemäß (13.30) erhält man die gesuchte Übertragungsbeziehung in Globaldarstellung:

$$Y_{ki} = G_{ki} \cdot Y_{ik} \tag{13.31}$$

mit $G_{ki} = D \cdot F_{ki} \cdot D^{\mathrm{T}}$ (13.32)

Diese Beziehung wird allgemein ausgeführt; damit erhält man für G_{ki}:

$$G_{ki} = \begin{bmatrix} 1 & \sigma f_1 & \sigma f_2 & \zeta\sigma(f_3-f_0) & \sigma^2 f_3+\zeta^2 f_0 & \sigma w_k^R + \zeta u_k^L \\ & 1 & \zeta f_1 & \zeta f_2 & \zeta^2 f_3+\sigma^2 f_0 & \zeta\sigma(f_3-f_0) & \zeta w_k^R - \sigma u_k^L \\ & & f_4 & f_5 & \zeta f_2 & \sigma f_2 & \varphi_k^R \\ & & f_6 & f_4 & \zeta f_1 & \sigma f_1 & M_k^R \\ & & & & 1 & & \zeta R_k^R - \sigma N_k^L \\ & & & & & 1 & \sigma R_k^R + \zeta N_k^L \\ & & & & & & 1 \end{bmatrix} \tag{13.33}$$

Mit dieser Beziehung kann G_{ki} unmittelbar bestimmt werden, das heißt, daß die Matrizenmultiplikation nach (13.32) nicht ausgeführt zu werden braucht.

Sind an den Knoten keine Federn vorhanden, so bleibt dort der Zustandsvektor Y erhalten, so daß der 2. Index entfallen kann. Anstelle von (13.31) kann dann geschrieben werden

$$Y_k = G_{ki} \cdot Y_i \tag{13.34}$$

Für die beiden letzten Lastglieder in (13.33) kann geschrieben werden

$$\left.\begin{aligned} V_k^L &= \zeta R_k^R - \sigma N_k^L \\ H_k^L &= \sigma R_k^R + \zeta N_k^L \end{aligned}\right\} \tag{13.35}$$

Dabei ist V_k^L die nach *oben* positiv definierte *resultierende Vertikallast* und H_k^L die nach *links* positiv definierte *resultierende Horizontallast*. V_k^L und H_k^L können anstatt mit (13.35) auch unmittelbar mit dieser Feststellung bestimmt werden.

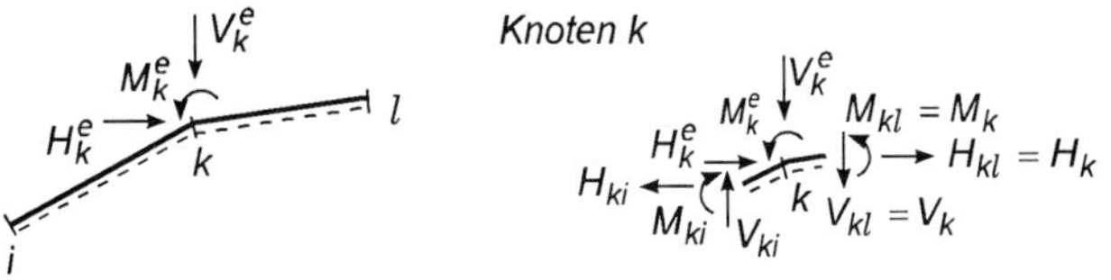

Abb. 13.9 Last- und Schnittgrößen am Knoten k

Einzellasten V_k^e, H_k^e und ein eingeprägtes Moment M_k^e gemäß Abb. 13.9 werden zweckmäßigerweise dem Stab $i\,k$ zugeordnet und ergeben dann für (13.33) die Lastglieder

$$
\left.
\begin{aligned}
M_k^R &= -M_k^e \\[2mm]
V_k^L &= -V_k^e \\[2mm]
H_k^L &= -H_k^e
\end{aligned}
\right\} \tag{13.36}
$$

während die übrigen Lastglieder durch V_k^e, H_k^e und M_k^e nicht beeinflußt werden.

Aufgrund der genannten Zuordnung ist $Y_k = Y_{kl}$, das heißt Y_k ist der Zustandsvektor am Anfang des Stabes $k\,l$. Für die einzelnen Komponenten gilt (vgl. Abb. 13.9)

$$
\left.
\begin{aligned}
M_{kl} &= M_k, & V_{kl} &= V_k, & H_{kl} &= H_k \\[2mm]
M_{ki} &= M_k + M_k^e, & V_{ki} &= V_k + V_k^e, & H_{ki} &= H_k + H_k^e
\end{aligned}
\right\} \tag{13.37}
$$

Beispiel 1: Beispiel nach Abschnitt 10.3, Abb. 10.8

Der in Abb. 10.8 dargestellte Zweigelenkrahmen besteht aus 4 Stäben. Es treten die globalen Zustandsvektoren Y_a, Y_b, Y_c, Y_d, Y_e und die globalen Feldmatrizen G_{ba}, G_{cb}, G_{dc}, G_{ed} auf. Vereinbarungsgemäß werden die Knotenlasten in b dem Stab 1 und jene in d dem Stab 3 zugeordnet. Nach den Bezeichnungen gemäß Abb. 13.9 sind die Größen $V_b^e = 150$ kN, $H_b^e = 5$ kN und $V_d^e = 150$ kN vorhanden.

Wegen der Vernachlässigung von N-Verformungen gilt für alle Stäbe $f_0 = 0$ und $u_k^L = 0$. Lediglich im Zusatzlastfall der Erwärmung von Stab 2 um T_2 wird $u_c^L = l_2 T_2 \alpha_T = \lambda_2^e = 0{,}004101$ m, siehe Abschnitt 10.3.

Für die einzelnen Stäbe erhält man (vgl. Abschnitt 10.3)

Stab	N^{II} (kN)	b_0 (m)	b_1 (m^2)	b_2 (m^3)	b_3 (m^4)	b_4	ψ^0	q (kN/m)	n (kN/m)	α (Grad)
1	-238,8	0,7926	5,579	17,36	35,23	53,23	0,005	0	0	90
2	0	1	8,544	36,50	104,0	222,0	0	11,695	4,386	20,56
3	0	1	8,544	36,50	104,0	222,0	0	4,682	-1,756	-20,56
4	-210,6	0,8164	5,628	17,44	35,32	53,32	0,005	0	0	-90

z.B. Stab 2 : $q = 8\cos^2\gamma + 5\cos\gamma = 11{,}695$ kN/m

$\qquad\qquad\quad n = 8\cos\gamma\,\sin\gamma + 5\sin\gamma = 4{,}386$ kN/m

Nach Bestimmung der lokalen Lastglieder gemäß (13.2) und (13.6) erhält man aus (13.33) folgende globale Feldmatrizen:

$$
G_{ba} = \begin{bmatrix}
1 & & 5{,}579 & -0{,}0008682 & 0 & -0{,}001762 & -0{,}002104 \\
 & 1 & 0 & 0 & 0 & 0 & 0 \\
 & & 0{,}7926 & -0{,}0002790 & 0 & -0{,}0008682 & -0{,}001037 \\
 & & 1333 & 0{,}7926 & 0 & 5{,}579 & 6{,}663 \\
 & & & & 1 & & -150 \\
 & & & & & 1 & -5 \\
 & & & & & & 1
\end{bmatrix}
$$

Wegen $U_a = 0$, $W_a = 0$ und $M_a = 0$ werden die 1., 2. und 4. Spalte gestrichen.

$$
G_{cb} = \begin{bmatrix}
1 & & 3 & -0{,}0004272 & -0{,}001139 & -0{,}0004272 & 0{,}03039 \\
 & 1 & 8 & -0{,}001139 & -0{,}003038 & -0{,}001139 & 0{,}08105 \\
 & & 1 & -0{,}0002848 & -0{,}001139 & -0{,}0004272 & 0{,}04053 \\
 & & 0 & 1 & 8 & 3 & -426{,}9 \\
 & & & & 1 & & -106{,}7 \\
 & & & & & 1 & 0 \\
 & & & & & & 1
\end{bmatrix}
$$

$$G_{dc} = \begin{bmatrix} 1 & -3 & 0,0004272 & 0,001139 & -0,0004272 & \vdots & -0,01217 \\ & 1 & 8 & -0,001139 & -0,003038 & 0,001139 & \vdots & 0,03244 \\ & & 1 & -0,0002848 & -0,001139 & 0,0004272 & \vdots & 0,01622 \\ & & 0 & 1 & 8 & -3 & \vdots & -170,9 \\ & & & & 1 & & \vdots & -192,7 \\ & & & & & 1 & \vdots & 0 \\ \hline & & & & & & \vdots & 1 \end{bmatrix}$$

$$G_{ed} = \begin{bmatrix} 1 & -5,628 & 0,0008719 & 0 & -0,001766 & \vdots & 0,001860 \\ & 1 & 0 & 0 & 0 & 0 & \vdots & 0 \\ & & 0,8164 & -0,0002814 & 0 & 0,0008719 & \vdots & -0,0009181 \\ & & 1185 & 0,8164 & 0 & -5,628 & \vdots & 5,926 \\ & & & & 1 & & \vdots & 0 \\ & & & & & 1 & \vdots & 0 \\ \hline & & & & & & \vdots & 1 \end{bmatrix}$$

Produktmatrix

$$G_{ea} = G_{ed} \cdot G_{dc} \cdot G_{cb} \cdot G_{ba} = \begin{bmatrix} 7,691 & 0,04643 & 0,03539 & \vdots & -10,31 \\ 6,610 & -0,02430 & -0,04615 & \vdots & 4,881 \\ -0,3476 & -0,008223 & -0,004699 & \vdots & 1,879 \\ 1128 & 7,661 & -6,882 & \vdots & -1940 \\ & 1 & & \vdots & -449,4 \\ & & 1 & \vdots & -5 \\ \hline & & & \vdots & 1 \end{bmatrix}$$

Die 1., 2. und 4. Zeile von $Y_e = G_{ea} \cdot Y_a$ liefern folgendes Gleichungssystem für die Unbekannten φ_a, V_a und H_a:

$$\begin{bmatrix} U_e \\ W_e \\ M_e \end{bmatrix} = \begin{bmatrix} 7,691 & 0,04643 & 0,03539 \\ 6,610 & -0,02430 & -0,04615 \\ 1128 & 7,661 & -6,882 \end{bmatrix} \cdot \begin{bmatrix} \varphi_a \\ V_a \\ H_a \end{bmatrix} + \begin{bmatrix} -10,31 \\ 4,881 \\ -1940 \end{bmatrix} = \begin{bmatrix} 0 \\ 0 \\ 0 \end{bmatrix}$$

Auflösung: $\varphi_a = -0,0002020$, $V_a = 236,4$ kN, $H_a = -18,75$ kN

Der Verzweigungslastfaktor η_{Ki} kann aus der Bedingung erhalten werden, daß die Determinante der Matrix null werden muß.

Globale Zustandsvektoren

$$Y_a = \begin{bmatrix} -0{,}0002020 \\ 236{,}4 \\ -18{,}75 \\ \hline 1 \end{bmatrix}, \quad Y_b = G_{ba} \cdot Y_a = \begin{bmatrix} 0{,}02981 \\ 0 \\ 0{,}01509 \\ -98{,}24 \\ 86{,}39 \\ -23{,}75 \\ \hline 1 \end{bmatrix}, \quad Y_c = G_{cb} \cdot Y_b = \begin{bmatrix} 0{,}05916 \\ 0{,}07826 \\ -0{,}004681 \\ 94{,}76 \\ -20{,}33 \\ -23{,}75 \\ \hline 1 \end{bmatrix}$$

$$Y_d = G_{dc} \cdot Y_c = \begin{bmatrix} 0{,}08850 \\ 0 \\ -0{,}002437 \\ -167{,}48 \\ -213{,}0 \\ -23{,}75 \\ \hline 1 \end{bmatrix}, \quad Y_e = G_{ed} \cdot Y_d = \begin{bmatrix} 0 \\ 0 \\ 0{,}02351 \\ 0 \\ -213{,}0 \\ -23{,}75 \\ \hline 1 \end{bmatrix}$$

(13.37): $V_{ba} = V_b + V_b^e = 236{,}4$ kN, $\quad H_{ba} = H_b + H_b^e = -18{,}75$ kN

$\qquad\quad V_{dc} = V_d + V_d^e = -63{,}05$ kN

Die lokalen Zustandsvektoren lassen sich mit (13.30) bestimmen.

Lastfall Erwärmung von Stab 2 um $T_2 = 40\,^\circ$C und Auflagerabsenkung $\delta_a^e = 0{,}1$ m

Wie bereits erwähnt, ergibt sich aus der *Erwärmung* für den Stab 2 das Lastglied $u_c^L = 0{,}004101$ m und daraus für G_{cb} die Lastspalte

$$\begin{bmatrix} 0{,}00384 \\ -0{,}00144 \\ 0 \\ 0 \\ 0 \\ 0 \\ \hline 1 \end{bmatrix}$$

Die Lastspalten aller übrigen Matrizen G_{ki} sind null.

Für die *Auflagerabsenkung* erhält man $W_a = \delta_a^e = 0{,}1\,\text{m}$. Die 2. Spalte von G_{ba} wird mit W_a multipliziert und liefert die Lastspalte. Diese lautet

$$\begin{bmatrix} 0 \\ 0{,}1 \\ 0 \\ 0 \\ 0 \\ 0 \\ \hline 1 \end{bmatrix}$$

Die Lastspalten aller übrigen Matrizen G_{ki} sind null.

Für beide Lastfälle ist der Rechengang wie zuvor beschrieben durchzuführen.

Beispiel 2: Eingespannter Parabelbogen

Abb. 13.10 zeigt den eingespannten, symmetrischen Parabelbogen, der nach Theorie II. Ordnung unter Berücksichtigung von M- und N-Verformungen berechnet werden soll. Die angegebene Belastung soll bereits die Ersatzbelastung für die Vorverformung enthalten. (Wegen der hier vorliegenden antimetrischen Knickbiegelinie ist die Vorverformungslinie ebenfalls antimetrisch anzunehmen, woraus sich auch eine antimetrische Ersatzbelastung ergibt, die als Zuschlag zu q_l und Verminderung von q_r angenommen werden kann).

Wie Abb. 13.10 zeigt, wird der Bogen näherungsweise durch ein Sehnenpolygon mit t Teilungen ersetzt. Durch entsprechend großes t kann jede beliebige Genauigkeit erreicht werden. Um insbesondere für die Momente eine bestmögliche Genauigkeit zu erhalten, ist die Gleichlast durch statisch gleichwertige *Knotenlasten* zu ersetzen (andernfalls ergibt sich ein nicht „glatter" (oszillierender) M-Verlauf längs des Stabzuges).

Annahme der N_s^{II}

Zur Abschätzung der N_s^{II} werden am Auflagerpunkt a die Schnittgrößen V_a und H_a aus vereinfachten Gleichgewichtsbedingungen bestimmt. Unter Zugrundelegung des (statisch bestimmten) Dreigelenkbogens mit Gelenken in a, b, und im Scheitel erhält man

$$V_a = \frac{3q_l + q_r}{8}\,l = 24\,\text{MN}, \quad H_a = -\frac{q_l + q_r}{16f}\,l^2 = -44{,}8\,\text{MN}$$

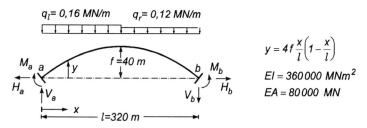

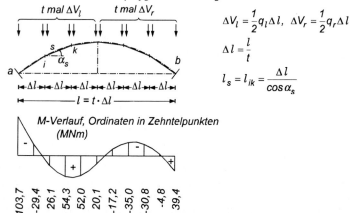

Abb. 13.10 Eingespannter Parabelbogen (überhöht dargestellt)

Für die allgemeine Stelle x gilt

$$V = V_a - q_l x \qquad\qquad \text{für } x < \frac{l}{2}$$

$$V = V_a - q_l \frac{l}{2} - q_r \left(x - \frac{l}{2} \right) \qquad \text{für } x \geq \frac{l}{2}$$

$$H = H_a = konst.$$

N_s^{II} wird aus V und H jeweils in der Mitte des Stabes s bestimmt aus

$$N_s^{\text{II}} = H \cos \alpha_s - V \sin \alpha_s$$

Lastspalte von G_{ki}

Der Stab s hat am Anfang i und Ende k jeweils die Vertikallast ΔV (Abb. 13.10). Die 5. Spalte von G_{ki} stellt den Zustandsvektor Y_k für $V_i = 1$ dar. ΔV am Punkt i ergibt damit für die Lastspalte: $(-\Delta V) \cdot (5.\text{ Spalte})$, während ΔV am Punkt k zur Lastspalte nur den Beitrag $V_k^L = -\Delta V$ liefert (insgesamt ist dann $V_k^L = -2\Delta V$).

Die Feldmatrix G_{ki} nach (13.33) lautet damit hier

$$G_{ki} = \begin{bmatrix} 1 & \sigma f_1 & \sigma f_2 & \zeta\sigma(f_3-f_0) & \sigma^2 f_3 + \zeta^2 f_0 & -\Delta V \cdot \zeta\sigma(f_3-f_0) \\ & 1 & \zeta f_1 & \zeta f_2 & \zeta^2 f_3 + \sigma^2 f_0 & \zeta\sigma(f_3-f_0) & -\Delta V \cdot (\zeta^2 f_3 + \sigma^2 f_0) \\ & & f_4 & f_5 & \zeta f_2 & \sigma f_2 & -\Delta V \cdot \zeta f_2 \\ & & f_6 & f_4 & \zeta f_1 & \sigma f_1 & -\Delta V \cdot \zeta f_1 \\ & & & & 1 & & -2\Delta V \\ & & & & & 1 & 0 \\ & & & & & & 1 \end{bmatrix}$$

Wegen $U_a = 0$, $W_a = 0$ und $\varphi_a = 0$ werden bei der Feldmatrix des 1. Abschnittes die ersten 3 Spalten gestrichen. Das Produkt aller Feldmatrizen führt zur Matrix G_{ba}. Die Übertragungsbeziehung

$$Y_b = G_{ba} \cdot Y_a$$

liefert, mit $U_b = 0$, $W_b = 0$ und $\varphi_b = 0$, das heißt mit den ersten 3 Zeilen, die Bestimmungsgleichungen für die 3 Unbekannten M_a, V_a und H_a. Danach werden mit den Feldmatrizen die Zustandsvektoren Y_k rekursiv erhalten.

Aus der Bedingung, daß die Determinante der Matrix des genannten Gleichungssystems null werden muß, erhält man für den Verzweigungslastfaktor $\eta_{Ki} = 5{,}787$.

In der folgenden Tabelle sind in Abhängigkeit der Anzahl der Teilungen t Zahlenwerte für einige wichtige Ergebnisse zusammengestellt.

Zum Vergleich sind auch die genauen Zahlenwerte dargestellt, so daß die für eine gewünschte Genauigkeit erforderliche Anzahl von Teilungen t erkennbar ist.

Anzahl der Teilungen	H (MN)	V_a (MN)	$M(0)$	$M\left(\dfrac{l}{4}\right)$	$M\left(\dfrac{l}{2}\right)$	$M\left(\dfrac{3}{4}l\right)$	$M(l)$	$U\left(\dfrac{l}{2}\right)$ (m)	$W\left(\dfrac{l}{2}\right)$ (m)
			(MNm)						
$t = 4$	−43,90	24,34	−86,1	52,2	21,8	−40,9	23,8	0,051	0,371
$t = 8$	−43,91	24,41	−99,5	45,9	20,5	−37,0	35,6	0,066	0,370
$t = 12$	−43,91	24,43	−101,9	44,8	20,3	−36,2	37,7	0,069	0,370
$t = 20$	−43,91	24,43	−103,1	44,2	20,2	−35,9	38,8	0,071	0,370
genau	−43,92	24,44	−103,7	43,9	20,1	−35,7	39,4	0,071	0,370
Th.I.O.	−43,45	24,39	−97,9	37,9	18,6	−27,7	27,0	0,059	0,361

Ebenfalls angegeben sind (in der letzten Zeile) die Ergebnisse nach Theorie I. Ordnung. Der Vergleich der Momente zeigt, daß eine Berechnung nach Theorie II. Ordnung notwendig ist, was im übrigen auch aus $\eta_{\text{Ki}} < 10$ hervorgeht. Tatsächlich wären die Abweichungen der nach Theorie I. Ordnung ermittelten Momente noch etwas größer, da dort die Ersatzbelastung aus den Vorverformungen entfallen würde.

Der M-Verlauf mit (genauen) Ordinaten in den Zehntelpunkten der Stützweite l ist in Abb. 13.10 dargestellt.

Berücksichtigung von Federn

Wie bisher lassen sich Federn an Knoten und Auflagern durch Einschaltung einer Knotenmatrix K_k bei der Multiplikation der Feldmatrizen G_{ki} berücksichtigen. Mit dieser Knotenmatrix können gleichzeitig auch die in Abb. 13.9 dargestellten Lastgrößen M_k^e, V_k^e und H_k^e erfaßt werden.

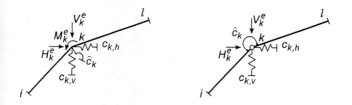

Abb. 13.11 Federn und Lastgrößen am Knoten k

Für den in Abb. 13.11 links gezeigten Knoten (Drehfeder *parallelgeschaltet*) ist die Knotenmatrix K_k durch folgende Beziehung festgelegt (vgl. (13.11)):

$$
\begin{bmatrix} U_{kl} \\ W_{kl} \\ \varphi_{kl} \\ M_{kl} \\ V_{kl} \\ H_{kl} \\ \hdashline 1 \end{bmatrix} =
\left[\begin{array}{cccccc:c}
1 & & & & & & \\
& 1 & & & & & \\
& & 1 & & & & \\
& & -\hat{c}_k & 1 & & & -M_k^{\mathrm{e}} \\
& c_{k,\mathrm{v}} & & & 1 & & -V_k^{\mathrm{e}} \\
c_{k,\mathrm{h}} & & & & & 1 & -H_k^{\mathrm{e}} \\
\hdashline
& & & & & & 1
\end{array}\right]
\cdot \begin{bmatrix} U_{ki} \\ W_{ki} \\ \varphi_{ki} \\ M_{ki} \\ V_{ki} \\ H_{ki} \\ \hdashline 1 \end{bmatrix}
\quad \text{kurz: } \boldsymbol{Y_{kl} = K_k \cdot Y_{ki}}
$$

$$(13.38)$$

Analog erhält man für den in Abb. 13.11 rechts dargestellten Knoten (Drehfeder *zwischengeschaltet*) die Beziehung (vgl. (13.12)):

$$
\begin{bmatrix} U_{kl} \\ W_{kl} \\ \varphi_{kl} \\ M_{kl} \\ V_{kl} \\ H_{kl} \\ \hdashline 1 \end{bmatrix} =
\left[\begin{array}{cccccc:c}
1 & & & & & & \\
& 1 & & & & & \\
& & 1 & -1/\hat{c}_k & & & \\
& & & 1 & & & \\
& c_{k,\mathrm{v}} & & & 1 & & -V_k^{\mathrm{e}} \\
c_{k,\mathrm{h}} & & & & & 1 & -H_k^{\mathrm{e}} \\
\hdashline
& & & & & & 1
\end{array}\right]
\cdot \begin{bmatrix} U_{ki} \\ W_{ki} \\ \varphi_{ki} \\ M_{ki} \\ V_{ki} \\ H_{ki} \\ \hdashline 1 \end{bmatrix}
\quad \text{kurz: } \boldsymbol{Y_{kl} = K_k \cdot Y_{ki}}
$$

$$(13.39)$$

14 Allgemeines Verschiebungsgrößenverfahren

14.1 Allgemeines

Dieses Verfahren ist für die Berechnung allgemeiner Systeme mittels EDV-Programm sehr gut geeignet.

In der üblichen *konventionellen* Schreibweise ist jeder Stab des Systems ein (finites) Element, dessen Schnittgrößen durch die Verschiebungsgrößen und die Einwirkungen beschrieben werden, wobei alle diese Zustandsgrößen auf die Endpunkte des betrachteten Stabes bezogen sind. Voraussetzung für diese Formulierung ist die Längsdehnbarkeit aller Stäbe, das heißt, daß *N-Verformungen* berücksichtigt werden *müssen*. Unbekannte des Gleichungssystems sind die Verschiebungsgrößen der Knoten, das sind der Knotendrehwinkel φ_k, die Vertikalverschiebung W_k und die Horizontalverschiebung U_k für den *freien* Knoten k, einen Knoten also, der keine Lagerung zur Erdscheibe besitzt. Als *Bestimmungsgleichungen* zur Aufstellung des Gleichungssystems werden die elementaren *Gleichgewichtsbedingungen* $\Sigma M = 0$, $\Sigma V = 0$ und $\Sigma H = 0$ für alle freien Knoten k verwendet. Nach Auflösung des Gleichungssystems sind die Zustandsgrößen an den Stabenden bekannt oder leicht bestimmbar. Danach lassen sich die Funktionen (Verläufe) der Schnitt- und Verschiebungsgrößen längs der Stabachse x mit den Übertragungsbeziehungen (6.40) und (6.46) berechnen. Als Nachteil des allgemeinen Verschiebungsgrößenverfahrens ist die verhältnismäßig große Anzahl von Unbekannten zu nennen, so daß das Verfahren für eine Berechnung von Hand in der Regel zu aufwendig ist.

Die hier gewählte Form des allgemeinen Verschiebungsgrößenverfahrens weicht in 2 wesentlichen Punkten von der üblichen Darstellung ab:

1. Die einzelnen Elemente, für die die genannten Schnittgrößen-Verschiebungsgrößen-Beziehungen formuliert werden, müssen nicht mehr einzelne Stäbe sein, sondern können Stabzüge (ohne Verzweigungen und ohne Gelenke) aus beliebig vielen Stäben sein.

2. Die erforderlichen Beziehungen für diese Stabzüge werden aus der Übertragungsbeziehung (13.31) des in Abschnitt 13.5 beschriebenen Reduktionsverfahrens hergeleitet.

Diese Vorgehensweise bedeutet, daß nur noch *jene Knoten* des Systems unbekannte Verschiebungsgrößen aufweisen, in denen *mehr als 2 Stäbe* biegesteif verbunden sind. (*Gelenkpunkte* sind stets als Knoten mit unbekannten Verschiebungsgrößen zu werten.) Besteht das System nur aus 1 Stabzug, so ist überhaupt kein Gleichungssystem zu lösen, das heißt, die gesuchten Größen gehen unmittelbar aus der Schnittgrößen-Verschiebungsgrößen-Beziehung für den Stabzug hervor. Je nach Systemstruktur kann dieses Vorgehen zu einer beträchtlichen Reduktion der Anzahl der Unbekannten führen. Grundsätzlich besteht aber auch die Möglichkeit, wie bisher alle Knoten als Knoten mit unbekannten Verschiebungsgrößen zu betrachten.

Abb. 14.1 zeigt für 3 Beispiele die unterschiedliche Anzahl von Elementen, Knoten und Unbekannten nach konventioneller und neuer Vorgehensweise (hier Knoten mit ☐ bezeichnet).

| | Verfahren | Anzahl der | | |
		Elemente	Knoten	Unbekannten
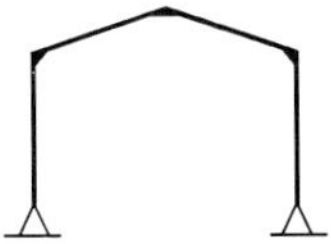	konventionell	4	3	$3 \cdot 3 = 9$
	neu	1	0	0
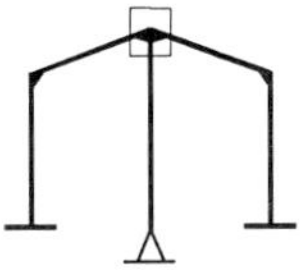	konventionell	5	3	$3 \cdot 3 = 9$
	neu	3	1	$1 \cdot 3 = 3$
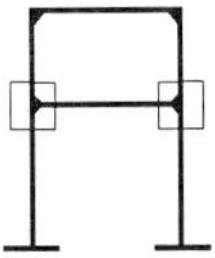	konventionell	6	4	$4 \cdot 3 = 12$
	neu	4	2	$2 \cdot 3 = 6$

Abb. 14.1 Anzahl der Elemente, Knoten und Unbekannten für 3 Beispiele nach konventioneller und neuer Vorgehensweise

Schließlich sei darauf hingewiesen, daß nach der hier gewählten Vorgehensweise N-Verformungen dann vernachlässigt werden können, wenn ein Element aus einem *nicht geraden* (das heißt abgeknickten) Stabzug besteht.

14.2 Übertragungsbeziehung für ein Element

Wie bereits erwähnt, kann ein Element aus 1 *Stab* oder aus einem *Stabzug* ohne Gelenk und ohne Verzweigung bestehen, wobei der Stabzug geradlinig oder beliebig abgeknickt sein kann. An dessen End- und Zwischenpunkten dürfen auch *Federn* gemäß Abb. 13.11 vorhanden sein (wie beim Reduktionsverfahren).

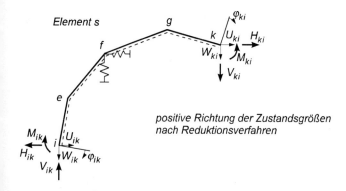

Abb. 14.2 Allgemeines Element s mit den Endpunkten i, k; positive Richtung der Zustandsgrößen nach *Reduktionsverfahren*

Für das in Abb. 14.2 dargestellte Element s mit dem Anfangspunkt i und dem Endpunkt k wird zunächst für jeden Einzelstab fg die Globalfeldmatrix G_{gf} nach (13.33) bestimmt. Besteht das Element aus mehreren Stäben, so wird, wie in Abschnitt 13.5 gezeigt, das Produkt der Feldmatrizen aller Stäbe des Elements s gebildet und gegebenenfalls bei Federn die Knotenmatrix gemäß (13.38) bzw. (13.39) eingeschaltet. Für den Stabzug $i\,e\,f\,g\,k$ der Abb. 14.2 beispielsweise berechnet sich die gesuchte Übertragungsmatrix aus

$$G_{ki} = G_{kg} \cdot G_{gf} \cdot K_f \cdot G_{fe} \cdot G_{ei} \qquad (14.1)$$

Die Vorzeichen der Zustandsgrößen entsprechen jenen des Reduktionsverfahrens in Abb. 13.8.

Um die Glieder der Matrix G_{ki} weiterverarbeiten zu können, werden diese wie nachfolgend angegeben bezeichnet.

$$G_{ki} = \begin{bmatrix} g_{11} & g_{12} & g_{13} & g_{14} & g_{15} & g_{16} & g_1^L \\ g_{21} & g_{22} & g_{23} & g_{24} & g_{25} & g_{26} & g_2^L \\ g_{31} & g_{32} & g_{33} & g_{34} & g_{35} & g_{36} & g_3^L \\ g_{41} & g_{42} & g_{43} & g_{44} & g_{45} & g_{46} & g_4^L \\ g_{51} & g_{52} & g_{53} & g_{54} & g_{55} & g_{56} & g_5^L \\ g_{61} & g_{62} & g_{63} & g_{64} & g_{65} & g_{66} & g_6^L \\ \hline & & & & & & 1 \end{bmatrix} \qquad (14.2)$$

Sind keine Federn vorhanden (Drehfedern möglich), so hat (14.2) die Form

$$
G_{ki} =
\left[
\begin{array}{cccccc:c}
1 & & g_{13} & g_{14} & g_{15} & g_{16} & g_1^{\mathrm{L}} \\
& 1 & g_{23} & g_{24} & g_{25} & g_{26} & g_2^{\mathrm{L}} \\
& & g_{33} & g_{34} & g_{35} & g_{36} & g_3^{\mathrm{L}} \\
& & g_{43} & g_{44} & g_{45} & g_{46} & g_4^{\mathrm{L}} \\
& & & & 1 & & g_5^{\mathrm{L}} \\
& & & & & 1 & g_6^{\mathrm{L}} \\
\hdashline
& & & & & & 1
\end{array}
\right]
\tag{14.3}
$$

Im folgenden wird stets von der allgemeinen Form (14.2) ausgegangen.

Für das in diesem Kapitel zu behandelnde allgemeine Verschiebungsgrößenverfahren müssen die *Vorzeichen* der Zustandsgrößen in i und k *neu festgelegt* werden, und zwar so, daß nicht nur die Verschiebungsgrößen, sondern auch die Kraftgrößen in i und k in gleicher Richtung positiv definiert sind und daß dies auch jeweils für zugehörige Kraft- und Verschiebungsgrößen erfüllt ist.

Die im weiteren ausschließlich maßgebende Vorzeichenfestlegung für die Zustandsgrößen in i und k geht aus Abb. 14.3 hervor.

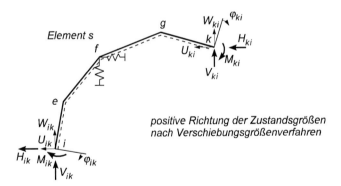

Abb. 14.3 Allgemeines Element s mit den Endpunkten i, k; positive Richtung der Zustandsgrößen nach *Verschiebungsgrößenverfahren*

Wie der Vergleich mit Abb. 14.2 zeigt, ergibt sich

eine Vorzeichenänderung für: U_{ik}, W_{ik}, U_{ki}, W_{ki}, M_{ki}, V_{ki}, H_{ki}

keine Vorzeichenänderung für: φ_{ik}, M_{ik}, V_{ik}, H_{ik}, φ_{ki}

Unter Berücksichtigung dieser Festlegung lautet die Übertragungsbeziehung für das allgemeine Element s gemäß Abb. 14.3

$$
\begin{bmatrix} U_{ki} \\ W_{ki} \\ \varphi_{ki} \\ M_{ki} \\ V_{ki} \\ H_{ki} \end{bmatrix} = \begin{bmatrix} g_{11} & g_{12} & -g_{13} & -g_{14} & -g_{15} & -g_{16} \\ g_{21} & g_{22} & -g_{23} & -g_{24} & -g_{25} & -g_{26} \\ -g_{31} & -g_{32} & g_{33} & g_{34} & g_{35} & g_{36} \\ g_{41} & g_{42} & -g_{43} & -g_{44} & -g_{45} & -g_{46} \\ g_{51} & g_{52} & -g_{53} & -g_{54} & -g_{55} & -g_{56} \\ g_{61} & g_{62} & -g_{63} & -g_{64} & -g_{65} & -g_{66} \end{bmatrix} \cdot \begin{bmatrix} U_{ik} \\ W_{ik} \\ \varphi_{ik} \\ M_{ik} \\ V_{ik} \\ H_{ik} \end{bmatrix} + \begin{bmatrix} -g_1^L \\ -g_2^L \\ g_3^L \\ -g_4^L \\ -g_5^L \\ -g_6^L \end{bmatrix} \tag{14.4}
$$

Die Determinante der Matrix in (14.4) muß -1 sein (Kontrolle). Bei der Inversion dieser Matrix spiegeln sich die Beträge der Matrixglieder an der von links unten nach rechts oben verlaufenden Diagonalen, dabei treten zum Teil Vorzeichenänderungen auf. Die Umkehrung der Übertragungsbeziehung lautet

$$
\begin{bmatrix} U_{ik} \\ W_{ik} \\ \varphi_{ik} \\ M_{ik} \\ V_{ik} \\ H_{ik} \end{bmatrix} = \begin{bmatrix} g_{66} & g_{56} & g_{46} & g_{36} & -g_{26} & -g_{16} \\ g_{65} & g_{55} & g_{45} & g_{35} & -g_{25} & -g_{15} \\ g_{64} & g_{54} & g_{44} & g_{34} & -g_{24} & -g_{14} \\ -g_{63} & -g_{53} & -g_{43} & -g_{33} & g_{23} & g_{13} \\ g_{62} & g_{52} & g_{42} & g_{32} & -g_{22} & -g_{12} \\ g_{61} & g_{51} & g_{41} & g_{31} & -g_{21} & -g_{11} \end{bmatrix} \cdot \left(\begin{bmatrix} U_{ki} \\ W_{ki} \\ \varphi_{ki} \\ M_{ki} \\ V_{ki} \\ H_{ki} \end{bmatrix} - \begin{bmatrix} -g_1^L \\ -g_2^L \\ g_3^L \\ -g_4^L \\ -g_5^L \\ -g_6^L \end{bmatrix} \right) \tag{14.5}
$$

Diese Beziehung wird für die Anwendung des allgemeinen Verschiebungsgrößenverfahrens nicht benötigt, kann aber zur Kontrolle der Matrix in (14.4) verwendet werden. Die Determinante der Umkehrmatrix in (14.5) muß ebenfalls wieder -1 betragen.

Die Beziehung (14.4) oder (14.5) enthält die vollständige Information zur Herleitung des Gleichungssystems des Verschiebungsgrößenverfahrens und zur anschließenden Berechnung aller globalen Zustandsgrößen an den Knoten und Auflagern.

14.3 Schnittgrößen in Abhängigkeit der Verschiebungsgrößen und Einwirkungen

Für das allgemeine Element s gemäß Abb. 14.3 werden zunächst folgende Zustandsvektoren definiert:

$$S_{ik} = \begin{bmatrix} M_{ik} \\ V_{ik} \\ H_{ik} \end{bmatrix}, \quad S_{ki} = \begin{bmatrix} M_{ki} \\ V_{ki} \\ H_{ki} \end{bmatrix}, \quad V_i = \begin{bmatrix} \varphi_i \\ W_i \\ U_i \end{bmatrix}, \quad V_k = \begin{bmatrix} \varphi_k \\ W_k \\ U_k \end{bmatrix} \tag{14.6}$$

Bei den Verschiebungsgrößen wird der 2. Index weggelassen, da diese auf den Knoten bezogen sind und für alle angeschlossenen Stäbe dieselben sind.

Für ein in den Knoten i bzw. k *eingespanntes* Stabende gilt

$$\varphi_{ik} = \varphi_i, \ W_{ik} = W_i, \ U_{ik} = U_i \ \text{bzw.} \ \varphi_{ki} = \varphi_k, \ W_{ki} = W_k, \ U_{ki} = U_k \tag{14.7}$$

Für ein an den Knoten i bzw. k *gelenkig* angeschlossenes Stabende gilt

$$W_{ik} = W_i, \ U_{ik} = U_i \ \text{bzw.} \ W_{ki} = W_k, \ U_{ki} = U_k \tag{14.8}$$

während, wie in Abb. 14.4 angegeben, im allgemeinen $\varphi_{ik} \neq \varphi_i$ und $\varphi_{ki} \neq \varphi_k$ ist.

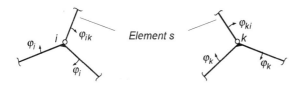

Abb. 14.4 Drehwinkel bei gelenkigem Anschluß eines Endpunktes des Elements s

Hinweis: Der Verschiebungsgrößenvektor V_i bzw. V_k (fett, 1 Index) ist nicht mit der vertikalen Schnittkraftkomponente V_{ik} bzw. V_{ki} (nicht fett, 2 Indizes) zu verwechseln.

Gesucht sind nun folgende, für das Verschiebungsgrößenverfahren grundlegende Beziehungen, bei denen S_{ik} und S_{ki} als Funktion von V_i, V_k und den Einwirkungen für das Element s dargestellt sind:

$$S_{ik} = K_{is} \cdot V_i + K_{ik} \cdot V_k + S_{ik}^0 \tag{14.9}$$

$$S_{ki} = K_{ks} \cdot V_k + K_{ki} \cdot V_i + S_{ki}^0 \tag{14.10}$$

Die nur systemabhängigen Steifigkeitsmatrizen K_{is}, K_{ik}, K_{ks}, K_{ki} und die auch lastabhängigen Vektoren S_{ik}^0 und S_{ki}^0 sind nun aus der Übertragungsbeziehung (14.4) oder (14.5) herzuleiten.

Wie bereits erwähnt, ist *wesentliche Voraussetzung* für die Herleitbarkeit von (14.9) und (14.10), daß eine elastische Dehnung in Richtung der Sehne $i\,k$ möglich ist. Dies ist nur dann nicht der Fall, wenn der Stabzug $i\,k$ gerade ist oder nur aus 1 Stab besteht und wenn gleichzeitig N-Verformungen vernachlässigt werden. Das heißt, daß bei abgeknickten Stabzügen N-Verformungen nicht berücksichtigt werden müssen.

Um an Knoten mit (teilweise) gelenkigen Stabanschlüssen jeweils nur 1 unbekannten Drehwinkel zu haben und um an freien Enden von Stäben Unbekannte ganz zu vermeiden, werden die Matrizen K_{is}, K_{ik}, K_{ks}, K_{ki} und die Vektoren S_{ik}^0 und S_{ki}^0 in Abhängigkeit verschiedener Lagerungsfälle angegeben. Dies bedeutet zum Beispiel, daß beim Knoten i in Abb. 14.4 nur φ_i, nicht aber φ_{ik} Unbekannte des Gleichungssystems ist. Entsprechendes gilt selbstverständlich für den Knoten k.

Lagerungsfall 1: $i \overset{s}{\diagdown\diagup} k$

Die ersten 3 Zeilen von (14.4) werden nach M_{ik}, V_{ik}, H_{ik} aufgelöst. Der Vergleich mit (14.9) liefert K_{is}, K_{ik} und S_{ik}^0. Die ersten 3 Zeilen von (14.5) oder – nach Einsetzen von S_{ik} – die letzten 3 Zeilen von (14.4) und der Vergleich mit (14.10) liefern K_{ks}, K_{ki} und S_{ki}^0. Auf die detaillierte Herleitung kann verzichtet werden. Unter Verwendung der Hilfsmatrizen E_1, E_2, E_3 und der Lastvektoren L_1, L_2 lauten die Formeln

$$
E_1 = \begin{bmatrix} g_{34} & g_{35} & g_{36} \\ -g_{24} & -g_{25} & -g_{26} \\ -g_{14} & -g_{15} & -g_{16} \end{bmatrix}, \quad
E_2 = \begin{bmatrix} g_{33} & -g_{32} & -g_{31} \\ -g_{23} & g_{22} & g_{21} \\ -g_{13} & g_{12} & g_{11} \end{bmatrix},
$$

$$
E_3 = \begin{bmatrix} -g_{44} & -g_{45} & -g_{46} \\ -g_{54} & -g_{55} & -g_{56} \\ -g_{64} & -g_{65} & -g_{66} \end{bmatrix}
$$

$$\tag{14.11}$$

$$
L_1 = \begin{bmatrix} g_3^{\mathrm{L}} \\ -g_2^{\mathrm{L}} \\ -g_1^{\mathrm{L}} \end{bmatrix}, \quad
L_2 = \begin{bmatrix} -g_4^{\mathrm{L}} \\ -g_5^{\mathrm{L}} \\ -g_6^{\mathrm{L}} \end{bmatrix}
$$

$$\tag{14.12}$$

Bemerkung: Die Forderung nach elastischer Dehnbarkeit der Sehne $i\,k$ ist identisch mit der Forderung, daß die Matrix E_1 invertierbar ist, das heißt, daß deren Determinante $\neq 0$ sein muß.

$$K_{ik} = E_1^{-1}, \quad K_{is} = -K_{ik} \cdot E_2, \quad K_{ks} = E_3 \cdot K_{ik}, \quad K_{ki} = K_{ik}^{\mathrm{T}} \tag{14.13}$$

$$S_{ik}^0 = -K_{ik} \cdot L_1, \quad S_{ki}^0 = L_2 - K_{ks} \cdot L_1 \tag{14.14}$$

Darin ist E_1^{-1} die inverse Matrix von E_1 und K_{ik}^{T} die transponierte Matrix von K_{ik}. Die Matrizen K_{is} und K_{ks} sind jeweils *symmetrisch*. Diese Aussagen gelten auch für alle weiteren Lagerungsfälle.

Lagerungsfall 2: $i\,\overbrace{}^{s}\,\searrow k$

Hier ist die Unterscheidung zwischen φ_{ik} und φ_i gemäß Abb. 14.4 wichtig. Während in (14.4) bzw. (14.5) φ_{ik} enthalten ist, tritt in V_i nach (14.6) φ_i als Komponente auf. Da φ_i keine Schnittgrößen am Element s hervorruft, muß die 1. Spalte von K_{is} und K_{ki} null gesetzt werden. φ_{ik} dagegen ist als Unbekannte zu eliminieren und tritt dann in (14.9) und (14.10) nicht mehr auf. M_{ik} ist null, so daß die 1. Zeile von K_{is}, K_{ik} und S_{ik}^0 jeweils null zu setzen ist.

Die ersten 3 Zeilen von (14.4) werden nach den Unbekannten φ_{ik}, V_{ik}, H_{ik} aufgelöst. Nach Ersatz von φ_{ik} durch $M_{ik}(= 0)$ liegt S_{ik} vor, und durch Vergleich mit (14.9) werden K_{is}, K_{ik} und S_{ik}^0 erhalten. Nach Einsetzen der Unbekannten φ_{ik}, V_{ik}, H_{ik} in die letzten 3 Zeilen von (14.4) liegt S_{ki} vor. Der Vergleich mit (14.10) liefert dann K_{ks}, K_{ki} und S_{ki}^0. Es ergeben sich folgende Formeln:

$$E_1 = \begin{bmatrix} g_{33} & g_{35} & g_{36} \\ -g_{23} & -g_{25} & -g_{26} \\ -g_{13} & -g_{15} & -g_{16} \end{bmatrix}, \quad E_2 = \begin{bmatrix} 0 & -g_{32} & -g_{31} \\ 0 & g_{22} & g_{21} \\ 0 & g_{12} & g_{11} \end{bmatrix}$$

$$E_3 = \begin{bmatrix} -g_{43} & -g_{45} & -g_{46} \\ -g_{53} & -g_{55} & -g_{56} \\ -g_{63} & -g_{65} & -g_{66} \end{bmatrix} \tag{14.15}$$

$$L_1 = \begin{bmatrix} g_3^{\mathrm{L}} \\ -g_2^{\mathrm{L}} \\ -g_1^{\mathrm{L}} \end{bmatrix}, \quad L_2 = \begin{bmatrix} -g_4^{\mathrm{L}} \\ -g_5^{\mathrm{L}} \\ -g_6^{\mathrm{L}} \end{bmatrix} \tag{14.16}$$

Die Determinante von E_1 muß $\neq 0$ sein.

Um die 1. Zeile oder 1. Spalte einer $3 \cdot 3$-Matrix null setzen zu können, wird zusätzlich folgende Matrix R definiert:

$$R = \begin{bmatrix} 0 & 0 & 0 \\ 0 & 1 & 0 \\ 0 & 0 & 1 \end{bmatrix} \tag{14.17}$$

$$K_{ik} = R \cdot E_1^{-1}, \quad K_{is} = -K_{ik} \cdot E_2, \quad K_{ks} = E_3 \cdot E_1^{-1}, \quad K_{ki} = K_{ik}^{\mathrm{T}} \tag{14.18}$$

$$S_{ik}^0 = -K_{ik} \cdot L_1, \quad S_{ki}^0 = L_2 - K_{ks} \cdot L_1 \tag{14.19}$$

φ_{ik} wird zur Aufstellung des Gleichungssystems nicht benötigt. Für eine anschließende Berechnung aller Zustandsgrößen des Elements s mit Hilfe der Globalfeldmatrizen G_{fg} (siehe Abb. 14.2) ist jedoch φ_{ik} erforderlich. Die Berechnung kann mit der 1. Zeile folgender Beziehung durchgeführt werden, die im Verlauf der Herleitung oben genannter Beziehungen erhalten wird, bevor φ_{ik} durch $M_{ik}(= 0)$ ersetzt wird:

$$\begin{bmatrix} \varphi_{ik} \\ V_{ik} \\ H_{ik} \end{bmatrix} = E_1^{-1} \cdot \left(-E_2 \cdot V_i + V_k - L_1 \right) \tag{14.20}$$

Lagerungsfall 3: $i \overset{\curvearrowleft}{\diagup s} \diagdown_{\curvearrowright} k$

Für den Gelenkpunkt k gelten dieselben Aussagen wie zuvor für den Gelenkpunkt i.

Die 1., 2. und 4. Zeile von (14.4) werden nach den Unbekannten M_{ik}, V_{ik}, H_{ik} aufgelöst, und es wird berücksichtigt, daß φ_k keine Schnittgrößen erzeugt. Der Vergleich mit (14.9) liefert K_{is}, K_{ik} und S_{ik}^0. Danach werden die Unbekannten in die 5. und 6. Zeile eingesetzt, und es wird $M_{ki} = 0$ eingeführt. Der Vergleich mit (14.10) liefert schließlich K_{ks}, K_{ki} und S_{ki}^0. Die 3. Zeile wird hier nicht benötigt. Als Formeln erhält man

$$\left. \begin{array}{l} E_1 = \begin{bmatrix} -g_{44} & -g_{45} & -g_{46} \\ -g_{24} & -g_{25} & -g_{26} \\ -g_{14} & -g_{15} & -g_{16} \end{bmatrix}, \quad E_2 = \begin{bmatrix} -g_{43} & g_{42} & g_{41} \\ -g_{23} & g_{22} & g_{21} \\ -g_{13} & g_{12} & g_{11} \end{bmatrix} \\[6mm] E_3 = \begin{bmatrix} 0 & 0 & 0 \\ -g_{54} & -g_{55} & -g_{56} \\ -g_{64} & -g_{65} & -g_{66} \end{bmatrix} \end{array} \right\} \tag{14.21}$$

$$L_1 = \begin{bmatrix} -g_4^{\mathrm{L}} \\ -g_2^{\mathrm{L}} \\ -g_1^{\mathrm{L}} \end{bmatrix}, \quad L_2 = \begin{bmatrix} 0 \\ -g_5^{\mathrm{L}} \\ -g_6^{\mathrm{L}} \end{bmatrix} \tag{14.22}$$

Die Determinante von E_1 muß $\neq 0$ sein.

$$K_{ik} = E_1^{-1} \cdot R, \quad K_{is} = -E_1^{-1} \cdot E_2, \quad K_{ks} = E_3 \cdot K_{ik}, \quad K_{ki} = K_{ik}^{\mathrm{T}} \tag{14.23}$$

$$S_{ik}^0 = -E_1^{-1} \cdot L_1, \quad S_{ki}^0 = L_2 + E_3 \cdot S_{ik}^0 \tag{14.24}$$

Lagerungsfall 4: $i \,\vee\!\!\!\overbrace{}\,{}^{s}\,\vee\!\!\!\!/\, k$

Die 1., 2. und 4. Zeile von (14.4) werden nach den hier vorliegenden Unbekannten φ_{ik}, V_{ik}, H_{ik} aufgelöst. Diese werden in die 5. und 6. Zeile von (14.4) eingesetzt. Bezüglich der Gelenke i und k werden die bereits erwähnten Bedingungen eingearbeitet. Die maßgebenden Formeln lauten schließlich

$$\left.\begin{array}{l} E_1 = \begin{bmatrix} -g_{43} & -g_{45} & -g_{46} \\ -g_{23} & -g_{25} & -g_{26} \\ -g_{13} & -g_{15} & -g_{16} \end{bmatrix}, \quad E_2 = \begin{bmatrix} 0 & g_{42} & g_{41} \\ 0 & g_{22} & g_{21} \\ 0 & g_{12} & g_{11} \end{bmatrix} \\[4em] E_3 = \begin{bmatrix} 0 & 0 & 0 \\ -g_{53} & -g_{55} & -g_{56} \\ -g_{63} & -g_{65} & -g_{66} \end{bmatrix} \end{array}\right\} \tag{14.25}$$

$$L_1 = \begin{bmatrix} -g_4^{\mathrm{L}} \\ -g_2^{\mathrm{L}} \\ -g_1^{\mathrm{L}} \end{bmatrix}, \quad L_2 = \begin{bmatrix} 0 \\ -g_5^{\mathrm{L}} \\ -g_6^{\mathrm{L}} \end{bmatrix} \tag{14.26}$$

Die Determinante von E_1 muß $\neq 0$ sein.

$$K_{ik} = R \cdot E_1^{-1} \cdot R, \quad K_{is} = -R \cdot E_1^{-1} \cdot E_2, \quad K_{ks} = E_3 \cdot E_1^{-1} \cdot R, \quad K_{ki} = K_{ik}^{\mathrm{T}} \tag{14.27}$$

$$S_{ik}^0 = -R \cdot E_1^{-1} \cdot L_1, \quad S_{ki}^0 = L_2 - E_3 \cdot E_1^{-1} \cdot L_1 \tag{14.28}$$

Hinweis: Bei Weglassen der Multiplikation mit R von links gehen die Formeln in (14.23) und (14.24), bei Weglassen der Multiplikation mit R von rechts in (14.18) und (14.19) und bei Weglassen beider Multiplikationen in (14.13) und (14.14) über. Die Matrizen E_1, E_2, E_3 und Vektoren L_1 und L_2 sind aber in der Regel verschieden.

Analog zu (14.20) läßt sich φ_{ik} hier aus der 1. Zeile von

$$\begin{bmatrix} \varphi_{ik} \\ V_{ik} \\ H_{ik} \end{bmatrix} = E_1^{-1} \cdot \left(-E_2 \cdot V_i + R \cdot V_k - L_1 \right) \tag{14.29}$$

berechnen.

Lagerungsfall 5: $i \ \diagdown s \ \diagdown \ k$

Wenn das Element s mit freiem Ende in k nach Theorie I. Ordnung berechnet wird und keine Federn aufweist, sind die Schnittgrößen M_{ik}, V_{ik}, H_{ik} statisch bestimmt, das heißt, das Element s kann abgetrennt und die Schnittgrößen können am Knoten angebracht werden. In diesem Sonderfall werden nachfolgende Formeln nicht benötigt, sind aber auch dann anwendbar. Da der Endpunkt k keinen Knoten darstellt, erhält man anstelle von (14.9) hier die Beziehung

$$S_{ik} = K_{is} \cdot V_i + S_{ik}^0 \tag{14.30}$$

während (14.10) ganz entfällt.

Zur Bestimmung von K_{is} und S_{ik}^0 werden nur die letzten 3 Zeilen von (14.4) benötigt und nach den Unbekannten M_{ik}, V_{ik}, H_{ik} aufgelöst. Man erhält mit $M_{ki} = 0$, $V_{ki} = 0$ und $H_{ki} = 0$ die Formeln

$$E_1 = \begin{bmatrix} -g_{44} & -g_{45} & -g_{46} \\ -g_{54} & -g_{55} & -g_{56} \\ -g_{64} & -g_{65} & -g_{66} \end{bmatrix}, \quad E_2 = \begin{bmatrix} -g_{43} & g_{42} & g_{41} \\ -g_{53} & g_{52} & g_{51} \\ -g_{63} & g_{62} & g_{61} \end{bmatrix} \tag{14.31}$$

$$L_2 = \begin{bmatrix} -g_4^{L} \\ -g_5^{L} \\ -g_6^{L} \end{bmatrix} \tag{14.32}$$

$$K_{is} = -E_1^{-1} \cdot E_2, \quad S_{ik}^0 = -E_1^{-1} \cdot L_2 \tag{14.33}$$

Lagerungsfall 6: $i \ \diagdown s \ \diagdown k$

Die hier benötigte Beziehung lautet

$$S_{ki} = K_{ks} \cdot V_k + S_{ki}^0 \tag{14.34}$$

Es wird von (14.5) – der Umkehrung von (14.4) – ausgegangen. Damit liegt der gleiche Lösungsweg wie im vorigen Lagerungsfall vor. Aus $M_{ik} = 0$, $V_{ik} = 0$ und $H_{ik} = 0$ ergeben sich die Formeln

$$E_1 = \begin{bmatrix} g_{33} & -g_{32} & -g_{31} \\ -g_{23} & g_{22} & g_{21} \\ -g_{13} & g_{12} & g_{11} \end{bmatrix}, \quad E_2 = \begin{bmatrix} -g_{43} & g_{42} & g_{41} \\ -g_{53} & g_{52} & g_{51} \\ -g_{63} & g_{62} & g_{61} \end{bmatrix} \tag{14.35}$$

$$L_1 = \begin{bmatrix} g_3^L \\ -g_2^L \\ -g_1^L \end{bmatrix}, \quad L_2 = \begin{bmatrix} -g_4^L \\ -g_5^L \\ -g_6^L \end{bmatrix} \tag{14.36}$$

$$K_{ks} = E_2 \cdot E_1^{-1}, \quad S_{ki}^0 = L_2 - K_{ks} \cdot L_1 \tag{14.37}$$

Die für das Verschiebungsgrößenverfahren nicht unmittelbar benötigten Größen φ_{ik}, W_{ki}, U_{ki} lassen sich aus den ersten 3 Zeilen von (14.5) berechnen.

Beispiel: Element aus 2 Stäben

Abb. 14.5 zeigt ein Element aus 2 Stäben, die zugehörige Belastung und die Längskräfte N^{II}. Diese beiden Stäbe stellen die linke Hälfte des in Abb. 10.8 dargestellten Zweigelenkrahmens dar, der als Beispiel 1 in Abschnitt 13.5 bereits nach dem Reduktionsverfahren berechnet wurde.

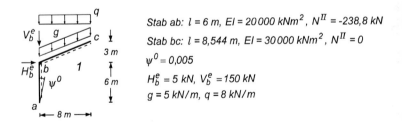

Stab ab: $l = 6\ m$, $EI = 20\,000\ kNm^2$, $N^{II} = -238,8\ kN$

Stab bc: $l = 8,544\ m$, $EI = 30\,000\ kNm^2$, $N^{II} = 0$

$\psi^0 = 0,005$

$H_b^e = 5\ kN$, $V_b^e = 150\ kN$

$g = 5\ kN/m$, $q = 8\ kN/m$

Abb. 14.5 Element 1 mit Anfangspunkt a, Endpunkt c, bestehend aus 2 Stäben

Die Feldmatrizen G_{ba} und G_{cb} sind in Beispiel 1 des Abschnittes 13.5 angegeben. Für die hier ausschließlich benötigte Produktmatrix $G_{ca} = G_{cb} \cdot G_{ba}$ erhält man die nachfolgend angegebenen Zahlenwerte.

Tafel 14.1 E_1, E_2, E_3, L_1, L_2, K_{a1}, $K_{ac}=K_{ca}^{\mathrm{T}}$, K_{c1}, S_{ac}^0, S_{ca}^0 für Element 1 mit Endpunkten a, c; Lagerungsfall 1 bis 4

Lagerung	Fall 1	Fall 2	Fall 3	Fall 4
$E_1=$	$\begin{bmatrix}-0{,}0005047 & -0{,}001139 & -0{,}002884\\ 0{,}003135 & 0{,}003038 & 0{,}01444\\ 0{,}002044 & 0{,}001139 & 0{,}007177\end{bmatrix}$	$\begin{bmatrix}0{,}4131 & -0{,}001139 & -0{,}002884\\ -4{,}823 & 0{,}003038 & 0{,}01444\\ -7{,}388 & 0{,}001139 & 0{,}007177\end{bmatrix}$	$\begin{bmatrix}-0{,}7926 & -8 & -8{,}579\\ 0{,}003135 & 0{,}003038 & 0{,}01444\\ 0{,}002044 & 0{,}001139 & 0{,}007177\end{bmatrix}$	$\begin{bmatrix}-1333 & -8 & -8{,}579\\ -4{,}823 & 0{,}003038 & 0{,}01444\\ -7{,}388 & 0{,}001139 & 0{,}007177\end{bmatrix}$
$E_2=$	$\begin{bmatrix}0{,}4131 & 0 & 0\\ -4{,}823 & 1 & 0\\ -7{,}388 & 0 & 1\end{bmatrix}$	$\begin{bmatrix}0 & 0 & 0\\ 0 & 1 & 0\\ 0 & 0 & 1\end{bmatrix}$	$\begin{bmatrix}-1333 & 0 & 0\\ -4{,}823 & 1 & 0\\ -7{,}388 & 0 & 1\end{bmatrix}$	$\begin{bmatrix}0 & 0 & 0\\ 0 & 1 & 0\\ 0 & 0 & 1\end{bmatrix}$
$E_3=$	$\begin{bmatrix}-0{,}7926 & -8 & -8{,}579\\ 0 & -1 & 0\\ 0 & 0 & -1\end{bmatrix}$	$\begin{bmatrix}-1333 & -8 & -8{,}579\\ 0 & -1 & 0\\ 0 & 0 & -1\end{bmatrix}$	$\begin{bmatrix}0 & -8 & -8{,}579\\ 0 & -1 & 0\\ 0 & 0 & -1\end{bmatrix}$	$\begin{bmatrix}0 & -8 & -8{,}579\\ 0 & -1 & 0\\ 0 & 0 & -1\end{bmatrix}$
$L_1=L_2=$	$\begin{bmatrix}0{,}2106 & 1635\\ -0{,}5265 & 256{,}7\\ -0{,}1953 & 5\end{bmatrix}$	$\begin{bmatrix}0{,}2106 & 1635\\ -0{,}5265 & 256{,}7\\ -0{,}1953 & 5\end{bmatrix}$	$\begin{bmatrix}1635 & 0\\ -0{,}5265 & 256{,}7\\ -0{,}1953 & 5\end{bmatrix}$	$\begin{bmatrix}1635 & 0\\ -0{,}5265 & 256{,}7\\ -0{,}1953 & 5\end{bmatrix}$
$K_{a1}=$	$\begin{bmatrix}11483 & 1585 & -2492\\ 1585 & 736{,}6 & -568{,}2\\ -2492 & -568{,}2 & 660{,}5\end{bmatrix}$	$\begin{bmatrix}0 & 0 & 0\\ 0 & 517{,}8 & -224{,}3\\ 0 & -224{,}3 & 119{,}7\end{bmatrix}$	$\begin{bmatrix}11237 & 1262 & -2371\\ 1262 & 313{,}9 & -409{,}3\\ -2371 & -409{,}3 & 600{,}7\end{bmatrix}$	$\begin{bmatrix}0 & 0 & 0\\ 0 & 172{,}0 & -143{,}0\\ 0 & -143{,}0 & 100{,}5\end{bmatrix}$
$K_{ac}=K_{ca}^{\mathrm{T}}=$	$\begin{bmatrix}-1735 & -2274 & 2492\\ -2274 & -736{,}6 & 568{,}2\\ 854{,}8 & 568{,}2 & -660{,}5\end{bmatrix}$	$\begin{bmatrix}0 & 0 & 0\\ -2034 & -517{,}8 & 224{,}3\\ 478{,}4 & 224{,}3 & -119{,}7\end{bmatrix}$	$\begin{bmatrix}0 & -1262 & 2371\\ 0 & -313{,}9 & 409{,}3\\ 0 & 409{,}3 & -600{,}7\end{bmatrix}$	$\begin{bmatrix}0 & 0 & 0\\ 0 & -172{,}0 & 143{,}0\\ 0 & 143{,}0 & -100{,}5\end{bmatrix}$
$K_{c1}=$	$\begin{bmatrix}12231 & 2274 & -854{,}8\\ 2274 & 736{,}6 & -568{,}2\\ -854{,}8 & -568{,}2 & 660{,}5\end{bmatrix}$	$\begin{bmatrix}11969 & 2034 & -478{,}4\\ 2034 & 517{,}8 & -224{,}3\\ -478{,}4 & -224{,}3 & 119{,}7\end{bmatrix}$	$\begin{bmatrix}0 & 0 & 0\\ 0 & 313{,}9 & -409{,}3\\ 0 & -409{,}3 & 600{,}7\end{bmatrix}$	$\begin{bmatrix}0 & 0 & 0\\ 0 & 172{,}0 & -143{,}0\\ 0 & -143{,}0 & 100{,}5\end{bmatrix}$
$S_{ac}^0=S_{ca}^0=$	$\begin{bmatrix}17{,}57 & 89{,}52\\ 202{,}0 & 54{,}68\\ -9{,}855 & 14{,}85\end{bmatrix}$	$\begin{bmatrix}92{,}18 & 0\\ 199{,}6 & 57{,}11\\ -6{,}041 & 11{,}04\end{bmatrix}$	$\begin{bmatrix}30{,}27 & 0\\ 218{,}7 & 38{,}04\\ -16{,}11 & 21{,}11\end{bmatrix}$	$\begin{bmatrix}0 & 0\\ 215{,}3 & 41{,}44\\ -9{,}726 & 14{,}73\end{bmatrix}$

$G_{ca} =$

$$\begin{bmatrix} 1 & g_{13}{=}7{,}388 & g_{14}{=}{-}0{,}002044 & g_{15}{=}{-}0{,}001139 & g_{16}{=}{-}0{,}007177 & g_1^L{=}0{,}1953 \\ & 1 & g_{23}{=}4{,}823 & g_{24}{=}{-}0{,}003135 & g_{25}{=}{-}0{,}003038 & g_{26}{=}{-}0{,}01444 & g_2^L{=}0{,}5265 \\ & & g_{33}{=}0{,}4131 & g_{34}{=}{-}0{,}0005047 & g_{35}{=}{-}0{,}001139 & g_{36}{=}{-}0{,}002884 & g_3^L{=}0{,}2106 \\ & & g_{43}{=}1333 & g_{44}{=}0{,}7926 & g_{45}{=}8 & g_{46}{=}8{,}579 & g_4^L{=}{-}1635 \\ & & & & 1 & & g_5^L{=}{-}256{,}7 \\ & & & & & 1 & g_6^L{=}{-}5 \\ & & & & & & 1 \end{bmatrix}$$

Die nicht besetzten Glieder sind null. Da keine Federn vorhanden sind, hat die Matrix G_{ca} die Form von (14.3).

In Tafel 14.1 sind die relevanten Matrizen und Vektoren für die ersten 4 Lagerungsfälle angegeben. Tafel 14.2 gibt die Zahlenwerte für die beiden letzten Lagerungsfälle 5 und 6 wieder.

Tafel 14.2 E_1, E_2, L_1, L_2, K_{a1}, K_{c1}, S_{ac}^0, S_{ca}^0 für Element 1
mit Endpunkten a, c; Lagerungsfall 5 und 6

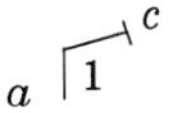

Lagerung		Fall 5 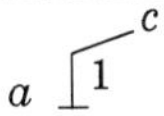 $a \lceil 1 \rceil^c$			Fall 6 $a \lceil 1 \rceil^c$		
$E_1=$		$-0{,}7926$	-8	$-8{,}579$	$0{,}4131$	0	0
		0	-1	0	$-4{,}823$	1	0
		0	0	-1	$-7{,}388$	0	1
$E_2=$		$-1\,333$		0	0		
		0		0	0		
		0		0	0		
$L_1=$	$L_2=$			1635	$0{,}2106$		1635
		$-$		$256{,}7$	$-0{,}5265$		$256{,}7$
				5	$-0{,}1953$		5
$K_{a1}=$	$K_{c1}=$	-1681	0	0	-3226	0	0
		0	0	0	0	0	0
		0	0	0	0	0	0
$S_{ac}^0=$	$S_{ca}^0=$		$-582{,}2$			$2\,315$	
			$256{,}7$			$256{,}7$	
			5			5	

Es sei darauf hingewiesen, daß bei Vorhandensein von Federn einzelne Matrixglieder nicht mehr null sind und daß die hier erkennbare Gleichheit bestimmter Matrixglieder nicht mehr gegeben ist.

14.4 Aufstellen des Gleichungssystems

Unbekannte des Gleichungssystems sind die Komponenten der Vektoren V_i der Knoten i, sofern diese durch Lagerbedingungen nicht null sind oder einen eingeprägten Wert haben. An Knoten mit Vollgelenk, das heißt ohne statisch unbestimmte Stabendmomente, entfällt der Drehwinkel φ_i als Unbekannte. Abb. 14.6 zeigt für einige Knoten die vorhandenen Unbekannten für das Gleichungssystem.

	Unbekannte
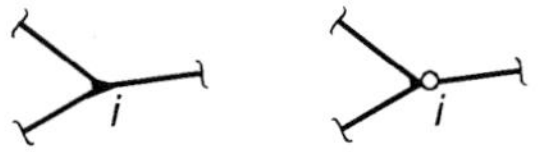	φ_i, W_i, U_i (siehe Abb. 14.4)
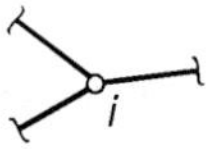	W_i, U_i
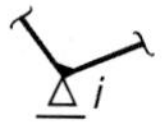	φ_i, U_i
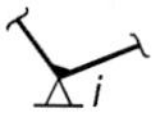	φ_i
	U_i
	keine

Abb. 14.6 Unbekannte Verschiebungsgrößen für das Gleichungssystem

Die *Gleichgewichtsbedingungen* $\sum M = 0$, $\sum V = 0$, $\sum H = 0$ für alle Knoten i liefern die Gleichungen für das Gleichungssystem. Dabei ist jeder Unbekannten eine Gleichgewichtsbedingung zugeordnet, und zwar ist

φ_i die Bedingung $\sum M = 0$

W_i die Bedingung $\sum V = 0$

U_i die Bedingung $\sum H = 0$

zugeordnet, das heißt, für das Gleichungssystem werden nur jene Gleichgewichtsbedingungen benötigt, deren jeweils zugehörige Unbekannte im
Gleichungssystem auftritt.

Abb. 14.7 Lastgrößen M_i^e, V_i^e, H_i^e am Knoten i

Abb. 14.7 zeigt den allgemeinen Knoten i mit den eingeprägten Kraftgrößen
M_i^e, V_i^e, H_i^e, die zu folgendem Vektor zusammengefaßt werden:

$$S_i^e = \begin{bmatrix} M_i^e \\ V_i^e \\ H_i^e \end{bmatrix} \tag{14.38}$$

M_i^e kann nur berücksichtigt werden, wenn kein Vollgelenk vorliegt, wenn
also die Unbekannte φ_i vorhanden ist.

Die Zusammenfassung der 3 Gleichgewichtsbedingungen $\sum M = 0$, $\sum V = 0$,
$\sum H = 0$ lautet für den Knoten i

$$\sum_k S_{ik} + S_i^e = 0 \tag{14.39}$$

und nach Einsetzen von (14.9)

$$K_{ii} \cdot V_i + \sum_k K_{ik} \cdot V_k + S_i^0 = 0 \tag{14.40}$$

mit $K_{ii} = \sum_k K_{is}$ (14.41)

und $S_i^0 = \sum_k S_{ik}^0 + S_i^e$ (14.42)

$\sum_k$ bedeutet die Summe über alle am Knoten i angeschlossenen Stäbe (mit
abliegendem Ende k).

Bei einem Vollgelenk in i wird die 1. Gleichung in (14.40) trivial, sie entfällt
für das Gleichungssystem, und φ_i existiert nicht. Allgemein gilt, daß die
1. Gleichung zu streichen ist, wenn φ_i, die 2. Gleichung, wenn W_i, und die
3. Gleichung, wenn U_i *nicht* Unbekannte des Gleichungssystems ist.

Sind an Auflagern eingeprägte Verschiebungsgrößen vorhanden, so sind diese über V_i bzw. V_k in (14.40) zu berücksichtigen, das heißt, den Lastgliedern S_i^0 zuzuschlagen.

Die Anwendung von (14.40) für alle Knoten i des Systems liefert das *Gleichungssystem* für die unbekannten Verschiebungsgrößen. Die Matrix ist symmetrisch, die Determinante muß positiv sein, da andernfalls die Verzweigungslast überschritten wäre.

Nach Auflösung des Gleichungssystems lassen sich die globalen Schnittgrößen an den Endpunkten der Elemente mit (14.9) bzw. (14.10) berechnen. Danach kann (14.39) als Kontrolle für alle Knoten i verwendet werden. Andererseits liegen mit den Vektoren S_{ik} und S_{ki} an den Auflagerpunkten auch die Auflagergrößen fest.

Die Berechnung aller weiterer Zustandsgrößen (insbesondere jener in lokaler Darstellung) erfolgt, wie beim Reduktionsverfahren in Abschnitt 13.5 beschrieben.

Beispiel 1: Zweigelenkrahmen gemäß Abb. 10.8

Berechnung mit 1 Element ohne Knoten

Da der Zweigelenkrahmen nur aus 1 Stabzug besteht, kann er nach dem allgemeinen Verschiebungsgrößenverfahren als 1 Element behandelt werden. Dabei ist kein Knoten vorhanden, so daß keine Unbekannten auftreten. Aus der Gesamtmatrix $G_{ea} = G_{ed} \cdot G_{dc} \cdot G_{cb} \cdot G_{ba}$ (vgl. Beispiel 1 in Abschnitt 13.5) werden mit den Formeln (14.25) bis (14.28) des Lagerungsfalls 4 die erforderlichen Matrizen und Vektoren bestimmt.

Man erhält folgende Zahlenwerte:

$$
G_{ea} = \left[
\begin{array}{cccccc|c}
1 & 7{,}691 & 0{,}004611 & 0{,}04643 & 0{,}03539 & & -10{,}31 \\
 & 1 & 6{,}610 & -0{,}008075 & -0{,}02430 & -0{,}04615 & 4{,}881 \\
 & & -0{,}3476 & -0{,}0008194 & -0{,}008223 & -0{,}004699 & 1{,}879 \\
 & & 1128 & -0{,}2187 & 7{,}661 & -6{,}882 & -1940 \\
 & & & & 1 & & -449{,}4 \\
 & & & & & 1 & -5 \\
\hline
 & & & & & & 1
\end{array}
\right]
$$

Der Stabzug $a\,e$ wird als Element 1 bezeichnet.

$$K_{a1} = \begin{bmatrix} 0 & 0 & 0 \\ 0 & -14,36 & -1,015 \\ 0 & -1,015 & 12,08 \end{bmatrix}, \quad K_{ae} = \begin{bmatrix} 0 & 0 & 0 \\ 0 & 14,36 & 1,015 \\ 0 & 1,015 & -12,08 \end{bmatrix}, \quad K_{ea} = K_{ae}^{\mathrm{T}}$$

$$K_{e1} = \begin{bmatrix} 0 & 0 & 0 \\ 0 & -14,36 & -1,015 \\ 0 & -1,015 & 12,08 \end{bmatrix}, \quad S_{ae}^{0} = \begin{bmatrix} 0 \\ 236,4 \\ -18,75 \end{bmatrix}, \quad S_{ea}^{0} = \begin{bmatrix} 0 \\ 213,0 \\ 23,75 \end{bmatrix}$$

In den Beziehungen gemäß (14.9) und (14.10)

$$S_{ae} = K_{a1} \cdot V_a + K_{ae} \cdot V_e + S_{ae}^{0}$$
$$S_{ea} = K_{e1} \cdot V_e + K_{ea} \cdot V_a + S_{ea}^{0}$$

ist $V_a = 0$ und $V_e = 0$, so daß $S_{ae} = S_{ae}^{0}$ und $S_{ea} = S_{ea}^{0}$ wird. Damit gilt für die Komponenten nach (14.6), wobei 1 Index ausreicht,

$$M_a = 0, \quad V_a = 236,4 \text{ kN}, \quad H_a = -18,75 \text{ kN}$$
$$M_e = 0, \quad V_e = 213,0 \text{ kN}, \quad H_e = 23,75 \text{ kN}$$

Für die Anwendung der Übertragungsbeziehung (13.34) auf die Einzelstäbe muß der noch fehlende Drehwinkel φ_a aus der 1. Zeile von (14.29) berechnet werden, indem dort V_{ik} und V_{ki} null gesetzt werden (die 2. und 3. Zeile würden noch einmal V_a und H_a liefern). Man erhält $\varphi_a = -0,0002020$.

Unter Beachtung der Vorzeichenänderung ist im weiteren wie beim Reduktionsverfahren gemäß Abschnitt 13.5 vorzugehen.

Berechnung mit 2 Elementen und 1 Knoten in c

Wie in Abb. 14.8 dargestellt, wird im Punkt c ein Knoten gesetzt und damit ein Gleichungssystem mit 3 Unbekannten erhalten. Das Element 1 mit den Endpunkten a, c ist nach Lagerungsfall 2, das Element 2 mit den Endpunkten c, e nach Lagerungsfall 3 zu behandeln. Die Vernachlässigung der N-Verformungen ist auch hier wieder möglich, da beide Elemente abgeknickte Stabzüge darstellen.

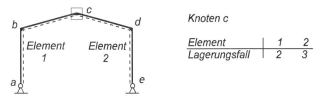

Element	1	2
Lagerungsfall	2	3

Abb. 14.8 Zweigelenkrahmen mit 2 Elementen und 1 Knoten

Als Unbekannte des Gleichungssystems ergeben sich φ_c, W_c, U_c (als Komponenten von V_c).

Die erforderlichen Matrizen und Vektoren für *Element 1* liegen in Tafel 14.1 (Fall 2) bereits vor. Für *Element 2* muß zunächst die Übertragungsmatrix $G_{ec} = G_{ed} \cdot G_{dc}$ bestimmt werden, wobei G_{ed} und G_{dc} dem Beispiel 1 des Abschnittes 13.5 entnommen werden können. Man erhält

$$G_{ec} = \begin{bmatrix} 1 & -8{,}628 & 0{,}002902 & 0{,}01453 & -0{,}007213 & -0{,}2506 \\ & 1 & 8 & -0{,}001139 & -0{,}003038 & 0{,}001139 & 0{,}03244 \\ & & 0{,}8164 & -0{,}0005139 & -0{,}003181 & 0{,}002065 & 0{,}06041 \\ & & 1185 & 0{,}4788 & 5{,}181 & -7{,}571 & -114{,}3 \\ & & & & 1 & & -192{,}7 \\ & & & & & 1 & 0 \\ & & & & & & 1 \end{bmatrix}$$

Aus (14.21) bis (14.24) für den Lagerungsfall 3 ergibt sich

$$K_{c2} = \begin{bmatrix} 11972 & -2036 & -479{,}4 \\ -2036 & 519{,}2 & 226{,}5 \\ -479{,}4 & 226{,}5 & 124{,}7 \end{bmatrix}, \quad K_{ce} = \begin{bmatrix} 0 & 2036 & 479{,}4 \\ 0 & -519{,}2 & -226{,}5 \\ 0 & -226{,}5 & -124{,}7 \end{bmatrix}, \quad K_{ec} = K_{ce}^{\mathrm{T}}$$

$$K_{e2} = \begin{bmatrix} 0 & 0 & 0 \\ 0 & 519{,}2 & 226{,}5 \\ 0 & 226{,}5 & 124{,}7 \end{bmatrix}, \quad S_{ce}^0 = \begin{bmatrix} -36{,}89 \\ 24{,}18 \\ -0{,}8913 \end{bmatrix}, \quad S_{ec}^0 = \begin{bmatrix} 0 \\ 168{,}5 \\ 0{,}8913 \end{bmatrix}$$

Für Knoten c gilt

(14.38): $S_c^e = 0$ (keine Knotenlasten vorhanden)

(14.42): $S_c^0 = S_{ca}^0 + S_{ce}^0 = \begin{bmatrix} 55{,}29 \\ 81{,}29 \\ 10{,}15 \end{bmatrix}$

(14.41): $K_{cc} = K_{ca} + K_{ce}$

Gleichungssystem mit $V_a = 0$, $V_e = 0$

(14.40): $K_{cc} \cdot V_c = -S_c^0$

$$\begin{bmatrix} 23941 & -1{,}514 & -957{,}8 \\ -1{,}514 & 1037 & 2{,}270 \\ -957{,}8 & 2{,}270 & 244{,}4 \end{bmatrix} \cdot \begin{bmatrix} \varphi_c \\ W_c \\ U_c \end{bmatrix} = \begin{bmatrix} -55{,}29 \\ -81{,}29 \\ -10{,}15 \end{bmatrix}$$

314

Auflösung: $\varphi_c = -0,004681$, $W_c = -0,07826$ m, $U_c = -0,05916$ m

Nach (14.9) bzw. (14.10) erhält man mit $V_a = 0$ und $V_e = 0$

$S_{ac} = K_{ac} \cdot V_c + S_{ac}^0 \rightarrow M_a = 0$, $V_a = 236,4$ kN, $H_a = -18,75$ kN

$S_{ca} = K_{c1} \cdot V_c + S_{ca}^0 \rightarrow M_{ca} = -94,76$ kNm, $V_{ca} = 20,33$ kN, $H_{ca} = 23,75$ kN

$S_{ce} = K_{c2} \cdot V_c + S_{ce}^0 \rightarrow M_{ce} = 94,76$ kNm, $V_{ce} = -20,33$ kN, $H_{ce} = -23,75$ kN

$S_{ec} = K_{ec} \cdot V_c + S_{ec}^0 \rightarrow M_e = 0$, $V_e = 213,0$ kN, $H_e = 23,75$ kN

1. Zeile von (14.20): $\varphi_a = -0,0002020$

Die Gleichgewichtsbedingungen für den Knoten c sind erfüllt (Kontrolle).

Lastfall Auflagerabsenkung δ_a^e

Hier ist $W_a = -\delta_a^e$, das heißt, anstelle von $V_a = 0$ gilt nun

$$V_a = \begin{bmatrix} 0 \\ W_a \\ 0 \end{bmatrix}$$

Dies ist in (14.9), (14.10) und (14.40) jeweils zu berücksichtigen.

Berechnung mit 4 Elementen und 3 Knoten in b, c, d

In diesem Fall ist jeder Stab ein Element, und es liegen 3 Knoten mit je 3 Unbekannten, also 9 Unbekannte vor (Abb. 14.9).

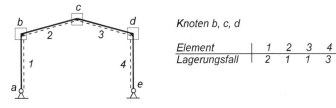

Knoten b, c, d

Element	1	2	3	4
Lagerungsfall	2	1	1	3

Abb. 14.9 Zweigelenkrahmen mit 4 Elementen und 3 Knoten

N-Verformungen *müssen* hier berücksichtigt werden, so daß die bisherige Aufgabenstellung diesbezüglich modifiziert werden müßte. Die Vorgehensweise entspricht nun dem üblichen allgemeinen Verschiebungsgrößenverfahren.

Der Rechengang wird nachfolgend nur in allgemeiner Form wiedergegeben.

Knoten b

(14.41): $K_{bb} = K_{b1} + K_{b2}$, (14.42): $S_b^0 = S_{ba}^0 + S_{bc}^0 + S_b^e$

Knoten c

(14.41): $K_{cc} = K_{c2} + K_{c3}$, (14.42): $S_c^0 = S_{cb}^0 + S_{cd}^0 + S_c^e$

Knoten d

(14.41): $K_{dd} = K_{d3} + K_{d4}$, (14.42): $S_d^0 = S_{dc}^0 + S_{de}^0 + S_d^e$

Gleichungssystem (9 Gleichungen mit 9 Unbekannten)

$$\begin{bmatrix} K_{bb} & K_{bc} & \\ K_{cb} & K_{cc} & K_{cd} \\ & K_{dc} & K_{dd} \end{bmatrix} \cdot \begin{bmatrix} V_b \\ V_c \\ V_d \end{bmatrix} + \begin{bmatrix} S_b^0 + K_{ba} \cdot V_a \\ S_c^0 \\ S_d^0 + K_{de} \cdot V_e \end{bmatrix} = 0$$

V_a und V_e sind null, wenn keine eingeprägten Auflagerverschiebungen in a und e vorliegen.

Beispiel 2: Zweigeschossiger Rahmen

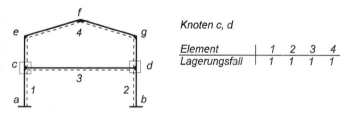

Knoten c, d

Element	1	2	3	4
Lagerungsfall	1	1	1	1

Abb. 14.10 Zweigeschossiger Rahmen mit 4 Elementen und 2 Knoten

Abb. 14.10 zeigt System, Knoten und Elemente mit Lagerungsfall. Zwischen den Knoten c und d liegen hier 2 Elemente, nämlich die Elemente 3 und 4. Zur Unterscheidung wird deshalb hier bei den betreffenden Größen der obere Index $^{(3)}$ bzw. $^{(4)}$ hinzugefügt.

Knoten c: $K_{cc} = K_{c1} + K_{c3} + K_{c4}$, $S_c^0 = S_{ca}^0 + S_{cd}^{0(3)} + S_{cd}^{0(4)} + S_c^e$

Knoten d: $K_{dd} = K_{d2} + K_{d3} + K_{d4}$, $S_d^0 = S_{db}^0 + S_{dc}^{0(3)} + S_{dc}^{0(4)} + S_d^e$

Gleichungssystem (6 Gleichungen mit 6 Unbekannten)

$$\begin{bmatrix} K_{cc} & K_{cd} \\ K_{dc} & K_{dd} \end{bmatrix} \cdot \begin{bmatrix} V_c \\ V_d \end{bmatrix} + \begin{bmatrix} S_c^0 + K_{ca} \cdot V_a \\ S_d^0 + K_{db} \cdot V_b \end{bmatrix} = 0$$

mit $K_{cd} = K_{cd}^{(3)} + K_{cd}^{(4)}$, $\quad K_{dc} = K_{dc}^{(3)} + K_{dc}^{(4)} = K_{cd}^{T}$

$V_a = 0$, $V_b = 0$, wenn keine eingeprägten Auflagerbewegungen vorhanden

Variante 1: Gelenk rechts von Knoten c

Element 3 hat jetzt Lagerungsfall 2. Alle Unbekannten und der Aufbau des Gleichungssystems bleiben erhalten.

Variante 2: Vollgelenk im Knoten c

Element 1 hat Lagerungsfall 3, die Elemente 3 und 4 haben Lagerungsfall 2. Ein unbekannter Drehwinkel φ_c existiert nicht mehr. Beim Gleichungssystem ist die 4. Zeile und 4. Spalte zu streichen, damit liegen noch 5 Gleichungen mit 5 Unbekannten vor.

Variante 3: Gelenk in f gemäß Abb. 14.11

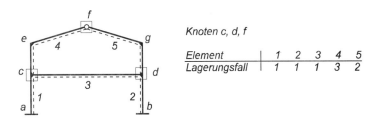

Element	1	2	3	4	5
Lagerungsfall	1	1	1	3	2

Knoten c, d, f

Abb. 14.11 Rahmen nach Abb. 14.10 mit Gelenk in f

Der Punkt f wird zum Knoten, wobei aber die Unbekannte φ_f nicht auftritt und $\sum M = 0$ am Knoten f trivial wird.

Knoten c: $K_{cc} = K_{c1} + K_{c3} + K_{c4}$, $\quad S_c^0 = S_{ca}^0 + S_{cd}^0 + S_{cf}^0 + S_c^e$

Knoten d: $K_{dd} = K_{d2} + K_{d3} + K_{d5}$, $\quad S_d^0 = S_{db}^0 + S_{dc}^0 + S_{df}^0 + S_d^e$

Knoten f: $K_{ff} = K_{f4} + K_{f5}$, $\qquad\quad S_f^0 = S_{fc}^0 + S_{fd}^0 + S_f^e$

Gleichungssystem: 8 Gleichungen mit 8 Unbekannten nach Streichen der 7. Zeile und 7. Spalte

$$\begin{bmatrix} K_{cc} & K_{cd} & K_{cf} \\ K_{dc} & K_{dd} & K_{df} \\ K_{fc} & K_{fd} & K_{ff} \end{bmatrix} \cdot \begin{bmatrix} V_c \\ V_d \\ V_f \end{bmatrix} + \begin{bmatrix} S_c^0 + K_{ca} \cdot V_a \\ S_d^0 + K_{db} \cdot V_b \\ S_f^0 \end{bmatrix} = 0$$

$V_a = 0$, $V_b = 0$, wenn keine eingeprägten Auflagerbewegungen vorhanden

Variante 4: Zusätzliches einwertiges Lager in d

Die Unbekannte U_d ist null, damit entfallen die 6. Spalte und die 6. (letzte) Zeile im Gleichungssystem, so daß noch 5 Gleichungen mit 5 Unbekannten vorliegen. Im Fall einer eingeprägten horizontalen Verschiebung U_d in d ist vor Streichen der 6. Spalte diese mit U_d zu multiplizieren und zur Lastspalte zu addieren. Nach Auflösung des Gleichungssystems liefert die gestrichene 6. Zeile die Auflagerkraft in d.

Variante 5: Einwertiges Lager in b

Für Element 2 liegt nun Lagerungsfall 3 vor, der Punkt b wird zum Knoten, und U_b wird zusätzliche Unbekannte des Gleichungssystems.

Knoten b: $K_{bb} = K_{b2}$, $\quad S_b^0 = S_{bd}^0 + S_b^e$

Gleichungssystem: 7 Gleichungen mit 7 Unbekannten nach Streichen der 7. und 8. Zeile sowie der 7. und 8. Spalte

$$\begin{bmatrix} K_{cc} & K_{cd} & \\ K_{dc} & K_{dd} & K_{db} \\ & K_{bd} & K_{bb} \end{bmatrix} \cdot \begin{bmatrix} V_c \\ V_d \\ V_b \end{bmatrix} + \begin{bmatrix} S_c^0 + K_{ca} \cdot V_a \\ S_d^0 \\ S_b^0 \end{bmatrix} = 0$$

Bei einer eingeprägten Vertikalverschiebung in b ist vor dem Streichen der 8. Spalte diese mit W_b zu multiplizieren und zur Lastspalte zu addieren.

Die *Matrix* des Gleichungssystems ist in allen Fällen *symmetrisch*.

Bemerkung zum allgemeinen Verschiebungsgrößenverfahren

Eine einfachere Formulierung des Verfahrens ist möglich, wenn man alle Elemente nur mit den Formeln des Lagerungsfalls 1 (beide Endpunkte eingespannt) behandelt und eine entsprechend *größere* Anzahl von *Unbekannten* in Kauf nimmt. An jedem gelenkig gelagerten Endpunkt eines Elements tritt dann 1 zusätzlicher unbekannter Drehwinkel im Gleichungssystem auf (φ_{ik}, φ_{ki} in Abb. 14.4), und an jedem freien Ende eines Elements ergibt sich ein weiterer Knoten mit 3 zusätzlichen unbekannten Verschiebungsgrößen. An einem Knoten mit Vollgelenk und 3 angeschlossenen Stäben beispielsweise treten dann anstelle von 2 Unbekannten $2 + 3 = 5$ Unbekannte auf.

15 Theorie der erdverankerten (echten) Hängebrücke

Das Tragverhalten von erdverankerten Hängebrücken ähnelt dem von Bogen, das heißt, der überwiegende Anteil der Lasten wird durch Längskräfte und nur ein kleinerer Anteil durch Biegung abgetragen. In beiden Fällen kann eine durchgehend vorhandene Gleichlast allein durch Längskräfte aufgenommen werden; es liegt dann der „Stützlinienbogen" bzw. bei der Hängebrücke der biegungsfreie Versteifungsträger vor. Ungünstigste Belastung für die Biegemomente stellt (ungefähr) die nur auf einer Systemhälfte vorhandene Vertikallast dar.

Bei flachen Bogen bzw. flachem Kabelverlauf ist die Anwendung der *Theorie II. Ordnung* erforderlich. Diese wirkt sich beim Bogen (Druck) *ungünstig* und bei der Hängebrücke (Zug im Tragkabel) *günstig* aus.

Während beim Bogen die Schnitt- und Verschiebungsgrößen nach Theorie II. Ordnung nicht mit analytischen Formeln beschrieben werden können, ist dies bei der Hängebrücke unter bestimmten Voraussetzungen möglich, und zwar im wesentlichen mit den bereits vorliegenden Formeln für den Träger auf 2 Stützen.

Die Betrachtungen beschränken sich auf die in Abb. 15.1 dargestellte einfeldrige Hängebrücke, wobei die Pylonfußpunkte auch in den Endpunkten i und k des Versteifungsträgers liegen können ($l_2 = 0$, $l_3 = 0$).

Die Geometrie des (unverformten) Kabels im Bereich $c\,d$ wird durch folgende quadratische Parabel beschrieben:

$$z = z_0 + z_1 x + z_2 \frac{x^2}{2}, \quad z' = z_1 + z_2 x, \quad z'' = z_2 = konst. \tag{15.1}$$

mit den Konstanten

$$z_0 = z(0), \quad z_1 = z'(0), \quad z_2 = z'' = 8 \frac{f}{l^2} \tag{15.2}$$

Da für die Berechnung nur die Ableitungen z' und z'' benötigt werden, ist z_0 ohne Bedeutung.

Für die Übergangspunkte c und d muß $\tan\alpha_2 = -z'(0) = -z_1$ und $\tan\alpha_3 = z'(l)$ erfüllt sein (wenn Abschnitt 2 bzw. 3 vorhanden).

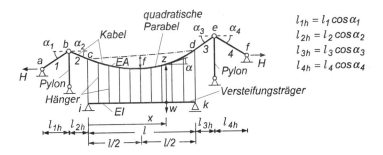

$$l_{1h} = l_1 \cos\alpha_1$$
$$l_{2h} = l_2 \cos\alpha_2$$
$$l_{3h} = l_3 \cos\alpha_3$$
$$l_{4h} = l_4 \cos\alpha_4$$

Einwirkungen:

Kabel: Temperaturänderung T über Gesamtlänge a bis f: $\varepsilon^e = T\,\alpha_T$

Versteifungsträger:

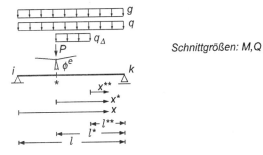

Schnittgrößen: M, Q

Abb. 15.1 Einfeldrige Hängebrücke, System und Einwirkungen

Annahmen

- Die Hänger verlaufen vertikal und sind stetig verteilt.

- Die Dehnungen der Hänger und der Pylone werden vernachlässigt ($EA = \infty$).

- Der Querschnitt des Kabels ist über die ganze Länge konstant, N-Verformungen werden berücksichtigt (EA = konst.).

- Die Montage wird so vorgenommen, daß die *ständige Last g* nur vom Tragkabel aufgenommen wird, das heißt, für den Versteifungsträger gilt $M = 0$, $Q = 0$, $w = 0$. Der zugehörige Horizontalzug im Kabel ist

$$H_g = \frac{g}{z_2} \tag{15.3}$$

Als *Einwirkungen* werden gemäß Abb. 15.1 $\varepsilon^e = T\alpha_T$ für das Kabel und g, q, q_Δ, P, ϕ^e für den Versteifungsträger berücksichtigt. Mit $P = 1$ oder $\phi^e = 1$ läßt sich die *Einflußlinie* für die Durchbiegung w bzw. das Moment M an der beliebigen Stelle * bestimmen.

Theorie II. Ordnung

Der (hier günstige) Einfluß der Theorie II. Ordnung beruht auf der Formulierung der Gleichgewichtsbedingung $\Sigma V = 0$ am *verformten* Seilelement gemäß Abb. 15.2.

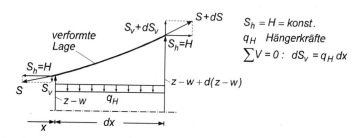

Abb. 15.2 Kräfte am Seilelement in verformter Lage

Da nur vertikale Kräfte am Tragseil angreifen, gilt für die Horizontalkomponente der Seilkraft S

$$S_h = H = konst. \tag{15.4}$$

Die Vertikalkomponente ist

$$S_v = H(z' - w') \tag{15.5}$$

und die Gleichgewichtsbedingung $\Sigma V = 0$ liefert nach Division durch $\mathrm{d}x$ für die Hängerkräfte

$$q_H = S_v' = H(z'' - w'') = Hz_2 - Hw'' \tag{15.6}$$

Denkt man sich den durch die Theorie II. Ordnung hervorgerufenen Anteil $-Hw''$ statt am Seil am Versteifungsträger angreifend und läßt an diesem die gedachte Längskraft $N^{II} = H$ wirken, so stellt $-N^{II}w''$ genau jenes Zusatzglied dar, das man nach Theorie II. Ordnung am Versteifungsträger erhalten würde. Daraus ergibt sich folgende Regel:

Anstelle der Anwendung der Theorie II. Ordnung für das Tragseil kann gleichwertig für den Versteifungsträger unter Ansatz von $N^{II} = H$ die

322

Theorie II. Ordnung angewendet werden, das heißt, die *rechnerischen* Hängerkräfte sind dann (gemäß Theorie I. Ordnung)

$$q_{\mathrm{H}}^{\mathrm{I}} = Hz_2 \tag{15.7}$$

und damit konstant.

Nach Abschluß der Berechnung, wenn $w(x)$ bekannt ist, werden die Hängerkräfte nach (15.6) berechnet, also in wirklicher Größe erhalten. Im übrigen wird der gesamten Berechnung das genannte Ersatzmodell zugrunde gelegt. Die dabei erforderlichen Formeln nach Theorie II. Ordnung für den Versteifungsträger als Balken auf 2 Stützen liegen bereits vor. Seine Momente M und Querkräfte Q sind die wirklichen Größen, während die Transversalkräfte R keine Bedeutung haben und deshalb nicht ermittelt werden.

Die Berechnung des 1fach statisch unbestimmten Systems wird nach dem Kraftgrößenverfahren mit der *statisch Unbestimmten* $X_1 = H_p$ durchgeführt. Der bereits erläuterte Lastfall g mit dem Horizontalzug $H_g = g/z_2$ gemäß (15.3) ist darin nicht enthalten. Deshalb beträgt der resultierende Horizontalzug

$$H = H_g + H_p \tag{15.8}$$

Die für den Versteifungsträger anzusetzende Längskraft ist

$$N^{\mathrm{II}} = H_g + H_p^{\mathrm{II}} \tag{15.9}$$

wobei $H_p^{\mathrm{II}} = H_p$ und $N^{\mathrm{II}} = H$ ist, wenn der *resultierende* (für den erforderlichen Nachweis maßgebende) Lastfall vorliegt.

Bei Superposition einzelner Lastfälle ist in jedem Teillastfall dasselbe H_p^{II} und N^{II} anzusetzen, und zwar jenes des resultierenden Lastfalls (vgl. Abschnitt 4.4). Die statisch Unbestimmte H_p dagegen ist wie alle übrigen Schnittgrößen zu superponieren. Im Fall der Theorie I. Ordnung ist H_p als statisch Unbestimmte vorhanden, H_p^{II} und N^{II} sind dagegen null.

Da H_p^{II} und damit N^{II} zu Beginn der Berechnung nicht bekannt ist, muß eine Abschätzung vorgenommen werden. Eine Möglichkeit besteht darin, alle Vertikallasten durch eine Gleichlast $\bar{g}$ mit gleicher Resultierender zu ersetzen und dann gemäß (15.3) $N^{\mathrm{II}} = \bar{g}/z_2$ zu setzen, oder aber, mit $H_p^{\mathrm{II}} = 0$ und $N^{\mathrm{II}} = H_g$ zu beginnen. In jedem Fall läßt sich H_p^{II} und damit auch N^{II} durch Wiederholung der Berechnung iterativ verbessern, wobei stets nur wenige Schritte notwendig sind. Im folgenden wird jedenfalls davon ausgegangen, daß N^{II} festliegt.

Als statisch bestimmtes Grundsystem wird das in Abb. 15.3 dargestellte System mit horizontal verschieblichem Lager in f und mit der statisch Unbestimmten $X_1 = H_p$ gewählt. Der Zustand 0 enthält alle Einwirkungen, der Zustand 1 die Kraft $X_1 = 1$ in f.

Zustand 0 , *Einwirkungen:* q, q_Δ, P, ϕ^e, ε^e *gemäß Abb. 15.1*

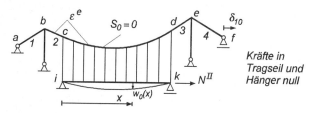

Kräfte in
Tragseil und
Hänger null

Zustand 1 , *Einwirkung:* $X_1 = 1$ in f

$$S_{1,1} = 1/\cos\alpha_1 \quad S_{2,1} = 1/\cos\alpha_2 \quad S_{3,1} = 1/\cos\alpha_3 \quad S_{4,1} = 1/\cos\alpha_4$$

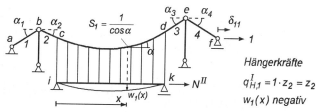

Hängerkräfte

$q_{H,1}^I = 1 \cdot z_2 = z_2$

$w_1(x)$ negativ

Abb. 15.3 Zustand 0 und Zustand 1 nach Kraftgrößenverfahren

Nach den Regeln des Kraftgrößenverfahrens gilt für alle Zustandsgrößen

> wirklicher Zustand (ohne g) = Zustand 0 + Zustand 1 · X_1 (15.10)

δ_{10} und δ_{11} werden nach dem Prinzip der virtuellen Kräfte bestimmt. Dabei gibt der 1. Index den virtuellen Kraftzustand und der 2. Index den wirklichen Zustand an. Man erhält

$$\delta_{10} = -\int_0^l q_{H,1}^I \, w_0(x)\,\mathrm{d}x + \int_0^l S_1 \varepsilon^e \frac{\mathrm{d}x}{\cos\alpha} + \sum_{s=1}^4 S_{s,1}\varepsilon^e l_s \tag{15.11}$$

$$\delta_{11} = -\int_0^l q_{H,1}^I \, w_1(x)\,\mathrm{d}x + \int_0^l S_1 \frac{S_1}{EA} \frac{\mathrm{d}x}{\cos\alpha} + \sum_{s=1}^4 S_{s,1} \frac{S_{s,1}}{EA} l_s \tag{15.12}$$

Die Schnittgrößen $q_{H,1}^I$, $S_1 = S_1(x)$, $S_{s,1}$ für $s = 1, 2, 3, 4$ sind in Abb. 15.3 angegeben. Die Biegelinien $w_0(x)$ und $w_1(x)$ werden nach der 1. Zeile der Übertragungsbeziehung (6.40) bestimmt. Die erforderlichen Anfangswerte $\varphi_i(=\phi_i)$ und Q_i lassen sich nach Tafel 6.1 bzw. 6.2 berechnen, während w_i und M_i null sind. Die Biegelinienflächen

$$A_{w,0} = \int_0^l w_0(x)\,\mathrm{d}x \quad \text{und} \quad A_{w,1} = \int_0^l w_1(x)\,\mathrm{d}x$$

werden durch entsprechende Integration erhalten. Die mittleren Integralausdrücke von (15.11) und (15.12) lassen sich durch elementare Funktionen angeben. Aus der Bestimmungsgleichung $\delta_{10} + \delta_{11}X_1 = 0$ (Verträglichkeitsbedingung für Lager f) ergibt sich $X_1 = -\delta_{10}/\delta_{11}$ mit $X_1 = H_p$.

Formelzusammenstellung zur Berechnung von H_p

$$\zeta_s = \frac{1}{\cos\alpha_s} \quad \text{für } s = 1 \text{ bis } 4 \tag{15.13}$$

$$z_i' = z_1, \quad \zeta_i = \sqrt{1 + (z_i')^2}, \quad z_k' = z_1 + z_2 l, \quad \zeta_k = \sqrt{1 + (z_k')^2} \tag{15.14}$$

Bed.: $\zeta_i \overset{!}{=} \zeta_2$, $\zeta_k \overset{!}{=} \zeta_3$, wenn Abschnitt 2 bzw. 3 vorhanden

$$H_g = \frac{g}{z_2} \tag{15.15}$$

Abschätzung von $N^{II} = H_g + H_p^{II}$

$$K = \frac{N^{II}}{EI}, \quad \text{Theorie I. Ordnung: } N^{II} = 0, \quad K = 0 \tag{15.16}$$

$b_j = b_j(l)$, $b_j^* = b_j(l^*)$, $b_j^{**} = b_j(l^{**})$ soweit erforderlich, vorteilhaft mit *analytischen* Formeln nach (6.19)

$$\varphi_{i,1} = \frac{l b_3/2 - b_4}{b_1 EI} \tag{15.17}$$

$$Q_{i,1} = \frac{b_2}{b_1} \tag{15.18}$$

$$A_{w,1} = \frac{l^2}{2}\varphi_{i,1} + \frac{b_5 - b_4 Q_{i,1}}{EI} \tag{15.19}$$

$(\varphi_{i,1}, Q_{i,1}, A_{w,1}$ aus $q = 1)$

$$\delta_{11} = z_2^2 A_{w,1} + \frac{1}{EA}\left[\frac{\left(\zeta_k^2 + 1{,}5\right)\zeta_k z_k' - \left(\zeta_i^2 + 1{,}5\right)\zeta_i z_i' + 1{,}5\ln\dfrac{\zeta_k + z_k'}{\zeta_i + z_i'}}{4z_2} + \sum_{s=1}^{4}\zeta_s^2 l_s\right]$$

(15.20)

Bei System*symmetrie* $(z_k' = -z_i' = -z_1,\ \zeta_k = \zeta_i)$ kann δ_{11} einfacher berechnet werden aus

$$\delta_{11} = z_2^2 A_{w,1} + \frac{2}{EA}\left[\frac{\left(\zeta_k^2 + 1{,}5\right)\zeta_k z_k' + 1{,}5\ln\left(\zeta_k + z_k'\right)}{4z_2} + \zeta_1^2 l_1 + \zeta_2^2 l_2\right]$$

(15.20a)

$$\varphi_{i,0} = \varphi_{i,1} q + \frac{1}{b_1 EI}\left[\left(\frac{l^{*2} - l^{**2}}{2l}b_3 - b_4^* + b_4^{**}\right)q_\Delta + \left(\frac{l^*}{l}b_3 - b_3^*\right)P\right] + \frac{b_1^*}{b_1}\phi^{\mathrm{e}}$$

(15.21)

$$Q_{i,0} = Q_{i,1} q + \frac{1}{b_1}\left[\left(b_2^* - b_2^{**}\right)q_\Delta + b_1^* P\right] - N^{\mathrm{II}}\frac{b_1^*}{b_1}\phi^{\mathrm{e}}$$

(15.22)

$$A_{w,0} = \frac{l^2}{2}\varphi_{i,0} + \frac{b_5 q - b_4 Q_{i,0} + \left(b_5^* - b_5^{**}\right)q_\Delta + b_4^* P}{EI} - b_2^* \phi^{\mathrm{e}}$$

(15.23)

$$-\delta_{10} = z_2 A_{w,0} - \varepsilon^{\mathrm{e}}\left[\left(1 + z_1^2 + z_1 z_2 l + z_2^2 l^2/3\right)l + \sum_{s=1}^{4}\zeta_s l_s\right]$$

(15.24)

$$H_p = \frac{-\delta_{10}}{\delta_{11}}$$

(15.25)

$$H = H_g + H_p$$

(15.26)

Erforderlichenfalls Wiederholung der Rechnung ab (15.16) mit verbesserter Längskraft $N^{\mathrm{II}} = H$ (nur, wenn resultierender Lastfall vorliegt).

Endgültige Zustandsgrößen

Versteifungsträger

$q_{\mathrm{H},p}^{\mathrm{I}} = H_p z_2$ (gedachte, rechnerische Hängerkräfte ohne g) (15.27)

$\varphi_i = \varphi_{i,0} - \varphi_{i,1} q_{\mathrm{H},p}^{\mathrm{I}}, \quad Q_i = Q_{i,0} - Q_{i,1} q_{\mathrm{H},p}^{\mathrm{I}}$ (Anfangswerte) (15.28)

$p = q - q_{\mathrm{H},p}^{\mathrm{I}}$ (resultierender Gleichlastanteil) (15.29)

$$w(x) = x\varphi_i + \frac{1}{EI}\left\{-b_3(x)Q_i + b_4(x)p + \left[b_4(x^*) - b_4(x^{**})\right]q_\Delta + b_3(x^*)P\right\} - b_1(x^*)\phi^e$$

$$\tag{15.30}$$

$$w'(x) = \varphi_i + \frac{1}{EI}\left\{-b_2(x)Q_i + b_3(x)p + \left[b_3(x^*) - b_3(x^{**})\right]q_\Delta + b_2(x^*)P\right\} - b_0(x^*)\phi^e$$

$$\tag{15.31}$$

$$M(x) = b_1(x)Q_i - b_2(x)p - \left[b_2(x^*) - b_2(x^{**})\right]q_\Delta - b_1(x^*)P + N^{II}b_1(x^*)\phi^e \tag{15.32}$$

$$Q(x) = b_0(x)Q_i - b_1(x)p - \left[b_1(x^*) - b_1(x^{**})\right]q_\Delta - b_0(x^*)P + N^{II}b_0(x^*)\phi^e \tag{15.33}$$

Vereinbarungsgemäß gilt: $b_j(x^*) = 0$, $b_j(x^{**}) = 0$, wenn x^* bzw. x^{**} negativ

$$q_H = q_H^I + KM \quad \text{mit} \quad q_H^I = Hz_2 \tag{15.34}$$

(Es gilt: $-N^{II}w'' = N^{II}\dfrac{M}{EI} = KM$) $\tag{15.35}$

Tragkabel

Bereich $c\,d$: $S = H\sqrt{1 + (z' - w')^2}$ $\tag{15.36}$

w' kann in der Regel vernachlässigt werden ($w'(x)$ braucht dann nicht bestimmt zu werden).

$$x = 0: \ S_c \approx H\zeta_i, \quad x = l: \ S_d \approx H\zeta_k \tag{15.37}$$

$$S_s = H\zeta_s \quad \text{für } s = 1 \text{ bis } 4 \tag{15.38}$$

Einflußlinien

Betrachtet wird die Einflußlinie für ein Moment M und für eine Durchbiegung w an der beliebigen Stelle $*$. Diese Einflußlinien werden jeweils als Biegelinie $w(x)$ dargestellt, die aus dem Knickwinkel $\phi^e = 1$ bzw. aus der Last $P = 1$ an der Stelle $*$ hervorgeht.

Im Fall der Theorie II. Ordnung kann die Einflußlinie nur für einen fest vorgegebenen Wert N^{II} angegeben werden. Aus diesem Grunde wird von „beschränkten" Einflußlinien gesprochen. N^{II} ist jene Kraft H, die in dem Lastfall vorliegt, der für die Auswertung der Einflußlinie maßgebend ist. Jedenfalls hat die statisch Unbestimmte H_p bei der Einflußlinienbestimmung nichts mit der Kraft H_p^{II} zu tun, die für die Formel $N^{II} = H_g + H_p^{II}$ verwendet wird. Auch hier kann N^{II} durch wiederholte Berechnung iterativ verbessert werden.

Beispiel: Symmetrische Hängebrücke

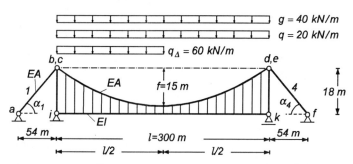

Kabel: $EA = 60 \cdot 10^6$ kN, Versteifungsträger: $EI = 80 \cdot 10^6$ kNm^2

Abb. 15.4 Symmetrische Hängebrücke (überhöht dargestellt), System und Belastung

Bei der in Abb. 15.4 dargestellten symmetrischen Hängebrücke entfallen die Kabelabschnitte 2 ($b\,c$) und 3 ($d\,e$), so daß sich $\sum\limits_{s}$ nur über $s = 1$ und 4 erstreckt.

Konstante der quadratischen Parabel

(15.1), (15.2): $z_0 = 18$ m, $z_1 = -0{,}2$, $z_2 = 0{,}001333$ m^{-1}

Horizontalzug aus g

(15.15): $H_g = 30\,000$ kN

Die Berechnung wird für $N^{II} = 63\,166$ kN vorgeführt, das ist der genaue Wert für H unter der Belastung g, q und q_Δ gemäß Abb. 15.4. Geht man von der vorgeschlagenen Schätzung

$$N^{II} = \bar{g}/z_2 = (40 + 20 + 60/2)/0{,}001333 = 67\,500 \text{ kN}$$

aus, so erhält man bei iterativer Verbesserung folgende Zahlenwerte für H_p:

Schritt	1	2	3	4
H_p(kN)	33 335	33 157	33 167	33 166

$N^{II} = H = H_g + H_p = 63\,166$ kN

Würde man beispielsweise die Lastfälle q und q_Δ getrennt berechnen, so wäre in beiden Lastfällen $N^{II} = 63\,166$ kN anzusetzen, H_p dagegen wäre zu superponieren, und nur im resultierenden Lastfall würde $N^{II} = H_g + H_p$ gelten.

Systemgrößen

(15.13): $\zeta_1 = \zeta_4 = 1{,}054$

(15.14): $z'_i = -0{,}2$, $z'_k = 0{,}2$, $\zeta_i = \zeta_k = 1{,}020$

(15.16): $K = 0{,}0007896$ m^{-2}, $l = 300$ m, für q_Δ: $l^* = l$, $l^{**} = 150$ m

(6.19):

j	0	1	2	3	4	5
$b_j = b_j^*$ (m^j)	2 291	81 526	$2{,}900 \cdot 10^6$	$1{,}029 \cdot 10^8$	$3{,}616 \cdot 10^9$	$1{,}246 \cdot 10^{11}$
b_j^{**} (m^j)	33,85	1 204	41 606	$1{,}335 \cdot 10^6$	$3{,}845 \cdot 10^7$	$9{,}785 \cdot 10^8$

(15.17) bis (15.29):

$\varphi_{i,1} = 0{,}001812$, $Q_{i,1} = 35{,}57$, $A_{w,1} = 31{,}03$, $\delta_{11} = 6{,}238 \cdot 10^{-5}$

$\varphi_{i,0} = 0{,}1098$, $Q_{i,0} = 2\,815$, $A_{w,0} = 1\,552$, $-\delta_{10} = 2{,}069$

$H_p = 33\,166$ kN, $H = 63\,166$ kN ($= N^{II}$)

$q_{H,p}^I = 44{,}22$ kN/m, $\varphi_i = 0{,}02968$, $Q_i = 1\,242$ kN, $p = -24{,}22$ kN/m

Abb. 15.5 zeigt die Zustandslinien $w(x)$, $M(x)$ und $Q(x)$ nach (15.30), (15.32) bzw. (15.33).

(15.34): $q_H^I = 84{,}22$ kN/m

$\qquad \max q_H$ aus $\max M \to$ Stelle $x = 75$ m: $q_H = 84{,}22 + 27{,}88 = 112{,}1$ kN/m

(15.36): $\max S = S_c$ bei $x = 0$ mit $w' = \varphi_i$: $S_c = 64\,811$ kN

(15.37): $S_c \approx 64\,417$ kN (ohne Einfluß von w')

(15.38): $S_1 = S_4 = 66\,583$ kN

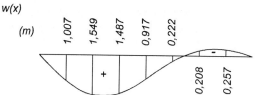

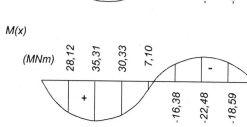

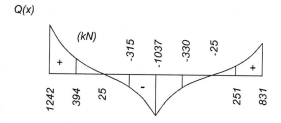

Ordinaten jeweils in den Achtelpunkten

Abb. 15.5 Zustandslinien $w(x)$, $M(x)$ und $Q(x)$

Lastfall $\varepsilon^e = 0{,}00024$ für Tragkabel

Für $T = 20\,°C$ und $\alpha_T = 1{,}2 \cdot 10^{-5}\,°C^{-1}$ erhält man $\varepsilon^e = T\alpha_T = 0{,}00024$. Es wird unverändert mit $N^{II} = 63\,166$ kN gerechnet. δ_{11} als nur system- und N^{II}- abhängige Größe ändert sich nicht. Man erhält

$$-\delta_{10} = -0{,}1018, \quad H_p = -1\,631\,\text{kN}$$

$$x = \frac{l}{2}: \quad w = 0{,}345\,\text{m}, \quad M = 2{,}67\,\text{MNm}$$

$$x = 0: \quad Q = Q_i = 77\,\text{kN}$$

Bei Überlagerung mit dem zuvor behandelten Lastfall erhält man $H = 63\,166 - 1\,631 = 61\,535$ kN. Die Abweichung von N^{II} ist unbedeutend, so daß eine iterative Verbesserung für den jetzt vorliegenden resultierenden Lastfall entfallen kann.

Einflußlinie für $w(l/4)$

Es wird wieder mit $N^{II} = 63\,166$ kN gerechnet. Dies ist dann gerechtfertigt, wenn im resultierenden Lastfall, für den die Einflußlinie ausgewertet wird, $H \approx N^{II}$ ist. Praktisch ist es möglich, die Einflußlinie nur zur Festlegung der maßgebenden Verkehrslaststellung zu verwenden und anstelle der Auswertung der Einflußlinie diesen Lastfall dann neu zu berechnen.

Als Einwirkung ist *nur* $P = 1$ an der Stelle $x = l/4 = 75$ m vorhanden $(l^* = 225$ m$)$. Die zugehörige Biegelinie $w(x)$ ist die gesuchte Einflußlinie. Man erhält

$$-\delta_{10} = 1{,}547 \cdot 10^{-4}, \quad H_p = 2{,}480$$

und nach (15.30) die in Abb. 15.6 dargestellte Einflußlinie.

Einflußlinie für w(l/4), Ordinaten in den Achtelpunkten

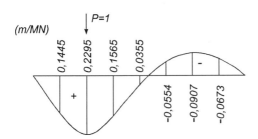

Abb. 15.6 Einflußlinie für Durchbiegung w bei $x = l/4$

Einflußlinie für $M(l/4)$

Es gelten dieselben Vorbemerkungen wie zuvor. Als Einwirkung ist *nur* $\phi^e = 1$ an der Stelle $x = l/4 = 75$ m vorhanden $(l^* = 225$ m$)$. Die zugehörige Biegelinie $w(x)$ ist die gesuchte Einflußlinie. Man erhält

$$-\delta_{10} = 1{,}480, \quad H_p = 23\,734$$

und nach (15.30) die in Abb. 15.7 dargestellte Einflußlinie.

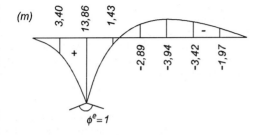

Einflußlinie für M(l/4), Ordinaten in den Achtelpunkten

(m)

3,40 13,86 1,43

+

−2,89 −3,94 −3,42 −1,97

−

$\phi^e = 1$

Abb. 15.7 Einflußlinie für Moment M bei $x = l/4$

16 Hinreichende Kontrollen von EDV-Ergebnissen

Mit den folgenden Ausführungen soll der Anwender von EDV-Programmen in die Lage versetzt werden, Ergebnisse für die Schnitt- und Verschiebungsgrößen ebener Stabwerke *vollständig* – das heißt hinreichend – (oder auch nur stichprobenartig) zu überprüfen. Als *wesentliche* Kontrollen sind zunächst Stab- und Knotenkontrollen zu unterscheiden:

Stabkontrollen

Für jeden Stab werden die beiden *Übertragungsbeziehungen* (6.42) und (6.46) mit $x = l$ für die *Quer-* bzw. *Längsanteile* angewendet. Es empfiehlt sich, diese Beziehungen im Taschenrechner oder PC für die praktisch auftretenden Einwirkungen im Feld des Stabes zu programmieren. Hier werden die Zustandsgrößen in *lokaler* Darstellung benötigt.

Knotenkontrollen, auch für Auflager

Gleichgewichtskontrollen: Im allgemeinen existieren 3 Gleichgewichtsbedingungen, die in *lokaler* Darstellung nach (7.1), (7.2) und (7.3) oder in *globaler* Darstellung nach (14.39) formuliert werden können. Im Fall eines Vollgelenks wird die Kontrolle $\sum M = 0$ trivial und deshalb entbehrlich.

Verträglichkeitskontrollen: Alle in einem Knoten verbundenen Stabenden müssen gleiche Verschiebungskomponenten in *globaler* Darstellung und bei biegesteifer Verbindung gleiche Querschnittsdrehwinkel aufweisen. Für den Knoten der Abb. 7.1 gilt beispielsweise

$$W_{ik} = W_{ig} = W_{ih}, \quad U_{ik} = U_{ig} = U_{ih}, \quad \varphi_{ik} = \varphi_{ig}$$

wobei die Vorzeichenregelung nach Abb. 14.3 gilt. Bei Anwendung des allgemeinen Verschiebungsgrößenverfahrens sind die Verträglichkeitskontrollen von vornherein erfüllt. Für *Auflager* müssen je nach Wertigkeit einzelne Verschiebungsgrößen null sein (oder einen vorgeschriebenen Wert haben). Im Fall von Federn sind die Verträglichkeitskontrollen unter Einbeziehung der Federgesetze entsprechend zu modifizieren.

Weitere Kontrollen

Die Beziehung zwischen *lokalen* und *globalen* Zustandsgrößen ist an allen Stabenden – z.B. mit (13.28) – zu überprüfen.

Die *Funktionen* $w(x)$, $\varphi(x)$, $M(x)$, $Q(x)$ können mit der Übertragungsbeziehung (6.40) und die Funktionen $u(x)$, $N(x)$ mit der Übertragungsbeziehung (6.46) kontrolliert werden.

Sind alle genannten Kontrollen erfüllt, so ist sichergestellt, daß alle Ergebnisse richtig sind (Kontrollen sind hinreichend).

Literaturverzeichnis:

[1] *Schneider, K.-J./Schweda, E.*: Baustatik - Statisch bestimmte Systeme, WIT 1, 4. Aufl. 1991, Werner-Verlag, Düsseldorf

[2] *Schneider, K.-J.*: Baustatik Zahlenbeispiele - Statisch bestimmte Systeme, WIT 2, 1995, Werner-Verlag, Düsseldorf

[3] *Schneider, K.-J.*: Bautabellen für Ingenieure mit europäischen und nationalen Vorschriften, WIT 40, 11. Aufl. 1994, Werner-Verlag, Düsseldorf

[4] *Schweda, E.*: Baustatik - Festigkeitslehre, WIT 4, 2. Aufl. 1987, Werner-Verlag, Düsseldorf

[5] *Teichmann, A.*: Statik der Baukonstruktionen, Sammlung Göschen, Bd. 119, 120, 122, Verlag de Gruyter, Berlin

[6] *Rubin, H.*: Baustatik ebener Stabwerke, in Stahlbau-Handbuch, Band 1, Teil A, 3. Auflage 1993, Stahlbau-Verlags-GmbH, Köln

[7] *Rubin, H.*: Eine einheitliche Formulierung des ebenen Stabproblems bei Berücksichtigung von M- und Q-Verformungen, Theorie I. und II. Ordnung, elastischer Bettung einschließlich Drehbettung sowie harmonischen Schwingungen, Bauingenieur 63 (1988), S. 195-204

Weitere Literaturauswahl

Ahlert, H.: Finite Elemente in der Stabstatik, 2. Aufl. 1992, Werner-Verlag, Düsseldorf

Argyris, J./Mlejnek, H.-P.: Die Methode der Finiten Elemente in der elementaren Strukturmechanik, Band I: Verschiebungsmethode in der Statik, 1986; Band II: Kraft- und gemischte Methoden, 1987, Friedr. Vieweg & Sohn Verlagsgesellschaft Wiesbaden

Duddeck, H./Ahrens, H.: Statik der Stabtragwerke, Beitrag im: Betonkalender 1994, Teil 1, W. Ernst & Sohn Verlag, Berlin 1994

Ebel, H.: Statische Berechnung von ebenen Stabtragwerken mit dem Gesamtmatrixverfahren - Herleitung des Gleichungssystems für Theorien 1. und 2. Ordnung, Bauingenieur 64 (1989), S. 267-275

Falk, S.: Die Berechnung des beliebig gestützten Durchlaufträgers nach dem Reduktionsverfahren, Ingenieur-Archiv 24 (1956), S. 216-232

Friemann, H.: Schub und Torsion in geraden Stäben, WIT 78, 2. Aufl. 1993, Werner-Verlag, Düsseldorf

Hirschfeld, K.: Baustatik, Theorie und Beispiele, Teil 1 und 2, 3. Auflage, Springer-Verlag, Berlin, Heidelberg, New York 1969, Neudruck 1982

Kersten, R.: Das Reduktionsverfahren der Baustatik, Springer-Verlag, Berlin 1982

Krätzig, W.B. / Wittek, U.: Tragwerke 1, Theorie und Berechnungsmethoden statisch bestimmter Stabtragwerke, 3. Aufl. 1995, Springer-Verlag, Berlin, Heidelberg, New York

Krätzig, W.B.: Tragwerke 2, Theorie und Berechnungsmethoden statisch unbestimmter Stabtragwerke, 2. Aufl. 1994, Springer-Verlag, Berlin, Heidelberg, New York

Lohmeyer, G.: Baustatik, Teil 1: Grundlagen, 5. Aufl. 1985, B.G. Teubner-Verlag, Stuttgart

Lohse, G.: Knicken und Spannungsberechnung nach Theorie II. Ordnung, 2. Aufl. 1984, Werner-Verlag, Düsseldorf

Mann, W.: Vorlesungen über Statik und Festigkeitslehre, Teubner-Verlag, Stuttgart, 1986

Pestel, E.C. / Leckie, F.A.: Matrix Methods in Elastomechanics, McGraw-Hill Book Company, New York 1963

Petersen, Ch.: Statik und Stabilität der Baukonstruktionen, 2. Aufl. 1982, Friedr. Vieweg & Sohn, Braunschweig, Wiesbaden

Pflüger, A.: Statik der Stabtragwerke, Springer-Verlag, Berlin, Heidelberg, New York 1978, Neudruck 1982

Pflüger, A. / Spitzer, H.: Beispielrechnungen zur Statik der Stabtragwerke, Springer-Verlag, Berlin, Heidelberg, New York 1984

Rothe, A.: Stabstatik für Bauingenieure, Bauverlag GmbH, Wiesbaden, Berlin 1984

Rothe, A.. Statik der Stabtragwerke Bd. I und II, 2. Aufl. 1970, Berlin/VEB-Verlag für Bauwesen

Rothert, H. / Gensichen, V.: Nichtlineare Stabstatik, Springer-Verlag, Berlin, Heidelberg, New York 1987

Sattler, K.: Lehrbuch der Statik: Theorie und Anwendung, Springer-Verlag, Berlin, Heidelberg, New York, 1. Band, Teil A und B: 1969, 2. Band, Teil A und B: 1974 und 1975

Thierauf, G. / Lawo, M.: Stabtragwerke, Matrizenmethoden der Statik und Dynamik, Teil I: Statik, Friedr. Vieweg & Sohn, Braunschweig, Wiesbaden 1980

Uhrig, R.: Elastostatik und Elastokinetik in Matrizenschreibweise, Springer-Verlag, Berlin, Heidelberg, New York 1973

Wagner, W. / Erlhof, H.: Praktische Baustatik, Teil 1, 18. Aufl. 1986, Teil 2, 14. Aufl. 1991, Teil 3, 7. Aufl. 1984, B.G. Teubner-Verlag, Stuttgart

Wetzell, O.: Technische Mechanik, Band 1, 1972, Band 2, 1973, Band 3, 1974, Band 4, 1975, Teubner-Verlag, Stuttgart

Sachwörterverzeichnis

Programm zur Berechnung ebener Stabwerke

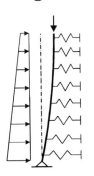
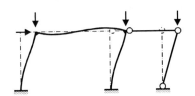

entwickelt am Institut für Baustatik
der Technischen Universität Wien
von Prof. Dr.-Ing. H. Rubin,
Dipl.-Ing. M. Aminbaghai und H. Weier

Das Programm enthält alle im vorliegenden Buch behandelten
Beispiele mit vollständiger Ein- und Ausgabe.

Leistungsumfang

- Ein- und Ausgabe unter Windows
- grafische Eingabe mit Maus möglich, grafische Ausgabe
- Theorie I. und II. Ordnung
- Berücksichtigung von Vorverformungen
- Momenten-, Querkraft- und Längskraftverformungen
- elastische Bettung der Stäbe
- harmonische Schwingungen
- beliebige Federn und Drehfedern
- Veränderlichkeiten (entsprechend Polynom) folgender Größen
  lassen sich berücksichtigen:
  - Querschnittshöhe, -breite
  - Längskräfte gemäß Theorie II. Ordnung
  - Bettungsziffer
  - Massenbelegung bei Schwingungen
- Knicklasten, Knicklängen, Knickformen
- Eigenschwingungen – Frequenzen und Formen

Das Programm wird auf 3 ½-Zoll-Disketten zum Preis von 120,-- DM
geliefert. Bestell-Nr.: 24626

Werner-Verlag, Postfach 105354, D-40044 Düsseldorf

AKTUELLE LITERATUR

für den konstruktiven Ingenieurbau